KDS 기준 적용

제2판

철근콘크리트공학

Reinforced Concrete Design

원치문 저

도서출판 구미서관

머리말 Preface

일반적으로 철근콘크리트를 구조재료로 활용하여 건설구조물을 설계하는데 많은 어려움을 겪는다. 이는 콘크리트가 갖는 비균질성과 비등방성 등 다양한 공학적 특성에 기인한다. 또한 균질하고 등방성인 철근과 합성하여 만들어지는 복합재료로서 철근콘크리트는 단일재료와 비교하여 매우 복잡한 거동을 하게 되며 이것을 체계적으로 정립하기가 쉽지 않다. 따라서 본 철근콘크리트공학 교재는 학부 학생들이 철근과 콘크리트에 대해 건설재료로서 공학적 특성을 이해하고 복합재료로서 철근콘크리트의 거동을 이해하고 활용할 수 있도록 설명하였다. 또한 2022년 개정된 콘크리트구조설계기준에 근거하여 철근콘크리트의 구조역학적 개념과 실험을 통해 얻어진 콘크리트 이론 및 공식을 이해하고 철근콘크리트 구조물을 설계할 수 있도록 구성하였다.

1장에서는 비등방성 비균질성인 콘크리트와 균질하고 등방성인 철근의 합성이 갖는 특성을 설명하고 복합구조재료로서 개념을 정리하였다. 2장에서는 콘크리트와 철근이 구조재료로서 공학적 특성과 설계법의 개념 및 특징을 설명하였다. 3장에서는 강도설계법의 기본 가정 및 개념을 다루었고 4장에서는 강도설계법에 의한 휨 설계방법을 설명하였다. 5장에서는 전단과 비틀림 설계를 6장에서는 철근의 정착과 이음 그리고 7장에서는 강도설계법으로 설계한 후 반드시 검토해야하는 사용성에 관해 설명하였다. 8장에서 기둥, 9장에서 슬래브, 10장에서 기초판, 11장에서 옹벽 설계방법을 예제와 함께 구체적으로 설명하였다.

모든 과정에서 SI단위를 기본으로 하였으며 구체적인 예제를 통해 본문의 내용을 이해하는데 도움을 주도록 노력하였다. 토목공학을 공부하는 학생들이 보다 쉽게 철근콘크리트 구조물의 설계에 접근할 수 있도록 이 책에서 소개된 내용들이 조금이라도 도움이 되었으면 하는 바램입니다.

끝으로 이 책을 출간하기까지 격려해주신 모든 분들께 감사드립니다.

2023. 1.

저자 **원 치 문**

목 차 Contents

부 록

CHAPTER

01 서론

- 1.1 콘크리트의 정의
- 1.2 기초개념

CHAPTER

01 서 론

1.1 콘크리트의 정의

철근콘크리트(RC : reinforced concrete)란 압축에 강하고 인장에 약한 콘크리트에 압축과 인장에 모두 강한 철근을 삽입하여 두 재료가 일체로 외력에 저항할 수 있도록 한 복합체이다. 이것은 주로 콘크리트 부재에서 인장응력이 발생하는 위치에 철근을 배근하여 콘크리트의 약점을 보완하는 목적으로 사용하지만 철근콘크리트 기둥과 같이 연성파괴를 유도하거나 콘크리트의 단면을 축소하여 공간을 활용할 목적으로도 사용된다.

여기서 콘크리트란 시멘트, 물, 골재, 혼화재료 등을 사용하여 체계적으로 배합한 혼합물을 필요한 모양과 크기의 거푸집 속에서 경화시켜 만든 재료를 말한다. 콘크리트는 대부분 잔골재와 굵은골재로 구성되어 있고 시멘트와 물은 화학적 반응을 통하여 골재 입자를 접착시키는 접착제로서 역할을 수행한다. 철근은 Reinforcing bar라고 하며 강철(Steel)로 만든 가늘고 긴 봉으로 대부분 표면을 콘크리트와 잘 부착되도록 요철로 만들었다. 경우에 따라서는 철근대신에 구조용 강재를 삽입한 철골콘크리트가 사용되기도 하고 고강도 재료를 사용하여 콘크리트에 프리스트레스를 도입하는 프리스트레스 콘크리트(pre-stressed concrete)도 많이 사용된다.

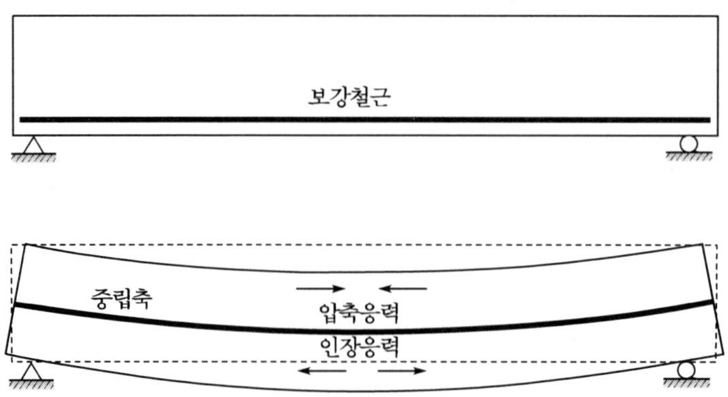

그림 1.1 철근콘크리트 보의 휨 거동

철근콘크리트는 압축강도는 높지만 인장강도는 낮은 콘크리트(plain concrete)와 콘크리트 속에 매립되어 콘크리트가 부족한 인장강도를 보충하는 보강 철근(reinforcing steel bars)의 합리적인 결합체라고 볼 수 있다. 그림 1.1은 인장에 약한 콘크리트를 인장 영역에서 철근으로 보강하는 철근콘크리트 개념을 보여주고 있다. 철근콘크리트 보에 배근된 보강철근이 인장응력으로 인한 콘크리트의 취성인장파괴를 방지하고 인장력에 저항하며 보가 외력에 저항할 수 있도록 한다.

1.2 기초개념

1.2.1 철근과 콘크리트의 상호작용

콘크리트는 시멘트, 물, 모래, 자갈 등으로 이루어진 복합재료로서 비균등질(non homogeneous)이고 비탄성적(non elastic)이며, 크리프(creep: 일정한 지속하중에 대한 변형의 증가 현상) 및 건조수축(shrinkage)이 발생하고, 압축강도는 비교적 크지만 인장강도는 매우 약하며 파괴 시 신장률이 작아 취성파괴를 나타낸다. 이에 비해 철근은 탄성한도 이하의 응력에 대해서는 거의 완전한 탄성체이며 파단 시 신장률이 상당히 커서 연성파괴가 발생한다.

이와 같이 역학적 성질이 다른 두 재료를 효율적으로 외력에 저항하도록 하기 위해서는 두 재료가 일체로 거동하도록 충분하게 부착되어 강성(Stiffness)을 증가시켜야 하며 콘크리트는 압축력을 부담하게 하고 철근은 인장력을 부담하도록 한다. 또한 철근과 콘크리트 두 재료가 각각 충분한 강도를 발휘하며 일체적으로 작용하기 위해서는 두 재료 간에 부착강도가 충분히 커야 한다. 이러한 부착강도를 증진시키기 위해 구조부재에 사용되는 철근은 이형철근으로 콘크리트와 접촉면적을 크게 하고 부착력 이외에 기계적인 저항력으로 철근의 정착에 기여할 수 있도록 한다.

탄성재료인 철근과 비탄성재료인 콘크리트를 복합적으로 결합한 철근콘크리트는 일반적인 역학이론으로 그 거동을 규명할 수 없으므로 수많은 실험에 의하여 얻어진 결과를 바탕으로 거동을 분석하고 여기에 적당한 가정을 도입하여 철근콘크리트 부재를 합리적으로 해석하고 설계하는 방법을 제시하여 왔다.

1.2.2 철근콘크리트의 성립 이유

철근콘크리트는 대표적인 복합재료로서 콘크리트에 철근이 삽입되어 효율적으로 외력에 저항할 수 있는 이유는 다음과 같다. 이것은 두 가지 이상의 재료를 복합적으로 결합하여 구조재료로 사용하기 위해서 반드시 확인해야 하는 사항이다.

① 콘크리트와 철근의 열팽창계수는 거의 같다(열팽창계수: 콘크리트 $1.0 \sim 1.3 \times 10^{-5}$/℃, 철근 1.2×10^{-5}/℃). 따라서 철근콘크리트가 외부 환경에 늘 노출되어 온도변화를 받는 건설부재로 사용되어도 두 재료에서 발생할 수 있는 온도 변화에 의한 응력 차이는 무시할 수 있다.

② 콘크리트와 철근은 서로 해가 되지 않는다. 오히려 시멘트의 수화반응에 의하여 생성되는 수산화칼슘($Ca(OH)_2$) 등에 의하여 콘크리트는 강알칼리성(pH 12~13)을 갖기 때문에 치밀한 콘크리트 중의 철근은 부동태 피막의 형성으로 부식되지 않는다.

③ 콘크리트와 철근 사이의 부착강도는 충분히 크다. 따라서 두 재료 사이의 활동을 방지할 수 있으므로 두 재료는 일체로 작용하며 이로 인해 부재강성을 증대시켜 하중에 합리적으로 저항할 수 있다.

1.2.3 철근콘크리트의 장·단점

철근콘크리트는 구조재료로서 아래와 같은 장·단점을 가지고 있다.

(1) 장점

① 거푸집에 콘크리트를 타설함으로써 구조물의 형상과 치수에 제약받지 않고 부재나 구조물을 만들 수 있다.
② 재료의 확보 및 운반이 용이하다.
③ 유지비가 거의 들지 않으며 구조물을 경제적으로 만들 수 있다.
④ 내구성(耐久性), 내화성(耐火性), 내진성(耐震性)이 좋다.
⑤ 구조물을 일체적으로 만들 수 있어 전체적으로 큰 강성을 얻는다.
⑥ 시공 시 특별한 숙련공이 필요 없다.
⑦ 필요로 하는 임의의 강도를 자유롭게 얻을 수 있다.
⑧ 역학적인 결점은 다른 재료를 사용하여 보충할 수 있다.

(2) 단점

① 비강도가 작다.(자중에 비해 강도가 작다.) 단, 중력댐, 중력식 옹벽 등 자중이 요구되는 구조물에서는 장점이 된다.

② 콘크리트는 취성재료이므로 부재의 모서리 등이 부분적인 파손이 일어나기 쉽다.

③ 건조수축, 온도, 크리프 등 여러 가지 이유로 균열이 발생하기 쉽다.

④ 구조물을 완성한 후에 내부 결함의 유무를 검사하기가 어렵다.

⑤ 완성된 구조물을 개조하거나 보강하는 경우 그 방법이 어렵고 비용이 많이 든다.

⑥ 경화하는데 시간이 걸리므로 시공일수가 길다.

⑦ 압축강도에 비해 인장강도와 휨강도가 작다.

CHAPTER

02 재료 및 공학적 특성

CHAPTER

02 재료 및 공학적 특성

2.1 콘크리트

2.1.1 시멘트와 물

시멘트는 물과 화학적으로 반응하여 점착력과 응집력을 가지고 고형물질을 결합시키는 재료이다. 철근 콘크리트에 사용되는 시멘트는 물을 만나면 화학반응을 하는 과정에서 응결(setting)하고 경화(hardening)하는 이른바 수경성 시멘트(hydraulic cement)이다. 이와 같이 시멘트가 경화체(硬化體)를 형성하기 위하여 물과 화학적으로 반응하는 것을 수화반응(hydration)이라 한다.

이 수화작용은 시멘트 입자의 표면으로부터 속으로 진행되며, 굳어지면서 반응속도는 차차 떨어지고 고체화되어 간다. 이것이 응결과 경화의 과정이다. 시멘트 풀 속에 있는 물은 시멘트 입자들의 표면에서 용해되어 체적과 강성이 점차적으로 증가하여 겔(gel)을 형성한다. 그래서 시멘트는 물을 가한 후 24시간이면 시멘트풀의 경화가 촉진된다. 수화반응은 시멘트 입자 속 깊이까지 계속해서 굳어지면서 반응의 속도는 감소되고 고체덩어리로 된다.

H. Rüsch에 의하면 시멘트가 완전히 수화반응을 하는 데 필요한 물의 양은 시멘트 중량의 약 25%에 달한다고 한다. 그러나 수화(水化)를 위해서는 물이 시멘트 입자에 도달할 수 있어야 하고 유동성(mobility)을 가져야 하므로 10~15%정도의 물이 더 요구된다고 한다. 그래서 시멘트의 수화를 위해서 필요한 물의 양은 최소 35~40%정도이고 작업성을 얻기 위해서는 이보다 더 큰 양이 필요하다. 여기서 수화에 쓰이고 남은 물은 증발하여 시멘트 풀 속에 공극을 남기고 이 공극은 경화한 콘크리트의 강도를 감소시킨다. 따라서 물-시멘트비가 증가하면 시멘트의 강도는 감소한다.

구조물용 콘크리트를 비빌 때 사용하는 물은 사람이 마실 수 있을 정도로 깨끗한 것이라야 한다. 즉, 기름, 산, 염류, 유기물 등이 유해량 이상 함유되어서는 안 된다. 또, 철근 콘크리트에서는 해수를 사용해서도 안 된다. 해수는 철근의 부식을 촉진시키기 때문이다.

철근 콘크리트에 쓰이는 수경성 시멘트는 포틀랜드 시멘트(portland cement)이다. 포틀랜드 시멘트는 KS L 5201에 그 품질이 규정되어 있으며, 가장 보편적으로 쓰이는 시멘트는 비중 3.05이상의 보통 포틀랜드 시멘트(ordinary portland cement)이다. 보통 포틀랜드 시멘트로 만든 콘크리트는 콘크리트를 친 후 7일 정도 지나면 거푸집을 제거할 수 있는 강도에 달한다. 즉, 7일 정도 지나면 설계강도(재령 28일 강도)의 약 70%의 강도가 발현되어 공사하중이나 자중을 지탱할 수 있는 강도에 달한다. 따라서 급속한 공사를 위해서는 조강 포틀랜드 시멘트가 사용된다. 이 시멘트는 재령 1~3일에서 보통 포틀랜드 시멘트의 재령 28일 강도를 낸다.

2.1.2 골재

골재(aggregate)는 보통 콘크리트 체적의 70~75%를 차지한다. 따라서 골재는 콘크리트의 모체가 되며 그 품질이나 특성이 콘크리트 성질에 매우 중요한 영향을 미친다. 자연골재의 강도는 일반적으로 콘크리트의 강도보다 크므로 콘크리트 품질에 영향을 거의 미치지 못하지만 골재의 모양, 크기, 입도 그리고 표면상태가 중요한 품질요소가 된다.

통칭으로 골재란 시멘트와 물에 혼합하는 모래, 부순모래, 자갈, 부순 자갈, 부순 돌, 기타 이와 비슷한 재료를 모두 말하며 이를 골재 또는 천연골재(mineral aggregate)라고 한다. 반면에 플라이애시(flyash), 점토 등을 팽창·소성시킨 인공 경량골재나 슬래그와 같은 골재는 인공골재(artificial aggregate)라 한다.

크기별로 구분하여 모래와 같이 고운 입자를 잔골재(fine aggregate), 자갈과 같이 큰 입자를 굵은골재(coarse aggregate)라고 한다. 콘크리트 표준시방서에서 시방배합을 정할 경우에는 5mm체를 다 통과하고 0.08mm(N. 200)체에 다 남는 골재를 잔골재로, 5mm체에 다 남는 골재를 굵은골재로 본다.

수화에 쓰이고 남은 물과 기포는 강도를 저하시키는 원인이 된다. 또한 골재가 치밀하게 잘 채워질수록 콘크리트의 강도, 내구성, 경제성이 좋을 뿐만 아니라 시멘트풀이 적게 소요되어 공사비용이 감소되며 수화열이나 건조수축에 의한 부피변화가 적어 균열발생을 최소화 할 수 있다. 골재가 치밀하게 채워진다는 것은 굵고 잔골재의 알이 고르게 섞여서 빈틈이 최소로 될 경우를 말하며, 골재의 입도가 중요한 요소가 되는 이유이다. 입도란 골재의 작고 큰 입자가 혼입된 정도를 말하며 골재의 입도는 조립률을 이용하여 수량적으로 나타낸다. 조립률은 80, 40, 20, 10, 5, 2.5, 1.2, 0.6, 0.3, 0.15mm의 10개 체를 한 개 조로 하는 체가름시험을 하였을 때, 전체 시료량에 대해 각 체에 남아있는 시료의 중량백분율의 합계를 100으로 나눈 값으로 정의하며 잔골재의 조립률은 2.3~3.1이 좋다고 하며 굵은골재의 조립률은 6~8이 적당하다고 콘크리트 표준시방서에 규정되어 있다.

중량으로 90% 이상 통과하는 체(sieve)중에서 최소치수의 체눈의 공칭치수로 나타낸 굵은골재의 치수를 굵은골재의 최대치수라고 한다. 철근 콘크리트에 있어서 굵은골재의 공칭 최대치수는, 철근콘크리트의 경우 부재최소치수의 1/5이하, 무근콘크리트의 경우 부재최소 치수의 1/4이하, 슬래브 두께의 1/3이하, 개별 철근, 다발 철근, 프리스트레싱 긴장재 또는 덕트 사이 최소 순간격의 3/4을 초과하지 않아야 한다. 굵은골재의 최대치수는 철근을 적절히 감싸주고 콘크리트가 허니콤 (honny comb) 모양의 공극을 최소화하기 위해 제한하고 있다. 굵은골재의 최대치수는 일반적인 경우 25mm, 단면이 큰 경우는 40mm를 표준으로 한다.

2.1.3 혼화재료

콘크리트의 성질을 개선할 목적으로 넣은 재료를 혼화재료(admixture)라 한다. 사용량이 비교적 적어서(시멘트 중량의 1%이하) 그 부피를 배합설계에서 무시할 수 있는 재료를 혼화제, 그 상량이 비교적 많아(시멘트 중량의 5%이상) 그 부피를 배합설계에서 고려해야 하는 재료를 혼화재라고 구분 한다. 혼화재료는 크게 유동화제, AE제 (air entraining agent) 등과 같이 작업성(workability)과 강도를 향상시키기 위한 재료, 촉진제, 방수제 등과 같이 굳지 않은 콘크리트나 경화된 콘크리트의 근본특성을 개선하기 위한 재료가 있다. 최근에는 여러 가지 다양하게 경제적인 혼화재료가 개발되면서 그 용도 및 사용처도 점차 증가되고 있다.

또한 콘크리트의 취약점인 인장강도, 휨강도 등을 개선하고 압축강도를 높이며 내화학성, 내약품성 등을 높이기 위해 시멘트를 전부 또는 일부를 대체하여 사용하는 폴리머 등이 있다. 이 폴리머 첨가 콘크리트는 최근 특수 콘크리트의 한 종류로 자리를 잡고 그 용도가 확대되어 가고 있다.

2.1.4 콘크리트의 배합

콘크리트의 배합(mixture proportion)은 콘크리트를 만드는 각 재료의 비율 또는 사용량을 말하며 배합설계(design of mixture proportion)란 소용의 강도, 내구성, 균일성, 수밀성, 작업에 맞는 워커빌리티 등을 가진 콘크리트를 가장 경제적으로 얻어지도록 시멘트, 잔골재, 굵은골재 그리고 필요한 경우 혼화재료의 비율을 정하는 것을 뜻한다.

강도만을 고려한다면 적당한 입도 분포를 가진 골재와 낮은 물-시멘트비(w/c)비로써 공기기포를 작게 하여 높은 강도를 얻을 수 있다. 그러나 물이 너무 적으면 작업성이 불량하고, 작업성을 고려하여 정해진 물량에 시멘트를 많이 넣어 작업성을 좋게 하면 고가의 시멘트가 많이 사용되므로 경제성이 좋지 않다. 따라서 적당한 비율로 적절한 강도, 작업성, 경제성을 고려하여 혼·배합하는 것이 중요하다.

콘크리트는 용이하게 다룰 수 있는 작업성을 가지는 범위 내에서 가장 적은 수량으로 비벼 강도, 내구성 기타 소요 성질을 개선하도록 하여야 한다. 따라서 배합 선정 시에는 다음과 같은 사항을 고려해야 한다.

1) 균일한 콘크리트를 만들기 위해 운반, 타설, 다짐작업이 가능한 범위내에서 최소단위 수량으로 배합한다. 즉 최소슬럼프(slump)의 콘크리트를 만든다.
2) 경제적으로 이용할 수 있고 콘크리트를 타설 하는데 지장이 없는 한도 내에서 될 수 있는 대로 최대치수의 굵은골재를 사용한다.
3) 기상작용, 화학작용, 침식작용 등 파괴적인 작용에 대해 충분히 저항할 수 있는 내구적인 콘크리트를 만든다.
4) 재하 되는 하중에 대하여 파괴의 위험 없이 저항할 수 있는 강도를 가진 콘크리트를 만든다.

콘크리트의 배합은 주어진 재료를 가장 경제적으로 사용하여 소정의 강도, 내구성 및 수밀성을 가지도록 선정하지 않으면 안 된다. 가장 적합한 조합을 찾는데 지침이 되는 기본적인 관계는 이미 확립되어 있으나 그 최종결정은 시험배합을 통하여 결정하여야 하고 이를 다시 현장실정에 맞도록 현장배합으로 수정하여야 한다.

2.2 콘크리트의 공학적 특성

2.2.1 압축강도와 탄성계수

경화한 콘크리트의 가장 중요한 성질은 압축강도(f_{ck})로써 이는 콘크리트 품질의 척도이며 재령 28일에서 강도를 말한다. 압축강도는 물시멘트비(w/c)에 의해서 주로 지배되나 휨인장강도는 물시멘트비가 압축강도에 미치는 영향보다 아주 적게 영향을 받는다. 이는 휨인장강도는 모르타르와 골재 사이의 부착강도에 의해서 좌우되기 때문이다. 한편 압축강도는 재령과 더불어 증진하며 처음 1주 동안 약 70% 정도의 강도발현을 보이고 2주 후에는

85~90%의 강도 발현을 보인다. 이처럼 초기에는 매우 빠른 속도로 강도가 증진되고 그 이후는 증진이 매우 완만하다. 이것은 수화작용이 초기에 왕성하나 응결 경화 한 후에는 수화작용이 매우 완만하기 때문이다.

콘크리트 공시체 제작 시 압축강도용 공시체는 ϕ150×300mm 원주형을 기준으로 하되 굵은골재 최대치수가 25mm 이하인 경우 ϕ100×200mm 공시체를 사용할 수 있으며 강도 보정계수 0.97로 보정해야 한다. 그림 2.1은 재령 28일의 콘크리트 압축강도 시험시에 응력 – 변형률 $(f-\epsilon)$ 곡선이다. 강도가 낮은 것일수록 파괴시 변형률이 크고 완만하며 강도가 큰 것일수록 파괴시 변형률이 작고 뾰족하다. 또한 고강도 콘크리트의 경우 $f-\epsilon$곡선의 특성은 압축강도의 반 정도까지는 직선이며 그 이후부터는 서서히 구부러지기 시작하여 최대 응력 근처에서 다시 하강한다. 강도가 20 MPa 정도의 보통강도 콘크리트에서 최대 응력 근처의 변형률은 대부분 0.002정도이고 파괴시의 변형률은 0.003~0.004를 보인다.

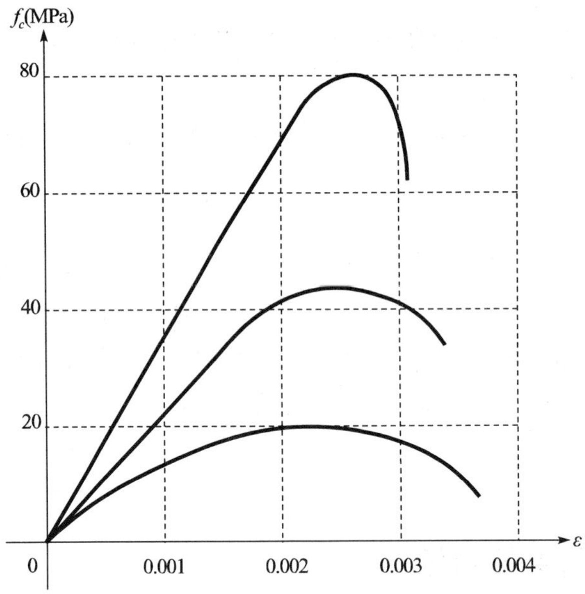

그림 2.1 콘크리트 압축강도별 응력-변형률 곡선

그림 2.2에서 알 수 있는 바와 같이 콘크리트의 응력-변형률곡선은 초기부터 곡선을 이루고 있으며 원점에서 이 곡선에 그은 접선이 이루는 각을 θ_1이라고 할 때, 이것으로 정의되는 탄성계수는 초기접선탄성계수(initial tangent modulus of elasticity)라고 한다. 응력-변형률곡선 상의 임의점에서 이 곡선에 그은 접선이 이루는 각을 θ_2라 할 때, 이것으로 정의되는 탄성계수를 접선탄성계수(tangent modulus of elasticity)라 한다. 또한 응력-

변형률곡선의 원점과 최대 응력의 45% 지점의 점을 연결하여 그 현의 기울기를 할선탄성계수(secant modulus of elastic) 또는 할선계수(secant modulus)라하며 콘크리트에서는 이를 탄성계수로 사용한다. 할선계수를 나타내는 직선이 변형률 축과 이루는 각도를 θ_3라고 한다면 탄성계수는 식 (2.1)로 표현된다.

$$E_c = \frac{f}{\epsilon} = \tan\theta_3 \tag{2.1}$$

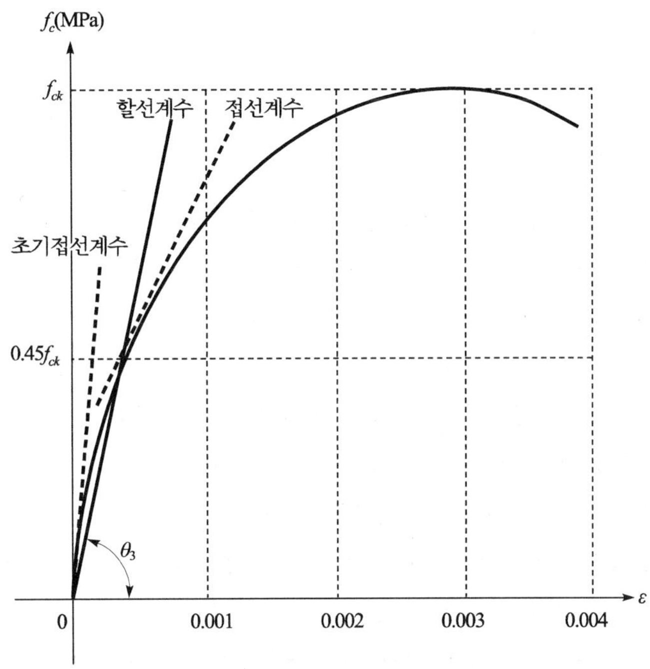

그림 2.2 응력-변형률 곡선에서 탄성계수의 의미

콘크리트의 탄성계수는 여러 가지 요인 중 특히 강도와 단위질량의 영향을 가장 많이 받는다. 콘크리트구조설계기준에서는 콘크리트의 단위질량 m_c의 값이 $1,450 \sim 2,500\ kg/m^3$인 경우에 탄성계수를 아래와 제시하였다.

$$E_c = 0.077\ m_c^{1.5}\ \sqrt[3]{f_{cm}}\ (MPa) \tag{2.2}$$

보통골재를 사용한 콘크리트($m_c = 2,300\ kg/m^3$) 경우에 이것을 식 (2.2)에 대입하면

$$E_c = 8,500\ \sqrt[3]{f_{cm}}\ (MPa) \tag{2.3}$$

여기서, 재령 28일에서의 콘크리트의 평균압축강도 f_{cm}는 다음과 같다.

$$f_{cm} = f_{ck} + \Delta f \tag{2.4}$$

여기서 Δf는 기준압축강도 40 MPa 미만의 콘크리트에 대해서는 4 MPa, 기준압축강도 60 MPa이상의 콘크리트에 대해서는 6 MPa이며, 기준압축강도 40 MPa이상, 60 MPa이하의 콘크리트에 대해서는 두 값에 대한 직선보간으로 결정한다.

크리프 계산에 사용되는 콘크리트의 초기접선탄성계수(E_{ci})와 할선탄성계수(E_c)와의 관계는 $E_c = 0.85 E_{ci}$이며 다음과 같이 계산된다.

$$E_{ci} = 10{,}000 \sqrt[3]{f_{cm}} \ (\mathrm{MPa}) \tag{2.5}$$

2.2.2 콘크리트 인장강도

콘크리트의 인장강도, 휨강도, 전단강도 등은 압축강도에 비해서 매우 작다. 따라서 콘크리트를 유용하게 사용하기 위해서는 콘크리트의 기타강도보다는 압축강도를 이용하는 설계가 바람직하다. 하지만 철근콘크리트 보의 전단 및 비틀림 저항은 사인장응력에 대한 콘크리트의 인장강도에 의하여 주로 좌우되므로 인장강도를 고찰해 볼 필요가 있다.

콘크리트의 순수한 인장강도를 결정하는 시험은 매우 어렵다. 수년 동안 인장의 특성을 휨인장강도인 파괴계수(modulus of rupture)에 의하여 측정해 왔다. 최근에는 콘크리트 인장강도의 한 측정방법으로써 쪼갬 인장강도 시험(splitting tensile strength test)이 확립되었다(KS F 2423). 이 시험방법은 압축강도시험용과 같은 ϕ150×300mm 콘크리트 공시체를 압축시험기 사이에 수평으로 뉘워 놓고 위아래의 두 평면에 따라 균일하게 압축력을 가해 공시체를 쪼개는 시험방법이다. 휨강도(flexural strength)는 콘크리트 보를 단순지지로 놓고 중앙에 또는 경간을 3등분 하는 두 점에 집중하중을 가해 강도를 구한다(KS F 2608). 하지만 전단강도(shearing strength) 시험은 아직 표준화된 것이 없다.

(1) 인장강도 (Tensile Strength)

1축 인장하중에서의 콘크리트의 응력-변형률관계는 압축응력에 비해서 훨씬 작은 응력 범위에서 존재하지만 균열이 일어나기 전까지는 거의 직선에 가깝다. 특수한 시험기기(stiff testing machine)를 사용하면 균열 폭이 아주 작은 상태의 균열 후 인장 저항력도 구할 수 있다. 미세한 균열이 발생하고 나서도 여전히 인장응력을 전달할 수 있는 현상은 균열 면이 국부적으로 매우 거칠고 균열 폭이 0.05mm 이하로 매우 작은 경우에는 균열의 울퉁불퉁한 면을 통하여 인장응력이 얼마간 전달되기 때문일 것이다(골재 맞물림 현상).

aggregate interlocking)

실험에 의하면 콘크리트의 인장강도는 상당히 다양하게 나타나며 대략 압축강도 f_{ck}의 8%~15%에 그치고 있다. 이렇게 압축강도와 인장강도의 차이가 많이 나는 이유 중의 하나는 콘크리트에 존재하는 많은 미세한 균열 때문이라고 볼 수 있다. 적당한 응력상태에서 균열이 압축강도에 그렇게 뚜렷한 영향을 미치지 않는데 그 이유는 압축이 균열을 닫치게 하여 균열단면(cracked section)이나 비균열단면(uncracked section)에서 응력의 전달에 차이가 없기 때문이다.

그러나 콘크리트가 인장을 받게 되면 단면에서의 응력의 분포가 변하게 되는데 그 이유는 인장이 균열을 넘어서 전달되지 못하고 오직 비균열단면을 통해서만 전달될 수 있기 때문이다. 인장을 전달하는데 유효한 단면이 전체단면보다 축소되었으므로 실제의 응력은 평균응력을 초과하게 된다. 인장응력이 내부균열과 공극을 지나서 전달되면서 균열 끝이나 공극주위에 응력집중(stress concentration)이 발생하게 된다. 비록 전체단면에 대한 평균 인장응력은 작다고 하더라도 국부적인 응력은 내부균열의 길이를 증가시킬 수 있을 정도로 클 수 있다. 따라서 비균열단면이 감소되면서 응력의 증가는 자꾸 빨라지면서 파괴가 일어날 것이다. 콘크리트 재료의 특성으로 균열의 크기와 위치를 예측할 수 없기 때문에 당연히 인장강도는 상당히 분산되어 나타나게 된다.

콘크리트 공시체를 순수 축인장 실험을 수행하는 일은 쉽지 않기 때문에 콘크리트의 균열강도는 보통 간접적인 할렬실험(split-cylinder test)과 휨실험(bending test)를 통해서 구한다.

(2) 쪼갬인장강도 시험 (split tension test)

쪼갬인장강도 f_{sp}는 표준 원주형 공시체(ϕ150mm×300mm)를 누워 놓고 그림 2.3과 같이 실험한다. 이렇게 하중을 작용시키면 공시체의 맨 위와 맨 아래를 제외하고 단면의 중앙에 따라서 연직면에 순수한 인장응력 상태가 발생한다.

쪼갬인장실험에 의한 쪼갬인장강도 f_{sp}는 다음과 같은 식으로 계산할 수 있다.

$$f_{sp} = \frac{2P}{\pi L d} \tag{2.6}$$

실험결과를 근거로 보통 중량골재 콘크리트의 쪼갬인장강도를 28일 압축강도 f_{ck}로 표현하면 다음과 같다.

$$f_{sp} = (0.5 \sim 0.6)\sqrt{f_{ck}} \tag{2.7}$$

또한 경량골재 콘크리트에서 f_{sp}는 아래와 같다.

$$f_{sp} = (0.33 \sim 0.41)\sqrt{f_{ck}} \tag{2.8}$$

여기에서 f_{ck}의 단위는 MPa이지만 식에서는 등가의 N/mm^2로 표현하면 계산이 편리해진다.

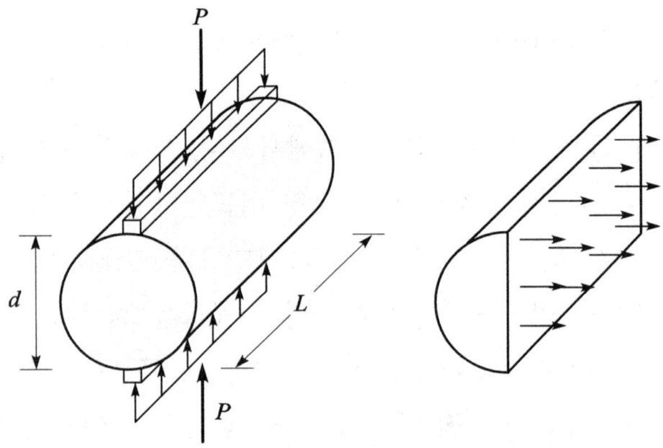

그림 2.3 쪼갬인장강도 시험

(3) 휨 강도시험(Flexural Strength Test)

150mm × 150mm × 530mm [L/3 × L/3 × (L + 80mm) : L = 450mm]의 장방형 무근 콘크리트 보를 사용해서 보의 중앙 점에 하중을 작용(KS F 2407)시키거나 또는 3등분점 하중법(third-point loading, KS F 2408)(그림 2.5 참고)에 의해서 보가 파괴될 때까지 하중을 작용시켜서 시험을 수행한다. 거동이 탄성적이고 휨응력이 단면의 중립축에서 직선으로 분포한다고 가정하여 보 중앙 하면에서의 최대 인장응력을 계산하여 콘크리트의 휨인장강도 또는 파괴계수(modulus of rupture)라 하고 f_r로 표기한다.

시험에서 작용하는 휨모멘트를 아래와 같이 휨공식에 대입하여 구한다.

$$f_r = \frac{M}{I}y = \frac{\frac{P}{2} \times \frac{L}{2}}{\frac{bh^3}{12}}\frac{h}{2} = \frac{3PL}{2bh^2} \tag{2.9}$$

$$f_r = \frac{M}{I}y = \frac{\frac{P}{2} \times \frac{L}{3}}{\frac{bh^3}{12}}\frac{h}{2} = \frac{PL}{bh^2} \tag{2.10}$$

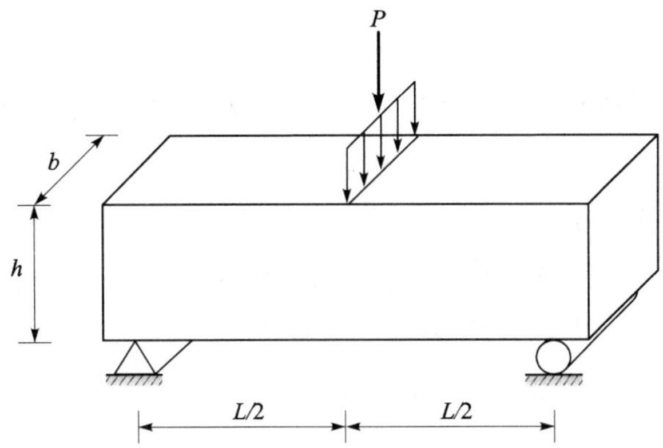

그림 2.4 2등분점 휨강도 시험

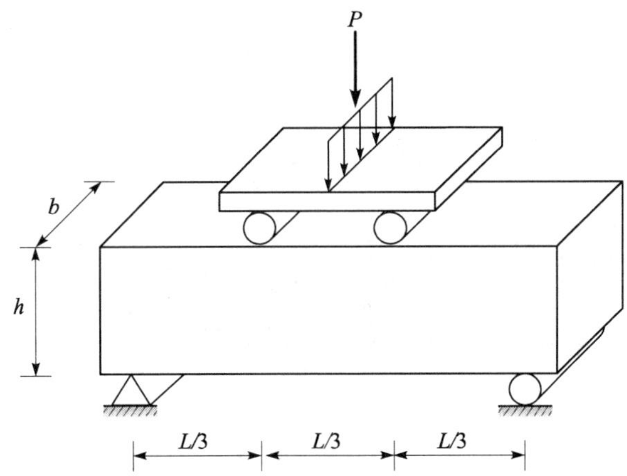

그림 2.5 3등분점 휨강도 시험

단, 식 (2.10)은 균열이 경간 방향 중심선의 3등분점 사이에 나타났을 때만 사용할 수 있으며, 균열이 3등분점 바깥쪽에 나타나면 다른 식을 사용하여야 한다.

콘크리트설계기준에서는 파괴계수(modulus of rupture)를 다음 식으로 제시하고 있다.

$$f_r = 0.63\lambda\sqrt{f_{ck}} \tag{2.11}$$

여기에서

보통중량콘크리트 : $\lambda = 1.0$

전경량 콘크리트(all-lightweight concrete) : $\lambda = 0.75$

모래경량 콘크리트(sand-lightweight concrete) : $\lambda = 0.85$

2.2.3 크리프(Creep)

크리프란 일정한 응력이 장기간 지속되고 있을 때 시간이 경과함에 따라 콘크리트의 변형이 증가하는 현상을 말한다. 크리프 변형은 재하 초기에 매우 빠르게 진행되지만 시간이 경과함에 따라 증가속도가 점점 감소한다. 또한 재하하중이 어느 한도 이내에 있을 경우에 크리프 변형은 시간의 경과와 함께 일정한 값으로 수렴하지만 재하하중이 어느 한도를 초과하면 크리프 변형이 시간경과와 함께 증가하여 파괴를 일으킨다. 이러한 파괴를 일으키는 한계하중을 크리프 한도(Creep Limit)라고 한다.

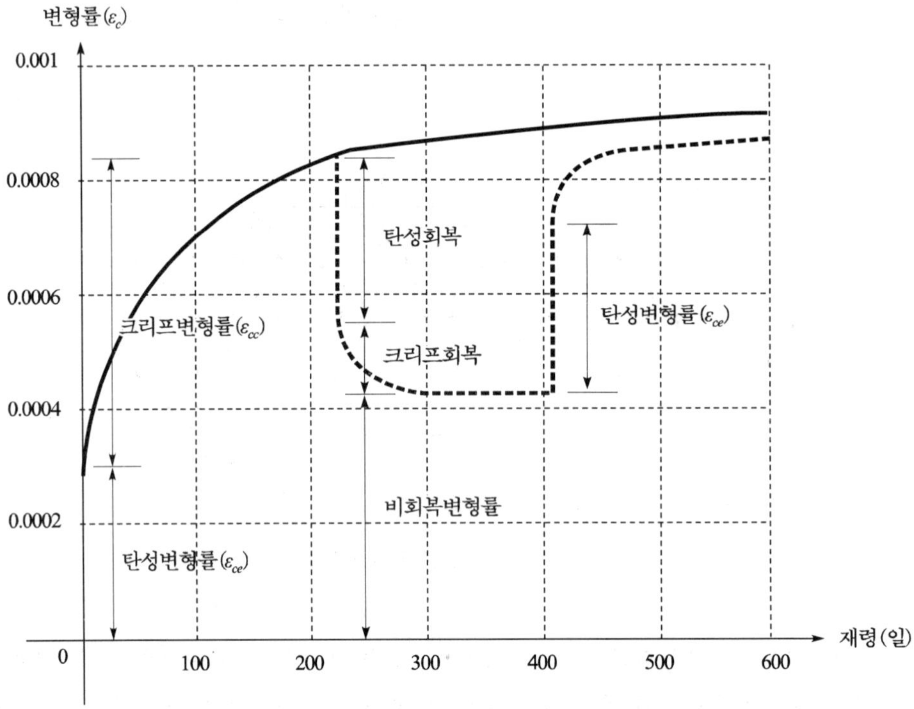

그림 2.6 재령에 따른 콘크리트 크리프

(1) 크리프 거동

그림 2.6은 재령28일 만에 약 6 MPa의 일정응력으로 공시체를 재하 한 경우 크리프의 진행과정을 보여주는 것이다. ϵ_{ce}는 재하 후 바로 발생된 변형률로 콘크리트 순간변형률 또는 콘크리트 탄성 변형률(concrete elastic strain)이라 하고 ϵ_{cc}는 콘크리트 크리프 변형률(concrete creep strain)이다. 실선은 일정기간동안 계속 재하 했을 경우이고 점선은 중

간에 하중을 제거했다가 다시 재하 한 경우이다. 실선의 경우 처음 콘크리트 탄성변형률 ϵ_{ce} 에 비해 200일 후의 콘크리트 크리프 변형률 ϵ_{cc} 가 약 2배 이상 임을 보였다. 점선은 중간에 하중을 제거했을 때 거의 초기 탄성변형만큼의 즉시탄성회복(instantaneous elastic recovery)이 일어나고 시간이 지남에 따라 얼마간의 크리프회복(creep recovery)이 일어나는 것과 회복이 불가능한 영구변형(잔류변형)이 남는 것을 보여준다. 그러나 회복되었다가 다시 재하하면 최종 변형률은 실선의 경우보다 작음을 보인다. 크리프의 변형률은 압축강도 1/2이하의 응력에서는 가해진 응력에 비례하고 동일한 응력 하에서는 고강도 콘크리트가 저강도 콘크리트보다 작은 크리프 변형률을 보인다.

콘크리트의 크리프 변형은 다음과 같은 요인에 의존한다.

① 배합시 시멘트량이 많을수록 또한 w/c가 크면 크리프는 크다.

② 하중을 재하 할 때의 재령이 클수록 크리프는 작게 일어난다. 다시 말하면 고강도 콘크리트는 저강도 콘크리트보다 크리프가 작다.

③ 주위의 온도가 높을수록 습도가 낮을수록 (건조고온) 크리프 변형은 커진다.

④ 부재치수가 작을수록 크리프는 크다.

⑤ 재하응력이 클수록 크리프는 크다.

(2) 크리프 계수

작용응력이 콘크리트 압축강도의 약 40%이하이면 크리프 변형률은 작용응력에 비례하며 이것을 Davis-granville의 가정이라고 한다. 이 범위에서 콘크리트 크리프 변형률 ϵ_{cc} 와 탄성변형률 ϵ_{ce} 의 관계는 다음 식 (2.12)와 같이 나타낼 수 있다.

$$\epsilon_{cc} = \phi \epsilon_{ce}$$

$$\phi = \frac{\epsilon_{cc}}{\epsilon_{ce}} \tag{2.12}$$

여기서 ϕ 를 크리프 계수(creep coefficient)라고 하며 일반적으로 최종 크리프 계수는 옥외구조물인 경우 2.0, 옥내 구조물인 경우 3.0 그리고 수중에서 1.0 정도이다.

2.2.4 건조수축, 온도변화

콘크리트가 습기를 흡수하면 팽창하고 건조하면 수축한다. 이것은 시멘트풀이 팽창하고 수축하기 때문이다. 즉, 시멘트풀은 주위의 습도가 높을 때는 수분을 흡수하여 팽창하고, 주위의 습도가 낮을 때는 수분을 방출하여 수축한다. 따라서 콘크리트속의 자유로이 움직일 수 있는 물이 적을수록, 또한 공극이 적을수록 건조수축은 작게 일어난다. 콘크리트는 수화에 필요한 양보다 많은 물을 사용한다. 따라서 수화하고 남은 물은 공극에 머물러 있다가 대기가 건조하면 방출된다. 이때 건조수축이 일어난다. 따라서 w/c가 크면 건조수축은 커진다. 또한 모르타르(mortar)는 콘크리트의 2배 정도의 건조수축을 나타낸다. 이는 단위 시멘트량이 많으면 건조수축이 커짐을 나타낸다. 따라서 건조수축은 단위수량과 단위 시멘트량에 좌우된다. 콘크리트의 건조수축을 적게 하려면 단위수량을 되도록 적게 하는 것이 가장 중요하고 부배합(富配合)을 피해야 하며, 아울러 상당한 기간 세심한 주의를 기울여 양생하는 것이 필요하다.

건조수축은 구조물에 해롭다. 콘크리트 부재는 외부에서부터 내부로 향하여 건조해 들어가기 때문에 표면에는 인장응력이 일어나고 내부 철근에는 압축응력이 발생한다. 또한 외부 인장응력이 콘크리트의 낮은 초기 인장강도를 초과하면 건조수축 균열이 발생할 수도 있다. 따라서 초기 재령의 콘크리트에 인장응력이 발생하지 않도록 주의해야 한다. 보통 콘크리트의 최종 건조수축 량은 0.0002~0.0007의 범위이다.

콘크리트의 건조수축 변형률은 대기의 평균상대습도, 부재의 크기 등을 고려하여 콘크리트구조 설계기준(KDS 14 20)에 규정된 다음 식 (2.13)에 따라 구할 수 있다.

$$\varepsilon_{sh}(t, t_s) = \varepsilon_{sho}\beta_s(t-t_s) \tag{2.13}$$

여기서, ε_{sho}와 $\beta_s(t-t_s)$는 다음 식 (2.14)에서 식 (2.17)까지에 의해 계산하여야한다.

$$\varepsilon_{sho} = \varepsilon_s(f_{cm})\beta_{RH} \tag{2.14}$$

$$\varepsilon_s(f_{cm}) = [160+10\beta_{sc}(9-f_{cm}/10)]\times 10^{-6} \tag{2.15}$$

$$\beta_{RH} = \begin{cases} -1.55[1-(RH/100)^3]\,(40\% \le RH < 99\%) \\ 0.25(RH \ge 99\%) \end{cases} \tag{2.16}$$

$$\beta_s(t-t_s) = \sqrt{\frac{(t-t_s)}{0.035\,h^2+(t-t_s)}} \tag{2.17}$$

$$\beta_{sc} = \begin{cases} 4 & : 2\text{종 시멘트} \\ 5 & : 1\text{종}, 5\text{종 시멘트} \\ 8 & : 3\text{종 시멘트} \end{cases}$$

외기의 온도가 20℃가 아닌 경우 β_{RH} 및 $\beta_s(t-t_s)$는 다음 식 (2.18)과 식 (2.19)에 의해 보정하여야 한다.

$$\beta_{RH,T} = \left[1 + \left(\frac{8}{103 - RH}\right)\left(\frac{T-20}{40}\right)\right]\beta_{RH} \tag{2.18}$$

$$\beta_s(t-t_s) = \sqrt{\frac{(t-t_s)}{0.035h^2\exp[-0.06(T-20)] + (t-t_s)}} \tag{2.19}$$

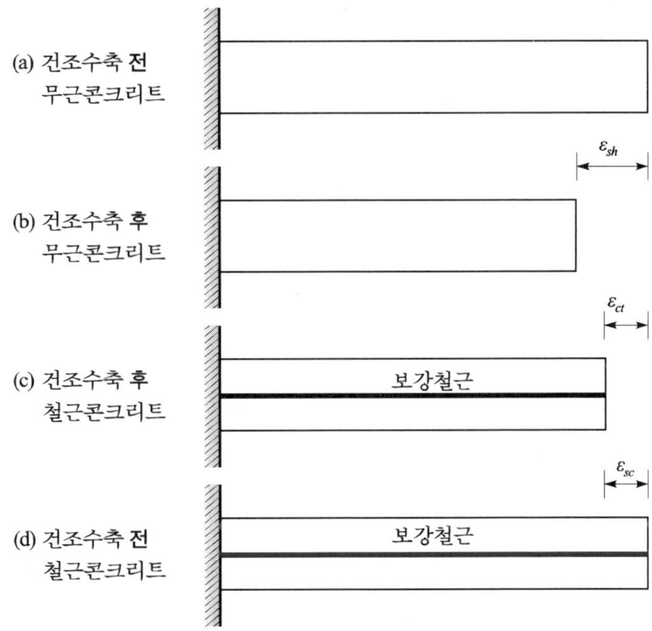

그림 2.7 철근콘크리트 부재의 건조수축

그림 2.7(c)에서와 같이 콘크리트 속에 철근을 넣으면 철근이 콘크리트의 수축을 방해하여 부재의 길이는 그림 2.7(b)의 무근콘크리트보다 덜 수축한다. 따라서 철근에는 압축변형 ϵ_{sc}가 일어나고 콘크리트에는 인장 변형 ϵ_{ct}가 일어난다. 그러므로 콘크리트가 본래 수축되어야할 량 ϵ_{sh}는 위 그림에서 보듯이 $\epsilon_{sh} = \epsilon_{ct} + \epsilon_{sc}$이고, 콘크리트 단면에 작용하는 인장력(T)과 철근에 작용하는 압축력(C)은 동일한 값으로 평형을 이루도록 거동한다. 즉,

$C = A_s f_{sc} = A_c f_{ct} = T$이고 이것으로부터 $f_{ct} = (A_s/A_c) f_{sc}$가 성립한다.

후크의 법칙 $f_c = E_c \varepsilon_c$와 $f_s = E_s \varepsilon_s$ 로부터 $\epsilon_{ct} = f_{ct}/E_c$와 $\epsilon_{sc} = f_{sc}/E_s$가 성립하므로

$$\begin{aligned} \epsilon_{sh} &= \epsilon_{ct} + \epsilon_{sc} = f_{ct}/E_c + f_{sc}/E_s = (A_s/A_c) f_{sc}/E_c + f_{sc}/E_s \\ &= f_{sc}/E_s\{(E_s/E_c)(A_s/A_c) + 1)\} \end{aligned} \tag{2.20}$$

여기서, f_{ct} : 콘크리트에 작용하는 인장응력

f_{sc} : 철근에 작용하는 압축응력

A_c : 콘크리트의 단면적

A_s : 철근의 단면적

탄성계수비 $n = E_s/E_c$을 도입하여 식 (2.20)을 정리하면 식 (2.21)로 된다.

$$\epsilon_{sh} = \frac{f_{sc}}{E_s}\left(\frac{nA_s}{A_c} + 1\right) \tag{2.21}$$

따라서 철근에 발생하는 압축응력(f_{sc})과 콘크리트에 발생하는 인장응력(f_{ct})은 다음과 같다.

$$f_{sc} = \frac{\epsilon_{sh} E_s}{1 + \dfrac{nA_s}{A_c}} \tag{2.22a}$$

$$f_{ct} = \frac{\epsilon_{sh} E_c}{1 + \dfrac{A_c}{nA_s}} \tag{2.22b}$$

또한 온도에 따른 콘크리트 부재의 변형은 온도가 올라가면 팽창하고 내려가면 수축한다. 온도에 의한 수축이 건조수축과 동시에 일어나면 심한 균열이 유발되며 부정정구조물에서 온도변화로 인한 변형은 부재에 해로운 영향을 미친다. 즉 라멘, 아치 등의 부정정 구조물에서는 온도변화로 인한 신축 때문에 온도응력이 크게 일어난다. 콘크리트구조설계기준에는 콘크리트 및 철근의 열팽창 계수를 1℃에 대하여 1×10^{-5}으로 보도록 규정하고 있으며 또한, 일반적으로 정정구조물에서는 건조수축이나 온도변화에 의한 응력을 무시해도 좋으나, 부정정 구조물에서는 그들의 영향을 설계에 고려해야 한다.

2.2.5 조합응력을 받는 콘크리트 강도

콘크리트로 건설된 많은 구조물의 경우 여러 방향에서 응력이 동시에 작용하는 경우가 많다. 이와 같은 조합응력이 아무리 복잡하게 작용하더라도 한 개의 정육면체에 서로 직교하는 3개의 주응력으로 분류할 수가 있다. 이 3개의 주응력은 인장력 아니면 전단력이다. 만약 이들 중에서 하나가 0이면 2축 응력상태이고 2개가 0이면 1축 응력상태이다. 2축 응력상태는 시험에 의해서 잘 확립되었으며 상관도 형식으로 나타낼 수 있다.

그림 2.8은 f_{ck}를 사용하여 무차원화 하여 수직방향(f_v)과 수평방향 (f_h)의 응력관계를 보인다. 이 그림은 압축응력이 각각 직각방향에서 작용할 때 그 강도는 1축 압축강도보다 약 20% 증가함을 보여준다. 그러나 압축과 인장이 결합될 때는 압축강도는 거의 직선적으로 감소한다. 즉, 1축 인장강도의 반 정도의 가로방향 인장은 세로방향 압축강도를 1축 압축강도의 반 정도로 감소시킨다.

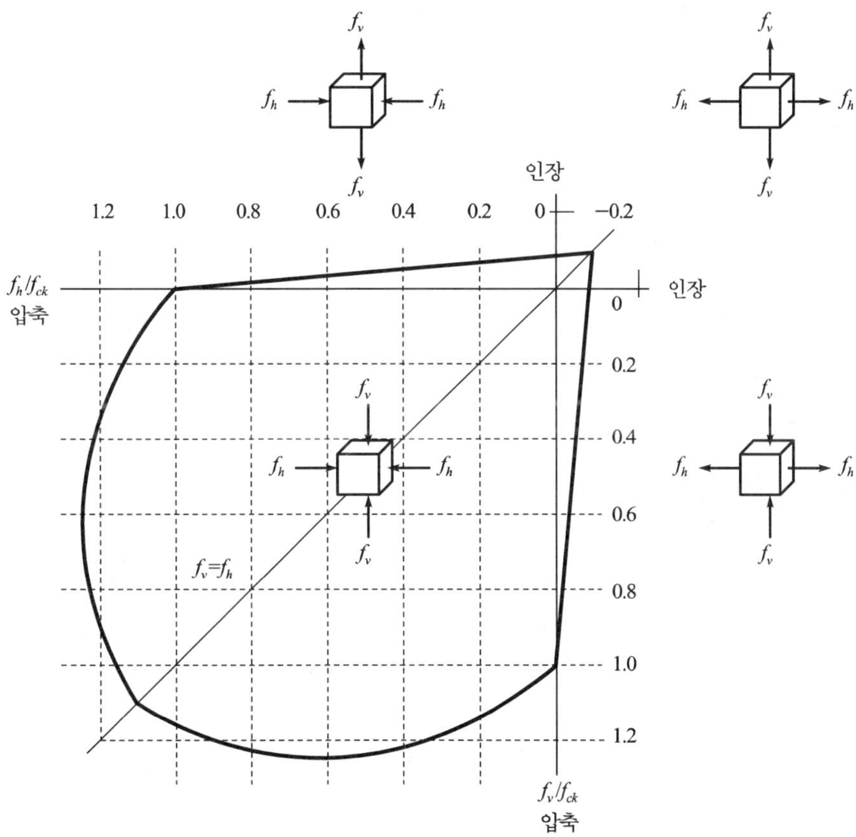

그림 2.8 2축응력 상태에서 콘크리트 강도

2축 응력상태는 근사적 방법으로 설명하기 위해서 Mohr−Coulomb의 이론이 이용된다. 이것은 Mohr이론의 특별한 경우로써 재료의 파괴를 유발하는 응력의 조합을 나타내는 영역에 접하는 Mohr 응력원과 같은 파괴영역으로 정의된다. 그림 2.9에서 원 1은 1축 인장상태의 파괴이며 원 2는 1축 압축상태의 파괴이다. 원 3과 원 4가 조합응력 상태의 파괴를 나타내며 원 3은 인장응력이 압축응력에 직각으로 작용할 때이며 원 4는 최소주응력 f_2가 최대주응력 f_1에 직각으로 작용하며 f_1, f_2 모두 압축응력이다.

콘크리트 나선철근 기둥과 같이 나선철근 등에 의해 횡방향으로 구속을 받으면 3축 압축응력 상태가 되며 1축 압축응력 상태와 현저하게 다른 거동을 한다. 3축 압축응력 상태에서는 측방향 압력의 증가에 따라 압축강도가 비약적으로 증가하며 비탄성 영역이 커지고 연성이 증가한다.

이와 같이 조합응력상태에서는 콘크리트의 강도를 합리적으로 계산할 수 없고, 콘크리트 구조물의 위치에 따라 작용하는 응력을 계산하는 것도 거의 불가능하다. 그래서 계속적으로 시험에 의존하는 것이 하나의 중요한 이유이다.

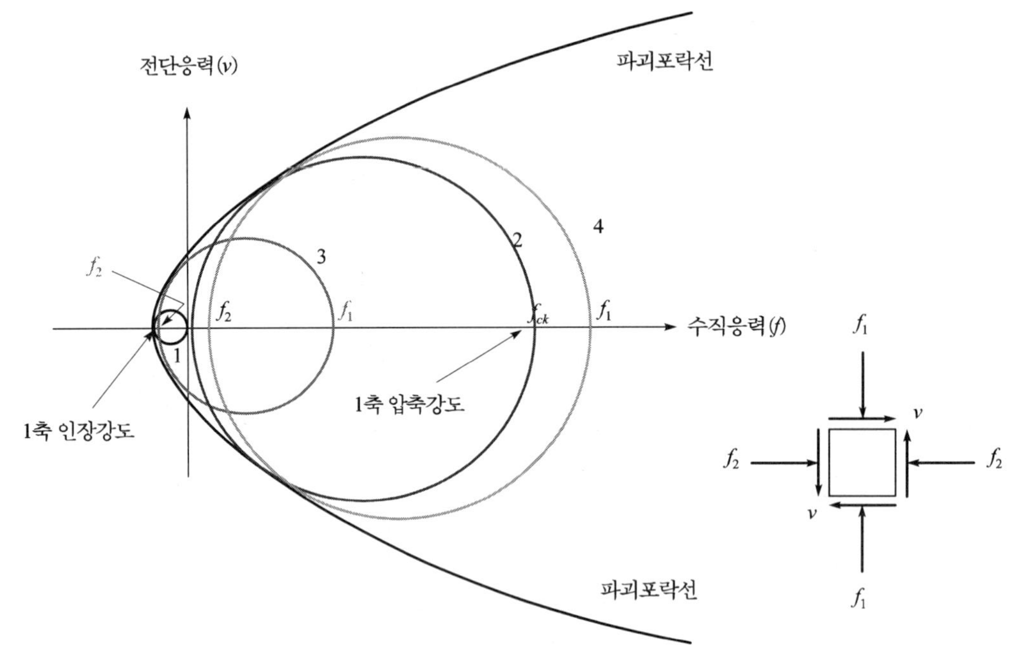

그림 2.9 콘크리트의 2축 응력상태

2.2.6 설계기준강도와 배합강도

설계기준강도(f_{ck})란 구조물을 설계할 때 기준으로 하는 압축강도를 말하며 배합강도(f_{cr})란 콘크리트의 배합설계 시 목표로 하는 압축강도를 말한다. 목표로 하는 배합강도에 맞추어 배합을 하였다 하더라도 그리고 동일한 재료와 동일한 배합방법을 사용하였음에도 불구하고 여러 가지 요인에 의해서 콘크리트는 품질이 어느 정도 차이가 나므로 콘크리트 압축강도는 그림 2.10과 같은 정규분포를 가진다. 또한 콘크리트는 공사기간 중 그 품질이 어느 정도 변하는 것을 피할 수가 없다. 따라서 설계기준강도를 확보하여 구조물을 안전하게 하기 위해서는 설계기준강도를 어느 정도 웃도는 강도를 얻도록 배합을 정하여 콘크리트를 제조해야 한다. 이것이 그림 2.10과 같이 배합강도(f_{cr})를 설계기준강도(f_{ck})보다 크게 해야 하는 이유이다.

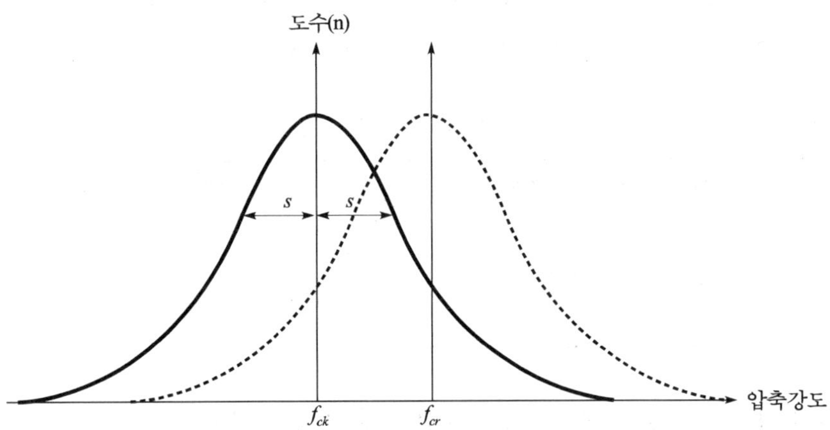

그림 2.10 압축강도 정규분포도에서 f_{ck}와 f_{cr}의 관계

정규분포도에서 표준편차(standard deviation) s와 변동계수(coefficient of variation) V는

$$s = \sqrt{\frac{\Sigma(x_i - \bar{x})^2}{n-1}}, \quad V(\%) = \frac{s}{\bar{x}} \times 100$$

여기서, x_i는 각각의 시험값이고 n은 시험횟수 그리고 $\bar{x}$는 시험값의 평균이다.

이에 대해서 콘크리트구조설계기준에는 배합강도(f_{cr})를 다음과 같이 규정하고 있다.

① 콘크리트 배합선택의 기초로 사용되는 배합강도(f_{cr})는 규정에 따라 계산된 표준편차(s :standard deviation)를 이용하여 다음 두식에 의해 계산된 두 값 중 큰 값보다 커야한다.

$f_{ck} \leq 35$ MPa인 경우

$$f_{cr} = f_{ck} + 1.34s \tag{2.23a}$$

$$f_{cr} = (f_{ck} - 3.5) + 2.33s \tag{2.23b}$$

$f_{ck} > 35$ MPa인 경우

$$f_{cr} = f_{ck} + 1.34s \tag{2.24a}$$

$$f_{cr} = 0.9f_{ck} + 2.33s \tag{2.24b}$$

② 배합강도(f_{cr})는 요건에 맞는 표준편차의 계산을 위한 현장강도 기록 자료가 없을 경우 또는 압축강도의 시험 횟수가 14회 이하인 경우 다음 표에 따라 결정하여야 한다.

표 2.1 시험횟수가 14회 이하이거나 기록이 없는 경우의 배합강도

설계기준강도 f_{ck} (MPa)	배합강도 f_{cr} (MPa)
21 미만	f_{ck} + 7
21 이상 35 이하	f_{ck} + 8.5
35 초과	$1.1f_{ck}$ + 5.0

상기의 표준 편차는 30회 이상의 시험을 통해 구한 것이어야 하며 시험회수가 29회 이하인 경우의 표준편차는 다음의 보정계수를 사용해야 한다.

표 2.2 시험이 29회 이하일 때 표준편차에 대한 보정계수

시험 회수[1]	표준편차의 보정계수[2]
15	1.16
20	1.08
25	1.03
30 또는 그 이상	1.00

[1] 위 표에 명시되지 않은 시험 횟수는 직선 보간 한다.

[2] 배합강도를 결정하기 위해 사용되는 표준편차의 보정계수

이렇게 하여 만든 콘크리트의 강도는 다음의 두 조건이 충족되면 만족한 것으로 간주한다.

① 3번의 연속강도 시험의 결과 그 평균값이 f_{ck} 이상 일 때,

② 개별적인 강도 시험값이 f_{ck}가 35 MPa 이하인 경우에는 $f_{ck}-3.5$ MPa 이상, 또한 f_{ck}가 35 MPa 초과인 경우에는 $0.9f_{ck}$ 이상인 경우

상기의 조건 중의 하나라도 충족되지 않으면 뒤따르는 강도시험 결과의 평균값을 증가시키는 조치를 취해야 한다.

2.3 철근

콘크리트를 보강할 목적으로 콘크리트 속에 묻어 넣은 강재를 철근(reinforcing bar)이라 하며 주로 강봉이 사용된다. 철근은 고강도 재료로써 철근의 인장강도나 압축강도에 사용되는 항복강도는 보통 구조용 콘크리트 압축강도의 10배에 해당한다. 반면에 철근은 콘크리트에 비해 고가이므로 이 두 재료를 결합하여 콘크리트는 압축응력에 저항하도록 하고 철근은 인장응력에 저항하도록 결합하여 사용하는 것이 이상적이다. 이렇게 철근은 주로 인장응력에 저항하도록 설계하나 때로는 단면을 축소할 목적으로 압축 측에도 사용하고, 사인장 응력에 저항하도록 사인장철근으로 사용되기도 하며 균열과 파괴에 대해서 안전하도록 최소철근으로도 사용된다.

2.3.1 철근의 종류

철근은 표면의 요철의 유무에 따라 원형철근과 이형 철근으로 구분한다. 즉, 그림 2.11과 같이 표면에 마디와 리브(rib) 등의 돌기가 있는 강봉을 이형철근이라 하고, 이러한 돌기가 없이 매끈한 강봉을 원형철근이라 한다.

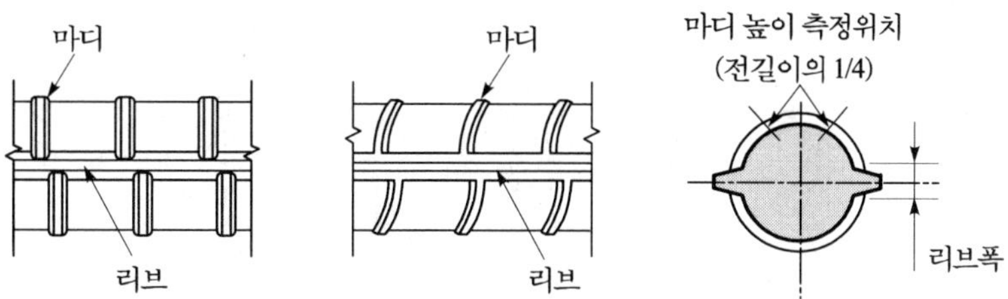

그림 2.11 이형철근의 마디와 리브

표 2.3 철근의 종류 및 기계적 성질 (KS D 3504)

종류	기호	항복강도 또는 0.2% 내력 (MPa)	인장강도 (MPa)
원형 철근	SR 240	240 이상	380 이상
	SR 300	300 이상	440 이상
이형 철근	SD 300	300 이상	440 이상
	SD 350	350 이상	390 이상
	SD 400	400 이상	560 이상
	SD 500	500 이상	620 이상
이형 철근 (용접용)	SD 400W	400 이상	560 이상
	SD 500W	500 이상	620 이상

표 2.3은 KS D 3504에 규정되어있는 철근의 종류와 항복점 및 인장강도를 나타낸 것이고 표 2.4는 이형철근의 공칭치수를 나타낸 것이다. 철근의 성질은 항복점과 탄성계수로 대표된다. 항복점은 인장의 경우나 압축의 경우나 거의 동일하며 탄성계수는 200,000 MPa이 사용된다.

표 2.4 이형철근의 제원

호칭	공칭지름 (mm)	공칭 단면적 (mm^2)	공칭둘레 (mm)	단위질량 (kg/m)
D 6	6.35	31.67	20	0.249
D10	9.53	71.33	30	0.560
D13	12.7	126.7	40	0.995
D16	15.9	198.6	50	1.56
D19	19.1	286.4	60	2.25
D22	22.2	387.1	70	3.04
D25	25.4	506.7	80	3.98
D29	28.6	642.4	90	5.04
D32	31.8	794.2	100	6.23
D35	34.9	956.6	110	7.51
D38	38.1	114.0	120	8.95
D41	41.3	134.0	130	10.50
D51	50.8	202.7	160	15.9

아래 그림 2.12에서 보듯이 철근의 응력-변형률 곡선의 모양, 특히 처음 부분은 중요한 의미를 가지며 고강도 철근일수록 파괴시 변형률이 작아 취성파괴를 보이고 저강도 철근일수록 파괴시 변형률이 커지며 연성파괴를 보인다.

예를 들어 항복강도가 300 MPa 저탄소강은 항복고원이 뒤따르는 탄성부분을 보이고 있다. 이러한 철근의 항복점은 항복고원이 형성되는 곳의 응력이다. 응력이 다시 증가하기 시작하면 속도는 느리지만 변형은 더욱 진행되어 이른바 변형률 경화를 가져온다. 인장강도에 도달하게 되면 곡선은 수평으로 되고, 파괴가 일어날 때까지 하강한다.

이에 반해 f_y= 500 MPa인 고탄소강은 몹시 짧은 항복고원을 나타내거나 또한 일정한 응력에서 항복이 계속되는 일 없이 즉시 변형률경화에 들어간다. 또한 철근과 비교해서 PS강봉은 뚜렷한 항복고원을 갖지 않는다. 항복은 점차적으로 진행되어 비탄성범위에서 곡선은 파괴시의 변형률에서 인장강도(f_{pu})에 도달할 때까지 평탄하게 증가한다. 불연속적인 항복이 이들 PS강봉에서는 관찰되지 않기 때문에 PS강연선과 PS강선의 항복강도는 전 신장 1%에서의 응력으로 PS강봉에 대해서는 영구변형의 0.2%에서의 응력으로 정의한다.

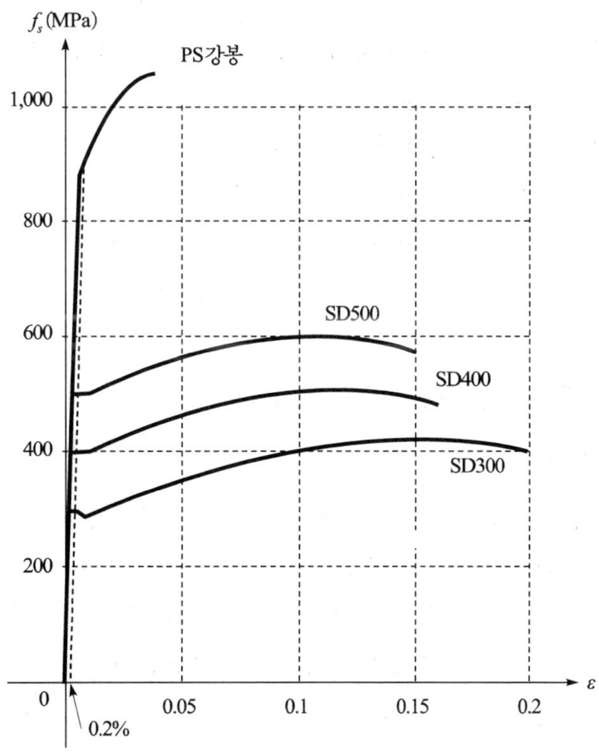

그림 2.12 철근의 응력-변형률 곡선

철근은 콘크리트와 마찬가지로 피로를 받는다. 금속재료의 피로는 반복응력이 작용한 후 하나 또는 그 이상의 미세한 균열을 형성한다. 이러한 피로응력은 응력이 집중되는 곳 또는 결손부분 등에서 일어나며 응력의 반복횟수와 함께 점차적으로 커진다. 그리하여 외력에 견딜 수 없을 정도까지 단면이 감소하여 철근은 취성적으로 파괴된다. 철근의 피로강도는 파괴를 유발함이 없이 200만회 이상 반복 작용할 수 있는 응력이고, 철근의 등급과는 무관계한 것이 밝혀졌다.

2.4 설계법의 개념 및 특징

철근콘크리트는 비탄성재료인 콘크리트와 항복점까지는 탄성거동을 하는 철근이 일체로 되어 작용하기 때문에, 하중의 각 단계에서 콘크리트 및 철근에 발생하는 응력을 정확히 예측하는 것은 아주 어려우며 실제 설계에서 이를 반영하기가 어렵다. 따라서 철근콘크리트의 설계이론(1887년)이 발표된 이래 지금까지 계산의 편이성, 안전성, 그리고 합리성을 고려하여 여러 가지의 설계법이 제안되고 사용되어 왔다. 큰 흐름은 허용응력설계법으로 시작하고, 강도설계법을 거쳐서 한계상태설계법에 이르는 변화가 있었다. 우리나라에서는 1962년 처음으로 허용응력설계법을 근간으로 하는 콘크리트 표준시방서가 제정되었고 이후 1968년 1차 개정을 하여 허용응력설계법과 강도설계법을 병행하도록 하였으나 허용응력설계법을 우선 적용하도록 하였다. 1977년 2차 개정시에는 강도설계법을 권장설계법으로 하고 허용응력설계법도 가능하다고 명시하였고 1983년과 1988년에 각각 3, 4차 개정을 거쳐 강도설계법으로 설계하고 허용응력설계법으로 사용성을 검토하도록 하고 있다.

2.4.1 허용응력설계법(working stress design)

(1) 허용응력설계법 개념

철근콘크리트 설계이론의 개발초기에 있어서는 콘크리트의 소성변형을 고려하고, 보의 압축측 콘크리트의 응력분포를 포물선 또는 사다리꼴로 가정하여 휨강도의 계산을 행하는 것이 시도되었다. 그러나 그 방법은 계산이 번잡하였기 때문에 수학적인 단순화를 목적으로 하여 콘크리트 및 철근을 탄성체로 가정하는 허용응력설계법이 제안되어 넓게 쓰여 지고 있다. 우리나라에서는 철근콘크리트가 도입된 초창기 때부터 허용응력설계법이 사용되어 왔으며 현재까지도 부분적으로는 사용되고 있다. 허용응력설계법은 그림 2.13에 나타낸 휨부재의 각 하중단계에서의 응력상태 중 3단계에 근거하고 있다. 그러나 극한상태 응력분포 즉 4단계의 응력상태는 3단계의 응력상태를 비례적으로 확대한 것이 아니므로 콘크리트의 압축응력 분포형태 등이 서로 다르기 때문에 허용응력설계법에서는 부재의 파괴 안전도를 확인할 수 없다는 결점이 있다.

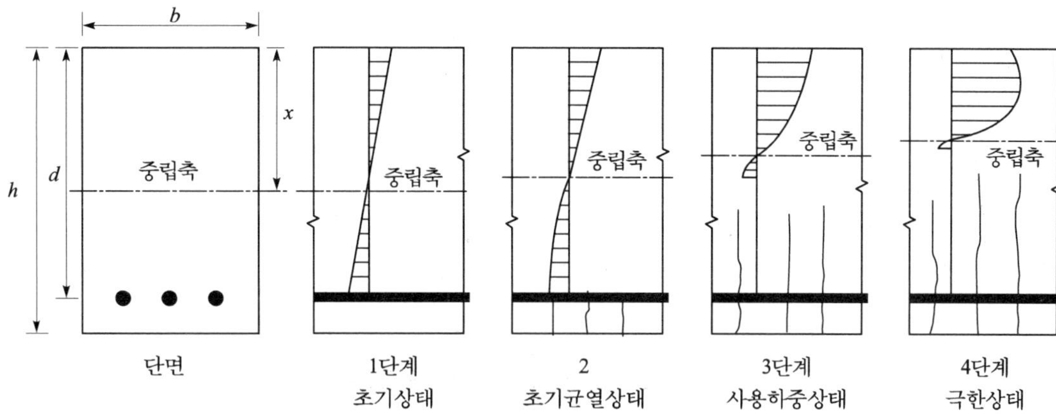

그림 2.13 철근콘크리트 휨부재에서 콘크리트 응력분포

(2) 허용응력설계법 특징

① 허용응력설계법에서 작용하중에서의 콘크리트 및 철근의 응력이 그림 2.14에 나타낸 것과 같이 탄성에 근거하고 있다. 따라서 철근 콘크리트도 일반 탄성복합재료와 거의 마찬가지로 취급될 수 있기 때문에 탄성설계법(elastic design)이라고도 불리고 있다.

② 작용하중에 따라 콘크리트 및 철근에 생기는 응력을 탄성이론에 따라서 계산하고 재료강도를 안전율로 나누어 구한 허용응력보다도 작다는 것을 확인하는 것이므로 이 방법으로 작용하중에 의한 응력이 재료강도에 대하여 얼마쯤의 여유를 가질 수 있을지를 아는 것이 가능하다.

③ 허용응력설계법은 탄성이론에 근거하고 있기 때문에 계산식의 유도가 상당히 용이하고 또한 명쾌하다. 그래서 허용응력을 정하기 위한 안전율을 콘크리트에 대하여는 3.0 정도, 철근에 대하여는 1.7~2.0 정도로 하고, 현장제조의 콘크리트와 공장제품으로서의 강재에 대한 신뢰도의 차이를 설계에 반영시키는 것과 함께, 부재의 파괴가 철근의 항복에 의해 일어나도록 배려되어 있다. 또한, 철근의 허용응력은 그 강도만을 기준으로 하는 것이 아니고 부식에 대하여 유해한 균열폭이나 피로저항성을 고려하여 정하는 것이기 때문에, 철근의 허용응력도를 적절히 선정하는 것에 의해 간단히 부재의 내구성이나 피로저항성을 만족하도록 설계할 수가 있다.

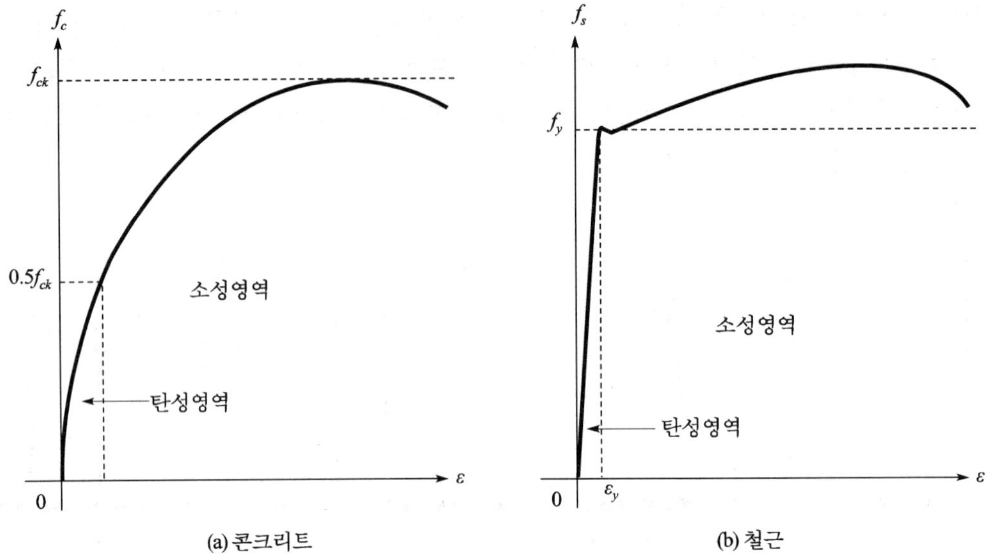

그림 2.14 콘크리트 및 철근의 응력-변형률 곡선

2.4.2 강도설계법(strength design)

(1) 강도설계법 개념

구조물의 설계에 있어서 파괴 안전도의 확인은 빼놓을 수 없는 가장 중요한 사항이다. 그 때문에 콘크리트의 소성을 고려하고 그림 2.13의 4단계에 근거한 강도설계법이 세계 대다수의 국가에서 허용응력설계법을 대체하여 사용되었다. 우리나라에서도, 1996년 6월에 개정된 콘크리트 표준시방서에서는 콘크리트 구조물의 설계는 강도설계법을 원칙으로 사용하도록 명시하였다.

(2) 강도설계법 특징

① 강도설계법은 그림 2.14의 재료의 소성역을 포함하는 전응력 범위를 고려하고 그림 2.13의 4단계의 응력상태를 기준으로 하는 것이기 때문에 소성설계법(plastic design)이라고도 불리고 있다.

② 작용하중에 하중계수(안전율)를 곱하여 구한 설계 하중치를 사용, 부재단면에 작용하는 단면력(휨 모멘트, 전단력 등)을 계산하고, 그것이 재료강도를 사용하여 산정한 단면내력보다 작은 가를 확인한다. 하중계수는 고정하중과 활하중 등 하중의 종류에 따라 안전도를 변화시킨 것으로서 하중계수의 도입에 따라 소요의 파괴 안전도를 가지

는 부재를 설계하는 것이 가능하기 때문에 이 방법을 하중계수 설계법(load factor design)이라고도 한다.

③ 강도설계법에 따른 부재의 극한내력을 구하는 것은 가능하지만 작용하중 하에서의 정보는 전혀 얻을 수 없다. 그러므로 작용하중에 의한 처짐, 균열 폭, 응력 등이 필요한 경우는 별도로 계산할 필요가 있다.

2.4.3 한계상태설계법(limit state design)

(1) 한계상태설계법 개념

한계상태설계법은 1964년 유럽 콘크리트 위원회(CEB)가 제창한 것으로서, 사용한계상태에서는 그림 2.13의 제3단계를 기준으로 하고 극한 한계상태에서는 제4단계의 응력상태를 표준으로 하는데, 전자는 주로 균열, 처짐 등에 관해서, 후자는 내력에 관하여 안전성을 검토하는 것이다. 또 허용응력설계법 및 강도설계법에서는 안전율을 각 허용응력 및 하중계수로서 고려하고 기타 불확정 요소를 모두 이것에 포함시키는 대략적인 것으로 되어있으나 한계상태설계법에서는 하중에 대한 안전율, 재료강도에 대한 안전율, 계산방법에 대한 안전율 등으로 세분화한, 소위 부분안전계수를 채택해서 합리성을 높이고 있다.

(2) 한계상태설계법 특징

① 허용응력설계법은 작용응력 상태에 대하여, 강도설계법은 극한 상태에 대하여 각각 안전도를 검토하는데 안전율은 전자의 경우 허용응력도에, 후자의 경우는 설계 하중치에 포함되어 있다. 이것에 대하여, 한계상태설계법에서는

ⓐ 여러 가지의 한계상태에 대하여 안전성을 검토한다.

ⓑ 안전계수를 하중, 재료강도, 계산방법, 시공오차, 구조물의 파괴에 따른 사회적 영향의 크기 등으로 세분화하고, 소위 부분안전계수를 설정하고 있다.

② 안전성을 검토하는 한계상태로서, 일반적으로는 극한한계상태와 사용한계상태를 고려한다. 또 큰 하중을 반복하여 받게 되는 경우, 즉 교량이나 파랑의 반복작용을 받는 해양 구조물 등에는 피로한계상태에 대하여도 고려한다. 사용한계상태에 있어서는 주로 균열폭(내구성), 처짐 등에 관하여 고려한다. 극한 한계상태에서는 내력에 관하여 안전성을 고려한다. 피로한계상태는 극한 한계상태의 일종이지만, 재료가 탄성상태로부터 돌연 취성적인 파괴를 일으키기 때문에, 일반적인 극한한계상태와는 별개로 취급하고 있다.

③ 부분안전계수로서 하중계수 γ_f (강도설계법에서의 하중계수와는 별개의 것임) 및 재료계수 γ_m (콘크리트와 철근에서 다른 값으로 한다)을 설정하여, 하중 및 재료강도에 대한 안전성을 확보하고, 구조해석계수 γ_a 및 부재계수 γ_b를 설정하여 구조해석방법이나 부재내력에서의 계산법의 불확실성, 시공오차 등을 고려하고, 다시 구조계수 γ_i를 설정, 구조물의 중요도에 따라서 파괴안전도를 할증하는 것이 가능하도록 배려하고 있다.

④ 한계상태설계법에 있어서는 하중 및 재료강도의 특성치를 이용한다. 하중작용의 특성치는 구조물의 시공 중 및 설계내용 기간 중에 생기는 최대하중(작은 쪽이 불리한 경우는 최소치)의 기대치로 한다. 재료강도의 특성치는 통계적으로 그 값을 하회하는 것은 거의 없다고 생각되어지는 재료강도의 크기이고, 콘크리트의 경우는 설계기준강도와 같은 값이다. 따라서 설계하중 및 재료의 설계강도는 다음과 같이 된다.

$$\text{설계하중} = (\text{하중작용의 특성치}) \times (\text{하중계수}) \tag{2.25a}$$

$$\text{설계강도} = (\text{재료강도의 특성치}) \,/\, (\text{재료계수}) \tag{2.25b}$$

표 2.5 각종 설계법의 특징 비교

설계법	하중	재료강도	재료의 역학상태
허용응력 설계법	작용하중 (상시, 지진시 등)	허용응력도(상시, 지진시 등에 의하여 변화된다) 콘크리트: (설계기준강도)/(안전율) 철근 : (항복점)/안전율) 균열제한, 피로제한	콘크리트 : 탄성역 철근 : 탄성역
강도 설계법	(작용하중)×(하중계수) (하중계수는 고정하중, 활하중 등에 따라 구분된다)	콘크리트 : 설계기준강도 철근 : 항복점	콘크리트 : 소성역 철근 : 탄성역 또는 소성역
한계상태 설계법	(작용하중*의 특성치) × 하중계수	(재료강도의특성치)/(재료계수)	극한한계상태 : 강도설계법과 동일 사용한계상태 : 허용응력설계법과 동일 피로한계상태 : 콘크리트, 철근 함께 탄성역

*주) 구조물이나 부재에 변형 또는 응력을 일으키는 전체의 작용으로 수축, 온도변화, 프리스트레스 등을 포함한다.

연습문제

2.1 철근콘크리트란 무엇인지 설명하시오.

2.2 철근콘크리트가 하나의 구조체로 성립될 수 있는 이유를 쓰시오.

2.3 철근콘크리트의 장 · 단점에 대해 설명하시오.

2.4 굵은골재의 최대치수란 무엇인지 설명하고 콘크리트구조설계기준에 규정된 굵은골재 최대치수를 쓰시오.

2.5 콘크리트의 타설, 다짐, 양생에 대해 설명하시오.

2.6 콘크리트 탄성계수의 종류를 쓰고 응력-변형률 곡선을 그려서 설명하시오.

2.7 다음과 같은 조건에서 콘크리트의 탄성계수를 추정하시오.

a) $f_{ck} = 22\text{ MPa},\ w_c = 2{,}200\text{ kg/m}^3$

b) $f_{ck} = 32\text{ MPa},\ w_c = 2{,}300\text{ kg/m}^3$

c) $f_{ck} = 42\text{ MPa},\ w_c = 2{,}400\text{ kg/m}^3$

2.8 콘크리트의 크리프에 영향을 미치는 요인을 설명하시오.

2.9 콘크리트의 건조수축에 영향을 주는 요인과 그 효과를 설명하시오.

2.10 콘크리트의 파괴계수(f_r)가 무엇인지 설명하고 콘크리트구조설계기준에서 압축강도를 사용하여 어떻게 규정하는지 쓰시오.

2.11 배합강도(f_{cr})와 설계기준강도(f_{ck})가 무엇인지 설명하시오.

2.12 다음의 경우 콘크리트의 배합강도(f_{cr})를 구하시오.

a) $f_{ck} = 22$ MPa, $s = 2.55$ MPa, 시험횟수 30회 이상

b) $f_{ck} = 27$ MPa, $s = 2.78$ MPa, 시험횟수 17회

c) $f_{ck} = 32$ MPa, $s =$자료없음

2.13 허용응력설계법과 강도설계법의 차이점에 대해 설명하시오.

2.14 단면이 400×600 mm이고 단면 도심에 $4-$D29($2{,}570$ mm^2) 철근이 대칭으로 배근된 철근 콘크리트 부재가 있다. 이 부재의 경간이 8 m일 때 콘크리트의 건조수축으로 인한 콘크리트의 수축 응력을 계산하여라. 콘크리트의 건조수축률은 $\epsilon_{sh} = 2 \times 10^{-4}$이고 콘크리트와 탄성계수는 $E_c = 2.0 \times 10^4$ MPa이며 철근의 탄성계수는 $E_s = 2.0 \times 10^5$ MPa이다. 이 부재의 변형은 구속되어 있지 않다.

CHAPTER

03 강도설계법의 기본개념 및 가정

CHAPTER

03 강도설계법의 기본개념 및 가정

주요기호 및 약어

본 교재에서는 콘크리트구조설계기준이나 도로교설계기준에서 정의된 기호를 주로 사용하며 그 내용을 요약하면 다음과 같다.

A_c(Area of Concrete) : 콘크리트 단면적

A_s(Area of Steel) : 인장부에 배근된 철근 단면적 또는 인장 철근량

A'_s(Area of Steel) : 압축부에 배근된 철근 단면적 또는 압축 철근량

b(breadth) : 보의 압축단면 폭

b_w (breadth of web) : 보의 복부 폭

d(depth) : 유효깊이 - 압축연단에서 인장철근의 도심까지 거리

d'(depth) : 압축연단에서 압축철근의 도심까지 거리

d_t : 압축연단에서 최외단 인장철근까지의 거리

f_c : 콘크리트의 압축응력

f_{ck} : 콘크리트 공시체의 28일 기준압축강도

f_y : 철근의 기준항복강도

f_s : 인장철근의 응력

f'_s : 압축철근의 응력

h(height) : 보의 높이

ϵ_c : 콘크리트의 변형률

ϵ_{cu} : 극한상태에서 가정한 콘크리트 압축연단의 변형률

ϵ_s : 인장철근의 변형률

ϵ'_s : 압축철근의 변형률

ρ : 인장철근의 철근비 – $A_s/(bd)$

ρ' : 압축철근의 철근비 – $A'_s/(bd)$

3.1 휨을 받는 보의 거동

횡방향 하중이나 휨모멘트에 주로 저항하는 부재를 휨부재 또는 보(Beam)라고 하며 철근과 콘크리트로 만들어진 보를 철근콘크리트 보라고 한다. 콘크리트부재가 휨을 받는 경우 부재에 압축응력과 인장응력이 동시에 발생하는데 콘크리트의 매우 작은 인장강도로 인해 작은 하중이 작용함에도 인장응력이 발생하는 부분이 파괴되어 적절하게 하중에 저항하지 못한다. 따라서 인장응력이 발생하는 부분에 인장에 강한 재료를 보강해야하는데 이러한 목적으로 철근을 배근하여 철근콘크리트를 합리적으로 구성한다.

철근콘크리트보에서 콘크리트는 주로 압축응력에 저항하고 철근은 인장응력에 저항하면서 역학적으로는 휨모멘트에 저항하는 우력모멘트를 구성한다. 하중을 받는 철근콘크리트 보의 휨 거동을 보면 낮은 하중 하에서 휨 모멘트가 작을 때 보는 탄성거동을 하고 휨 응력도 직선적으로 분포한다. 이때의 응력 분포를 1단계로 간주하고 여기에서는 선형탄성적인 재료의 역학적 개념이 그대로 적용될 수 있다. 이 단계를 지나 하중이 더 증가하면 인장측 단면의 인장응력이 콘크리트의 인장강도를 넘어 초기균열이 발생한다. 따라서 콘크리트는 인장응력에 저항하는 능력을 손실하고 철근이 모든 인장력에 저항하게 되는 2단계에 도달한다.

여기서 하중이 계속 증가하면 중립축이 상승하면서 콘크리트의 압축측 응력 분포는 곡선으로 변하고 인장측 균열이 중립축 가까이 진전하면서 인장철근의 응력도 급격하게 증가한다. 이때의 응력분포를 3단계라 한다.

이 상태에서 하중이 더 증가하면 철근에 항복이 일어나기 시작하며 동시에 콘크리트의 응력은 극한 강도에 이르게 된다. 이 단계를 4단계라 하고 이 단계의 끝에서는 결국 파괴상태에 도달하게 되며 이를 극한강도상태(ultimate strength state)라고 한다.

그림 3.1은 응력상태를 하중단계별로 나타낸 것이다. 과거의 허용응력설계법 (working stress design)은 3단계에 바탕을 둔 것이다. 즉, 콘크리트는 탄성거동을 한다고 생각하고 콘크리트가 부담하는 압축응력분포를 직선적으로 가정하여 설계하는 방법이다. 1단계와 2단계에서는 균열이 진전되지 않아 단면2차모멘트가 거의 변화하지 않으므로 보의 처짐은 극히 작다. 3단계에서는 균열이 중립축으로 진전되어 단면2차모멘트가 현저하게 저하되며 이로 인해 보의 처짐은 비교적 커진다. 이 단계를 지나면 4단계로 진입하면서 중립축이 현저하게 상승하고 압축응력은 완전한 포물선을 이루며 철근은 항복한다. 이때 보가 부담하는 하중은 극한 내력에 어느 정도 가까운 값이 된다. 그리고 4단계에서는 하중의 증가가 그리 크지 않은 반면 처짐의 증가는 매우 크다. 실제로 하중이 지속적으로 증가될 경우 1단계

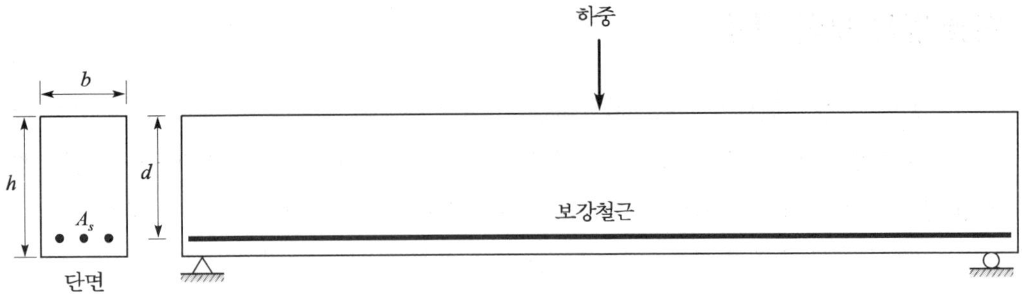

(a) 철근콘크리트 보

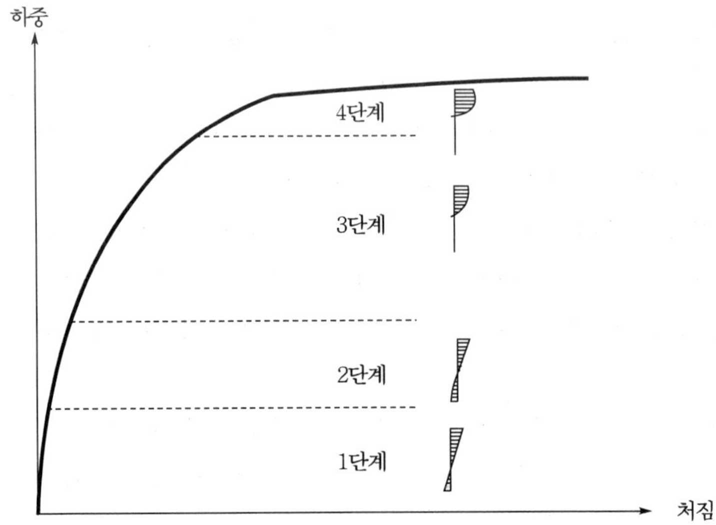

(a) 철근콘크리트 보의 하중-처짐 관계

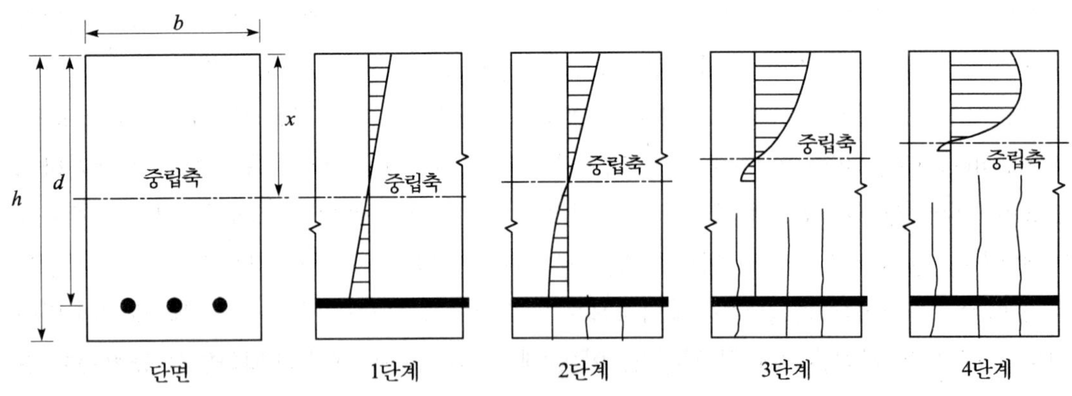

(c) 철근콘크리트 보의 하중단계별 응력분포

그림 3.1 철근콘크리트보의 하중단계별 처짐과 응력분포

와 2단계는 짧은 시간밖에 지속되지 않고 3단계가 되면 하중이 크게 증가하고 처짐도 상당히 증가하는 과정임을 알 수 있다. 이 단계에서 인장응력은 전부 철근이 부담하고 압축응력은 전부 콘크리트가 부담하며 중립축은 압축측으로 빠르게 이동하기 시작하고 콘크리트의 응력이 매우 커짐을 그림 3.1(c)는 잘 보여주고 있다.

구조물의 안전도는 그것의 내하력인 극한강도에 의하여 결정된다. 그러나 이전에는 4단계 상태를 이론적으로 다루기가 매우 어려워서 3단계 마지막 상태에서 인장철근이 항복한 경우가 파괴상태와 일치한다는 생각에 근거하여 파괴에 대한 안전도를 다루었다. 그러나 많은 실험 연구를 통해 극한강도상태(4단계)의 이론을 어느 정도 이해하게 되었고 이를 적용한 설계법이 더 합리적이고 현실성이 있는 것임을 보여 주었다. 따라서 이 이론에 바탕을 둔 설계법을 강도설계법(strength design method)이라 하며 이를 미국을 위시하여 국내에서도 주로 사용하고 있다.

3.2 강도설계법 기본개념

철근콘크리트의 강도설계법(强度設計法)은 부재의 파괴(failure)상태 또는 그에 가까운 상태에 이를 때까지의 강도에 근거하여 부재를 설계하는 방법이다. 부재가 파괴되기 직전까지의 강도를 극한강도(極限强度)라 하며 따라서 이 설계법 이전에는 극한강도설계법(ultimate strength design)이라고 하였으나 현재는 강도설계법이라 부르며 부재의 탄성한계 내에서의 거동에 근거하여 정립된 허용응력설계법과 구분된다.

철근콘크리트 부재의 강도를 산정하는데 가장 중요한 것은 각 재료가 가지고 있는 실제강도를 정확히 파악하는 일이다. 실제 강도는 그 구조물의 사용기간 동안 작용할 것으로 예상되는 모든 하중에 대하여 견딜 수 있도록 충분히 커야한다. 강도란 재료가 어떤 하중에 견디는 극한의 내력으로서 응력단위로 표시되며 각 재료는 자체적 다양성 및 결함 등으로 인하여 강도가 낮아지는 등 여러 가지 이유 때문에 불확실하다. 철근의 경우 공장으로부터 출하시 제품별 강도가 주어지지만 콘크리트는 사용재료 자체의 많은 변동과 배합 및 양생에 따른 강도발현 변화가 발생하므로 재료강도를 예측하기 어렵고 설계도면의 치수대로 정확하게 시공하기 어려운 점 그리고 설계법에서 기본가정을 도입하여 강도를 계산하는 점을 고려하여 설계 시에는 공칭강도(nominal strength)를 사용하게 된다.

구조물에 작용하는 하중 역시 어떤 범위의 오차를 가지고 예측할 수 있을 뿐이지 작용하중의 참된 크기는 알기가 어렵다. 그러므로 어떤 부재가 안전하기 위해서는 그 공칭강도

(S_n)에 예측 불가능한 강도결함을 고려하여 1보다 작은 값인 감소계수(ϕ)에 의하여 낮게 고려하고, 기준하중(L)은 예측 불가능한 하중 증가를 고려하여 1보다 큰 하중계수(γ)에 의하여 증가시켜주어야 한다. 즉 강도와 하중은 늘 불확실성을 내재하고 있으므로 그에 따른 보정을 해주어야 한다는 것이다. 따라서 다음의 관계가 성립되도록 하여야 한다.

$$\sum U_{(\gamma_i L_i)} \leq \phi S_n \tag{3.1}$$

여기서, $U_{(\gamma_i L_i)}$: 계수하중 $\gamma_i L_i$에 의해 발생하는 단면력 또는 소요강도

γ_i : L_i의 불확실성에 따라 정해지는 하중계수 (load factor)

L_i : 하중, i는 하중종류 (예; 고정하중, 활하중 등을 나타내는 첨자)

ϕ : 강도감소계수 (strength reduction factor 또는 resistance factor)

S_n : 공칭강도(nominal strength or nominal resistance),

공용하중(供用荷重: service load)이란 하중계수를 곱하기 전의 하중으로써 작용하중 또는 실하중이라고 한다. 만일 공용 고정하중(Dead load)을 D, 공용 활하중(Live load)을 L이라 하고 또 이들 하중에 대한 하중계수를 각각 γ_D, γ_L 이라 하면 계수하중은 다음과 같다.

$$\sum \gamma_i L_i = \gamma_D D + \gamma_L L \tag{3.2}$$

ϕS_n을 설계강도(design strength)라 하고 U를 소요강도(required strength) 또는 계수단면력이라고 한다. 즉 설계강도를 소요강도보다 크게 되도록 설계하는 것이 강도설계법이다. 소요강도는 공용하중에 하중계수를 곱해서 구하기 때문에 이 설계법을 하중계수 설계법(load factor design method)이라고도 한다.

즉, 강도설계에서의 기본개념은 다음 관계를 만족하도록 설계하도록 설계를 하는 것이다.

$$M_u \leq M_d = \phi M_n \tag{3.3a}$$

$$P_u \leq P_d = \phi P_n \tag{3.3b}$$

$$V_u \leq V_d = \phi V_n \tag{3.3c}$$

M_u, P_u, V_u는 계수하중에 의해 계산된 계수휨모멘트, 계수축방향력, 계수전단력이고, M_d, P_d, V_d는 각각의 설계강도(design strength)이며, M_n, P_n, V_n은 각각의 공칭강도(nominal strength)이다.

이상에서 알 수 있는바와 같이 강도감소계수(ϕ) 및 하중계수(γ)는 안전을 위한 계수이다. ϕ는 응력의 종류, 부재의 중요도, 시공법 등에 따라 변화하는 1보다 작은 값으로서 부재의 공칭강도에 곱해주는 안전계수이다. γ는 하중의 종류와 조합에 따라 변화하는 1보다 큰 값으로서 공용하중에 곱해주는 계수이다.

표 3.1 강도감소계수 값

<table>
<tr><th colspan="2">구분</th><th>강도감소계수</th></tr>
<tr><td colspan="2">휨모멘트, 휨모멘트와 축인장력을 동시에 받는 인장지배단면</td><td>$\phi = 0.85$</td></tr>
<tr><td colspan="2">전단력과 비틀림 모멘트를 받는 부재</td><td>$\phi = 0.75$</td></tr>
<tr><td rowspan="3">압축력, 또는 휨모멘트와 축압축력을 동시에 받는 압축지배 단면</td><td>나선철근 보강부재</td><td>$\phi = 0.70$</td></tr>
<tr><td>그 외의 철근콘크리트 부재</td><td>$\phi = 0.65$</td></tr>
<tr><td>공칭강도에서 최외단 인장철근의 순인장변형률 ε_t가 압축지배과 인장지배 단면 사이일 경우 ε_t가 압축지배 변형률 한계에서 0.005로 증가함에 따라 ϕ 값을 압축지배 단면 값에서 0.85까지 증가시킨다.</td><td>$\phi_c + \frac{\phi_f - \phi_c}{0.005 - \epsilon_y}(\epsilon_t - \epsilon_y)$
여기서 $\phi_c = 0.7$ or 0.65
$\phi_f = 0.85$</td></tr>
<tr><td colspan="2">콘크리트 지압력</td><td>$\phi = 0.65$</td></tr>
<tr><td colspan="2">포스트텐션 정착구역</td><td>$\phi = 0.85$</td></tr>
<tr><td rowspan="2">스트럿-타이 모델</td><td>스트럿, 절점부 및 지압부</td><td>$\phi = 0.75$</td></tr>
<tr><td>타이</td><td>$\phi = 0.85$</td></tr>
<tr><td rowspan="2">긴장재 묻힘 길이가 정착길이보다 작은 프리텐션 부재의 휨 단면</td><td>부재단부에서 전단 길이 단부까지</td><td>$\phi = 0.75$</td></tr>
<tr><td>전단 길이 단부에서 정착길이 단부 사이 선형적 증가*</td><td>$\phi = 0.75 \sim 0.85$</td></tr>
<tr><td colspan="2">무근콘크리트의 휨모멘트, 압축력, 전단력, 지압력</td><td>$\phi = 0.55$</td></tr>
</table>

강도감소계수 ϕ의 값은 콘크리트구조설계기준에 표 3.1과 같이 규정하였으며 중요한 하중조합에 대한 하중계수는 표 3.2와 같이 제시되어 있다. 이 값들은 선진국의 확률론적 구조해석에 대한 연구에서 각 부재 및 하중조건에 대한 통계치로부터 얻어진 자료를 국내 실정에 적합하도록 적절히 조정한 것이다. 이는 부재의 강도가 설계강도 이하가 될 확률을 10^{-2}, 그리고 부재에 가해지는 하중이 공용하중을 초과할 확률을 10^{-3}까지로 보고 정한 값이다. 따라서 구조물(부재)의 파괴확률이 10^{-5} 이하가 되도록 설정한 것이라고 볼 수 있다.

표 3.2 중요한 하중조합의 하중계수

계수하중(factored load)	하중의 설명
$U=1.4(D+F)$	D : 고정하중 또는 이에 의한 단면력 F : 유체하중 또는 이에 의한 단면력 H_v : 흙, 지하수 등에 의한 하중 또는 이에 의한 단면력 T : 온도, 크리프, 건조수축 및 부등침하 등에 의한 단면력 L : 활하중 또는 이에 의한 단면력. α_H : 토피의 두께(h)에 따른 연직하중 H_v에 대한 보정계수($h\le 2m$일 때 $\alpha_H=1.0$, $h>2m$일 때 $\alpha_H=1.05\sim0.025h\ge0.875$) H_h : 흙, 지하수 등의 횡압력에 의한 수평 하중 또는 이에 의한 단면력 L_r : 지붕 활하중 또는 이에 의한 단면력 S : 적설하중 또는 이에 의한 단면력 R : 강우하중 또는 이에 의한 단면력 W : 풍하중 또는 이에 의한 단면력 E : 지진하중 또는 이에 의한 단면력
$U=1.2(D+F+T)+1.6(L+\alpha_H H_v+H_h)$ $+0.5(L_r$ 또는 S 또는 R)	
$U=1.2D+1.6(L_r$ 또는 S 또는 R) +(1.0L 또는 0.65W)	
$U=1.2D+1.3W+1.0L$ $+0.5(L_r$ 또는 S 또는 R)	
$U=1.2(D+H_v)+1.0E+1.0L+0.2S$ $+(1.0H_h$ 또는 $0.5H_h)$	
$U=1.2(D+F+T)+1.6(L+\alpha_H H_v)$ $+0.8H_h+0.5(L_r$ 또는 S 또는 R)	
$U=0.9(D+H_v)+1.3W+(1.6H_h$ 또는 $0.8H_h)$	
$U=0.9(D+H_v)+1.0W+(1.0H_h$ 또는 $0.5H_h)$	

3.3 강도설계법의 기본 가정

철근콘크리트 휨부재의 대표적인 형태는 보(beam)이다. 철근콘크리트 보의 휨강도 계산을 위해 다음과 같은 기본 가정을 도입한다.

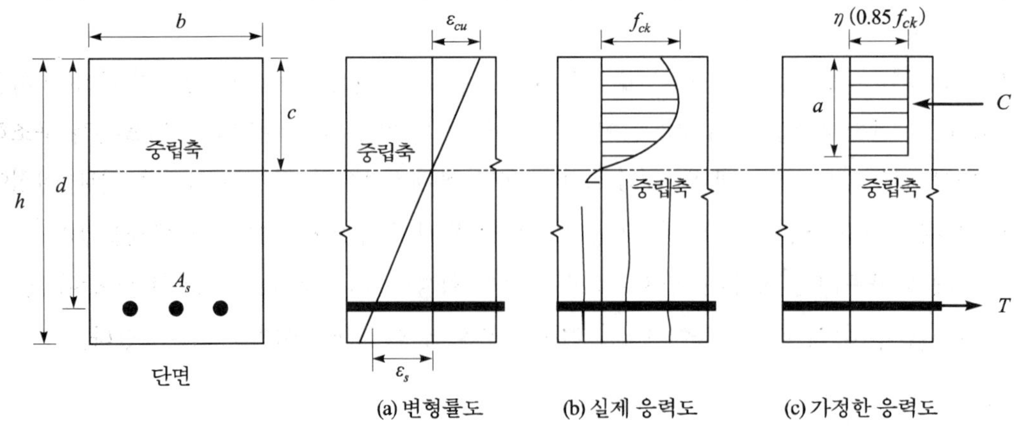

그림 3.2 철근콘크리트보의 변형률 및 응력도

1) 철근 및 콘크리트의 변형률은 중립축으로부터 거리에 비례한다.

(휨을 받기 전의 보 단면의 임의의 평면은 휨을 받아 변형한 후에도 그 평면을 그대로 유지한다. 또는 전단변형은 무시한다. 또는 휨변형만 고려한다.)

2) 휨모멘트 또는 휨모멘트와 축력을 동시에 받는 부재의 콘크리트 압축연단의 극한변형률(ϵ_{cu})은 콘크리트의 설계기준압축강도가 40 MPa 이하인 경우에는 0.0033으로 가정하며, 40 MPa을 초과할 경우에는 매 10 MPa의 강도 증가에 대하여 0.0001씩 감소시킨다.

콘크리트의 설계기준압축강도가 90 MPa을 초과하는 경우에는 성능실험을 통한 조사연구에 의하여 콘크리트 압축연단의 극한변형률을 선정하고 근거를 명시하여야 한다.

3) 철근의 응력(f_s)은 항복응력(f_y) 이하일 경우 즉, 변형률(ϵ_s)이 항복변형률(ϵ_y) 이하일 경우 $f_s = E_s \cdot \epsilon_s$로 계산하여 사용하고 철근의 응력($f_s$)이 항복응력($f_y$)보다 클 경우 즉, 변형률($\epsilon_s$)이 항복변형률($\epsilon_y$)보다 클 경우 항복응력($f_y$)을 사용한다.

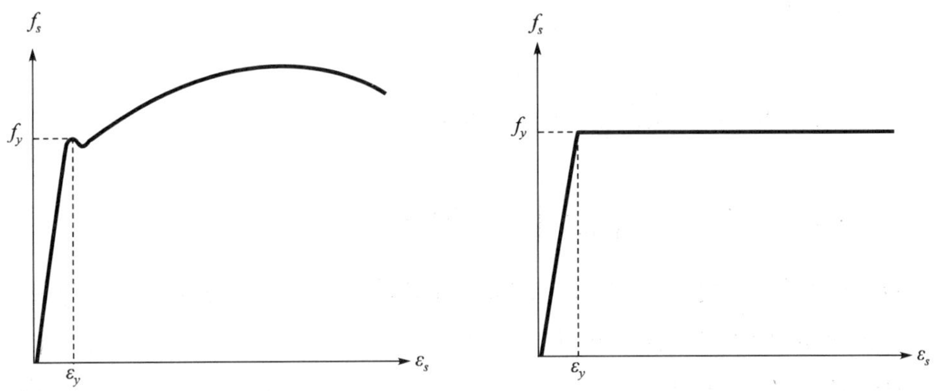

(a) 철근의 실체 응력-변형률 곡선 (b) 철근의 가정한 응력-변형률 곡선

그림 3.3 철근의 응력-변형률 곡선

4) 콘크리트의 인장 강도는 철근콘크리트 부재 단면의 축강도와 휨강도 계산에서 무시할 수 있다. [그림 3.2(c)]

5) 콘크리트의 압축 응력 분포와 콘크리트변형률 사이의 관계는 직사각형, 사다리꼴, 포물선형 또는 강도의 예측에서 광범위한 실험의 결과와 실질적으로 일치하는 어떤 형상으로도 가정할 수 있다.

6) 앞의 규정은 다음에 정의되는 포물선-직선 형상의 응력-변형률 관계로 나타낼 수 있다.

① 원점에서 최대 응력에 처음 도달할 때까지의 상승 곡선부는 아래 식 (3.4a)에 의해

계산하고, 이후 극한변형률 ϵ_{cu} 까지는 식 (3.4b)에 의해 계산한다.

$$f_c = 0.85\, f_{ck}\left[1-\left(1-\frac{\epsilon_c}{\epsilon_{c0}}\right)^n\right] \tag{3.4a}$$

$$f_c = 0.85\, f_{ck} \tag{3.4b}$$

여기서, n은 상승 곡선부의 형상을 나타내는 지수,

ϵ_c 는 콘크리트의 압축변형률,

ϵ_{c0} 는 최대 응력에 처음 도달할 때의 변형률,

② 콘크리트 압축강도가 40 MPa 이하인 경우 n, ϵ_{c0}, ϵ_{cu} 는 각각 2.0, 0.002, 0.0033으로 한다. 콘크리트 압축강도가 40 MPa을 초과하는 경우, n은 식 (3.4c)에 따라 결정하며 매 10 MPa의 강도 증가에 대하여 식 (3.4d)와 같이 ϵ_{c0} 의 값을 0.0001씩 증가시키고 식 (3.4e)와 같이 ϵ_{cu} 의 값을 0.0001씩 감소시킨다.

$$n = 1.2 + 1.5\left(\frac{100 - f_{ck}}{60}\right)^4 \le 2.0 \tag{3.4c}$$

$$\epsilon_{c0} = 0.002 + \left(\frac{f_{ck} - 40}{100{,}000}\right)^4 \le 0.002 \tag{3.4d}$$

$$\epsilon_{cu} = 0.0033 + \left(\frac{f_{ck} - 40}{100{,}000}\right)^4 \le 0.0033 \tag{3.4e}$$

단, 콘크리트의 압축강도가 90 MPa을 초과하는 경우에는 성능실험을 통한 조사연구에 의하여 이 값들을 선정하고 근거를 명시하여야 한다.

③ 포물선-직선 형상의 응력-변형률 관계에 의하여 콘크리트에 작용하는 압축응력의 평균값은 $\alpha(0.85 f_{ck})$로, 압축연단으로부터 합력의 작용위치는 중립축 깊이 c와 β의 곱으로 나타내며, 응력분포의 각 변수 및 계수는 표 3.3의 값을 적용한다.

표 3.3 응력분포의 변수 및 변수 값

f_{ck}(MPa)	≤40	50	60	70	80	90
n	0.2	1.92	1.50	1.29	1.22	1.20
ϵ_{c0}	0.002	0.0021	0.0022	0.0023	0.0024	0.0025
ϵ_{cu}	0.0033	0.0032	0.0031	0.003	0.0029	0.0028
α	0.80	0.78	0.72	0.67	0.63	0.59
β	0.40	0.40	0.38	0.37	0.36	0.35

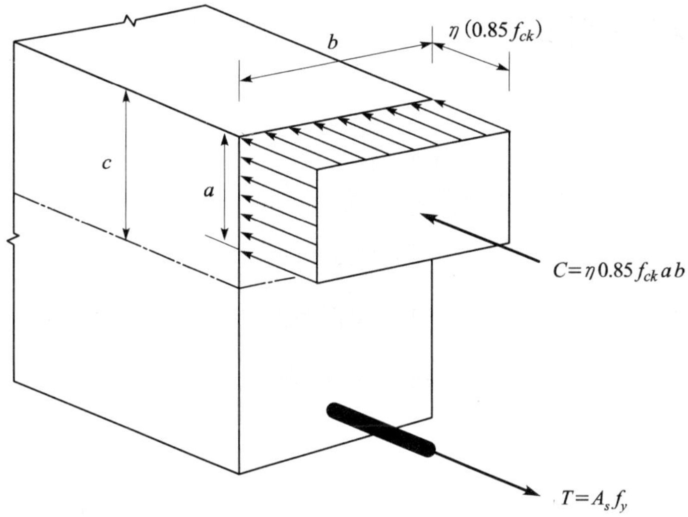

그림 3.4 철근콘크리트 보의 등가 응력 개념도

7) 상기 규정은 다음에 정의되는 등가 직사각형 압축응력블록으로 나타낼 수 있다.
   ① 단면의 가장자리와 최대 압축변형률이 일어나는 연단부터 $a = \beta_1 c$ 거리에 있고 중립축과 평행한 직선에 의해 이루어지는 등가 압축영역에 $\eta(0.85 f_{ck})$인 콘크리트 응력이 등분포하는 것으로 가정한다.
   ② 최대변형률이 발생하는 압축연단에서 중립축까지 거리 c는 중립축에 대해 직각방향으로 측정한 것으로 본다.
   ③ 계수 η와 β_1은 표 3.4의 값을 적용한다.

표 3.4 등가직사각형 응력분포 변수 값

f_{ck}(MPa)	≤40	50	60	70	80	90
ϵ_{cu}	0.0033	0.0032	0.0031	0.003	0.0029	0.0028
η	1.00	0.97	0.95	0.91	0.87	0.84
β_1	0.80	0.80	0.76	0.74	0.72	0.70

3.4 휨 파괴와 균형보

철근 콘크리트 보의 파괴는 가해진 하중에 의한 응력이 콘크리트의 압축 강도를 넘어서거나 인장 철근이 항복을 일으킬 때부터 일어난다. 실험에 의하면 콘크리트 보의 휨 압축파괴는 최대 변형률이 0.0025~0.004에 달했을 때 일어난다. 따라서 콘크리트구조설계기준에서는 $f_{ck} \le 40\,MPa$인 경우 콘크리트의 압축 연단에서 변형률의 극한치를 0.0033으로 규정하고 있다. 즉, 보에서 콘크리트의 변형률이 0.0033 이상이 되면 콘크리트 부분은 파괴된 것으로 가정한다.

철근 콘크리트 보의 파괴 상태는 철근의 배근(보강)량에 따라 크게 균형 보(Balanced beam), 저보강 보(Under-reinforced beam) 그리고 과보강 보(Over-reinforced beam) 3가지로 구분한다. 이는 또한 각각 평형(平衡)보, 과소 철근(過小 鐵筋) 보 그리고 과다 철근(過多 鐵筋) 보 라고도 한다. 각 보에 대한 파괴 양상을 보면 다음과 같다.

균형 보란 압축측 콘크리트와 인장철근이 동시에 파괴되는 보를 나타내며 구체적으로는 압축측 콘크리트 변형률이 극한변형률(ϵ_{cu})에 도달하는 동시에 인장철근이 설계기준항복강도 f_y에 대응하는 변형률에 도달하는 보를 의미한다. 이때의 철근비를 균형철근비 또는 평형 철근비(balanced reinforcement ratio)라고 한다. 일반적으로 철근콘크리트 보의 설계시에는 철근비(reinforcement ratio)를 균형철근비 이하로 하여 연성파괴(ductile failure)가 되도록 하는 것이 좋다.

저 보강보는 균형 보 단면에 비하여 적은 양의 철근이 보강되어 있으므로 하중에 의해 휨을 받으면서 인장부의 콘크리트에 균열이 발생하면서 인장 철근이 먼저 항복하고 처짐이 증가한다. 이어서 압축부의 콘크리트도 변형률이 극한에 이르러 보의 파괴가 일어난다. 이러한 파괴는 철근이 항복한 후 연성을 가지고 늘어나기 때문에 서서히 일어나므로 파괴의 징후를 미리 알 수 있다.

반면에 균형 보의 단면에 비해 상대적으로 많은 양의 철근이 보강된 과보강 보의 경우는 인장 철근이 항복하기 전에 먼저 압축부의 콘크리트 단면이 파괴를 일으킨다. 이 압축부 콘크리트의 파괴는 우력 균형의 상실을 가져와 곧 붕괴로 이어진다. 특히 콘크리트는 연성 재료가 아니기 때문에 파괴는 순간적으로 갑자기 일어나게 되므로 파괴 전 징후를 예측하기가 어렵다. 따라서 특수한 경우를 제외하고는 철근을 과보강 하는 것은 피하는 것이 좋다.

이와 같이 균형상태가 되도록 철근을 보강하는 것이 철근과 콘크리트를 가장 효과적으로 사용하는 방법이나 실제 설계에서는 파괴를 미리 예측할 수 있도록 인장파괴를 보장하는 최대 철근비를 철근비의 한계로 정하고 있으며 이러한 최대철근비는 최외단 철근의 최소 허용변형률을 제한하여 정의하고 있다.

3.5 균형 철근비와 최대 철근비

3.5.1 균형철근비(ρ_b)

앞서도 언급하였듯이 철근이 항복을 시작함과 동시에 콘크리트가 그 극한변형에 도달할 때의 철근비를 균형 철근비(balanced steel ratio) ρ_b라 하며 이는 그림 3.5로부터 유도될 수 있다. 균형보에서 중립축으로부터 압축연단까지의 거리를 c_b, 압축연단으로부터 압축응력의 분포점까지의 거리를 a_b로 표기한다.

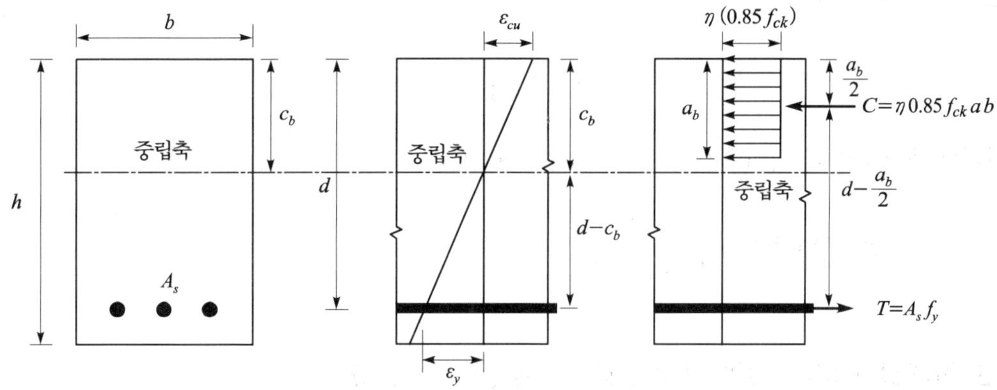

그림 3.5 균형보의 변형률도와 응력분포도

균형보의 정의로부터 압축측 콘크리트 변형률이 극한변형률(ϵ_{cu})에 도달함과 동시에 인장철근이 항복변형률 ϵ_y에 도달하게 되므로 변형률도의 닮음 삼각형을 이용하면 식 (3.5)와 같다.

$$c_b : \epsilon_{cu} = (d - c_b) : \epsilon_y \tag{3.5}$$

비례식에서 내항의 곱은 외항의 곱과 동일하므로

$$c_b\,\epsilon_y = \epsilon_{cu}\,d - \epsilon_{cu}\,c_b \tag{3.6}$$

식 (3.6)을 c_b에 관하여 정리하면 식 (3.7)로 되며

$$c_b = \frac{\epsilon_{cu}}{\epsilon_{cu} + \epsilon_y} d \tag{3.7}$$

여기서 $\epsilon_y = \frac{f_y}{E_s}$ 이고 E_s = 200,000 MPa이므로 다음 식 (3.8)로 정리될 수 있다.

$$c_b = \frac{\epsilon_{cu}}{\epsilon_{cu} + \frac{f_y}{E_s}} d \tag{3.8}$$

균형조건식 C = T와 $\rho_b = \frac{A_s}{bd}$ 로부터 식 (3.9)를 얻는다.

$$\eta 0.85 f_{ck} a_b b = A_s f_y = f_y \rho_b bd \tag{3.9}$$

$a_b = \beta_1 c_b$ 를 대입하고 식 (3.9)를 균형철근비 ρ_b에 관하여 정리하면 식 (3.10)이 된다.

$$\rho_b = \eta 0.85 \frac{f_{ck}}{f_y} \frac{a_b}{d} = \eta 0.85 \frac{f_{ck}}{f_y} \frac{\beta_1 c_b}{d} \tag{3.10}$$

여기에 식 (3.8)의 c_b를 대입하면 균형철근비 ρ_b는 다음과 같다.

$$\rho_b = \eta 0.85 \beta_1 \frac{f_{ck}}{f_y} \frac{\epsilon_{cu}}{\epsilon_{cu} + \epsilon_y} \tag{3.11}$$

3.5.2 최대철근비(ρ_{max})와 인장지배단면 철근비($\rho_{t(인장)}$)

콘크리트구조설계기준에서는 콘크리트 휨부재의 갑작스런 압축파괴를 억제하고 인장철근의 항복에 의한 연성파괴(ductile failure)를 확보하여 파괴를 예측하고 대비할 수 있도록 최대철근비 이하로 보강하도록 의무화 하였고 인장지배단면(tension controlled section)의 철근비 이하로 보강하도록 권장하였으며 이들 모두 최외단 철근의 변형률 ϵ_t를 이용하여 규정하였다.

그림 3.6에서와 같이 인장철근이 2단으로 배근된 직사각형 단면 변형률도의 닮음 삼각형을 이용하여 중립축에서 압축연단까지의 거리를 유도하면

$$c : \epsilon_{cu} = (d_t - c) : \epsilon_t \tag{3.12}$$

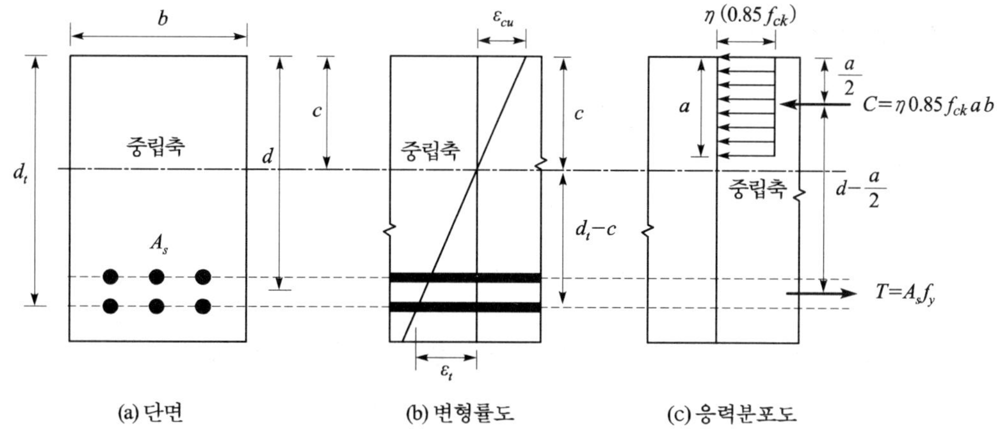

그림 3.6 2단 배근된 보의 변형률도와 응력분포도

비례식에서 내항의 곱은 외항의 곱과 동일하므로

$$c\,\epsilon_t = \epsilon_{cu}\,d_t - \epsilon_{cu}\,c \tag{3.13}$$

식 (3.13)을 c에 관하여 정리하면 식 (3.14)로 되며

$$c = \frac{\epsilon_{cu}}{\epsilon_{cu}+\epsilon_t}d_t \tag{3.14}$$

균형조건식 $C=T$와 $\rho = \dfrac{A_s}{bd}$ 로부터 식 (3.15)를 얻는다.

$$\eta 0.85 f_{ck}\,a\,b = A_s\,f_y = f_y\,\rho\,bd \tag{3.15}$$

$a=\beta_1 c$를 대입하고 식 (3.15)를 철근비 ρ에 관하여 정리하면 식 (3.16)이 된다.

$$\rho = \eta 0.85\frac{f_{ck}}{f_y}\frac{a}{d} = 0.85\frac{f_{ck}}{f_y}\frac{\beta_1 c}{d} \tag{3.16}$$

여기에 식 (3.14)의 c를 대입하면 철근비 ρ는 다음과 같다.

$$\rho = \eta 0.85\,\beta_1\frac{f_{ck}}{f_y}\frac{\epsilon_{cu}}{\epsilon_{cu}+\epsilon_t}\frac{d_t}{d} \tag{3.17}$$

콘크리트 구조설계기준에서는 휨 부재 또는 휨모멘트와 축력을 동시에 받는 부재로서 계수축력 $P_u < 0.10 f_{ck}A_g$인 휨 부재인 경우에 최외단 철근의 최소 허용변형률을 $f_y \le 400$ MPa일 경우 $\varepsilon_t = 0.004$로 하고 $f_y > 400$ MPa일 경우 $\varepsilon_t = 2\varepsilon_y$로 하도록 제한하여 최대철근비로 규정하고 있다. 따라서 식 (3.17)에 이 조건을 대입하면

$f_y \leq 400\,MPa$ 일 경우

$$\rho_{max} = \eta 0.85\,\beta_1 \frac{f_{ck}}{f_y} \frac{\epsilon_{cu}}{\epsilon_{cu} + 0.004} \frac{d_t}{d} \tag{3.18a}$$

$f_y > 400\,MPa$ 일 경우

$$\rho_{max} = \eta 0.85\,\beta_1 \frac{f_{ck}}{f_y} \frac{\epsilon_{cu}}{\epsilon_{cu} + 2\epsilon_y} \frac{d_t}{d} \tag{3.18b}$$

최외단 철근의 권장변형률을 $f_y \leq 400\,MPa$일 경우 $\varepsilon_t = 0.005$로 하고 $f_y > 400\,MPa$일 경우 $\varepsilon_t = 2.5\,\varepsilon_y$로 하여 인장지배단면의 철근비로 정의하며 인장지배 단면으로 설계하도록 권장하고 있다. 인장지배단면의 철근비를 $\rho_{t(인장)}$이라 하면 다음과 같다.

$f_y \leq 400\,MPa$일 경우

$$\rho_{t(인장)} = \eta 0.85\,\beta_1 \frac{f_{ck}}{f_y} \frac{\epsilon_{cu}}{\epsilon_{cu} + 0.005} \frac{d_t}{d} \tag{3.19a}$$

$f_y > 400\,MPa$일 경우

$$\rho_{t(인장)} = \eta 0.85\,\beta_1 \frac{f_{ck}}{f_y} \frac{\epsilon_{cu}}{\epsilon_{cu} + 2.5\epsilon_y} \frac{d_t}{d} \tag{3.19b}$$

여기에서 철근이 $\rho \leq \rho_{t(인장)}$로 배근되면 인장지배 단면으로 강도감소계수 $\phi = 0.85$가 되고 $\rho_{t(인장)} < \rho \leq \rho_{max}$로 배근되면 변화구간으로 $\phi < 0.85$가 되므로 ϕ를 직선보간하여 사용해야 한다. 따라서 인장지배단면 철근비 $\rho_{t(인장)}$이하로 철근을 배근하여 인장지배 단면으로 보가 충분한 연성거동을 통해서 파괴하도록 권장한다.

3.5.3 최소 철근량

휨 부재에서 계수 모멘트(M_u)가 작아서 부재에 배근되는 철근이 매우 적어지면 보는 균열이 없는 상태에서 실하중(service load)에 저항할 것이다. 이렇게 소량의 철근을 갖는 단면의 공칭모멘트 강도(M_n)가 동일 크기의 무근단면을 갖는 보통 콘크리트보의 강도, 즉 균열모멘트 강도 M_{cr}보다 적으면 인장 취성파괴(brittle failure) 즉, 갑작스럽게 인장파괴가 발생하며 균열의 발생과 동시에 순식간에 완전하게 파괴된다.

따라서 철근콘크리트보의 강도가 무근콘크리트보의 강도 이상이 되도록 철근을 배근해야 보가 연성거동을 함으로써 파괴를 예측할 수 있는 안전한 구조가 된다. 따라서

$$\phi M_n \geq 1.2 M_{cr} \tag{3.20}$$

여기서, M_{cr}은 휨부재의 균열휨모멘트로 다음과 같이 계산한다.

$$M_{cr} = \frac{f_r I_g}{y_t} \tag{3.21}$$

여기서, 파괴계수 $f_r = 0.63\lambda\sqrt{f_{ck}}$ 다.

부재의 모든 단면에서 해석에 필요한 철근량보다 1/3 이상 인장철근이 더 배치되어 아래 식 (3.22)의 조건을 만족하는 경우는 상기 식 (3.20)의 규정을 적용하지 않을 수 있다.

$$\phi M_n \geq \frac{4}{3} M_u \tag{3.22}$$

3.5.4 압축지배단면과 인장지배단면

철근콘크리트부재에서는 철근의 순인장변형률(net tensile strain)의 크기에 따라 압축지배단면(compression controlled section), 변화구간(transition zone), 인장지배단면(tension controlled section)으로 구분한다. 일반적으로 부재의 파괴가 일어나기 이전에 인장철근의 항복에 의해 충분한 연성을 갖도록 설계해야 하며 이를 충족시키기 위해 인장지배단면이나 연성이 큰 변화구간에 들도록 인장철근량을 산정해야 한다. 여기서 순인장변형률은 인장측 최외단 철근의 인장변형률로 프리스트레스(prestress), 온도변화 및 건조수축(shrinkage)에 의한 영향을 배제한 인장철근의 변형률이다.

(1) 압축지배단면

철근콘크리트보에서 인장철근이 항복하지 않은 상태로 파괴가 일어난다면 압축 측 콘크리트가 파괴된 경우이며 이는 콘크리트의 취성에 의해 갑작스럽게 발생할 것이다. 이러한 파괴를 취성파괴(brittle failure)라 하고 보의 파괴가 압축에 의해 지배되므로 압축지배단면(compression controlled section)이라고 한다.

압축지배단면은 최외단철근의 변형률(ϵ_t)이 항복변형률(ϵ_y)이하일 경우에 해당된다.

1) $f_y \leq 400$ MPa인 경우 : $\epsilon_t \leq 0.002$

2) $f_y > 400$ MPa인 경우 : $\epsilon_t \leq \epsilon_y$

(2) 변화구간

압축지배단면과 인장지배단면 사이의 구간을 변화구간(transition zone)이라고 한다.

1) $f_y \leq 400$ MPa인 경우 : $0.002 < \epsilon_t < 0.005$

2) $f_y > 400$ MPa인 경우 : $\epsilon_y < \epsilon_t < 2.5\epsilon_y$

(3) 인장지배단면

콘크리트구조설계기준에서는 보의 연성파괴를 보장하기 위해 최외단 철근의 변형률을 $f_y \leq 400$ MPa일 경우 $\varepsilon_t \geq 0.005$로 하고 $f_y > 400$ MPa일 경우 $\varepsilon_t \geq 2.5\varepsilon_y$로 하도록 규정하고 있으며 이러한 조건을 만족하면 보의 파괴는 인장철근의 항복에 의해 지배되므로 인장지배단면(tension controlled section)이라고 한다.

1) $f_y \leq 400$ MPa인 경우 : $\epsilon_t > 0.005$

2) $f_y > 400$ MPa인 경우 : $\epsilon_t > 2.5\epsilon_y$

보가 파괴될 때 충분한 연성이 확보될 수 있도록 인장지배단면으로 설계하는 것이 원칙이지만 최대철근비를 규정하여 인장철근의 변형률이 허용인장변형률 보다 크면 그것이 변화구간에 위치하더라도 설계가 가능하도록 규정하고 있다. 이때 연성파괴 조건을 다소 완화시키는 대신 강도감소계수 ϕ를 작게 하여 설계휨강도(M_d)를 감소시키는 방법을 취하고 있다.

그림 3.7은 최외단 철근의 변형률에 따른 강도감소계수 값을 나타내고 있다. 압축지배단면의 강도감소계수를 ϕ_c라고 하고 인장지배단면의 강도감소계수를 ϕ_f라 할 때 최외단 철근의 변형률에 따른 강도감소계수는 다음 식에 의해 계산될 수 있다.

그림 3.7에서 변화구간의 강도감소계수를 직선보간하기 위해 직선의 방정식을 다음과 같이 유도할 수 있다.

최외단변형률이 ϵ_y일 때 압축지배단면의 강도감소계수는 ϕ_c 이고 최외단변형률이 0.005 또는 $2.5\epsilon_y$일 때 인장지배단면의 강도감소계수는 ϕ_f이므로 이 두 점을 연결하는 직선의 방정식을 구하면 다음과 같다.

$$\phi = \phi_c + \frac{\phi_f - \phi_c}{0.005 - \epsilon_y}(\epsilon_t - \epsilon_y) \tag{3.23}$$

식 (3.23)은 인장지배단면의 변형률을 0.005와 $2.5\epsilon_y$ 중 0.005로 보고 유도한 결과이다. 여기서 ϵ_t를 알 수 있다면 식 (3.23)으로부터 강도감소계수 ϕ를 계산할 수 있다.

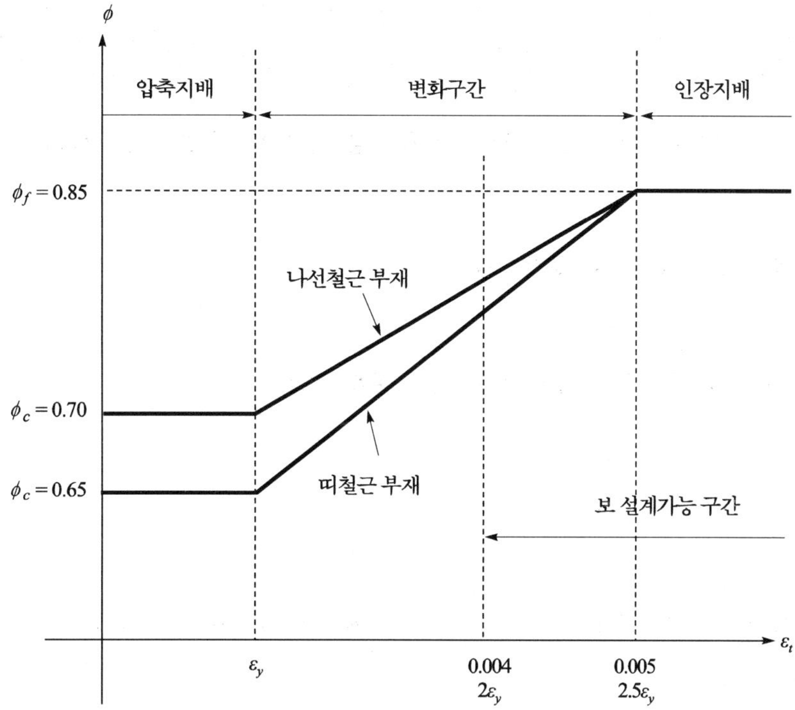

그림 3.7 지배단면 변화에 따른 강도감소계수

연습문제

3.1 보의 변형과 응력 그리고 균열 상태와 관련하여 강도설계법의 바탕을 설명하시오.

3.2 강도설계법의 기본개념을 설명하시오.

3.3 하중계수(γ)와 강도감소계수(ϕ)가 무엇인지 설명하시오.

3.4 강도설계법의 기본가정을 쓰고 설명하시오.

3.5 균형보가 무엇인지 설명하고 균형보의 압축연단에서 중립축까지의 거리 c_b를 유도하시오.

3.6 과보강보와 저보강보가 무엇인지 설명하고 각각의 경우 하중 증가에 따른 중립축의 이동 특징을 쓰시오.

3.7 균형철근비(ρ_b)를 유도하시오.

3.8 철근비를 최대철근비(ρ_{max}) 이하로 규정하는 이유를 설명하고 콘크리트구조설계기준에서 규정한 최대철근비를 쓰시오.

3.9 콘크리트구조설계기준에서 규정한 인장지배단면 철근비($\rho_{t(인장)}$)를 쓰시오.

연습문제

3.10 철근비가 최대철근비(ρ_{max}) 이하일 경우와 인장지배단면 철근비($\rho_{t(인장)}$) 이하일 경우의 차이점을 쓰시오.

3.11 최소철근량을 두는 이유를 설명하고 콘크리트구조설계기준에서 규정한 최소철근량 규정을 쓰시오.

3.12 압축지배단면과 변화구간 그리고 인장지배단면이 무엇인지 설명하시오.

3.13 압축지배단면과 변화구간 그리고 인장지배단면에 따른 강도감소계수의 변화를 그림으로 그리고 변화구간에서 최외단 철근의 변형률(ϵ_t)에 따른 강도감소계수 보정식을 유도하시오.

CHAPTER

04 강도설계법에 의한 보의 휨 설계

CHAPTER

04 강도설계법에 의한 보의 휨 설계

4.1 단철근 직사각형 보의 해석

철근콘크리트 부재의 재료강도(f_{ck}, f_y)와 부재단면(b, d, h, A_s 등)이 주어진 경우 해석이라고 하고 강도설계법의 기본개념($M_u \le M_d = \phi M_n$)을 이용하여 부재의 안전을 확인하게 된다. 소요휨강도(M_u)는 현장 상황에 따라서 경간과 공용기간 중 최대하중을 예측하여 결정하고 역학개념을 이용하여 계산한다. 먼저 철근비를 검토하고 부재의 안전 여부를 검토한다.

4.1.1 철근비 검토

철근비를 계산하여 어느 경우에 해당하는지 확인하고 이에 따라 해석을 진행해야 한다. 따라서 철근비 $\rho = A_s/(bd)$를 계산하고 식 (3.18)에 의한 최대철근비, 식 (3.19)에 의한 인장지배단면 철근비 그리고 식 (3.20)에 의한 최소철근량을 검토한다.

① $\rho \le \rho_{t(인장)}$인 경우 : 강도감소계수 $\phi = 0.85$로 설계모멘트(M_d)를 계산한다.

② $\rho_{t(인장)} < \rho \le \rho_{max}$인 경우 : 강도감소계수 $\phi \ne 0.85$이므로 직선보간하여 설계모멘트(M_d)를 계산한다.

③ $\rho_{max} \le \rho$인 경우 : ρ_{max}만큼의 철근량만 인정하여 설계모멘트(M_d)를 계산하여 계수모멘트(M_u)와 비교 검토한다.

④ $\phi M_n < 1.2 M_{cr}$이고 $\phi M_n < \frac{4}{3} M_u$인 경우 : 갑작스러운 인장파괴가 발생한다.

4.1.2 단면 해석

강도설계법의 기본개념($M_u \le M_d = \phi M_n$)을 이용하여 단철근 직사각형보의 안전을 확인한다.

계수모멘트(M_u) 또는 소요휨강도는 구조물의 경간과 하중(고정하중, 활하중 등)이 주어진 경우에 표 3.2와 같이 하중계수를 조합한 후 역학 이론에 의해 휨모멘트를 계산한다.

설계모멘트(M_d) 또는 설계휨강도는 공칭모멘트(M_n) 또는 공칭휨강도에 표 3.1에서 제시된 강도감소계수를 곱하여 구한다. 따라서 공칭휨강도(M_n)를 계산하면 다음과 같다.

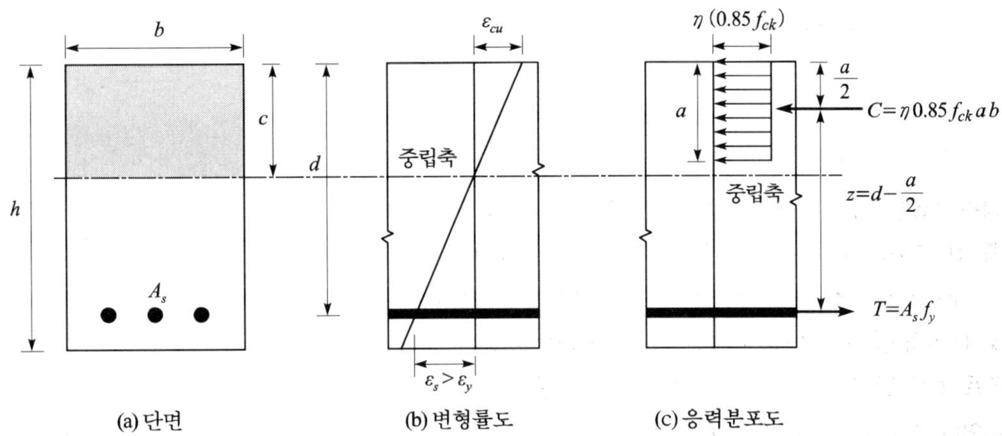

그림 4.1 단철근 직사각형보의 변형률 및 응력분포도

그림 4.1 (b)에서 평형조건에 의해 압축력 C와 인장력 T는 동일하다. 압축력 C는 힘이므로 응력 $0.85f_{ck}$와 작용면적 ab의 곱으로 이루어지며 인장력 T는 응력 f_y와 면적 A_s의 곱으로 이루어진다. 따라서 우력모멘트는 두 힘의 크기에 두 힘 사이의 거리를 곱하면 된다.

$$M_n = C \times z = T \times z = C \times (d - \frac{a}{2}) = T \times (d - \frac{a}{2}) \quad (4.1)$$

여기서 $C = \eta 0.85\, f_{ck}\, a\, b$이고 $T = A_s\, f_y$이므로 이것을 상기 식 (4.1)에 대입하면

$$M_n = C \times z = \eta 0.85\, f_{ck}\, a\, b(d - \frac{a}{2}) \quad (4.2a)$$

$$M_n = T \times z = A_s\, f_y\,(d - \frac{a}{2}) \quad (4.2b)$$

재료강도(f_{ck}, f_y)와 부재단면(b, d, h, A_s)이 주어져 있으므로 식 (4.2a)와 식 (4.2b)에서 a값을 알면 공칭휨강도(M_n)를 계산할 수 있다.

평형조건에서 C=T이므로 이것을 a에 관하여 정리하면 다음과 같다.

$$\eta\, 0.85\, f_{ck}\, a\, b = A_s\, f_y \quad (4.3)$$

$$\therefore\ a = \frac{A_s\, f_y}{\eta 0.85 f_{ck} b} \quad (4.4)$$

여기서 모든 변수는 주어져 있으므로 a를 쉽게 계산할 수 있다.

이와 같이 식 (4.2)를 이용하여 계산된 공칭모멘트(M_n 공칭휨강도)에 강도감소계수를 곱하여 설계모멘트(M_d 설계휨강도)를 계산하고 이를 계수모멘트(M_u 소요휨강도)와 비교하여 안전 여부를 판단한다.

예제 4.1

경간 8m인 철근콘크리트 단순보에 고정하중 10 N/mm, 활하중 10 N/mm가 작용하고 있다. 아래 그림과 같이 보의 폭 b = 400 mm, 유효깊이 d = 600 mm, 높이 h = 660 mm이고 4-D29의 철근이 배근되어 있다. 이 보를 해석하시오. 단, 콘크리트의 설계기준강도 $f_{ck} = 26$ MPa이고 철근은 SD300을 사용하였다. 자중을 고려하여 해석하시오.

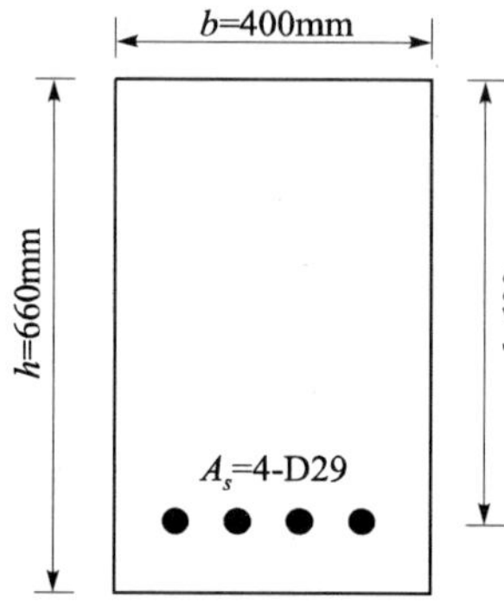

그림 4.2

► **풀이**

먼저 철근비를 검토하여 어느 범위에 속하는지 판단한다.

보의 인장철근비 $\rho = \dfrac{A_s}{bd} = \dfrac{2{,}570}{400 \times 600} = 0.01071$

최대철근비와 인장지배단면 철근비를 계산한다. 이때 $f_y < 400$ MPa이므로 다음 식으로 계산되며 $f_{ck} < 40$ MPa이므로 $\epsilon_{cu} = 0.0033$, $\eta = 1.0$, $\beta_1 = 0.8$이다.

$$\rho_{max} = \eta 0.85 \beta_1 \frac{f_{ck}}{f_y} \frac{\epsilon_{cu}}{\epsilon_{cu} + \epsilon_t} \frac{d_t}{d} = 1.0 \times 0.85 \times 0.8 \times \frac{26}{300} \times \frac{0.0033}{0.0033 + 0.004} \times \frac{600}{600} = 0.02664$$

$$\rho_{t(\text{인장})} = \eta 0.85 \beta_1 \frac{f_{ck}}{f_y} \frac{\epsilon_{cu}}{\epsilon_{cu} + \epsilon_t} \frac{d_t}{d} = 1.0 \times 0.85 \times 0.8 \times \frac{26}{300} \times \frac{0.0033}{0.0033 + 0.005} \times \frac{600}{600} = 0.02343$$

계산 결과 $\rho < \rho_{t(\text{인장})} < \rho_{max}$이므로 인장지배단면으로서 인장 연성파괴가 일어나며 강도감소계수 $\phi = 0.85$이다.

강도설계법의 기본개념($M_u \le M_d = \phi M_n$)을 이용하여 안전여부를 판단한다.

주어진 조건으로부터 계수하중(w_u)과 계수모멘트(M_u 소요휨강도)를 계산한다.

자중을 $w_{\text{자}}$라 하면

$$w_{자} = \gamma bh = 2.5 \times 10^{-5}(N/mm^3) \times 400 \times 660 = 6.6\ N/mm$$

$$w_u = 1.2 \times (w_{자} + w_d) + 1.6 \times w_\ell = 1.2 \times (6.6 + 10) + 1.6 \times 10 = 35.92\ N/mm$$

$$M_u = \frac{w_u \ell^2}{8} = \frac{35.92 \times 8{,}000^2}{8} = 287{,}360{,}000\ N.mm$$

공칭휨강도(M_n)를 계산하기 위해 먼저 압축응력분포거리 a를 계산한다.

$$a = \frac{A_s f_y}{\eta 0.85 f_{ck} b} = \frac{2{,}570 \times 300}{1.0 \times 0.85 \times 26 \times 400} = 87.2\ mm$$

$$M_n = \eta 0.85 f_{ck} ab(d - \frac{a}{2}) = 1.0 \times 0.85 \times 26 \times 87.2 \times 400 \times (600 - \frac{87.2}{2}) = 428{,}916{,}000\ N.mm$$

$$M_n = A_s f_y (d - \frac{a}{2}) = 2{,}570 \times 300 \times (600 - \frac{87.2}{2}) = 428{,}916{,}000\ N.mm$$

공칭휨강도에 강도감소계수를 곱하여 설계휨강도를 계산한다.

$$M_d = \phi M_n = 0.85 \times 428{,}916{,}000 = 364{,}579{,}000\ N.mm$$

최소철근량을 검토한다.

$$f_r = 0.63\lambda\sqrt{f_{ck}} = 0.63 \times 1.0 \times \sqrt{26} = 3.212\ MPa$$

$$I_g = \frac{bh^3}{12} = \frac{400 \times 660^3}{12} = 9{,}583{,}200{,}000\ mm^4, \quad y_t = \frac{h}{2} = \frac{660}{2} = 330\ mm$$

$$M_{cr} = \frac{f_r I_g}{y_t} = 93{,}287{,}582\ N.mm, \quad 1.2M_{cr} = 111{,}945{,}098\ N.mm$$

$\phi M_n = 364{,}578{,}808\ N.mm > 1.2M_{cr} = 111{,}945{,}098\ N.mm$ 이므로 최소 철근량 규정을 만족한다.

따라서 $M_u < M_d = \phi M_n$ 이므로 휨에 대해 안전하다.

4.2 단철근 직사각형 보의 설계

철근콘크리트 부재를 설계할 경우에 재료강도(f_{ck}, f_y)는 설계자가 타당하도록 결정하므로 주어진 값이다. 부재단면(b, d, h, A_s) 중 보의 폭 b는 하중의 크기에 의해 결정되는 것이 아니라 필요에 따라 결정되므로 주어진 값으로 본다. 아울러 철근량(A_s)은 인장지배단면이 되도록 권장철근비를 사용하여 결정하고 이를 바탕으로 유효깊이(d)를 계산한다. 이후 유효깊이에 배근철근의 직경과 피복두께를 고려하여 보의 높이(h)를 계산한다.

이때 철근은 가능한 가는 철근을 여러 개 배근하는 것이 역학적으로 유리하다. 동일한 철근 단면적에 대해 몇 개의 굵은 철근보다 여러 개의 가는 철근을 배근하는 것은 표면적이 증가하므로 콘크리트와의 부착력이 좋아지고 피로파괴에 대한 저항성이 증가하며 균열폭을 작게 할 수 있으므로 역학적으로 유리하다. 다만 너무 가는 철근을 사용할 경우 보의 폭이 부족하여 여러 단으로 철근을 배근해야 하며 시공에 어려움이 있으므로 이를 고려하여야 한다.

일반적인 설계에서는 전단설계를 통해 부재의 형상 즉 폭(b), 유효깊이(d) 그리고 높이(h)가 결정되므로 휨설계를 통해 휨철근량(A_s)을 결정하는 것이 보통이다.

간단한 휨설계를 위해 두 가지 공칭휨강도 $M_n = C \times z$와 $M_n = T \times z$ 중 인장력을 바탕으로 한 휨강도 $M_n = T \times z$를 이용한다. 즉, 식 (4.2b)와 식 (4.4)에 철근비를 도입하여 하나의 식으로 전개한다.

$$M_n = T \times z = A_s f_y \left(d - \frac{a}{2}\right) \tag{4.2b}$$

$$\therefore a = \frac{A_s f_y}{\eta 0.85 f_{ck} b} \tag{4.4}$$

$\rho = \dfrac{A_s}{bd}$ 에서 $A_s = \rho\, bd$ 이므로 이것을 윗 식에 대입하여 정리하면 다음과 같다.

$$M_n = \rho\, bd\, f_y \left(d - \frac{a}{2}\right) \tag{4.5}$$

$$a = \frac{\rho bd f_y}{\eta 0.85 f_{ck} b} = \frac{\rho d f_y}{\eta 0.85 f_{ck}} \tag{4.6}$$

식 (4.6)을 식 (4.5)에 대입하면

$$M_n = \rho\, bd\, f_y \left(d - \frac{\rho d f_y}{2 \times \eta\, 0.85\, f_{ck}}\right) = \rho\, bd\, f_y \left(d - \frac{\rho d f_y}{1.7 \eta\, f_{ck}}\right)$$

$$= \rho\, bd^2 f_y \left(1 - 0.59 \rho \frac{f_y}{\eta\, f_{ck}}\right) \tag{4.7}$$

4.2.1 보의 재료강도만 주어진 경우

설계할 부재의 재료강도(f_{ck}, f_y)가 주어지고 부재단면(b, d, h, A_s) 중 보의 폭 b가 주어진 경우 유효깊이(d)와 높이(h) 그리고 휨철근량(A_s)은 다음과 같이 설계한다.

식 (4.7)에서 ρ는 인장지배단면의 철근비를 사용할 수 있으며 인장지배단면의 철근비는 재료강도만으로 계산할 수 있다.

$$\rho = \rho_{t(\text{인장})} = \eta 0.85 \beta_1 \frac{f_{ck}}{f_y} \frac{\epsilon_{cu}}{\epsilon_{cu} + \begin{cases} 0.005 \\ \text{또는 } 2.5\epsilon_y \end{cases}} \frac{d_t}{d} \tag{4.8}$$

기본개념 $M_u \le M_d = \phi M_n$ 으로부터 공칭휨강도(M_n)는 다음과 같이 계산한다.

$$M_n \le M_u / \phi \tag{4.9}$$

따라서 M_n과 b 그리고 ρ가 계산되므로 유효깊이 d를 식 (4.7)로부터 구할 수 있다. 그리고 보의 높이 h는 다음 식 (4.10)로 계산한다.

$$h = d + \frac{D}{2} + \text{피복두께} \tag{4.10}$$

이때 보의 높이 h는 시공상 편리하게 cm단위까지로 여유있게 결정한다.

4.2.2 보의 형상이 주어진 경우

설계할 부재의 재료강도(f_{ck}, f_y)가 주어지고 부재단면(b, d, h)이 휨설계 이전 단계에서 주어진 경우 식 (4.7)과 식 (4.9)을 연계하여 철근비 ρ를 계산한다. 이후 이것이 철근비 규정에 맞는지 확인해야 한다.

$$\frac{M_u}{\phi} \le \rho b d^2 f_y \left(1 - 0.59 \rho \frac{f_y}{\eta f_{ck}}\right) \tag{4.11}$$

식 (4.11)에서 주어진 조건을 모두 대입하여 ρ에 대한 2차방정식이 되며 이것을 풀면 2개의 해가 구해지는데 여기서 작은 값으로 결정하면 된다.

결정된 철근비를 식 (3.20)에 의한 최소철근량, 식 (3.18)에 의한 최대철근비 그리고 식 (3.19)에 의한 인장지배단면 철근비와 비교 검토한다.

① 최소철근량 규정 $\phi M_n \ge 1.2 M_{cr}$ 을 확인한다. $\phi M_n < 1.2 M_{cr}$ 인 경우에는 $\phi M_n \ge \frac{4}{3} M_u$ 이 되도록 철근량을 증가시킨다.

② $\rho \le \rho_{t(\text{인장})}$인 경우 : 계산된 철근비를 그대로 사용한다.

③ $\rho_{t(\text{인장})} < \rho \le \rho_{max}$ 인 경우 : 강도감소계수 $\phi \ne 0.85$이므로 직선보간하여 설계모멘트(M_d)를 계산한다.

④ $\rho_{max} \le \rho$인 경우 : 복철근보로 설계한다.

예제 4.2

경간 10m인 철근콘크리트 단순보에 고정하중(자중포함) 14 N/mm, 활하중 16 N/mm가 작용하고 있다. 그림 4.3과 같이 보의 폭 b= 400 mm 이다. 이 보를 설계하시오. 단, 콘크리트의 설계기준강도 $f_{ck} = 25$ MPa이고 철근은 SD400을 사용하였다.

그림 4.3

▸ **풀이**

강도설계법의 기본개념($M_u \le M_d = \phi M_n$)을 이용하여 설계한다.

먼저 주어진 조건으로부터 계수하중(w_u)과 계수모멘트(M_u 소요휨강도)를 계산한다.

$$w_u = 1.2 \times (w_d) + 1.6 \times w_\ell = 1.2 \times (14) + 1.6 \times 16 = 42.4 \text{ N/mm}$$

$$M_u = \frac{w_u \ell^2}{8} = \frac{42.4 \times 10{,}000^2}{8} = 530{,}000{,}000 \text{ N·mm}$$

식 (4.9)를 이용하여 공칭휨강도(M_n)를 계산한다. 이때 강도감소계수 $\phi = 0.85$로 한다.

$$M_n = \frac{M_u}{\phi} = \frac{530{,}000{,}000}{0.85} = 623{,}529{,}000 \text{ N·mm}$$

식 (4.8)의 인장지배단면의 철근비를 계산하여 도입한다. 여기서 $f_y = 400$ MPa이므로 최외단 철근의 변형률은 동일한 값으로 0.005를 사용하고 최대철근비와 인장지배단면 철근비를 계산한다. 이때 $f_y < 400$ MPa이므로 다음 식으로 계산되며 $f_{ck} < 40$ MPa이므로 $\epsilon_{cu} = 0.0033$, $\eta = 1.0$, $\beta_1 = 0.8$이다.

$$\epsilon_t = 0.005 \text{ 또는 } \epsilon_t = 2.5\epsilon_y = 2.5 \times \frac{f_y}{E_s} = 2.5 \times \frac{400}{200{,}000} = 0.005$$

$$\rho = \rho_{t(\text{인장})} = \eta 0.85 \beta_1 \frac{f_{ck}}{f_y} \frac{\epsilon_{cu}}{\epsilon_{cu} + \epsilon_t} \frac{d_t}{d} = 1.0 \times 0.85 \times 0.8 \times \frac{25}{400} \times \frac{0.0033}{0.0033 + 0.005} \times 1 = 0.0169$$

상기 결과를 식 (4.7)에 대입하면

$$623{,}529{,}000 \le 0.0169 \times 400 \times d^2 \times 400 \times \left(1 - 0.59 \times 0.0169 \times \frac{400}{1.0 \times 25}\right)$$

$$d^2 \ge 274{,}327 \text{mm}^2 \qquad \therefore d \ge 523.8 \text{mm}$$

따라서 시공상 편리성과 여유를 고려하여 d = 530mm로 결정한다.

철근량은 철근비로부터 다음과 같이 계산한다.

$$A_s = \rho bd = 0.0169 \times 400 \times 530 = 3{,}582.3\ mm^2$$

철근표로부터 10-D22(3,871 mm^2), 7-D25(3,547 mm^2), 6-D29(3,854 mm^2), 5-D32(3,971 mm^2)를 선정할 수 있으며 보의 폭과 콘크리트구조설계기준에 규정된 피복두께 그리고 철근순간격(철근직경 이상, 굵은골재 최대치수 4/3 이상, 25mm 이상)을 고려하여 결정한다. 만약 6-D29(3,854 mm^2)를 선택한다면 철근직경을 고려하여 보의 폭 b = 400 mm, 보의 피복두께 50mm(옥외의 경우), 철근의 개수(n=6), 철근의 직경(D≈29mm)를 기준으로 $b \geq 2 \times$ 피복두께 $+ (2n-1)D$를 만족하도록 확인한다.

$2 \times$ 피복두께 $+ (2n-1)D = 2 \times 50 + (2 \times 6 - 1) \times 29 = 419$ mm이므로 보의 폭 400mm를 초과한다. 따라서 2단 배근을 고려하면 한단의 철근갯수는 n=3이므로

$$2 \times \text{피복두께} + (2n-1)D = 2 \times 50 + (2 \times 3 - 1) \times 29 = 245\ mm$$

보의 폭 이내에서 배근 가능하므로 2단으로 배근하면 콘크리트구조설계기준의 상하철근의 순간격 규정(25mm이상)에 의해 30mm로 결정한다. 따라서 보의 높이(h)는 식 (4.10)에 의해 계산될 수 있다.

$$h = d + \frac{\text{상하철근 순간격}}{2} + D + \text{피복두께}$$

$$h = 530 + 30/2 + 28.6 + 50 = 623.6\ mm$$

따라서 보의 높이는 630mm 이상으로 결정한다. 아울러 피복두께는 50mm이상 수평철근 순간격은 철근지름 이상이므로 그림 4.4와 같이 배근할 수 있다.

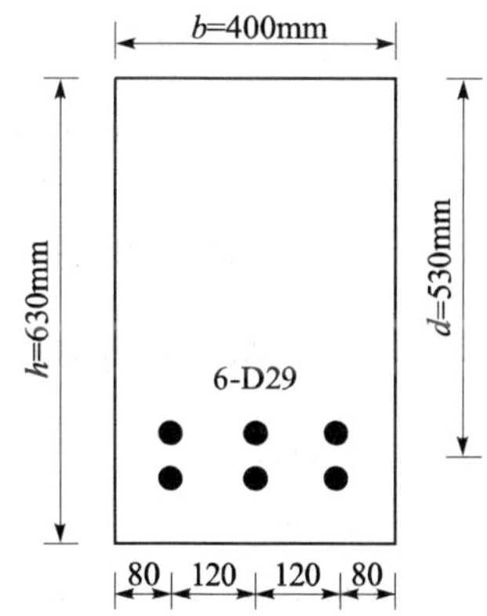

그림 4.4

예제 4.3

경간 10m인 철근콘크리트 단순보에 고정하중(자중포함) 16 N/mm, 활하중 16 N/mm가 작용하고 있다.
그림 4.5와 같이 보의 폭 b = 400 mm, 유효깊이 d = 600 mm이다. 이 보를 설계하시오. 단, 콘크리트의 설계기준강도 $f_{ck} = 24$ MPa이고 철근은 SD400을 사용하였다.

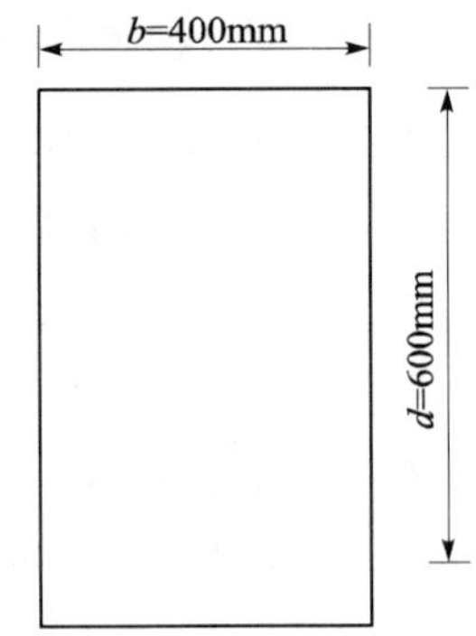

그림 4.5

► **풀이**

강도설계법의 기본개념($M_u \le M_d = \phi M_n$)을 이용하여 설계한다.

먼저 주어진 조건으로부터 계수하중(w_u)과 계수모멘트(M_u 소요휨강도)를 계산한다.

$$w_u = 1.2 \times (w_d) + 1.6 \times w_\ell = 1.2 \times (16) + 1.6 \times 16 = 44.8 \text{ N/mm}$$

$$M_u = \frac{w_u \ell^2}{8} = \frac{44.8 \times 10{,}000^2}{8} = 560{,}000{,}000 \text{ N·mm}$$

식 (4.9)를 이용하여 공칭휨강도(M_n)를 계산한다. 이때 강도감소계수 $\phi = 0.85$로 한다.

$$M_n = \frac{M_u}{\phi} = \frac{560{,}000{,}000}{0.85} = 658{,}823{,}000 \text{ N·mm}$$

상기 결과를 식 (4.7)에 대입하면

$$658{,}823{,}000 \le \rho \times 400 \times 600^2 \times 400 \times \left(1 - 0.59 \times \rho \times \frac{400}{1.0 \times 24}\right)$$

$$(5.664 \times 10^{11})\rho^2 - (5.76 \times 10^{10})\rho + 658{,}823{,}000 \le 0$$

$$\rho = 0.01313, \quad 0.08856$$

상기 두 값 중 작은 값을 철근비로 한다. 따라서

$$\therefore \rho = 0.01313$$

다음으로 철근비를 검토하여 어느 범위에 속하는지 판단한다.

최대철근비와 인장지배단면 철근비를 계산한다. 이때 $f_y < 400$ MPa이므로 다음 식으로 계산되며 $f_{ck} < 40$ MPa이므로 $\epsilon_{cu} = 0.0033$, $\eta = 1.0$, $\beta_1 = 0.8$이다.

$$\rho_{\max} = \eta\, 0.85 \beta_1 \frac{f_{ck}}{f_y} \frac{\epsilon_{cu}}{\epsilon_{cu} + 0.004} \frac{d_t}{d} = 1.0 \times 0.85 \times 0.8 \times \frac{24}{400} \times \frac{0.0033}{0.0033 + 0.004} \times \frac{600}{600} = 0.01844$$

$$\rho_{t(인장)} = \eta 0.85 \beta_1 \frac{f_{ck}}{f_y} \frac{\epsilon_{cu}}{\epsilon_{cu}+0.005} \frac{d_t}{d} = 1.0 \times 0.85 \times 0.8 \times \frac{24}{400} \times \frac{0.0033}{0.0033+0.005} \times \frac{600}{600} = 0.01622$$

계산 결과 $\rho < \rho_{t(인장)} < \rho_{max}$ 이므로 인장지배단면으로서 인장 연성파괴가 일어나며 강도감소계수 $\phi = 0.85$ 이다.

철근량은 철근비로부터 다음과 같이 계산한다.

$$A_s = \rho bd = 0.01313 \times 400 \times 600 = 3{,}152.2\ mm^2$$

철근표로부터 10−D22(3,871 mm^2), 7−D25(3,547 mm^2), 5−D29(3,212 mm^2), 4−D32 (3,177 mm^2)중에서 선정할 수 있으며 보의 폭과 콘크리트구조설계기준에 규정된 피복두께 그리고 철근순간격(철근직경 이상, 굵은골재 최대치수 4/3 이상, 25mm 이상)을 고려하여 결정한다.

만약 4−D32(3,177 mm^2)를 선택한다면 철근직경을 고려하여 보의 폭 b=400 mm, 보의 피복두께 50mm(옥외의 경우), 철근의 개수(n=4), 철근의 직경(D≈32mm)를 기준으로 $b \geq 2 \times$ 피복두께 $+(2n-1)D$를 만족하도록 확인한다.

$$b = 400 \geq 2 \times \text{피복두께} + (2n-1)D = 2 \times 50 + (2 \times 4 - 1) \times 32 = 324\ mm$$

보의 폭 b=400 mm 이내에서 배근 가능하므로 1단으로 배근하면 된다.

따라서 보의 높이(h)는 식 (4.10)에 의해 계산될 수 있다.

$$h = d + \frac{D}{2} + \text{피복두께} = 600 + 32/2 + 50 = 666\ mm$$

그러므로 보의 높이 h는 666mm 이상으로 시공시 편리성과 여유를 고려하여 680mm로 결정한다.

피복두께는 50mm이상 수평철근 순간격은 철근지름 이상이므로 그림 4.6과 같이 배근할 수 있다.

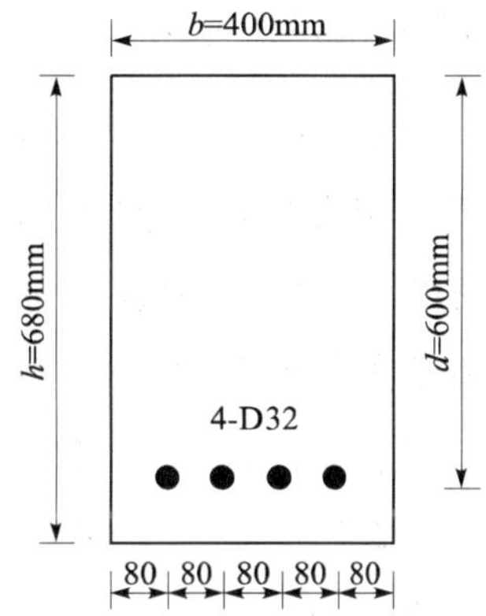

그림 4.6

단면이 결정되었으므로 최소철근량을 검토한다.

$$f_r = 0.63\lambda\sqrt{f_{ck}} = 0.63 \times 1.0 \times \sqrt{24} = 3.086\ MPa$$

$$I_g = \frac{bh^3}{12} = \frac{400 \times 680^3}{12} = 10{,}481{,}066{,}667\ mm^4,$$

$$y_t = \frac{h}{2} = \frac{680}{2} = 340\ mm$$

$$M_{cr} = \frac{f_r I_g}{y_t} = 95{,}142{,}101\ N.mm, \quad 1.2M_{cr} = 114{,}170{,}521\ N.mm$$

$\phi M_n = 560{,}000{,}000 N.mm > 1.2M_{cr} = 114{,}170{,}521\ N.mm$ 이므로 최소철근량 규정을 만족한다.

4.3 복철근 직사각형 보의 해석

보의 높이에 제한을 받는 경우 소요강도를 충족시키도록 인장철근을 배근하면 철근량이 최대철근량을 초과하여 압축취성파괴가 발생할 수 있으므로 압축측에도 철근을 배근하여 연성인장파괴가 일어나도록 설계된 보를 복철근보(doubly reinforced beam)라고 한다.

이때 복철근보로 보이더라도 압축철근을 무시하고 단철근직사각형보로 간주하여 계산한 철근비가 최대철근비를 초과하지 않으면 압축철근은 보조철근으로 배근된 경우이므로 무시하고 단철근직사각형보로 해석한다.

철근콘크리트 부재의 재료강도(f_{ck}, f_y)와 부재단면(b, d, d' h, A_s, A'_s 등)이 주어진 경우 해석이라고 하고 강도설계법의 기본개념($M_u \le M_d = \phi M_n$)을 이용하여 부재의 안전을 확인하게 된다. 소요휨강도(M_u)는 현장 상황에 따라서 경간과 공용기간 중 최대하중을 예측하여 결정하고 역학개념을 이용하여 계산한다. 먼저 철근비를 검토하여 단철근보로 보고 해석할 것인지 복철근보로 보고 해석할 것인지를 결정한다.

4.3.1 철근비 검토

비록 단면이 복철근보로 되어 있더라도 철근비를 계산하여 어느 경우에 해당하는지 확인하고 이에 따라 해석을 진행해야 한다. 먼저 압축철근을 무시하고 단철근보로 간주하여 철근비 $\rho = A_s/(bd)$를 계산하고 식 (3.18)에 의한 최대철근비 그리고 식 (3.19)에 의한 인장지배단면 철근비를 계산한다. 이때

① $\rho \le \rho_{t(인장)}$인 경우 : 압축철근을 무시하고 단철근보로 간주하여 해석한다. 이때 강도감소계수 $\phi = 0.85$이다.

② $\rho_{t(인장)} < \rho \le \rho_{max}$인 경우 : 압축철근을 무시하고 단철근보로 간주하여 해석한다. 이때 강도감소계수 $\phi \ne 0.85$이므로 직선보간한다.

③ $\rho_{max} < \rho$인 경우 : 복철근보로 해석한다.

복철근으로 해석할 경우에도 압축철근이 항복하는 경우와 압축철근이 항복하지 않는 경우로 구분된다.

4.3.2 압축철근이 항복할 경우 보 해석

보는 콘크리트의 압축파괴가 발생하기 이전에 먼저 인장철근이 항복하여 큰 변형을 일으킨 후 파괴가 발생하여야 한다. 이렇게 함으로써 파괴를 예측할 수 있으며 재해를 방지할 수 있다. 따라서 복철근보에서도 최대철근비를 규정하여 인장철근량을 제한하고 있다. 먼저 압축부 콘크리트와 인장부 철근이 동시에 파괴되는 균형철근비($\overline{\rho_b}$)를 알아본다.

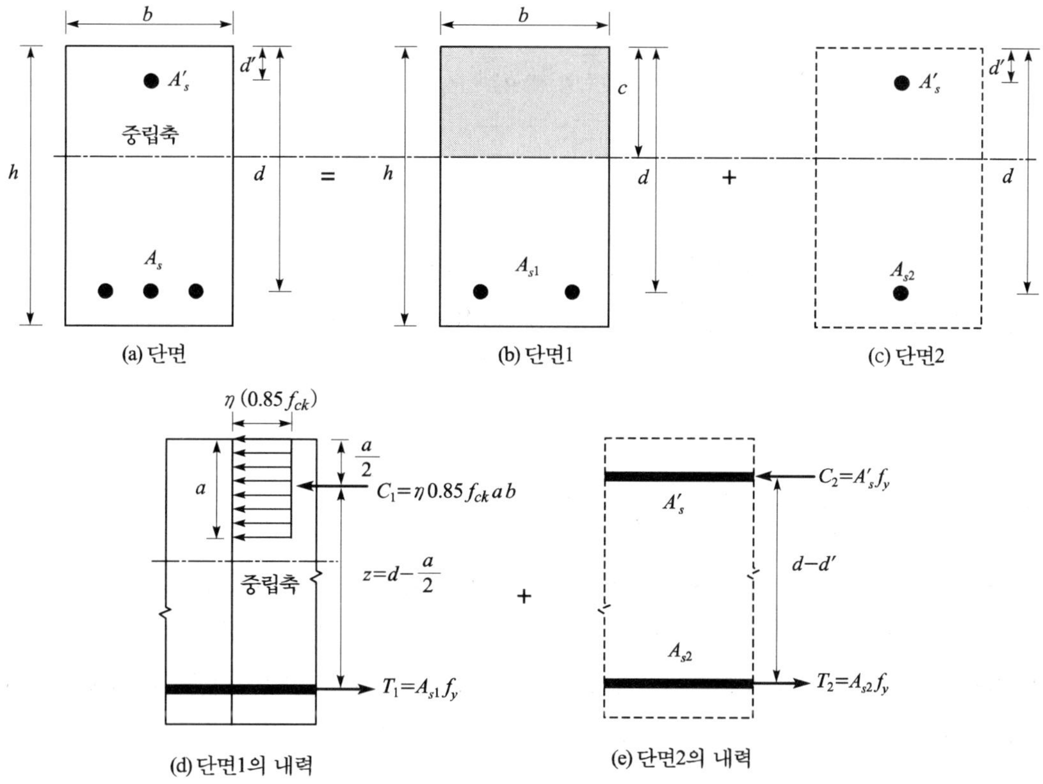

그림 4.7 복철근 직사각형보의 응력분포도(압축철근 항복)

(1) 균형철근비($\overline{\rho_b}$)

그림 4.7로부터 $C = T = C_1 + C_2$에 복철근보에서 $A_s = \overline{\rho}bd$ 와 $A'_s = \rho' bd$ 를 도입하면

$$A_s f_y = \eta 0.85 f_{ck} ab + A'_s f_y$$

$$\overline{\rho} f_y bd = \eta 0.85 f_{ck} (\beta_1 c) b + \rho' bd f_y$$

$$\overline{\rho} = \eta 0.85\beta_1 \frac{f_{ck}}{f_y}\frac{c}{d} + \rho' \tag{4.12}$$

식 (4.12)에서 c 대신에 식 (3.7)의 c_b를 대입하면 복철근직사각형보의 균형철근비($\overline{\rho_b}$)를 얻을 수 있다.

$$c_b = \frac{\epsilon_{cu}}{\epsilon_{cu} + \epsilon_y} d \tag{3.7}$$

$$\overline{\rho_b} = \eta 0.85\beta_1 \frac{f_{ck}}{f_y}\frac{\epsilon_{cu}}{\epsilon_{cu} + \epsilon_y} + \rho' = \rho_b + \rho' \tag{4.13}$$

(2) 최대철근비($\overline{\rho_{max}}$)

다음으로 복철근보의 최대철근비($\overline{\rho_{max}}$)를 유도한다.

식 (4.12)에 식 (3.14)를 대입하면 식 (4.14)가 된다.

$$c = \frac{\epsilon_{cu}}{\epsilon_{cu} + \epsilon_t} d_t \tag{3.14}$$

$$\overline{\rho} = \eta 0.85\beta_1 \frac{f_{ck}}{f_y}\frac{\epsilon_{cu}}{\epsilon_{cu} + \epsilon_t}\frac{d_t}{d} + \rho' \tag{4.14}$$

콘크리트 구조설계기준에서는 휨 부재 또는 휨모멘트와 축력을 동시에 받는 부재로서 계수축력 $P_u < 0.10 f_{ck}A_g$ 인 휨 부재인 경우에 최외단 철근의 최소 허용변형률을 $f_y \leq 400$ MPa 일 경우 $\varepsilon_t = 0.004$로 하고 $f_y > 400$ MPa일 경우 $\varepsilon_t = 2\varepsilon_y$로 하도록 제한하여 최대철근비로 규정하고 있다. 따라서 식 (4.14)에 이 조건을 대입하면

$f_y \leq 400$ MPa 일 경우

$$\overline{\rho_{max}} = \eta 0.85\beta_1 \frac{f_{ck}}{f_y}\frac{\epsilon_{cu}}{\epsilon_{cu} + 0.004}\frac{d_t}{d} + \rho' \tag{4.15a}$$

$f_y > 400$ MPa 일 경우

$$\overline{\rho_{max}} = \eta 0.85\beta_1 \frac{f_{ck}}{f_y}\frac{\epsilon_{cu}}{\epsilon_{cu} + 2\epsilon_y}\frac{d_t}{d} + \rho' \tag{4.15b}$$

$$\therefore \overline{\rho_{max}} = \rho_{max} + \rho' \tag{4.16}$$

(3) 인장지배단면 철근비($\overline{\rho_{t(인장)}}$)

다음으로 복철근보의 권장철근비인 인장지배단면 철근비($\overline{\rho_{t(인장)}}$)를 유도한다.

최외단 철근의 권장변형률을 $f_y \le 400\,MPa$일 경우 $\varepsilon_t = 0.005$로 하고 $f_y > 400\,MPa$일 경우 $\varepsilon_t = 2.5\varepsilon_y$로 하여 인장지배단면의 철근비로 정의하며 인장지배 단면으로 설계하도록 권장하고 있다. 복철근보의 인장지배단면의 철근비를 $\overline{\rho_{t(인장)}}$이라 하면 다음과 같다.

$f_y \le 400\,MPa$일 경우

$$\overline{\rho_{t(인장)}} = \eta 0.85\beta_1 \frac{f_{ck}}{f_y} \frac{\epsilon_{cu}}{\epsilon_{cu} + 0.005} \frac{d_t}{d} + \rho' \tag{4.17a}$$

$f_y > 400\,MPa$일 경우

$$\overline{\rho_{t(인장)}} = \eta 0.85\beta_1 \frac{f_{ck}}{f_y} \frac{\epsilon_{cu}}{\epsilon_{cu} + 2.5\epsilon_y} \frac{d_t}{d} + \rho' \tag{4.17b}$$

$$\therefore\ \overline{\rho_{t(인장)}} = \rho_{t(인장)} + \rho' \tag{4.18}$$

결국 복철근보의 최대철근비($\overline{\rho_{max}}$)와 인장지배단면 철근비($\overline{\rho_{t(인장)}}$)는 단철근보의 최대철근비(ρ_{max})와 인장지배단면 철근비($\rho_{t(인장)}$)에 압축철근비(ρ')를 더하면 된다.

(4) 보의 단면해석

강도설계법의 기본개념($M_u \le M_d = \phi M_n$)을 이용하여 부재의 안전을 확인하게 된다. 복철근보를 해석하거나 설계할 때 단면을 두 부분으로 나누어 고려하는 것이 편리하다.

그림 4.7과 같이 복철근 단면을 단면1과 단면2로 나누어 고려한다.

압축철근이 항복하는 경우이므로 단면1에서 $A_{s1} = A_s - A'_s$이며 단면2에서 $A_{s2} = A'_s$이다. 따라서 공칭휨강도(M_n)는 M_{n1}과 M_{n2}로 나누어 계산할 수 있다.

$$M_n = M_{n1} + M_{n2} \tag{4.19}$$

$$M_{n1} = C_1 \times z = T_1 \times z \tag{4.20a}$$

$$M_{n1} = \eta 0.85 f_{ck} ab(d - \frac{a}{2}) = A_{s1} f_y (d - \frac{a}{2}) \tag{4.20b}$$

$$M_{n2} = C_2 \times (d - d') = T_2 \times (d - d') \tag{4.21a}$$

$$M_{n2} = A'_s f_y (d - d') = A_{s2} f_y (d - d') \tag{4.21b}$$

단면1에서 힘의 평형조건을 적용하면 $C_1 = T_1$ 이고 단면2에서 힘의 평형조건을 적용하면 $C_2 = T_2$ 이다. 그러므로

$$\eta 0.85 f_{ck} ab = A_{s1} f_y \tag{4.22a}$$

$$A'_s f_y = A_{s2} f_y \tag{4.22b}$$

$$\therefore A'_s = A_{s2} \tag{4.23}$$

그림 4.7로부터 $C = C_1 + C_2$이고 $T = T_1 + T_2$ 이므로 인장저항력은 다음과 같다.

$$A_s f_y = A_{s1} f_y + A_{s2} f_y = \eta 0.85 f_{ck} ab + A'_s f_y \tag{4.24}$$

식 (4.22)로부터 다음과 같이 등가응력블록의 깊이 a를 계산할 수 있다.

$$\therefore A'_s = A_{s2} = A_s - A_{s1} \tag{4.25}$$

$$\therefore a = \frac{A_{s1} f_y}{\eta 0.85 f_{ck} b} = \frac{(A_s - A'_s) f_y}{\eta 0.85 f_{ck} b} \tag{4.26}$$

결국 복철근직사각형보의 공칭휨강도(M_n)는 다음과 같이 표현된다.

$$M_n = C_1 z + C_2 (d - d') = \eta 0.85 f_{ck} ab (d - \frac{a}{2}) + A'_s f_y (d - d') \tag{4.27a}$$

$$M_n = T_1 z + T_2 (d - d') = A_{s1} f_y (d - \frac{a}{2}) + A_{s2} f_y (d - d') \tag{4.27b}$$

$$M_n = C_1 z + T_2 (d - d') = \eta 0.85 f_{ck} ab (d - \frac{a}{2}) + A_{s2} f_y (d - d') \tag{4.27c}$$

$$M_n = T_1 z + C_2 (d - d') = A_{s1} f_y (d - \frac{a}{2}) + A'_s f_y (d - d') \tag{4.27d}$$

주어진 값을 그대로 대입하여 계산할 수 있는 공칭휨강도는 식 (4.27a)나 식 (4.27d)를 변형하여 다음과 같이 쓸 수 있다.

$$M_n = (A_s - A'_s) f_y (d - \frac{a}{2}) + A'_s f_y (d - d') \tag{4.27e}$$

설계휨강도(M_d)는 식 (4.27)에서 구한 공칭휨강도(M_n)에 강도감소계수 ϕ를 곱하여 다음과 같이 계산한다.

$$M_d = \phi M_n = \phi \left\{ (A_s - A'_s) f_y (d - \frac{a}{2}) + A'_s f_y (d - d') \right\} \tag{4.28}$$

복철근보에서도 철근비가 복철근보의 인장지배단면 철근비를 초과할 경우 강도감소계수 $\phi \neq 0.85$이므로 직선보간하여 사용한다.

예제 4.4

그림 4.8과 같이 $b=400\,mm$, $d=500\,mm$, $d_t=530\,mm$, $d'=50\,mm$, $A_s=8-D32=6{,}354\,mm^2$, $A'_s=3-D32=2{,}383\,mm^2$인 복철근 직사각형보를 해석하시오. 단, $f_{ck}=35\,MPa$이고 철근은 SD400을 사용하였다.

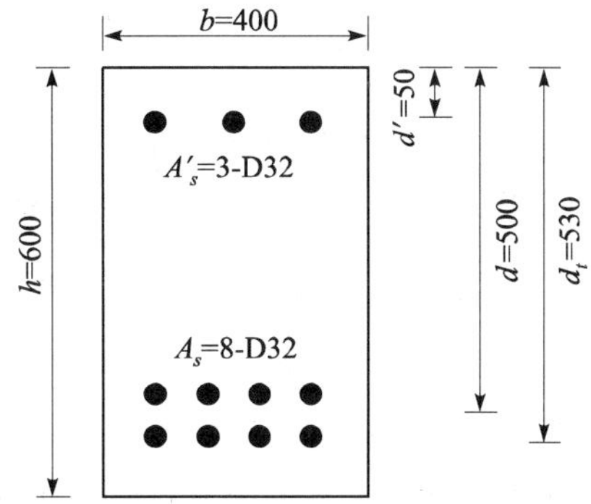

그림 4.8

▸ **풀이**

단면이 주어지는 해석의 경우 먼저 철근비를 검토하여 어느 경우에 해당하는지 알아야 한다. 따라서 인장철근비(ρ)와 압축철근비(ρ')를 계산하면 다음과 같다.

$$\rho=\frac{A_s}{bd}=\frac{6{,}354}{400\times500}=0.03177$$

$$\rho'=\frac{A'_s}{bd}=\frac{2{,}383}{400\times500}=0.01191$$

먼저 단철근 직사각형보의 인장지배단면 철근비($\rho_{t(\text{인장})}$)와 최대철근비(ρ_{max})를 계산하여 인장철근비(ρ)와 비교한다. 만약 인장철근비가 단철근보의 최대철근비(ρ_{max})보다 작을 경우에는 단철근보로 해석한다.

여기서 $f_y=400\,MPa$이므로 다음 식으로 계산되며 $f_{ck}<40\,MPa$이므로 $\epsilon_{cu}=0.0033$, $\eta=1.0$, $\beta_1=0.8$이다.

$$\rho_{t(\text{인장})}=\eta 0.85\beta_1\frac{f_{ck}}{f_y}\frac{\epsilon_{cu}}{\epsilon_{cu}+0.005}\frac{d_t}{d}$$

$$=1.0\times0.85\times0.8\times\frac{35}{400}\times\frac{0.0033}{0.0033+0.005}\times\frac{530}{500}=0.02508$$

$$\rho_{max}=\eta 0.85\beta_1\frac{f_{ck}}{f_y}\frac{\epsilon_{cu}}{\epsilon_{cu}+0.004}\frac{d_t}{d}$$

$$=1.0\times0.85\times0.8\times\frac{35}{400}\times\frac{0.0033}{0.0033+0.004}\times\frac{530}{500}=0.02851$$

계산 결과 $\rho > \rho_{max}$ 이므로 복철근보로 해석한다.

복철근보로 해석할 경우에 압축철근이 항복하는 경우와 항복하지 않는 경우로 구분되므로 먼저 복철근보의 최소철근비($\overline{\rho_{min}}$)를 계산한다.

$$\therefore \overline{\rho_{min}} = \eta\, 0.85 \beta_1 \frac{f_{ck}}{f_y} \frac{d'}{d} \frac{\epsilon_{cu}}{\epsilon_{cu} - \epsilon_y} + \rho'$$

$$= 1.0 \times 0.85 \times 0.8 \times \frac{35}{400} \times \frac{50}{500} \times \frac{0.0033}{0.0033 - 0.002} + 0.01191$$

$$= 0.02701$$

아울러 식 (4.16)을 이용하여 복철근보의 최대철근비($\overline{\rho_{max}}$)를 계산하여 검토한다.

$$\therefore \overline{\rho_{max}} = \rho_{max} + \rho' = 0.02851 + 0.01191 = 0.04042$$

철근비가 $\overline{\rho_{min}} < \rho$이므로 압축철근이 항복하며 $\rho < \overline{\rho_{max}}$ 이므로 복철근보로 연성인장파괴가 발생한다. 따라서 강도설계법의 기본개념을 이용하여 보의 안전을 확인할 수 있다. 이때 강도감소계수를 확인하기 위해 식 (4.18)을 이용하여 인장지배단면 철근비($\overline{\rho_{t(인장)}}$)를 계산한다.

$$\therefore \overline{\rho_{t(인장)}} = \rho_{t(인장)} + \rho' = 0.02508 + 0.01191 = 0.03699$$

$\rho < \overline{\rho_{t(인장)}}$ 이므로 인장지배단면이며 따라서 강도감소계수 $\phi = 0.85$ 이다.

이제 강도설계법의 기본개념($M_u \le M_d = \phi M_n$)을 이용하여 보의 안전여부를 판단한다.

주어진 조건에서 계수모멘트(M_u 소요휨강도)에 관한 언급이 없으므로 설계모멘트(M_d 설계휨강도)만 구하면 된다. 먼저 공칭휨강도(M_n)를 계산하여 강도감소계수를 곱한다.

압축철근이 항복하는 경우이므로 $A_{s1} = A_s - A'_s$ 이며 $A_{s2} = A'_s$ 이다. 따라서 공칭휨강도(M_n)는 식 (4.26)와 식 (4.27)을 이용하여 계산할 수 있다.

$$\therefore a = \frac{(A_s - A'_s) f_y}{\eta\, 0.85 f_{ck} b} = \frac{(6{,}354 - 2{,}383) \times 400}{1.0 \times 0.85 \times 35 \times 400} = 133.5\ \text{mm}$$

$$\therefore M_n = (A_s - A'_s) f_y \left(d - \frac{a}{2}\right) + A'_s f_y (d - d')$$

$$= (6{,}350 - 1{,}588) \times 400 \times \left(500 - \frac{133.5}{2}\right) + 1{,}588 \times 400 \times (500 - 50)$$

$$= 1{,}117{,}000{,}000\ \text{N·mm}$$

설계모멘트(M_d 설계휨강도)는 공칭휨강도(M_n)에 강도감소계수를 곱하여 계산한다.

$$\therefore M_d = \phi M_n = 0.85 \times 1{,}117{,}000{,}000 = 949{,}500{,}000\ \text{N·mm}$$

4.3.3 압축철근의 항복여부(복철근보의 최소철근비)

철근콘크리트보에서 인장철근량이 증가하면 인장력이 증가하므로 평형을 유지하기 위해 중립축이 하강하면서 압축부의 압축저항력을 증가시켜준다. 반대로 철근량이 감소하면 인장력이 감소하므로 중립축이 상승하면서 콘크리트의 인장저항을 더해 평형을 유지하려고 한다. 따라서 콘크리트 압축변형률이 극한변형률 ϵ_{cu}에 도달할 때 압축철근의 변형률이 항복변형률에 도달하게 하는 인장철근량이 있다. 이때의 인장철근비를 복철근보의 최소철근비($\overline{\rho_{min}}$)으로 표기하고 이 철근비를 초과하여 인장철근을 배근하면 중립축이 하강하면서 압축철근의 변형률이 항복변형률보다 더 증가하고 복철근보의 최소철근비($\overline{\rho_{min}}$) 보다 적은 인장철근을 배근하면 중립축이 상승하면서 압축철근의 변형률이 항복변형률 미만으로 되어 압축철근이 항복하지 않는다.

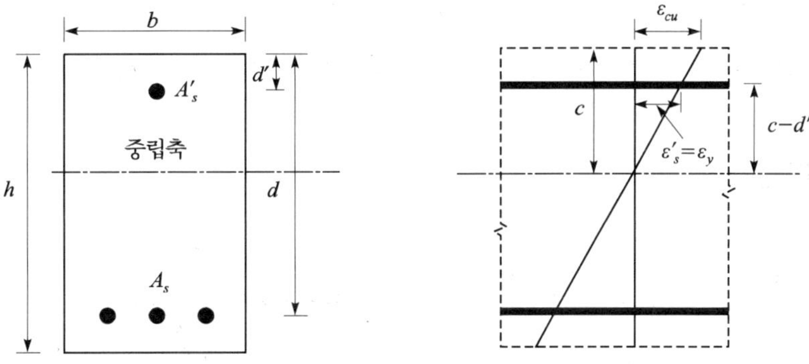

그림 4.9 복철근보의 변형률

그림 4.9(b)에서 압축철근의 변형률이 항복변형률에 도달한 경우를 보여준다. 이때 다음과 같은 식이 성립한다.

$$\mathrm{c} : \epsilon_{cu} = \mathrm{c} - \mathrm{d}' : \epsilon'_{s} \tag{4.29}$$

식 (4.29)에서 압축철근이 항복($\epsilon'_{s} = \epsilon_{y}$)하므로 다음 식 (4.30)과 같이 표기될 수 있다.

$$\mathrm{c}\,\epsilon_{y} = \epsilon_{cu}(\mathrm{c} - \mathrm{d}')$$

$$\therefore\ \mathrm{c} = \frac{\epsilon_{cu}}{\epsilon_{cu} - \epsilon_{y}}\mathrm{d}' \tag{4.30}$$

식 (4.30)이 압축철근이 항복할 조건이 되므로 이를 식 (4.12)에 대입하여 정리하면 식

(4.31)로 된다.

$$\overline{\rho} = \eta\, 0.85 \beta_1 \frac{f_{ck}}{f_y} \frac{c}{d} + \rho' \tag{4.12}$$

$$\overline{\rho_{min}} = \eta\, 0.85 \beta_1 \frac{f_{ck}}{f_y} \frac{d'}{d} \frac{\epsilon_{cu}}{\epsilon_{cu} - \epsilon_y} + \rho' \tag{4.31}$$

식 (4.31)이 압축철근이 항복하는 기준이며 복철근보에서 인장철근이 이 철근비($\overline{\rho_{min}}$)보다 많이 배근되면 압축철근이 항복한다. 따라서 식 (4.31)의 철근비를 복철근보의 최소철근비라고 한다.

4.3.4 압축철근이 항복하지 않는 경우

복철근보에서 인장철근의 철근비가 식 (4.31)에 주어진 최소철근비($\overline{\rho_{min}}$)보다 작다면 보가 파괴될 때 압축철근이 항복하지 않는다. 이 경우에도 철근비를 확인한다.

(1) 균형철근비($\overline{\rho_b}$)

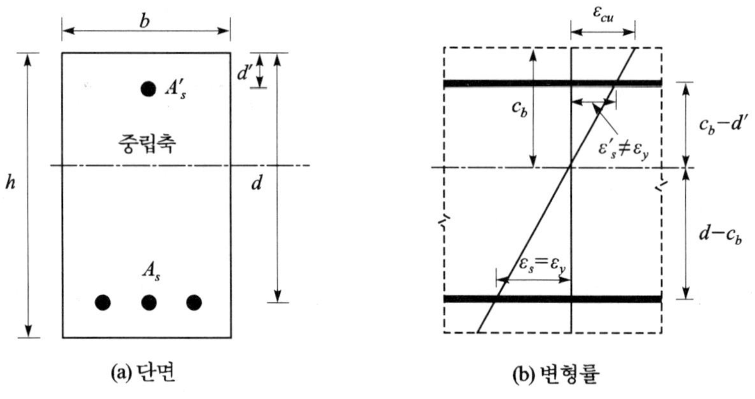

그림 4.10 압축철근이 항복하지 않을 경우 균형보

그림 4.7에서 $C_2 = A'_s f'_s$로 변화되므로 $C = T = C_1 + C_2$에 복철근보에서 $A_s = \overline{\rho}\, bd$와 $A'_s = \rho' bd$를 도입하면

$$A_s f_y = \eta\, 0.85 f_{ck} ab + A'_s f'_s$$

$$\overline{\rho} f_y bd = \eta\, 0.85 f_{ck} (\beta_1 c) b + \rho' bd f'_s$$

$$\overline{\rho} = \eta\, 0.85\beta_1 \frac{f_{ck}}{f_y}\frac{c}{d} + \rho' \frac{f'_s}{f_y} \tag{4.32}$$

식 (4.32)에 식 (3.7)을 대입하면 복철근직사각형보의 균형철근비($\overline{\rho_b}$)를 얻을 수 있다.

$$c_b = \frac{\epsilon_{cu}}{\epsilon_{cu} + \epsilon_y} d \tag{3.7}$$

$$\overline{\rho_b} = \eta\, 0.85\beta_1 \frac{f_{ck}}{f_y}\frac{\epsilon_{cu}}{\epsilon_{cu} + \epsilon_y} + \rho' \frac{f'_s}{f_y} = \rho_b + \rho' \frac{f'_s}{f_y} \tag{4.33}$$

이때 복철근보의 압축철근의 응력은 다음과 같다.

그림 4.10(b)의 변형률도로부터 닮음꼴을 이용하여 $c_b : \epsilon_{cu} = c_b - d' : \epsilon'_s$가 성립한다. 따라서

$$\epsilon'_s = \epsilon_{cu}\left(\frac{c_b - d'}{c_b}\right) = \epsilon_{cu}\left(1 - \frac{d'}{c_b}\right) \tag{4.34}$$

또한 균형보의 정의로부터 $c_b : \epsilon_{cu} = d - c_b : \epsilon_y$가 성립하며 이것을 c_b에 대하여 정리하면 식 (3.7)이 얻어진다. 식 (3.7)을 식 (4.34)에 대입하여 응력으로 나타내면

$$f'_s = E_s \epsilon'_s = E_s\left[\epsilon_{cu} - \frac{d'}{d}(\epsilon_{cu} + \epsilon_y)\right] \le f_y \tag{4.35}$$

(2) 최대철근비($\overline{\rho_{max}}$)

압축철근이 항복하지 않는 복철근보의 최대철근비($\overline{\rho_{max}}$)는 식 (4.15)와 식 (4.16)으로부터 다음과 같이 정리된다.

$f_y \le 400\,MPa$ 일 경우

$$\overline{\rho_{max}} = \eta\, 0.85\,\beta_1 \frac{f_{ck}}{f_y}\frac{\epsilon_{cu}}{\epsilon_{cu} + 0.004}\frac{d_t}{d} + \rho' \frac{f'_s}{f_y} \tag{4.36a}$$

$f_y > 400\,MPa$ 일 경우

$$\overline{\rho_{max}} = \eta 0.85\,\beta_1 \frac{f_{ck}}{f_y}\frac{\epsilon_{cu}}{\epsilon_{cu} + 2\epsilon_y}\frac{d_t}{d} + \rho' \frac{f'_s}{f_y} \tag{4.36b}$$

$$\therefore\ \overline{\rho_{max}} = \rho_{max} + \rho' \frac{f'_s}{f_y} \tag{4.37}$$

여기서 압축철근의 응력 f'_s는 다음과 같은 시산법으로 계산한다.

$C_1 = \eta 0.85 f_{ck} ab = T_1 = T - T_2 = T - C_2 = A_s f_y - A'_s f'_s$ 로부터 $a = \dfrac{A_s f_y - A'_s f'_s}{\eta 0.85 f_{ck} b}$ 이다. 먼저 압축철근의 응력 f'_s를 가정하여 a를 계산하다. 그리고 $a = \beta_1 c$로부터 유도된 $c = \dfrac{a}{\beta_1}$ 에 이미 계산한 a를 대입하여 c를 구한다.

$c : \epsilon_{cu} = c - d' : \epsilon'_s$ 로부터 $\epsilon'_s = \epsilon_{cu} \dfrac{c - d'}{c}$ 이므로 이것을 $f'_s = E_s \epsilon'_s$에 대입하면 $f'_s = E_s \epsilon'_s = E_s \times \epsilon_{cu} \times (1 - \dfrac{d'}{c})$이다. 여기에 이미 계산된 c를 대입하여 압축철근의 응력 f'_s를 계산한 후 앞에서 가정한 값과 비교한다. 두 값이 거의 동일하게 될 때까지 반복한다.

(3) 인장지배단면 철근비($\overline{\rho_{t(인장)}}$)

압축철근이 항복하지 않는 인장지배단면 철근비($\overline{\rho_{t(인장)}}$)는 식 (4.17)과 식 (4.18)로부터 다음과 같이 정리된다.

최외단 철근의 권장변형률을 $f_y \le 400\,MPa$일 경우 $\varepsilon_t = 0.005$로 하고 $f_y > 400\,MPa$일 경우 $\varepsilon_t = 2.5\varepsilon_y$로 하여 인장지배단면의 철근비로 정의하며 인장지배 단면으로 설계하도록 권장하고 있다. 복철근보의 인장지배단면의 철근비를 $\overline{\rho_{t(인장)}}$이라 하면 다음과 같다.

$f_y \le 400\,MPa$ 일 경우

$$\overline{\rho_{t(인장)}} = \eta 0.85 \beta_1 \frac{f_{ck}}{f_y} \frac{\epsilon_{cu}}{\epsilon_{cu} + 0.005} \frac{d_t}{d} + \rho' \frac{f'_s}{f_y} \tag{4.38a}$$

$f_y > 400\,MPa$ 일 경우

$$\overline{\rho_{t(인장)}} = \eta 0.85 \beta_1 \frac{f_{ck}}{f_y} \frac{\epsilon_{cu}}{\epsilon_{cu} + 2.5\epsilon_y} \frac{d_t}{d} + \rho' \frac{f'_s}{f_y} \tag{4.38b}$$

$$\therefore \overline{\rho_{t(인장)}} = \rho_{t(인장)} + \rho' \frac{f'_s}{f_y} \tag{4.39}$$

결국 압축철근이 항복하지 않는 복철근보의 최대철근비($\overline{\rho_{max}}$)와 인장지배단면 철근비($\overline{\rho_{t(인장)}}$)는 단철근보의 최대철근비(ρ_{max})와 인장지배단면 철근비($\rho_{t(인장)}$)에 $\rho' \dfrac{f'_s}{f_y}$를 더하면 된다.

이때 압축철근의 응력 f'_s는 최대철근비에서와 동일한 방법으로 계산한다.

(4) 압축철근이 항복하지 않는 복철근보의 단면해석

강도설계법의 기본개념($M_u \le M_d = \phi M_n$)을 이용하여 부재의 안전을 확인하게 된다. 압축철근이 항복하지 않은 복철근보를 해석하거나 설계할 때에도 단면을 두 부분으로 나누어 고려하는 것이 편리하다.

그림 4.11과 같이 복철근 단면을 단면1과 단면2로 나누어 고려한다.

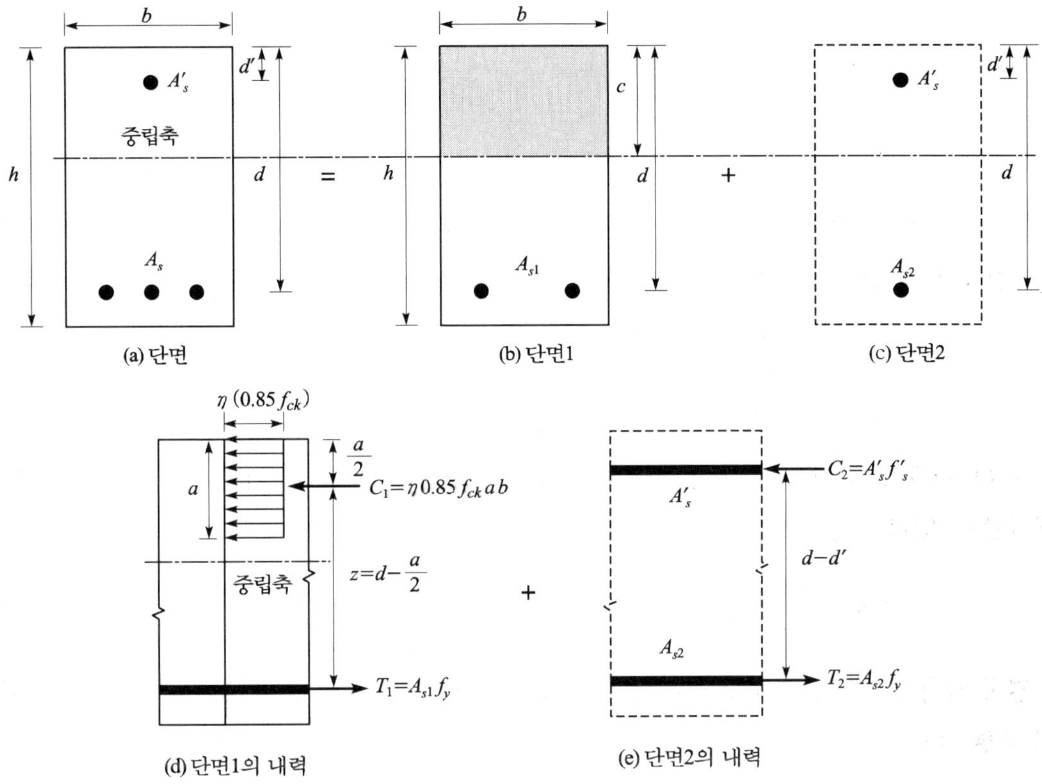

그림 4.11 복철근 직사각형보의 응력분포도(압축철근 항복하지 않음)

압축철근이 항복하지 않는 경우이므로 단면2에서 $C_2 = T_2 = A_{s2} f_y = A'_s f'_s$이다. 따라서 공칭휨강도($M_n$)는 M_{n1}과 M_{n2}로 나누어 계산할 수 있다.

$$M_n = M_{n1} + M_{n2} \tag{4.19}$$

$$M_{n1} = C_1 \times z = T_1 \times z \tag{4.20a}$$

$$M_{n1} = \eta 0.85 f_{ck} ab(d - \frac{a}{2}) = A_{s1} f_y (d - \frac{a}{2}) \tag{4.20b}$$

$$M_{n2} = C_2 \times (d - d') = T_2 \times (d - d') \tag{4.21a}$$

$$M_{n2} = A'_s f'_s (d - d') = A_{s2} f_y (d - d') \tag{4.40}$$

단면1에서 힘의 평형조건을 적용하면 식 (4.22)와 같이 $C_1 = T_1$이고 단면2에서 힘의 평형조건을 적용하면 식 (4.41)과 같이 $C_2 = T_2$이다. 그러므로

$$\eta 0.85 f_{ck} ab = A_{s1} f_y \tag{4.22}$$

$$A'_s f'_s = A_{s2} f_y \tag{4.41a}$$

$$\therefore A_{s2} = A'_s \frac{f'_s}{f_y} \tag{4.41b}$$

그림 4.11에서 평형조건으로 $C = T$이고 $C = T = C_1 + C_2$, $T = T_1 + T_2$ 이므로 인장저항력은 다음과 같다.

$$A_s f_y = \eta 0.85 f_{ck} ab + A'_s f'_s \tag{4.42a}$$

$$A_s f_y = A_{s1} f_y + A_{s2} f_y = A_{s1} f_y + A'_s f'_s \tag{4.42b}$$

식 (4.42a)로부터 압축철근이 항복하지 않을 경우 복철근보의 등가응력블록의 깊이 a를 계산할 수 있다.

$$\therefore a = \frac{A_s f_y - A'_s f'_s}{\eta 0.85 f_{ck} b} \tag{4.43}$$

결국 압축철근이 항복하지 않을 경우 복철근직사각형보의 공칭휨강도(M_n)는 다음과 같이 표현된다.

$$M_n = C_1 z + C_2 (d - d') = \eta 0.85 f_{ck} ab(d - \frac{a}{2}) + A'_s f'_s (d - d') \tag{4.44a}$$

$$M_n = T_1 z + T_2 (d - d') = A_{s1} f_y (d - \frac{a}{2}) + A_{s2} f_y (d - d') \tag{4.44b}$$

$$M_n = C_1 z + T_2 (d - d') = \eta 0.85 f_{ck} ab(d - \frac{a}{2}) + A_{s2} f_y (d - d') \tag{4.44c}$$

$$M_n = T_1 z + C_2 (d - d') = A_{s1} f_y (d - \frac{a}{2}) + A'_s f'_s (d - d') \tag{4.44d}$$

주어진 값을 그대로 대입하여 계산할 수 있는 공칭휨강도는 식 (4.44d)와 이것을 변형하

여 다음과 같이 쓸 수 있다.

$$M_n = (A_s f_y - A'_s f'_s)(d - \frac{a}{2}) + A'_s f'_s (d - d') \quad (4.44e)$$

압축철근이 항복하지 않을 경우 설계휨강도(M_d)는 식 (4.44)에서 구한 공칭휨강도(M_n)에 강도감소계수 ϕ를 곱하여 다음과 같이 계산한다.

$$M_d = \phi M_n = \phi\left\{(A_s f_y - A'_s f'_s)(d - \frac{a}{2}) + A'_s f'_s (d - d')\right\} \quad (4.45)$$

이 경우에도 철근비가 복철근보의 인장지배단면 철근비를 초과할 경우 강도감소계수 $\phi \neq 0.85$이므로 직선보간하여 사용한다.

여기서 압축철근의 응력 f'_s는 다음과 같은 시산법으로 계산한다.

식 (4.43)에 압축철근의 응력 f'_s를 가정하여 a를 계산하다.

$$a = \frac{A_s f_y - A'_s f'_s}{\eta 0.85 f_{ck} b} \quad (4.43)$$

강도설계법의 기본가정에서 정의된 $a = \beta_1 c$를 c 대하여 정리한다.

$$c = \frac{a}{\beta_1} \quad (4.46a)$$

윗 식 (4.16a)에 식 (4.43)에서 이미 계산한 a를 대입하여 c를 구한다.

식 (4.29)를 압축철근의 변형률 ϵ'_s에 대해 식 (4.46b)와 같이 정리한다.

$$c : \epsilon_{cu} = c - d' : \epsilon'_s \quad (4.29)$$

$$\epsilon'_s = \epsilon_{cu} \frac{c - d'}{c} \quad (4.46b)$$

식 (4.46b)를 $f'_s = E_s \epsilon'_s$에 대입하면 식 (4.46c)로 된다.

$$f'_s = E_s \epsilon'_s = E_s \times \epsilon_{cu} \times (1 - \frac{d'}{c}) \quad (4.46c)$$

윗 식 (4.46c)에 식 (4.46a)에서 계산된 c를 대입하여 압축철근의 응력 f'_s를 계산한 후 앞에서 가정한 값과 비교한다. 두 값이 거의 동일하게 될 때까지 반복한다.

예제 4.5

그림 4.12와 같이 $b = 400\,mm$, $d = 500\,mm$, $d_t = 530\,mm$, $d' = 50\,mm$, $A_s = 6 - D32 = 4{,}765\,mm^2$, $A'_s = 3 - D32 = 2{,}383\,mm^2$인 복철근 직사각형보를 해석하시오. 단, $f_{ck} = 28\,MPa$이고 철근은 SD400을 사용하였다.

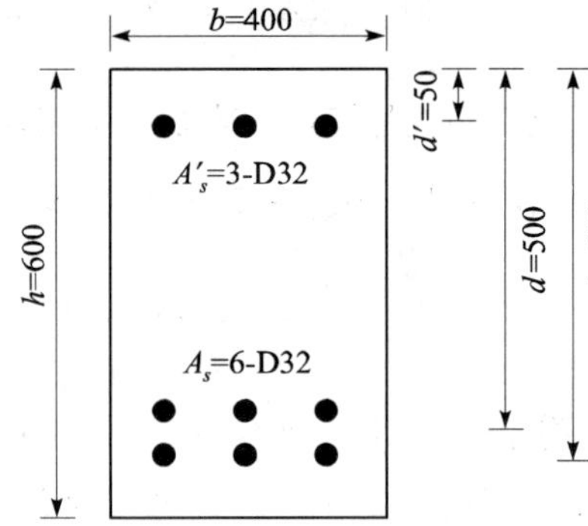

그림 4.12

► **풀이**

우선 각각의 철근비를 계산한다.

$$\rho = \frac{A_s}{bd} = \frac{4{,}765}{400 \times 500} = 0.02383$$

$$\rho' = \frac{A_s{}'}{bd} = \frac{2{,}383}{400 \times 500} = 0.01191$$

단철근 직사각형 단면의 인장지배단면 철근비 $\rho_{t(인장)}$와 최대철근비 ρ_{max}를 계산한다.

$f_y = 400\,MPa$인 경우

$$\rho_{t(인장)} = \eta 0.85\,\beta_1 \frac{f_{ck}}{f_y} \frac{\epsilon_{cu}}{\epsilon_{cu} + \epsilon_t} \frac{d_t}{d}$$

$$= 1.0 \times 0.85 \times 0.8 \times \frac{28}{400} \times \frac{0.0033}{0.0033 + 0.005} \times \frac{530}{500} = 0.02006$$

$$\rho_{max} = \eta 0.85 \beta_1 \frac{f_{ck}}{f_y} \frac{\epsilon_{cu}}{\epsilon_{cu} + \epsilon_t} \frac{d_t}{d}$$

$$= 1.0 \times 0.85 \times 0.8 \times \frac{28}{400} \times \frac{0.0033}{0.0033 + 0.004} \times \frac{530}{500} = 0.02281$$

여기서 $f_{ck} < 40\,MPa$이므로 $\epsilon_{cu} = 0.0033$, $\eta = 1.0$, $\beta_1 = 0.8$이다.

본 단면의 철근비(ρ)가 단철근의 최대철근비(ρ_{max})를 초과하므로 복철근 단면으로 해석해야 한다.

복철근보의 해석에서 먼저 압축철근의 항복여부를 확인하기 위해 복철근 단면의 최소철근비 ($\overline{\rho_{min}}$)를 계산한다.

$$\overline{\rho_{min}} = \eta 0.85\beta_1 \frac{f_{ck}}{f_y}\frac{d'}{d}\frac{\epsilon_{cu}}{\epsilon_{cu}-\epsilon_y} + \rho'$$

$$= 1.0\times0.85\times0.8\times\frac{28}{400}\times\frac{50}{500}\times\frac{0.0033}{0.0033-400/200{,}000} + 0.01191$$

$$= 0.02400 > \rho = 0.02383$$

$\rho < \overline{\rho_{min}}$ 이므로 압축철근은 항복하지 않는다.

다음으로 복철근보의 인장지배단면 철근비($\overline{\rho_{t(인장)}}$)와 최대철근비($\overline{\rho_{max}}$)를 계산한다.

먼저 압축철근의 응력 f'_s를 시산법으로 계산하여 대입한다.

식 (4.43)에 압축철근의 응력 $f'_s = 395\,\text{MPa} < f_y = 400\,\text{MPa}$로 가정하여 a를 계산한다.

$$a = \frac{A_s f_y - A'_s f'_s}{\eta 0.85 f_{ck} b} = \frac{4{,}765\times400 - 2{,}383\times395}{1.0\times0.85\times28\times400} = 101.4\,\text{mm}$$

강도설계법의 기본가정에서 정의된 $a = \beta_1 c$로부터 c를 계산한다.

$$c = \frac{a}{\beta_1} = \frac{101.4}{0.8} = 126.7\,\text{mm}$$

식 (4.46c)로부터 압축철근의 응력 f'_s를 계산한다.

$$f'_s = E_s\epsilon'_s = E_s\times\epsilon_{cu}\times(1-\frac{d'}{c}) = 200{,}000\times0.0033\times(1-\frac{50}{126.7}) = 399.5\,\text{MPa}$$

가정한 압축철근의 응력 $f'_s = 395\,\text{MPa}$와 계산된 $f'_s = 399.5\,\text{MPa}$이 같지 않으므로 다시 $f'_s = 399.5\,\text{MPa}$로 가정한다.

$$a = \frac{A_s f_y - A'_s f'_s}{\eta\, 0.85 f_{ck} b} = \frac{4{,}765\times400 - 2{,}383\times399.5}{1.0\times0.85\times28\times400} = 100.2\,\text{mm}$$

$$c = \frac{a}{\beta_1} = \frac{100.2}{0.8} = 125.3\,\text{mm}$$

$$f'_s = E_s\epsilon'_s = E_s\times\epsilon_{cu}\times(1-\frac{d'}{c}) = 200{,}000\times0.0033\times(1-\frac{50}{125.3}) = 396.6\,\text{MPa}$$

가정한 압축철근의 응력 $f'_s = 399.5\,\text{MPa}$와 계산된 $f'_s = 396.6\,\text{MPa}$이 같지 않으므로 다시 $f'_s = 396.6\,\text{MPa}$로 가정한다.

$$a = \frac{A_s f_y - A'_s f'_s}{\eta\, 0.85 f_{ck} b} = \frac{4{,}765\times400 - 2{,}383\times396.6}{1.0\times0.85\times28\times400} = 101.0\,\text{mm}$$

$$c = \frac{a}{\beta_1} = \frac{101.0}{0.8} = 126.2\,\text{mm}$$

$$f'_s = E_s\epsilon'_s = E_s\times\epsilon_{cu}\times(1-\frac{d'}{c}) = 200{,}000\times0.0033\times(1-\frac{50}{126.2}) = 398.5\,\text{MPa}$$

가정한 압축철근의 응력 $f'_s = 396.6\,\text{MPa}$와 계산된 $f'_s = 398.5\,\text{MPa}$이 같지 않으므로

다시 $f'_s = 398.5$ MPa로 가정한다.

$$a = \frac{A_s f_y - A'_s f'_s}{\eta\, 0.85 f_{ck} b} = \frac{4{,}765 \times 400 - 2{,}383 \times 398.5}{1.0 \times 0.85 \times 28 \times 400} = 100.5\ \mathrm{mm}$$

$$c = \frac{a}{\beta_1} = \frac{100.5}{0.8} = 125.6\ \mathrm{mm}$$

$$f'_s = E_s \epsilon'_s = E_s \times \epsilon_{cu} \times (1 - \frac{d'}{c}) = 200{,}000 \times 0.0033 \times (1 - \frac{50}{125.6}) = 397.3\ \mathrm{MPa}$$

가정한 압축철근의 응력 $f'_s = 398.5$ MPa와 계산된 $f'_s = 397.3$ MPa이 거의 동일하므로 이 값을 사용할 수 있다. 만약 더욱 정확한 값을 원한다면 동일한 과정을 반복하면 된다.

결과적으로 $f'_s = 397.3$ MPa이므로 철근비는 다음과 같이 계산된다.

$$\overline{\rho_{t(인장)}} = \rho_{t(인장)} + \rho' \frac{f_s'}{f_y} = 0.02006 + 0.01191 \times \frac{397.3}{400} = 0.03198$$

$$\overline{\rho_{max}} = \rho_{max} + \rho' \frac{f_s'}{f_y} = 0.02281 + 0.01191 \times \frac{397.3}{400} = 0.03464$$

본 단면의 철근비 $\rho = 0.02383 < \overline{\rho_{t(인장)}} < \overline{\rho_{max}}$ 이므로 연성인장파괴가 일어나며 강도감소계수 $\phi = 0.85$이다. 따라서

$$a = \frac{A_s f_y - A'_s f'_s}{\eta 0.85 f_{ck} b} = \frac{4{,}765 \times 400 - 2{,}383 \times 397.3}{1.0 \times 0.85 \times 28 \times 400} = 100.8\ \mathrm{mm}$$

공칭모멘트 강도 M_n은 식 (4.44e)를 이용하여 다음과 같이 계산한다.

$$M_n = (A_s f_y - A'_s f'_s)(d - \frac{a}{2}) + A'_s f'_s (d - d')$$

$$= (4{,}765 \times 400 - 2{,}383 \times 397.3) \times (500 - \frac{100.8}{2}) + 2{,}383 \times 397.3 \times (500 - 50)$$

$$= 857{,}360{,}118\ \mathrm{N.mm}$$

압축철근이 항복하지 않을 경우 설계휨강도(M_d)는 공칭휨강도(M_n)에 강도감소계수 ϕ를 곱하여 다음과 같이 계산한다.

$$M_d = \phi M_n = 0.85 \times 857{,}360{,}118 = 728{,}756{,}100\ \mathrm{N.mm} = 728.8\ \mathrm{MN.mm}$$

4.4 복철근 직사각형 보의 설계

일반적으로 거의 모든 철근콘크리트보에는 인장철근은 물론 압축철근이 배근된다. 이것은 압축철근이 복철근보의 역할을 하기도 하지만 단철근보에서 철근조립을 원활하게 하기 위해 보조철근으로 사용되기도 하기 때문이다.

압축철근을 배근하는 복철근보로 설계할 경우는 다음과 같다.

① 보의 높이가 제한되어 철근비가 최대철근비를 초과할 경우

② 보가 정모멘트와 부모멘트를 교대로 받는 경우

③ 지속하중에 의한 장기처짐을 감소시켜야 할 경우

④ 보의 파괴를 가능한 연성파괴로 유도 할 경우

⑤ 전단철근을 비롯하여 각종 철근조립을 견고하게 해야 할 경우

위의 여러 가지 경우 중 보의 높이가 제한되어 철근비가 최대철근비를 초과 할 경우를 바탕으로 복철근보의 설계를 시작한다. 이 경우 주어진 보의 제한된 콘크리트 단면 b, d 에 대하여 인장철근을 최대철근비(ρ_{max})까지 배근해도 그 설계휨강도(M_d, 설계모멘트)가 소요휨강도(M_u, 계수모멘트)보다 작으므로 압축철근을 넣어서 복철근으로 설계해야한다. 즉 주어진 단면에서 휨에 저항할 수 있도록 설계된 철근비가 단철근보의 최대철근비를 초과하는 경우이다.

이 경우 복철근보의 해석과 마찬가지로 그림 4.13과 같이 2개의 단면으로 나누어 고려한다.

단면이 제한되었으므로 단면의 폭 b와 유효깊이 d가 주어져 있는 복철근보로서 여기에 강도설계법의 기본개념인 $M_u \le M_d = \phi M_n = \phi(M_{n1} + M_{n2})$을 적용하면 된다.

먼저 주어진 단면의 단철근보에 권장철근비($\rho_{t(인장)}$)를 고려하여 철근량 A_{s1}과 공칭휨강도 M_{n1}을 계산한다.

$$A_{s1} = \rho_{t(인장)} bd \qquad (4.47a)$$

$$M_{n1} = \rho_{t(인장)} bd f_y (d - \frac{a}{2}) \qquad (4.47b)$$

여기서 a는 단철근보의 평형조건으로부터 식 (4.48)과 같이 계산된다.

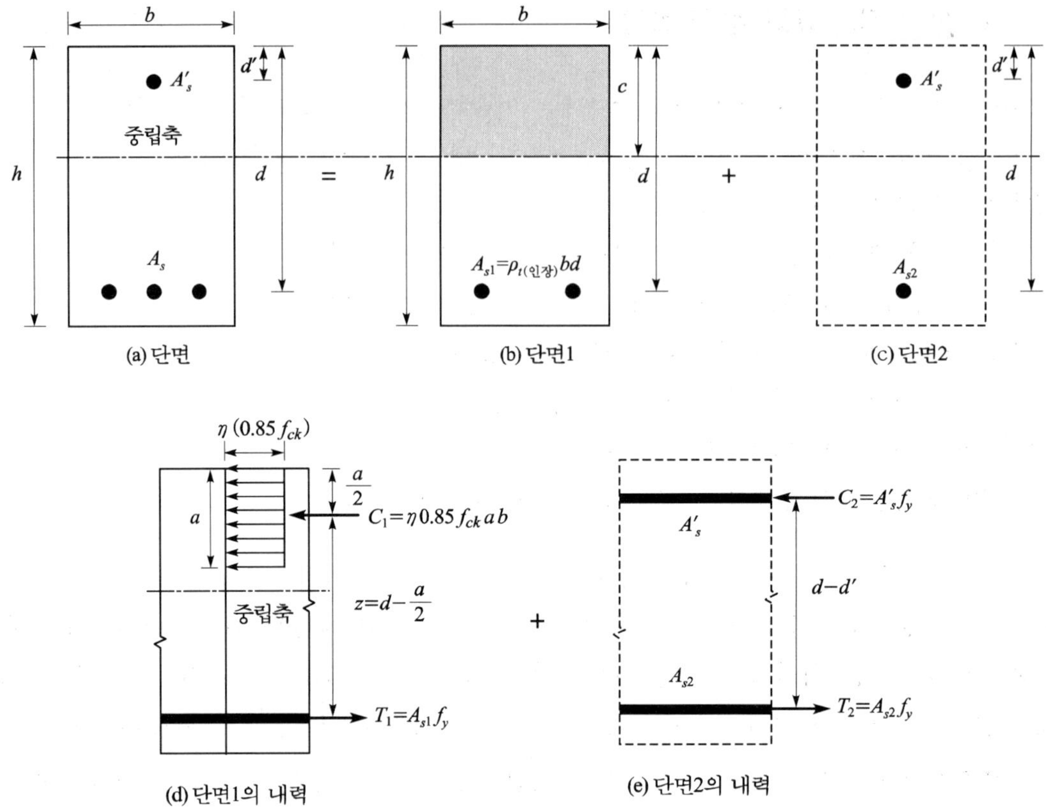

그림 4.13 복철근보의 설계

$$\eta\, 0.85 f_{ck} ab = A_{s1} f_y = \rho_{t(\text{인장})} bd f_y \tag{4.48a}$$

$$a = \frac{\rho_{t(\text{인장})} bd f_y}{\eta\, 0.85 f_{ck} b} \tag{4.48b}$$

강도설계법의 기본개념인 $M_u \le M_d = \phi M_n = \phi(M_{n1} + M_{n2})$로부터

$$M_{n2} \ge \frac{M_u}{\phi} - M_{n1} = \frac{M_u - \phi M_{n1}}{\phi} \tag{4.49}$$

식 (4.49)와 식 (4.21b)를 이용하여 정리하면 철근량 A_{s2}는 식 (4.50)과 같이 계산된다.

$$M_{n2} = A'_s f_y (d - d') = A_{s2} f_y (d - d') \tag{4.21b}$$

$$A_{s2} \ge \frac{M_u - \phi M_{n1}}{\phi f_y (d - d')} \tag{4.50}$$

이때 d′는 피복두께와 압축철근의 직경을 고려하여 설계자가 결정한다.

계산된 철근량 A_{s1}과 A_{s2}를 합하면 배근해야 할 인장철근량 $A_s = A_{s1} + A_{s2}$가 된다. 또한 인장철근비 식 (4.51)과 복철근보의 최소철근비 식 (4.31)을 비교하여 압축철근의 항복 여부를 확인한다.

$$\rho = \frac{A_s}{bd} = \frac{A_{s1} + A_{s2}}{bd} \tag{4.51}$$

$$\overline{\rho_{min}} = \eta\, 0.85 \beta_1 \frac{f_{ck}}{f_y} \frac{d'}{d} \frac{\epsilon_{cu}}{\epsilon_{cu} - \epsilon_y} + \rho' \tag{4.31}$$

여기서 일단 $A'_s = A_{s2}$로 보고 확인한다.

압축철근이 항복할 경우에는 $A'_s f_y = A_{s2} f_y$로부터 $A'_s = A_{s2}$로 결정한다.

만약 압축철근이 항복하지 않으면 이미 계산된 a를 식 (4.46a)에 대입하여 c를 계산한고 이것을 식 (4.46c)에 대입하여 압축철근의 응력 f'_s를 구한다.

$$c = \frac{a}{\beta_1} \tag{4.46a}$$

$$f'_s = E_s \epsilon'_s = E_s \times \epsilon_{cu} \times (1 - \frac{d'}{c}) \tag{4.46c}$$

따라서 압축철근이 항복하지 않을 경우에는 식 (4.41a)로부터 식 (4.52)로 된다.

$$A'_s f'_s = A_{s2} f_y \tag{4.41a}$$

$$\therefore\ A' = A_{s2} \frac{f_y}{f'_s} \tag{4.52}$$

예제 4.6

그림 4.14와 같이 $b = 400\text{ mm}$, $d = 600\text{ mm}$, $h = 700\text{ mm}$, 경간 $L = 8\text{ m}$인 직사각형 단순보에 등분포고정하중 $w_d = 30\text{ kN/m}$와 등분포활하중 $w_\ell = 40\text{ kN/m}$가 작용하고 있다.

$f_{ck} = 25\text{ MPa}$와 SD400철근을 사용하여 설계하시오. 만약 압축철근이 필요하면 $d' = 60\text{ mm}$로 하고 자중을 반드시 고려하시오.

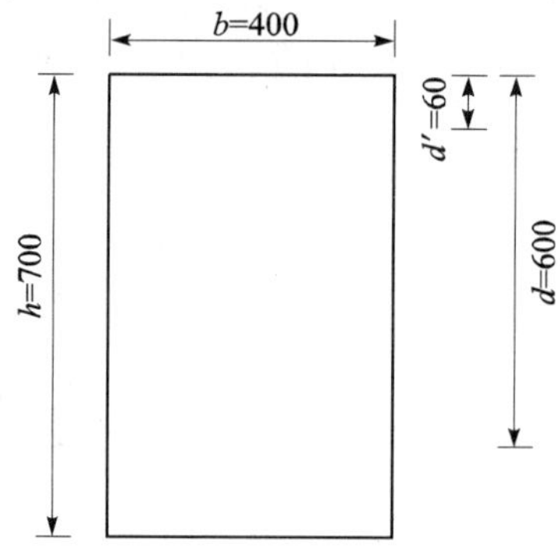

그림 4.14

풀이

강도설계법의 기본개념($M_u \le M_d = \phi M_n$)을 이용하여 설계한다.

먼저 주어진 조건으로부터 계수하중(w_u)과 계수모멘트(M_u 소요휨강도)를 계산한다.

보의 자중을 고려하여 $w_{자}$라 하고 계산하면 다음과 같다.

$$w_{자} = \gamma bh = 2.5 \times 10^{-5}(\text{N/mm}^3) \times 400 \times 700 = 7\text{ N/mm}$$

자중과 주어진 하중을 이용하여 계수하중을 계산한다.

$$w_u = 1.2 \times (w_{자} + w_d) + 1.6 \times w_\ell = 1.2 \times (7 + 30) + 1.6 \times 40 = 108.4\text{ N/mm}$$

계수하중으로부터 보에 작용하는 최대모멘트 즉 계수모멘트를 계산한다.

$$M_u = \frac{w_u \ell^2}{8} = \frac{108.4 \times 8{,}000^2}{8} = 867{,}200{,}000\text{ N.mm}$$

식 (4.9)를 이용하여 공칭휨강도(M_n)를 계산한다. 이때 강도감소계수 $\phi = 0.85$로 가정한다.

$$M_n = \frac{M_u}{\phi} = \frac{867{,}200{,}000}{0.85} = 1{,}020{,}235{,}294\text{ N.mm}$$

상기 결과를 식 (4.7)에 대입하면

$$1{,}020{,}235{,}294 \le \rho \times 400 \times 600^2 \times 400 \times \left(1 - 0.59 \times \rho \times \frac{400}{1.0 \times 25}\right)$$

$$(5.437 \times 10^{11})\rho^2 - (5.76 \times 10^{10})\rho + 1{,}020{,}235{,}294 \le 0$$

$$\rho = 0.02249, \quad 0.08345$$

상기 두 값 중 작은 값을 철근비로 한다. 따라서

$$\therefore \rho = 0.02249$$

다음으로 철근비를 검토하여 어느 범위에 속하는지 판단한다.

먼저 단철근보의 최대철근비와 인장지배단면 철근비를 계산한다. 이때 $f_y = 400\,\mathrm{MPa}$이므로 다음 식으로 계산되며 $f_{ck} < 40\,\mathrm{MPa}$이므로 $\epsilon_{cu} = 0.0033$, $\eta = 1.0$, $\beta_1 = 0.8$이다. 여기서 일단 $d = d_t$로 가정하고 계산한다.

$$\rho_{max} = \eta\, 0.85\beta_1 \frac{f_{ck}}{f_y}\frac{\epsilon_{cu}}{\epsilon_{cu}+0.004}\frac{d_t}{d} = 1.0\times0.85\times0.8\times\frac{25}{400}\times\frac{0.0033}{0.0033+0.004}\times\frac{600}{600} = 0.01921$$

$$\rho_{t(\text{인장})} = \eta\, 0.85\beta_1 \frac{f_{ck}}{f_y}\frac{\epsilon_{cu}}{\epsilon_{cu}+0.005}\frac{d_t}{d} = 1.0\times0.85\times0.8\times\frac{25}{400}\times\frac{0.0033}{0.0033+0.005}\times\frac{600}{600} = 0.0169$$

계산 결과 $\rho > \rho_{max}$이므로 복철근보로 설계해야 하며 공칭모멘트 강도를 두 부분으로 나누어 $M_n = M_{n1} + M_{n2}$으로 고려한다. 이때 M_{n1}을 계산하기 위해 권장철근비인 인장지배단면 철근비를 사용한다. 따라서

$$A_{s1} = \rho_{t(\text{인장})}bd = 0.0169\times400\times600 = 4{,}055.4\,\mathrm{mm^2}$$

$$a = \frac{A_{s1}f_y}{\eta\,0.85f_{ck}b} = \frac{4{,}055.4\times400}{1.0\times 0.85\times25\times400} = 190.8\,\mathrm{mm}$$

$$M_{n1} = A_{s1}f_y\left(d-\frac{a}{2}\right) = 4{,}055.4\times400\times\left(600-\frac{190.8}{2}\right) = 818{,}511{,}134\,\mathrm{N.mm}$$

개본 개념 $M_u \le M_d = \phi M_n = \phi(M_{n1}+M_{n2})$로부터

$$M_{n2} = \frac{M_u}{\phi} - M_{n1} = \frac{867{,}200{,}000}{0.85} - 818{,}511{,}134 = 201{,}724{,}160\,\mathrm{N.mm}$$

식 (4.40)으로부터 A_{s2}를 계산한다.

$$M_{n2} = A'_s f'_s(d-d') = A_{s2}f_y(d-d')$$

$$A_{s2} = \frac{M_{n2}}{f_y(d-d')} = \frac{201{,}724{,}160}{400\times(600-60)} = 933.9\,\mathrm{mm^2}$$

따라서 총 인장철근량은 다음과 같다.

$$\therefore\ A_s = A_{s1} + A_{s2} = 4{,}055.4 + 933.9 = 4{,}989.3\,\mathrm{mm^2}$$

압축철근량을 계산하기 위해 압축철근 항복여부를 확인하기 위해 복철근보의 최소철근비 ($\overline{\rho_{min}}$)를 계산한다. 이때 압축철근비 $\rho' = A_{s2}/bd = 933.9/(400\times600) = 0.003891$로 간주한다.

$$\overline{\rho_{min}} = \eta\,0.85\beta_1\frac{f_{ck}}{f_y}\frac{d'}{d}\frac{\epsilon_{cu}}{\epsilon_{cu}-\epsilon_y} + \rho'$$

$$= 1.0\times0.85\times0.8\times\frac{25}{400}\times\frac{60}{600}\times\frac{0.0033}{0.0033-400/200{,}000} + 0.003891$$

$$= 0.01468$$

$$\rho = \frac{A_s}{bd} = \frac{4{,}989.3}{400\times600} = 0.02079$$

$\overline{\rho_{min}} < \rho$이므로 압축철근이 항복하며 따라서

$\therefore A'_s = A_{s2} = 933.9\,mm^2$

아울러 A_{s1}으로 권장철근비인 인장지배단면 철근비($\rho_{t(인장)}$)를 사용하였으므로 복철근보에서도 인장지배단면 철근비($\overline{\rho_{t(인장)}}$)가 된다. 따라서 앞에서 가정한 강도감소계수$\phi = 0.85$이다.

철근표로부터 인장철근 $A_s = 4{,}989.3\,mm^2$은 $10-D25(5{,}067\,mm^2)$, $8-D29(5{,}139\,mm^2)$, $7-D32(5{,}559\,mm^2)$, $6-D35(5{,}740\,mm^2)$중에서 선정할 수 있으며 보의 폭과 콘크리트구조설계기준에 규정된 피복두께 그리고 철근순간격(철근직경 이상, 굵은골재 최대치수 4/3 이상, 25mm 이상)을 고려하여 결정한다.

만약 $8-D29(5{,}139\,mm^2)$를 선택한다면 철근직경을 고려하여 보의 폭 $b = 400\,mm$, 보의 피복두께 50mm(옥외의 경우), 철근의 개수(n=4), 철근의 직경(D≈29mm)를 기준으로

$b \geq 2 \times$ 피복두께 $+ (2n-1)D$ 를 만족하는지 확인한다.

$$b = 400 > 2 \times \text{피복두께} + (2n-1)D = 2 \times 50 + (2 \times 4 - 1) \times 29 = 303\,mm$$

보의 폭 $b = 400\,mm$ 이내에서 배근 가능하므로 2단으로 배근하면 된다. 따라서 보의 높이(h)는 아래와 같이 확인한다.

$$h = d + \frac{\text{철근수직간격}}{2} + D + \text{피복두께} = 600 + 25/2 + 29 + 50$$

$h = 691.5\,mm$이므로 보의 높이 h는 700mm는 적당하다. 피복두께는 50mm 이상 수평철근 순간격은 철근지름 이상이므로 그림 4.15과 같이 배근할 수 있다.

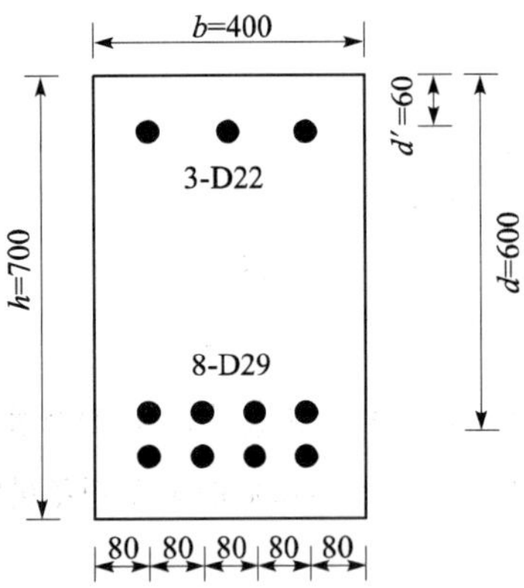

그림 4.15

아울러 압축철근 $A'_s = 933.9\,mm^2$은 철근표로부터 $4-D19(1{,}146\,mm^2)$, $3-D22(1{,}161\,mm^2)$, $2-D25(1{,}013\,mm^2)$중에서 선정할 수 있으며 만약 $3-D22(1{,}161\,mm^2)$를 선택한다면 그림(4.15)와 같이 배근한다.

4.5 T형 단면보의 해석

철근콘크리트 보의 설계에서는 중립축 아래의 콘크리트는 인장응력을 받지 못하기 때문에 직사각형 단면으로 설계할 때 경간이 길면 자중이 커지므로 비경제적이다. 따라서 경간이 길어지면 자중을 경감시키기 위해서 인장부의 콘크리트 단면은 철근만 수용할 수 있을 정도로 남겨두고 기타 부분을 제거하여 T형 단면으로 사용하면 재료가 절약되어 경제적인 설계가 된다. 교량이나 건물에서는 그림 4.16(a)와 같이 보와 슬래브를 일체화 하여 철근을 배치하고 콘크리트를 치는 것이 보통이다. 그러므로 이러한 단면이 정(+)모멘트를 받는다면 슬래브의 일부는 보의 상부와 함께 휨 압축을 받게 될 것이다. 따라서 그림 4.16(a)의 빗금친 부분은 하나의 보로 작용한다. 이러한 보를 T형 단면보 또는 T형 보라고 한다.

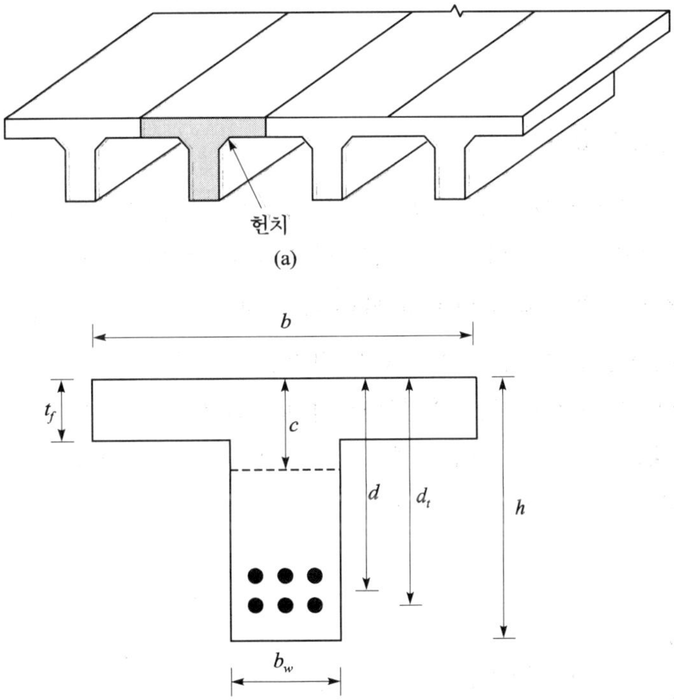

그림 4.16 T형 단면보

그림 4.16(b)의 T형 단면에서 슬래브 부분을 플랜지(flange), 그 아래 부분을 복부(web 또는 stem)라고 한다. 그림 4.16(a)에서 알 수 있는 바와 같이 T형보의 플랜지는 보의 직각방향을 경간(徑間)으로하는 슬래브로 설계된다. 그러므로 T형 단면의 플랜지는 서로 직

교하는 두 방향의 휨모멘트를 받는다. 이 슬래브 작용으로 인하여 플랜지와 복부의 경계면에 일어나는 가로방향 압축력은 보의 경간방향의 압축강도를 25% 정도 증가시키지만 플랜지 상면의 가로방향 인장력은 보의 경간방향 압축강도를 감소시킨다. 그러나 설계에서는 보통 이것을 무시한다.

T형 단면의 플랜지와 복부의 경계면에서는 응력집중이나 전단응력을 완화할 목적으로 그림 4.16(a)에 보인 것처럼 헌치(haunch: 모퉁이를 완만하게 한 것)를 붙이는 경우가 많다. 그러나 계산에서는 헌치의 영향을 무시하는 것이 보통이다. 만약 T형 단면보가 부(−) 모멘트를 받는 경우에는 복부 폭 b_w를 폭으로 하는 직사각형 단면으로 계산해야 한다.

일반적인 T형 단면의 보에서는 플랜지 면적이 크기 때문에 콘크리트의 압축력이 커서 압축철근을 필요로 하지 않는 경우가 많다. 만약, 압축철근을 필요로 할 경우에는 복철근 직사각형 보의 경우와 같은 방법으로 단면을 설계할 수 있다. 그러므로 여기서는 단철근 T형 보만을 다룬다.

4.5.1 플랜지의 유효폭

그림 4.16(b)에서 플랜지 폭 b의 크기가 적당하면 T형 단면이 보로 작용하는 데 지장이 없다. 그러나 플랜지 폭이 너무 크면 휨응력에 관한 역학의 기본가정들이 성립하지 않는다. 즉, 플랜지 폭 b가 플랜지 두께 t_f와 복부 폭 b_w에 비하여 너무 크면 플랜지에 일어나는 휨압축응력의 분포는 그림 4.17(a)에 보인 것처럼, 복부로부터 멀어질수록 플랜지의 압축응력은 감소한다. 이러한 변화는 중립축의 위치와 그의 수직축에 따른 플랜지의 탄성변위에서 비탄성변위로의 변화에 따라 변한다. 이는 플랜지 내의 전단변위(shear lag)에 의해 플랜지의 압축응력의 변화가 생긴 것이다.

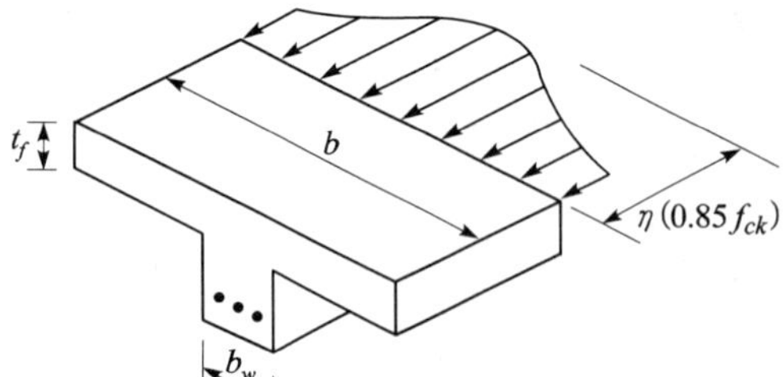

(a) 실제 응력분포

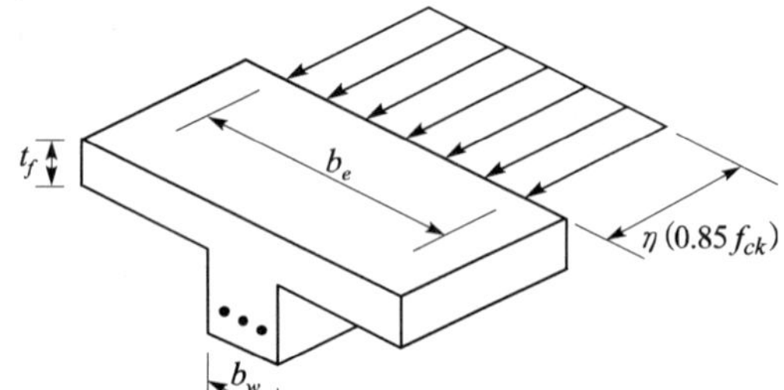

(b) 가정한 응력분포

그림 4.17 T형보의 플랜지 유효폭

일반적으로 단면의 해석에서 실제의 이러한 응력분포를 사실대로 반영하기란 매우 어렵고 또 계산이 복잡해진다. 그림 4.17(b)에 보인 바와 같이, 플랜지의 폭을 적당히 감소시켜서 플랜지가 폭 방향으로 균일하게 압축응력을 받는다고 가정하면 설계계산은 훨씬 간편해진다. 이와 같이 압축 응력이 플랜지 폭 방향으로 균일하게 작용한다고 가정할 수 있는 플랜지 한계 폭을 플랜지의 유효폭(b_e , effective width)이라고 한다.

콘크리트구조설계기준에서는 플랜지의 유효폭을 다음과 같이 규정하고 있다.

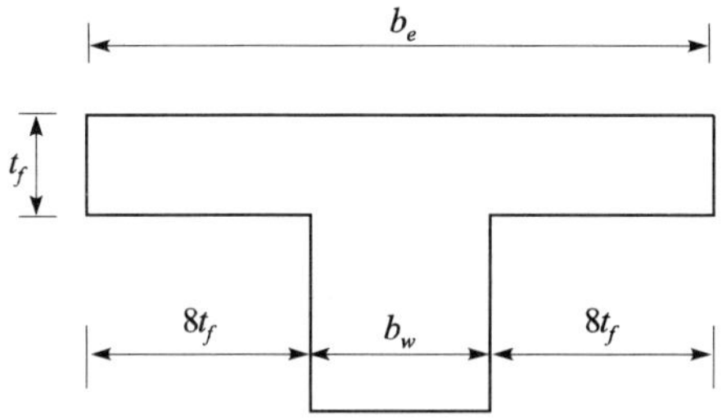

(a) T형 단면

1) T형보 (그림 4.18(a))
다음 세 값 중에서 가장 작은 값이다.
① $16t_f + b_w$
② 양쪽 슬래브의 중심간 거리
③ 보의 경간(徑間)의 1/4

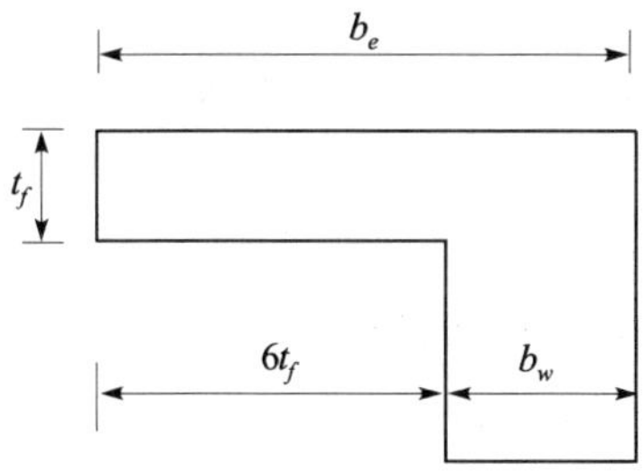

(b) 반 T형 단면

2) 반 T형보 (그림 4.18)(b))
다음 세 값 중에서 가장 작은 값이다.
① $6t_f + b_w$
② (보의 경간의 1/12) $+b_w$
③ (인접보와의 내측 거리l_0의 1/2) $+b_w$

그림 4.18 T형보 플랜지 유효폭

4.5.2 T형 단면보의 해석 구분

그림 4.19(a)에 보인 바와 같이 등가직사각형 압축응력블럭의 깊이 a가 플랜지 안에 있거나 또는 플랜지와 복부의 경계면에 있으면 폭 b인 직사각형 단면으로 해석하고, 그림 4.19(b)와 같이 등가직사각형 압축응력블럭의 깊이 a가 복부에 있을 때는 T형 단면으로 계산한다. 그림 4.19의 T형 단면보를 폭 b_e , 유효깊이 d인 직사각형 단면이라고 생각하고 평형조건 C = T를 이용하여 등가직사각형 압축응력블럭의 깊이 a를 계산한다.

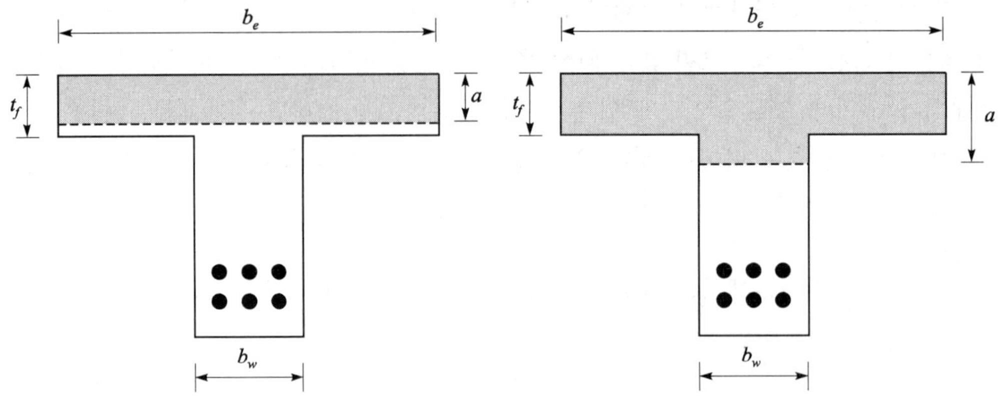

(a) 직사각형보로 해석

(b) T형보로 해석

그림 4.19 T형보의 해석 구분

$$\eta 0.85\, f_{ck}\, a\, b_e = A_s\, f_y \tag{4.53}$$

$$\therefore\ a = \frac{A_s\, f_y}{\eta\, 0.85 f_{ck} b_e} \tag{4.54}$$

식 (4.54)에서 계산된 a와 플랜지의 두께 t_f를 비교하여 다음과 같이 해석방법을 구분한다.

1) $a \le t_f$ 또는 $\eta\, 0.85\, f_{ck} t_f b_e \ge A_s f_y$인 경우 : 등가직사각형 압축응력블럭의 깊이 a가 플랜지 내에 있으므로 폭이 b_e인 직사각형 단면으로 해석한다.
2) $a > t_f$ 또는 $\eta\, 0.85\, f_{ck} t_f b_e < A_s f_y$인 경우 : 등가직사각형 압축응력블럭의 깊이 a가 복부에 있으므로 T형 단면으로 해석한다.

일반적으로 중립축이 플랜지 안에 약간 들어가도록 설계하는 것이 경제적으로 유리하다.

4.5.3 T형 단면보 해석

T형보의 해석에 앞서 먼저 철근비를 검토하여 다음 중 어느 경우에 해당하는지 확인하고 이에 따라 해석을 진행해야 한다. 따라서 단철근 직사각형보의 해석과 동일한 절차에 따라 진행하며 철근비 $\rho = A_s/(b_w d)$ 를 계산하고 최소철근량, 최대철근비 그리고 인장지배단면 철근비를 계산한다.

① $\rho \leq \rho_{t(인장)}$인 경우 : 강도감소계수 $\phi = 0.85$로 설계모멘트(M_d)를 계산한다.

② $\rho_{t(인장)} < \rho \leq \rho_{max}$인 경우 : 강도감소계수 $\phi \neq 0.85$이므로 직선보간하여 설계모멘트(M_d)를 계산한다.

③ $\rho_{max} \leq \rho$인 경우 : ρ_{max}만큼의 철근량만 인정하여 설계모멘트(M_d)를 계산하여 계수모멘트(M_u)와 비교 검토한다.

④ $\phi M_n < 1.2M_{cr}$이고 $\phi M_n < \frac{4}{3}M_u$인 경우 : 갑작스러운 인장파괴가 발생한다.

보는 콘크리트의 압축파괴가 발생하기 이전에 먼저 인장철근이 항복하여 큰 변형을 일으킨 후 파괴가 발생하여야 한다. 이렇게 함으로써 파괴를 예측할 수 있으며 재해를 방지할 수 있다. 따라서 T형 단면보에서도 최대철근비를 규정하여 인장철근량을 제한하고 있다. 먼저 압축부 콘크리트와 인장부 철근이 동시에 파괴되는 균형철근비(ρ_b)를 알아본다.

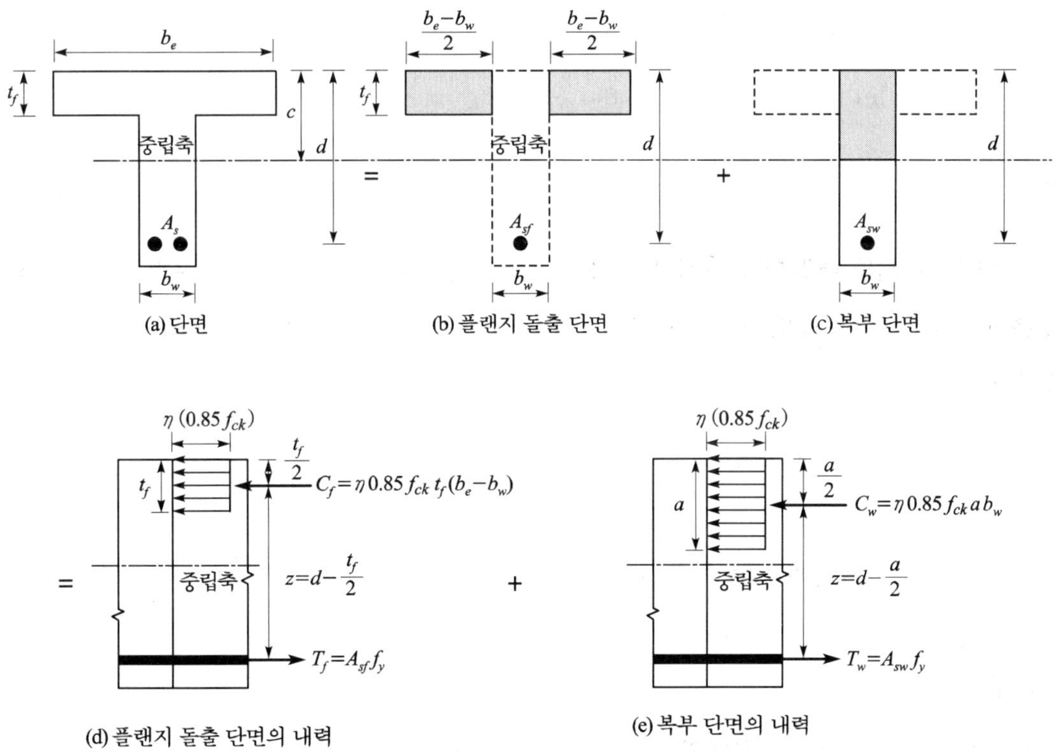

그림 4.20 T형 단면보의 해석

(1) 균형철근비($\overline{\rho_b}$)

철근비를 다음과 같이 정의한다.

$$\rho = \frac{A_s}{b_w d} \tag{4.55a}$$

$$\rho_f = \frac{A_{sf}}{b_w d} \tag{4.55b}$$

$$\rho_w = \frac{A_{sw}}{b_w d} \tag{4.55c}$$

그림 4.20으로부터 $C_w = T_w$ 이므로 $T = T_f + T_w = T_f + C_w$ 이다. 따라서

$$A_s f_y = A_{sf} f_y + \eta 0.85 f_{ck} a b_w \tag{4.56}$$

식 (4.56)에 식 (4.55)로부터 정리한 $A_s = \rho b_w d$, $A_{sf} = \rho_f b_w d$ 그리고 $A_{sw} = \rho_w b_w d$ 를 대입하면 다음 식 (4.57)이 된다.

$$\rho b_w d f_y = \rho_f b_w d f_y + \eta 0.85 f_{ck} (\beta_1 c) b_w \tag{4.57}$$

$$\rho = \rho_f + \eta 0.85 \beta_1 \frac{f_{ck}}{f_y} \frac{c}{d} \tag{4.58}$$

식 (4.58)에서 c 대신에 식 (3.7)의 c_b를 대입하고 단철근 직사각형보의 균형철근비 ρ_b와 구분하기 위해 T형 단면보의 균형철근비를 $\overline{\rho_b}$라 표기하여 다음 식 (4.59)와 같이 나타낼 수 있다.

$$c_b = \frac{\epsilon_{cu}}{\epsilon_{cu} + \epsilon_y} d \tag{3.7}$$

$$\therefore \overline{\rho_b} = \rho_f + \eta 0.85 \beta_1 \frac{f_{ck}}{f_y} \frac{\epsilon_{cu}}{\epsilon_{cu} + \epsilon_y} = \rho_f + \rho_b \tag{4.59}$$

(2) 최대철근비($\overline{\rho_{max}}$)

다음으로 T형 단면보의 최대철근비($\overline{\rho_{max}}$)를 유도한다.

식 (4.58)에 식 (3.14)을 대입하면 식 (4.60)이 된다.

$$c = \frac{\epsilon_{cu}}{\epsilon_{cu} + \epsilon_t} d_t \tag{3.14}$$

$$\overline{\rho} = \rho_f + \eta 0.85 \beta_1 \frac{f_{ck}}{f_y} \frac{\epsilon_{cu}}{\epsilon_{cu} + \epsilon_t} \frac{d_t}{d} \tag{4.60}$$

콘크리트 구조설계기준에서는 휨 부재 또는 휨모멘트와 축력을 동시에 받는 부재로서 계수축력 $P_u < 0.10 f_{ck} A_g$ 인 휨 부재인 경우에 최외단 철근의 최소 허용변형률을 $f_y \le 400$ MPa일 경우 $\varepsilon_t = 0.004$로 하고 $f_y > 400$ MPa일 경우 $\varepsilon_t = 2\varepsilon_y$로 하도록 제한하여 최대철근비로 규정하고 있다. 따라서 식 (4.60)에 이 조건을 대입하면

$f_y \le 400$ MPa 일 경우

$$\overline{\rho_{max}} = \rho_f + \eta 0.85 \beta_1 \frac{f_{ck}}{f_y} \frac{\epsilon_{cu}}{\epsilon_{cu} + 0.004} \frac{d_t}{d} \tag{4.61a}$$

$f_y > 400$ MPa 일 경우

$$\overline{\rho_{max}} = \rho_f + \eta 0.85 \beta_1 \frac{f_{ck}}{f_y} \frac{\epsilon_{cu}}{\epsilon_{cu} + 2\epsilon_y} \frac{d_t}{d} \tag{4.61b}$$

$$\therefore \overline{\rho_{max}} = \rho_f + \rho_{max} \tag{4.62}$$

(3) 인장지배단면 철근비($\overline{\rho_{t(인장)}}$)

다음으로 T형 단면보의 권장철근비인 인장지배단면 철근비($\overline{\rho_{t(인장)}}$)를 유도한다.

최외단 철근의 권장변형률을 $f_y \le 400$ MPa일 경우 $\varepsilon_t = 0.005$로 하고 $f_y > 400$ MPa일 경우 $\varepsilon_t = 2.5\varepsilon_y$로 하여 인장지배단면의 철근비로 정의하며 인장지배 단면으로 설계하도록 권장하고 있다. T형 단면보의 인장지배단면의 철근비를 $\overline{\rho_{t(인장)}}$이라 하면 다음과 같다.

$f_y \le 400$ MPa 일 경우

$$\overline{\rho_{t(인장)}} = \rho_f + \eta 0.85 \beta_1 \frac{f_{ck}}{f_y} \frac{\epsilon_{cu}}{\epsilon_{cu} + 0.005} \frac{d_t}{d} \tag{4.63a}$$

$f_y > 400$ MPa 일 경우

$$\overline{\rho_{t(인장)}} = \rho_f + \eta 0.85 \beta_1 \frac{f_{ck}}{f_y} \frac{\epsilon_{cu}}{\epsilon_{cu} + 2.5\epsilon_y} \frac{d_t}{d} \tag{4.63b}$$

$$\therefore\ \overline{\rho_{t(\text{인장})}} = \rho_f + \rho_{t(\text{인장})} \tag{4.64}$$

결국 T형 단면보의 최대철근비($\overline{\rho_{max}}$)와 인장지배단면 철근비($\overline{\rho_{t(\text{인장})}}$)는 단철근보의 최대철근비($\rho_{max}$)와 인장지배단면 철근비($\rho_{t(\text{인장})}$)에 플랜지 돌출단면의 철근비($\rho_f$)를 더하면 된다.

(4) T형보의 최소철근량

콘크리트구조설계기준에서는 직사각형 단면 및 T형 단면에 다음 식 (3.20)과 같이 최소 휨철근량을 요구하고 있다.

$$\phi M_n \geq 1.2 M_{cr} \tag{3.20}$$

여기서, M_{cr}은 휨부재의 균열휨모멘트로 다음과 같이 계산한다.

$$M_{cr} = \frac{f_r I_g}{y_t} \tag{3.21}$$

여기서, 파괴계수 $f_r = 0.63\lambda\sqrt{f_{ck}}$ 이다.

부재의 모든 단면에서 해석에 필요한 철근량보다 1/3 이상 인장철근이 더 배치되어 아래 식 (3.22)의 조건을 만족하는 경우는 상기 식 (3.20)의 규정을 적용하지 않을 수 있다.

$$\phi M_n \geq \frac{4}{3} M_u \tag{3.22}$$

(5) T형보의 단면해석

강도설계법의 기본개념($M_u \leq M_d = \phi M_n$)을 이용하여 부재의 안전을 확인하게 된다. T형 단면보를 해석하거나 설계할 때 단면을 두 부분으로 나누어 고려하는 것이 편리하다.

그림 4.20과 같이 T형 단면을 플랜지 돌출단면과 복부단면으로 나누어 고려한다. 따라서 공칭휨강도(M_n)는 M_{nf}과 M_{nw}로 나누어 계산할 수 있다.

$$M_n = M_{nf} + M_{nw} \tag{4.65}$$

$$M_{nf} = C_f \times (d - \frac{f_f}{2}) = T_f \times (d - \frac{f_f}{2}) \tag{4.66a}$$

$$M_{nf} = \eta 0.85 f_{ck} t_f (b_e - b_w)(d - \frac{t_f}{2}) = A_{sf} f_y (d - \frac{t_f}{2}) \tag{4.66b}$$

$$M_{nw} = C_w \times (d - \frac{a}{2}) = T_w \times (d - \frac{a}{2}) \quad (4.67a)$$

$$M_{nw} = \eta 0.85 f_{ck} a b_w (d - \frac{a}{2}) = A_{sw} f_y (d - \frac{a}{2}) \quad (4.67b)$$

그림 4.20(d)에서 힘의 평형조건을 적용하면 $C_f = T_f$이므로

$$\eta 0.85 f_{ck} t_f (b_e - b_w) = A_{sf} f_y \quad (4.68a)$$

$$\therefore A_{sf} = \frac{\eta 0.85 f_{ck} t_f (b_e - b_w)}{f_y} \quad (4.68b)$$

그림 4.20(e)에서 힘의 평형조건을 적용하면 $C_w = T_w$ 이므로

$$\eta 0.85 f_{ck} a b_w = A_{sw} f_y \quad (4.69a)$$

$$\therefore a = \frac{A_{sw} f_y}{\eta 0.85 f_{ck} b_w} \quad (4.69b)$$

결국 T형 단면보의 공칭휨강도(M_n)는 식 (4.68b)와 식 (4.69b)를 식 (4.66b)와 식 (4.67b)에 대입하여 계산할 수 있다. 따라서

$$M_n = \eta 0.85 f_{ck} t_f (b_e - b_w)(d - \frac{t_f}{2}) + \eta 0.85 f_{ck} a b_w (d - \frac{a}{2}) \quad (4.70a)$$

$$M_n = \eta 0.85 f_{ck} t_f (b_e - b_w)(d - \frac{t_f}{2}) + A_{sw} f_y (d - \frac{a}{2}) \quad (4.70b)$$

$$M_n = A_{sf} f_y (d - \frac{t_f}{2}) + \eta 0.85 f_{ck} a b_w (d - \frac{a}{2}) \quad (4.70c)$$

$$M_n = A_{sf} f_y (d - \frac{t_f}{2}) + A_{sw} f_y (d - \frac{a}{2}) \quad (4.70d)$$

설계휨강도(M_d)는 식 (4.70)에서 구한 공칭휨강도(M_n)에 강도감소계수 ϕ를 곱하여 다음과 같이 계산한다.

$$M_d = \phi M_n = \phi \left\{ A_{sf} f_y (d - \frac{t_f}{2}) + A_{sw} f_y (d - \frac{a}{2}) \right\} \quad (4.71)$$

T형 단면보에서도 철근비가 복철근보의 인장지배단면 철근비를 초과할 경우 강도감소계수 $\phi \neq 0.85$이므로 직선보간하여 사용한다.

예제 4.7

플랜지의 유효폭 $b_e = 760\,mm$, 플랜지의 두께 $t_f = 180\,mm$, 유효 높이 $d = 660\,mm$, 최외단철근까지 유효 깊이 $d_t = 700\,mm$, 높이 $h = 770\,mm$, 복부 폭 $b_w = 400\,mm$, $A_s = 8 - D35 = 7{,}652.8\,mm^2$인 단철근 T형 단면의 보를 해석하시오.
단, $f_{ck} = 24\,MPa$ 이고 SD400 철근이 배근되었다.

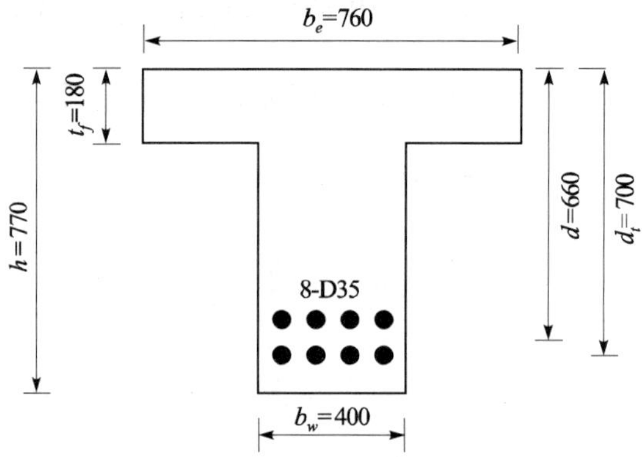

그림 4.21

▸ **풀이**

먼저 직사각형보로 해석할 것인지 T형보로 해석할 것인지 결정하기 위해 두 가지 방법을 이용하여 확인한다. 첫 번째 방법으로 식 (4.54)를 이용하여 등가응력 사각형의 깊이 a를 계산한다. 이때 $f_{ck} < 40\,MPa$이므로 $\epsilon_{cu} = 0.0033$, $\eta = 1.0$, $\beta_1 = 0.8$이다.

$$a = \frac{A_s f_y}{\eta 0.85 f_{ck} b_e} = \frac{7{,}652.8 \times 400}{1.0 \times 0.85 \times 24 \times 760} = 197.4\,mm$$

계산된 a와 플랜지의 두께 t_f를 비교하여 해석방법을 결정한다.

$a = 197.4\,mm > t_f = 180\,mm$이므로 T형보로 해석한다.

또 다른 방법으로 $a = t_f$로 가정하여 압축력 C와 인장력 T를 계산하여 비교한다.

$$C = \eta 0.85\, f_{ck} t_f b_e = 1.0 \times 0.85 \times 24 \times 180 \times 760 = 2{,}790{,}720\,N$$

$$T = A_s f_y = 7{,}652.8 \times 400 = 3{,}061{,}120\,N$$

평형조건에 의해 C = T이어야 하는데 $a = t_f$로 작게 가정하여 C < T로 되었으므로 T형보로 해석한다.

다음으로 철근비를 검토한다.

먼저 식 (4.68b)를 이용하여 A_{sf}를 계산한다.

$$A_{sf} = \frac{\eta 0.85 f_{ck} t_f (b_e - b_w)}{f_y} = \frac{1.0 \times 0.85 \times 24 \times 180 \times (760 - 400)}{400} = 3{,}304.8\,mm^2$$

$A_{sw} = A_s - A_{sf}$를 이용하여 A_{sw}를 계산한 후 식 (4.55)를 이용하여 철근비를 계산한다.

$$A_{sw} = A_s - A_{sf} = 7{,}652.8 - 3{,}304.8 = 4{,}348\ \text{mm}^2$$

$$\rho = \frac{A_s}{b_w d} = \frac{7{,}652.8}{400 \times 660} = 0.02899$$

$$\rho_f = \frac{A_{sf}}{b_w d} = \frac{3{,}304.8}{400 \times 660} = 0.01252$$

$$\rho_w = \frac{A_{sw}}{b_w d} = \frac{4{,}348}{400 \times 660} = 0.01647$$

$f_y = 400$ MPa 이므로 식 (4.61)을 이용하여 최대철근비를 계산하고 식 (4.63)을 이용하여 인장지배단면 철근비를 계산한다.

$$\overline{\rho_{max}} = \rho_f + \eta 0.85 \beta_1 \frac{f_{ck}}{f_y} \frac{\epsilon_{cu}}{\epsilon_{cu} + 0.004} \frac{d_t}{d}$$

$$= 0.01252 + 1.0 \times 0.85 \times 0.8 \times \frac{24}{400} \times \frac{0.0033}{0.0033 + 0.004} \times \frac{700}{660} = 0.03208$$

$$\overline{\rho_{t(\text{인장})}} = \rho_f + \eta 0.85 \beta_1 \frac{f_{ck}}{f_y} \frac{\epsilon_{cu}}{\epsilon_{cu} + 0.005} \frac{d_t}{d}$$

$$= 0.01252 + 0.85 \times 0.8 \times \frac{24}{400} \times \frac{0.0033}{0.0033 + 0.005} \times \frac{700}{660} = 0.02972$$

철근비를 검토한 결과 $\rho < \rho_{t(\text{인장})}$이므로 인장지배단면이며 따라서 강도감소계수 $\phi = 0.85$이다. 강도설계법의 기본개념을 이용하여 계수모멘트 M_u와 설계모멘트 M_d를 계산하여 안전여부를 판단하여야 하지만 계수모멘트에 대한 언급이 없으므로 설계휨강도를 계산한다. 따라서 식 (4.69)와 식 (4.70)을 이용하여 T형 단면보의 공칭휨강도(M_n)를 계산한다.

$$\therefore a = \frac{A_{sw} f_y}{\eta 0.85 f_{ck} b_w} = \frac{4{,}348 \times 400}{1.0 \times 0.85 \times 24 \times 400} = 213.1\ \text{mm}$$

$$M_{nf} = A_{sf} f_y \left(d - \frac{t_f}{2}\right) = 3{,}305 \times 400 \times \left(660 - \frac{180}{2}\right) = 753{,}494{,}400\ \text{N.mm}$$

$$M_{nw} = A_{sw} f_y \left(d - \frac{a}{2}\right) = 4{,}348 \times 400 \times \left(660 - \frac{213.1}{2}\right) = 962{,}525{,}456\ \text{N.mm}$$

$$M_n = M_{nf} + M_{nw} = 1{,}716{,}019{,}856\ \text{N.mm}$$

설계휨강도(M_d)는 공칭휨강도(M_n)에 강도감소계수 ϕ를 곱하여 다음과 같이 계산한다.

$$\therefore M_d = \phi M_n = 0.85 \times 1{,}716{,}019{,}856\ \text{N.mm} = 1{,}458{,}616{,}878\ \text{N.mm} = 1.459\ \text{MN.m}$$

단면이 결정되었으므로 최소철근량을 검토한다.

$$f_r = 0.63 \lambda \sqrt{f_{ck}} = 0.63 \times 1.0 \times \sqrt{24} = 3.086\ \text{MPa}$$

밑면에서부터 도심축까지 거리는 플랜지와 복부로 나누어 다음과 같이 계산한다.

$$y_t = \frac{760 \times 180 \times 680 + 400 \times 590 \times 295}{760 \times 180 + 400 \times 590} = 436.3\,\text{mm}$$

도심축에 대한 단면2차모멘트는

$$I_g = \frac{760 \times 180^3}{12} + 760 \times 180 \times (770 - 436.3 - \frac{180}{2})^2$$
$$+ \frac{400 \times 590^3}{12} + 400 \times 590 \times (436.3 - \frac{590}{2})^2 = 20{,}051{,}738{,}898\,\text{mm}^4$$

균열휨모멘트 M_{cr}은 다음과 같다.

$$M_{cr} = \frac{f_r I_g}{y_t} = 141{,}852{,}198\,\text{N.mm}$$

따라서 $\phi M_n = 1{,}458{,}616{,}878\,\text{N.mm} > 1.2 M_{cr} = 170{,}222{,}637\,\text{N.mm}$ 이므로 최소철근량 규정을 만족한다.

4.6 T형 단면보의 설계

독립된 T형보는 일반적으로 슬래브와 일체로 시공되는 경우가 대부분으로 플랜지 유효폭 (b_e)에 대한 규정과 슬래브 설계로부터 결정된다. T형보의 플랜지의 두께(t_f)와 복부(web)의 간격은 대개의 경우 슬래브로서의 횡방향의 휨에 의해 결정된다. 그러므로 T형보의 설계에서는 복부의 폭과 높이 및 철근량을 결정하면 된다. 압축 플랜지의 면적이 크기 때문에 대개의 경우 압축철근을 필요로 하지 않는다. 콘크리트의 압축으로 인한 취성파괴를 피하기 위하여 인장 철근비가 최대철근비 이내로 제한된다. 철근비가 이렇게 제한되면 중립축이 플랜지 안에 있게 되는 것이 보통이다. 이러한 경우에는 플랜지 유효폭 b_e 를 폭으로 하는 직사각형 보로 설계해야 한다. 보통 T형보의 경우 플랜지 두께는 단면 전체높이의 약 20%로 가정하며, 복부의 폭은 전단설계로 결정되고, 보통 $200 \sim 500\,\text{mm}$ 정도의 범위에서 가정된다.

모든 보의 휨설계는 강도설계법의 기본개념인 식 (3.4a)으로부터 시작한다.

$$M_u \le M_d = \phi M_n \tag{3.4a}$$

설계과정은 다음의 두 경우로 나누어 고려한다.

(1) 보의 유효깊이 d와 철근량 A_s를 구하는 경우

① $a \le t_f$인 경우(단철근 직사각형 단면으로 가정)를 고려하여 $a = t_f$ 로 가정하고,

$M_u \le M_d = \phi M_n = \phi(\eta 0.85 f_{ck}) b t_f \left(d - \frac{t_f}{2}\right) = \phi f_y A_s \left(d - \frac{t_f}{2}\right)$를 d와 A_s에 대하여 정리한다.

$$d \ge \frac{M_u}{\phi(\eta 0.85 f_{ck}) b t_f} + \frac{t_f}{2} \quad (4.72)$$

$$A_s \ge \frac{M_u}{\phi f_y \left(d - \frac{t_f}{2}\right)} \quad (4.73)$$

② $a > t_f$로 가정하여 식 (4.72)와 식 (4.73)을 다음과 같이 변형하여 계산한다.

$$d \ge \frac{M_u}{\phi(\eta 0.85 f_{ck}) ab} + \frac{a}{2} \quad (4.74)$$

$$A_s \ge \frac{M_u}{\phi f_y \left(d - \frac{a}{2}\right)} \quad (4.75)$$

이상의 ①,②에서 개략적인 유효깊이 d와 철근량 A_s를 계산한 후, 이를 기준하여 적절한 가감을 통해 단면을 수정하여 최종 단면을 결정한다.

(2) 보의 유효깊이 d가 주어지고 철근량 A_s를 구하는 경우

먼저 직사각형보로 설계할 경우인지 T형보로 설계할 경우인지 검토한다.

① 주어진 조건으로부터 계수모멘트 M_u를 계산한다.

② $a = t_f$로 가정하고 압축력 C와 인장력 T를 계산한다.

$$C = \eta 0.85 f_{ck} t_f b \quad (4.76)$$

$$T = \frac{M_u}{\phi(d - \frac{t_f}{2})} \quad (4.77)$$

③ $C \ge T$이면 직사각형보로 설계하고 $C < T$이면 T형보로 설계한다.

④ T형 단면으로 설계할 경우 A_{sf}와 M_{nf}를 계산한다.

$$A_{sf} = \frac{\eta 0.85 f_{ck} t_f (b - b_w)}{f_y} \quad (4.78)$$

$$M_{nf} = A_{sf} f_y (d - \frac{t_f}{2}) \tag{4.79}$$

⑤ $\frac{M_u}{\phi} = M_n = M_{nf} + M_{nw}$ 로부터 M_{nw}를 계산한다.

$$M_{nw} = \frac{M_u}{\phi} - M_{nf} \tag{4.80}$$

⑥ 폭이 b_w 인 직사각형보의 철근량 A_{sw}를 계산한다.

$M_{nw} \leq \rho b_w d^2 f_y (1 - 0.59 \frac{f_y}{\eta f_{ck}} \rho)$ 로부터 ρ에 대한 2차방정식을 푼다.

$$(0.59 \frac{b_w d^2 f^{2_y}}{\eta f_{ck}}) \rho^2 - (b_w d^2 f_y) \rho + M_{nw} \leq 0 \tag{4.81}$$

⑦ 위에서 계산한 두 값의 ρ 중에서 작은 값을 ρ로 결정하고 A_{sw}를 구한다.

$$A_{sw} = \rho b_w d$$

⑧ 총 철근량 A_s를 구하고 철근비를 검토한다.

$$\therefore A_s = A_{sf} + A_{sw}$$

$\frac{A_s}{b_w d} \leq \overline{\rho_{t(인장)}} < \overline{\rho_{max}}$ 인지 확인한다.

$$\overline{\rho_{t(인장)}} = \rho_f + \eta 0.85 \beta_1 \frac{f_{ck}}{f_y} \frac{\epsilon_{cu}}{\epsilon_{cu} + \epsilon_t} \frac{d_t}{d}$$

$$\overline{\rho_{max}} = \rho_f + \eta 0.85 \beta_1 \frac{f_{ck}}{f_y} \frac{\epsilon_{cu}}{\epsilon_{cu} + \epsilon_t} \frac{d_t}{d}$$

최소 휨철근량을 검토한다.

$$\phi M_n \geq 1.2 M_{cr} \tag{3.20}$$

여기서, M_{cr}은 휨부재의 균열휨모멘트로 다음과 같이 계산한다.

$$M_{cr} = \frac{f_r I_g}{y_t} \tag{3.21}$$

여기서, 파괴계수 $f_r = 0.63 \lambda \sqrt{f_{ck}}$ 이다.

부재의 모든 단면에서 해석에 필요한 철근량보다 1/3 이상 인장철근이 더 배치되어 아래 식(3.22)의 조건을 만족하는 경우는 상기 식 (3.20)의 규정을 적용하지 않을 수 있다.

$$\phi M_n \geq \frac{4}{3} M_u \tag{3.22}$$

예제 4.8

플랜지 폭 $b = 1{,}200\,\mathrm{mm}$, 복부 폭 $b_w = 400\,\mathrm{mm}$, 플랜지 두께 $t_f = 100\,\mathrm{mm}$, 유효깊이 $d = 600\,\mathrm{mm}$인 T형 단면보에 계수모멘트 $M_u = 1{,}250\,\mathrm{kN \cdot m}$가 정모멘트로 작용한다. 콘크리트 설계기준강도 $f_{ck} = 24\,\mathrm{MPa}$와 철근 SD300을 사용하여 T형 단면보를 설계하시오.

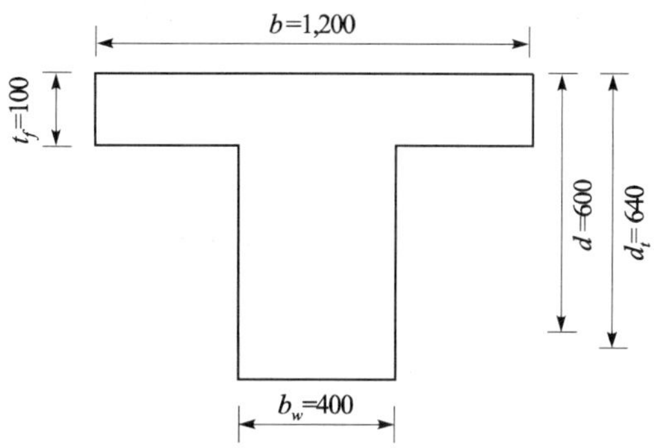

그림 4.22

► **풀이**

먼저 직사각형보로 설계할 경우인지 T형보로 설계할 경우인지 검토한다.

$a = t_f$로 가정하고 압축력 C와 인장력 T를 계산한다.

$$C = \eta 0.85 f_{ck} t_f b = 1.0 \times 0.85 \times 24 \times 100 \times 1{,}200 = 2{,}448{,}000\ \mathrm{N}$$

$$T = \frac{M_u}{\phi\left(d - \frac{t_f}{2}\right)} = \frac{1{,}250{,}000{,}000}{0.85 \times \left(600 - \frac{100}{2}\right)} = 2{,}673{,}797\ \mathrm{N}$$

$C < T$이므로 T형보로 설계한다. 먼저 A_{sf}와 M_{nf}를 계산한다.

$$A_{sf} = \frac{\eta 0.85 f_{ck} t_f (b - b_w)}{f_y} = \frac{1.0 \times 0.85 \times 24 \times 100 \times (1{,}200 - 400)}{300} = 5{,}440\ \mathrm{mm}^2$$

$$M_{nf} = A_{sf} f_y \left(d - \frac{t_f}{2}\right) = 5{,}440 \times 300 \times \left(600 - \frac{100}{2}\right) = 897{,}600{,}000\ \mathrm{N.mm}$$

$\frac{M_u}{\phi} = M_n = M_{nf} + M_{nw}$로부터 M_{nw}를 계산한다.

$$M_{nw} = \frac{M_u}{\phi} - M_{nf} = \frac{1,250,000,000}{0.85} - 897,600,000 = 572,988,235\ \text{N.mm}$$

폭이 b_w 인 직사각형보의 철근량 A_{sw}를 계산한다. 식 (4.81)로부터 철근비를 계산한다.

$$(\frac{0.59 b_w d^2 f_y^2}{\eta f_{ck}})\rho^2 - (b_w d^2 f_y)\rho + M_{nw}$$

$$(3.186 \times 10^{11})\rho^2 - (4.32 \times 10^{10})\rho + (5.73 \times 10^8) \leq 0$$

$\rho = 0.0149$와 $\rho = 0.1207$에서 작은 값으로 결정한다. 따라서 $\rho = 0.0149$이다.

$$A_{sw} = \rho b_w d = 0.0149 \times 400 \times 600 = 3,576\ \text{mm}^2$$

총 철근량 A_s는 다음과 같이 계산한다.

$$\therefore A_s = A_{sf} + A_{sw} = 5,440 + 3,576 = 9,016\ \text{mm}^2$$

철근비를 검토한다.

$$\rho = \frac{A_s}{b_w d} = \frac{9,016}{400 \times 600} = 0.03757$$

$$\rho_f = \frac{A_{sf}}{b_w d} = \frac{5,440}{400 \times 600} = 0.02267$$

$$\rho_w = \frac{A_{sw}}{b_w d} = \frac{3,576}{400 \times 600} = 0.0149$$

인장지배단면의 철근비와 최대철근비를 계산한다.

$$\overline{\rho_{t(\text{인상})}} = \rho_f + \eta 0.85 \beta_1 \frac{f_{ck}}{f_y} \frac{\epsilon_{cu}}{\epsilon_{cu} + \epsilon_t} \frac{d_t}{d}$$

$$= 0.02267 + 1.0 \times 0.85 \times 0.8 \times \frac{24}{300} \frac{0.0033}{0.0033 + 0.005} \times \frac{640}{600} = 0.04574$$

$$\overline{\rho_{max}} = \rho_f + \eta 0.85 \beta_1 \frac{f_{ck}}{f_y} \frac{\epsilon_{cu}}{\epsilon_{cu} + \epsilon_t} \frac{d_t}{d}$$

$$= 0.02267 + 1.0 \times 0.85 \times 0.8 \times \frac{24}{300} \frac{0.003}{0.003 + 0.004} \times \frac{640}{600} = 0.0489$$

철근비를 검토한 결과 다음과 같다.

$$\rho < \rho_{t(\text{인장})} < \rho_{max}$$

따라서 연성인장파괴가 발생하며 강도감소계수 $\phi = 0.85$이다.

철근표로부터 인장철근 $A_s = 9,016\ \text{mm}^2$은 18−D25(9,120.6 mm^2), 15−D29(9,636 mm^2), 12−D32(9,530.4 mm^2), 10−D35(9,566 mm^2)중에서 선정할 수 있으며 보의 폭과 콘크리트구조설계기준에 규정된 피복두께 그리고 철근순간격(철근직경 이상, 굵은골재 최대치수 4/3 이상, 25 mm 이상)을 고려하여 결정한다.

만약 15-D29(9,636 mm^2)를 선택하여 3단으로 배근한다면 철근직경을 고려하여 보의 폭 b=400 mm, 보의 피복두께 50 mm(옥외의 경우), 철근의 개수(n=5), 철근의 직경(D≈29 mm)를 기준으로 $b \geq 2\times$ 피복두께 $+(2n-1)D$를 만족하는지 확인한다.

$$b = 400 > 2 \times \text{피복두께} + (2n-1)D = 2\times 50 + (2\times 5 - 1)\times 29 = 361\ \text{mm}$$

보의 폭 b=400 mm 이내에서 배근 가능하므로 3단으로 배근하면 된다. 따라서 보의 높이(h)는 아래와 같이 확인한다.

$$h = d + \frac{\text{철근직경D}}{2} + 25 + \text{철근직경D} + \text{피복두께} = 600 + 28.6/2 + 25 + 29 + 50 = 718.3\ \text{mm}$$

필요한 보의 높이 h=718.3 mm이므로 보의 높이 h는 여유를 두어 730mm로 결정한다.

단면이 결정되었으므로 최소철근량을 검토한다.

$$f_r = 0.63\lambda\sqrt{f_{ck}} = 0.63\times 1.0\times\sqrt{24} = 3.086\ \text{MPa}$$

밑면에서부터 도심축까지 거리는 플랜지와 복부로 나누어 다음과 같이 계산한다.

$$y_t = \frac{1,200\times 100\times 680 + 400\times 630\times 315}{1,200\times 100 + 400\times 630} = 433\ \text{mm}$$

도심축에 대한 단면2차모멘트는

$$I_g = \frac{1,200\times 100^3}{12} + 1,200\times 100\times\left(730 - 433 - \frac{100}{2}\right)^2 + \frac{400\times 630^3}{12} + 400\times 630\times\left(436.3 - \frac{630}{2}\right)^2 = 19,264,803,226\ \text{mm}^4$$

균열휨모멘트 M_{cr}은 다음과 같다.

$$M_{cr} = \frac{f_r I_g}{y_t} = 137,398,428\ \text{N.mm}$$

따라서 $\phi M_n = 1,250,000,000\ \text{N.mm} > 1.2M_{cr} = 164,878,114\ \text{N.mm}$이므로 최소철근량 규정을 만족한다.

연습문제

4.1 단면 폭 $b=250\,mm$이고 유효깊이 $d=500\,mm$, 보의 높이 $h=570\,mm$이며 최외단 철근까지 깊이 $d_t=600\,mm$인 철근콘크리트 보에 $4-D22$ 철근을 배근하였다. 이 직사각형 단면의 설계휨강도 M_d를 구하시오.
단, 콘크리트 설계기준강도 $f_{ck}=26\,MPa$이고 SD400 철근을 사용하였다.

4.2 $b=360\,mm$, $d=580\,mm$, $h=650\,mm$, $d_t=580\,mm$, $A_s=4-D22(1{,}548\,mm^2)$인 직사각형 단면 단순보의 경간이 $6\,m$이다. 이 보에 등분포 고정하중(자중포함) $20\,kN/m$과 등분포 활하중 $10\,kN/m$가 작용할 때 해석하시오. 단, $f_{ck}=30\,MPa$이고 SD300 철근을 사용하였다.

4.3 $b=400\,mm$, $d=600\,mm$, $d_t=640\,mm$ $h=710\,mm$, $A_s=4-D32(3{,}177\,mm^2)$인 직사각형 단면 단순보의 경간이 $6\,m$이다. 이 보에 등분포 고정하중 $40\,kN/m$과 등분포 활하중 $30\,kN/m$가 작용할 때 자중을 고려하여 해석하시오. 단, $f_{ck}=27\,MPa$이고 SD350 철근을 사용하였다.

4.4 단면 폭 $b=400\,mm$, 유효깊이 $d=600\,mm$, 최외단 철근까지 깊이 $d_t=600\,mm$, 보의 높이 $h=670\,mm$인 단철근 직사각형 보가 콘크리트 설계기준강도 $f_{ck}=24\,MPa$로 시공되었고 SD300 철근을 사용하였다. 다음과 같은 철근을 배근하였을 경우 해석하시오.
(1) $2-D16$
(2) $4-D29$
(3) $4-D35$
(4) $6-D35$

4.5 보의 중앙에 $50\,kN$의 집중하중(활하중)이 작용하고 자중 $30\,N/mm$과 등분포 활하중 $20\,N/mm$가 작용하는 경간 $6\,m$의 단순보를 설계하시오. 단, $f_{ck}=25\,MPa$ 콘크리트와 SD400 철근을 사용하고 단면은 폭 $b=300\,mm$인 단철근 직사각형으로 한다.

4.6 단면 폭 $b = 400\ \mathrm{mm}$, 유효깊이 $d = 600\ \mathrm{mm}$, 경간 $8\ \mathrm{m}$인 직사각형 철근콘크리트 단순보에 등분포 고정하중 $40\ \mathrm{kN/m}$과 등분포 활하중 $20\ \mathrm{kN/m}$가 작용할 때 단면을 설계하시오. 단, $f_{ck} = 26\ \mathrm{MPa}$ 콘크리트와 SD350 철근을 사용한다.

4.7 보의 폭 $b = 340\ \mathrm{mm}$, 인장철근의 유효깊이 $d = 560\ \mathrm{mm}$, 최외단 철근까지 깊이 $d_t = 600\ \mathrm{mm}$, 보의 높이 $h = 670\ \mathrm{mm}$, 압축철근의 유효깊이 $d' = 50\ \mathrm{mm}$, 인장철근의 단면적 $A_s = 6 - D35(5{,}740\ \mathrm{mm}^2)$, 압축철근의 단면적 $A'_s = 2 - D32(1{,}588\ \mathrm{mm}^2)$인 직사각형 단면보에 계수모멘트 $M_u = 700\ \mathrm{kN{\cdot}m}$가 작용하고 있다 이 보를 해석하시오. 단, $f_{ck} = 28\ \mathrm{MPa}$이고 SD300 철근을 사용하였다.

4.8 보의 폭 $b = 400\ \mathrm{mm}$, 인장철근의 유효깊이 $d = 600\ \mathrm{mm}$, 최외단 철근까지 깊이 $d_t = 640\ \mathrm{mm}$, 보의 높이 $h = 710\ \mathrm{mm}$, 압축철근의 유효깊이 $d' = 50\ \mathrm{mm}$ 인 직사각형 단면보에 다음과 같이 인장철근(A_s)과 압축철근(A'_s)이 배근하였을 경우 각각 해석하시오. 단, $f_{ck} = 26\ \mathrm{MPa}$이고 SD400 철근을 사용하였다.

(1) $A_s = 4 - D32(3{,}177\ \mathrm{mm}^2)$, $A'_s = 2 - D32(1{,}588\ \mathrm{mm}^2)$

(2) $A_s = 6 - D35(5{,}740\ \mathrm{mm}^2)$, $A'_s = 2 - D32(1{,}588\ \mathrm{mm}^2)$

(3) $A_s = 7 - D35(6{,}696\ \mathrm{mm}^2)$, $A'_s = 2 - D32(1{,}588\ \mathrm{mm}^2)$

(4) $A_s = 8 - D35(7{,}653\ \mathrm{mm}^2)$, $A'_s = 2 - D32(1{,}588\ \mathrm{mm}^2)$

4.9 활하중 $20\ \mathrm{kN/m}$, 고정하중(자중포함) $20\ \mathrm{kN/m}$을 지지해야할 경간 $5\ \mathrm{m}$의 단순지지보가 있다. 단면치수는 폭 $b = 250\ \mathrm{mm}$, 유효깊이 $d = 340\ \mathrm{mm}$, 높이 $h = 410\ \mathrm{mm}$로 제한되었고 $f_{ck} = 26\ \mathrm{MPa}$ 콘크리트와 SD350 철근을 사용한다. 만약 압축철근이 요구되면 압축철근의 유효깊이 $d' = 50\ \mathrm{mm}$로 정하여 설계하시오.

4.10 보의 폭 $b = 400\ \mathrm{mm}$, 인장철근의 유효깊이 $d = 600\ \mathrm{mm}$, 높이 $h = 670\ \mathrm{mm}$인 단면의 단순보에 활하중 50 N/mm, 고정하중(자중포함) 50 N/mm이 작용하고 있다. 경간이 8 m이고 $f_{ck} = 30\ \mathrm{MPa}$인 콘크리트와 SD500 철근을 사용하였다. 압축철근이 필요하면 압축철근의 유효깊이 $d' = 60\ \mathrm{mm}$로 정하여 설계하시오.

4.11 보의 플랜지 폭 $b = 760\ \mathrm{mm}$, 유효깊이 $d = 900\ \mathrm{mm}$, 최외단 철근까지 깊이 $d_t = 940\ \mathrm{mm}$, 보의 높이 $h = 1{,}010\ \mathrm{mm}$, 플랜지의 두께 $t_f = 180\ \mathrm{mm}$, 복부 폭 $b_w = 360\ \mathrm{mm}$인 T형 단면에 인장철근 $A_s = 8 - \mathrm{D}35(7{,}653\ \mathrm{mm}^2)$가 복부에 배근되어 있다. 그리고 $f_{ck} = 21\ \mathrm{MPa}$인 콘크리트와 SD350 철근을 사용하였다. 이 보를 해석하시오.

4.12 보의 플랜지 폭 $b = 800\ \mathrm{mm}$, 유효깊이 $d = 600\ \mathrm{mm}$, 최외단 철근까지 깊이 $d_t = 660\ \mathrm{mm}$, 보의 높이 $h = 730\ \mathrm{mm}$, 플랜지의 두께 $t_f = 180\ \mathrm{mm}$, 복부 폭 $b_w = 400\ \mathrm{mm}$인 T형 단면에 인장철근이 다음과 같이 복부에 배근되어 있다. 그리고 $f_{ck} = 22\ \mathrm{MPa}$인 콘크리트와 SD400 철근을 사용하였다. 해석하시오.

(1) $A_s = 8 - \mathrm{D}32(6{,}354\ \mathrm{mm}^2)$

(2) $A_s = 9 - \mathrm{D}32(7{,}148\ \mathrm{mm}^2)$

(3) $A_s = 8 - \mathrm{D}35(7{,}653\ \mathrm{mm}^2)$

(4) $A_s = 9 - \mathrm{D}35(8{,}609\ \mathrm{mm}^2)$

4.13 플랜지의 유효 폭이 $b = 1.2\ \mathrm{m}$, 두께가 $t_f = 100\ \mathrm{mm}$, 복부 폭이 $b_w = 400\ \mathrm{mm}$, 유효깊이가 $d = 600\ \mathrm{mm}$인 T형 단면이 있다. 이 단면에 고정하중 모멘트 500 kN·m와 활하중 모멘트 500 kN·m가 작용하고 있다. 이 단면을 설계하시오. 단, $f_{ck} = 24\ \mathrm{MPa}$이고 SD300 철근을 사용하였다.

CHAPTER

05 전단설계

- 5.1 서론
- 5.2 휨응력과 전단응력
- 5.3 균질 탄성 보에서의 사인장 응력
- 5.4 전단철근이 없는 보의 거동
- 5.5 전단철근의 설계
- 5.6 특수한 경우의 전단설계
- 5.7 비틀림 설계
- 연습문제

CHAPTER

05 전단설계

5.1 서론

구조부재에는 휨모멘트, 전단력, 축 방향력, 비틀림 등의 단면력이 작용할 수 있고, 앞의 장에서는 이들 중 휨모멘트만을 고려한 보의 해석과 설계에 대하여 설명하였다. 이 장에서는 전단력(shear force)을 받는 보의 전단설계를 다루고자 한다.

휨에 대하여 안전하게 설계된 철근콘크리트 보에 전단력이 크게 작용하면 사인장균열(diagonal tension crack)이 발생하여 파괴되는 경우가 있다. 이러한 전단파괴는 휨 파괴와는 달리 예고 없이 갑자기 일어나 정확하게 예측하기가 어렵다. 이러한 전단에 의한 철근콘크리트의 역학적 파괴 거동은 매우 복잡하여 수십 년간의 실험적 연구와 매우 정교한 수치해석 방법으로도 지금까지 완전하게 밝혀지지 않고 있다. 이러한 이유로 전단에 대한 설계방법은 만족스럽게 확립되어 있지 못하고 실험과 경험에 의한 설계법에 의존하고 있다.

균형철근비보다 적게 보강된 철근콘크리트 보의 휨파괴는 큰 처짐과 균열의 발생을 동반한 점차적인 인장철근의 항복으로 충분한 파괴의 예측과 보수보강의 기회를 제공하는 반면 전단파괴는 휨파괴와는 달리 예고 없이 급작스럽게 발생한다. 이러한 거동의 차이 때문에 철근콘크리트 보에 과하중이 작용할 경우, 전단파괴 이전에 휨파괴가 일어나도록 전단설계가 이루어지고 있다.

대부분의 보에서 전단응력은 콘크리트의 직접 전단강도보다 훨씬 작아서 실제로 전단파괴를 일으키는 응력은 전단응력과 휨응력 조합으로 이루어지는 사인장응력이다. 따라서 이 장에서는 사인장응력의 해석과 설계를 주로 다루고 이를 통하여 콘크리트구조설계기준의 전단설계기준을 이해하도록 하였다.

근래에 와서 보다 합리적인 전단설계 방법이 제시되고 있는데 수정압축장 이론(modified compression field theory)과 스트럿-타이 모델(strut and tie model)이 그것이다.

5.2 휨응력과 전단응력

등분포 하중을 받는 단순보의 경우, 탄성범위 내에서 휨모멘트에 의해 발생되는 휨응력 f와 전단력에 의해 발생되는 전단응력 v의 분포를 그림 5.1에 나타내었다.

그림 5.1에서 보는 바와 같이 휨응력은 단면의 중립축에서 0 이고 연단에서 최대를 나타내는 반면에 전단응력은 중립축에서 최대가 되고 상·하 연단에서 0 이 된다. 또한 휨응력은 휨모멘트가 최대가 되는 중앙 부분으로 갈수록 커지고 전단응력은 전단력이 크게 발생하는 보의 지점부근에서 큰 값을 나타낸다. 따라서 보에 하중이 증가하면 최대 인장응력은 중앙단면 하연에서 일어나며 여기에서 휨파괴가 발생한다. 그러므로 이 부분에 인장철근을 배근하여 휨파괴에 대하여 인장력을 보강한다.

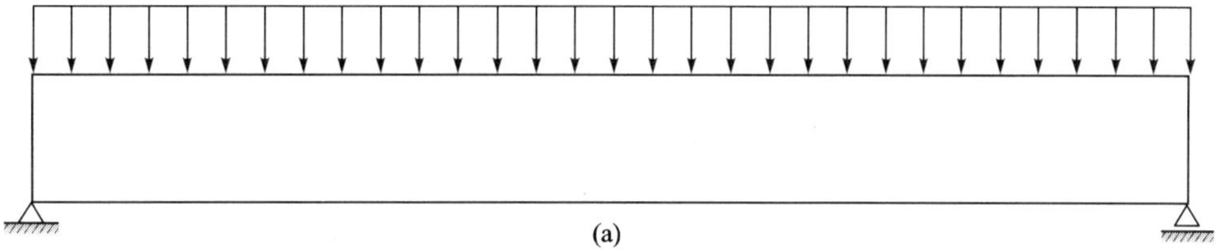

(a)

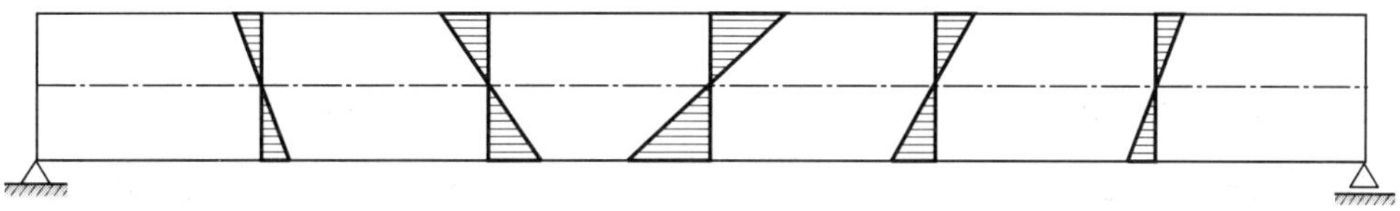

(b) $f=\frac{M}{I}y$

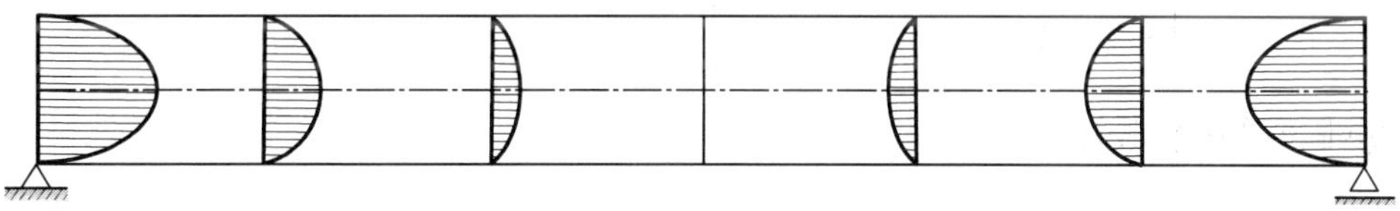

(c) $v=\frac{VQ}{Ib}$

그림 5.1 보에서의 휨응력과 전단응력의 분포

5.2.1 무근콘크리트 보의 전단응력

콘크리트를 균질한 탄성체로 가정하며 보에 작용하는 전단응력은 다음과 같이 계산된다.

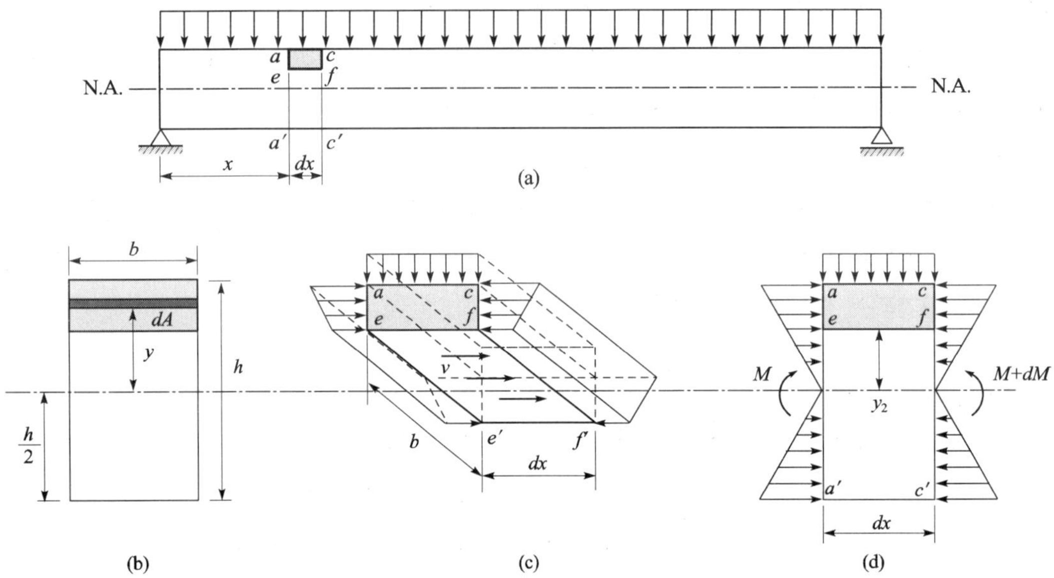

그림 5.2 무근보에서 임의부분에 대한 자유물체도

그림 5.2(a)의 미소요소 dx를 그림 5.2(d)에 확대하여 나타내었다. 여기에서 aa'면과 cc'면에 작용하는 휨모멘트를 각각 M, M+dM으로 표기하고 요소의 좌단면에 작용하는 수평력은 다음과 같이 표시할 수 있다.

$$f_x \, dA = \frac{M}{I} y \, dA$$

ae면에 우측방향으로 작용하는 수평력의 합은

$$\int f_x \, dA = \int_{y1}^{\frac{h}{2}} \frac{M \; y}{I} dA \qquad (5.1)$$

마찬가지로 우측면 cf면에 좌측방향으로 작용하는 수평력의 합은

$$\int f_x \, dA = \int_{y1}^{\frac{h}{2}} \frac{(M + dM) \, y}{I} dA \qquad (5.2)$$

그림 5.2(c)의 미소요소 하단면 eff'e'에 우측방향으로 작용하는 수평전단응력은 vbdx가 된다.

식 (5.1)과 식 (5.2), 그리고 수평전단력으로 나타난 힘들은 평형을 유지해야 한다. 따라서 평형방정식에 의하여

$$\int_{y1}^{\frac{h}{2}} \frac{M\ y}{I} dA - \int_{y1}^{\frac{h}{2}} \frac{(M + dM)\ y}{I} dA + v\,bdx = 0$$

$$v = \frac{dM}{dx}\left(\frac{1}{Ib}\right)\int_{y1}^{\frac{h}{2}} y\ dA = \frac{V}{Ib}\int_{y1}^{\frac{h}{2}} y\ dA \tag{5.3}$$

식 (5.3)의 적분부분은 그림 5.2(b)의 빗금친 부분의 중립축에 대한 단면 1차 모멘트를 나타낸다. 이 때 단면 1차 모멘트를 Q로 표시하면 식 (5.3)은 다음 식 (5.4)와 같이 나타낼 수 있다.

$$v = \frac{VQ}{Ib} \tag{5.4}$$

5.2.2 철근 콘크리트 보의 전단응력

철근콘크리트 보의 응력이 허용응력 이하인 사용하중하에서 전단응력은 탄성이론에 의해 다음과 같이 계산된다.

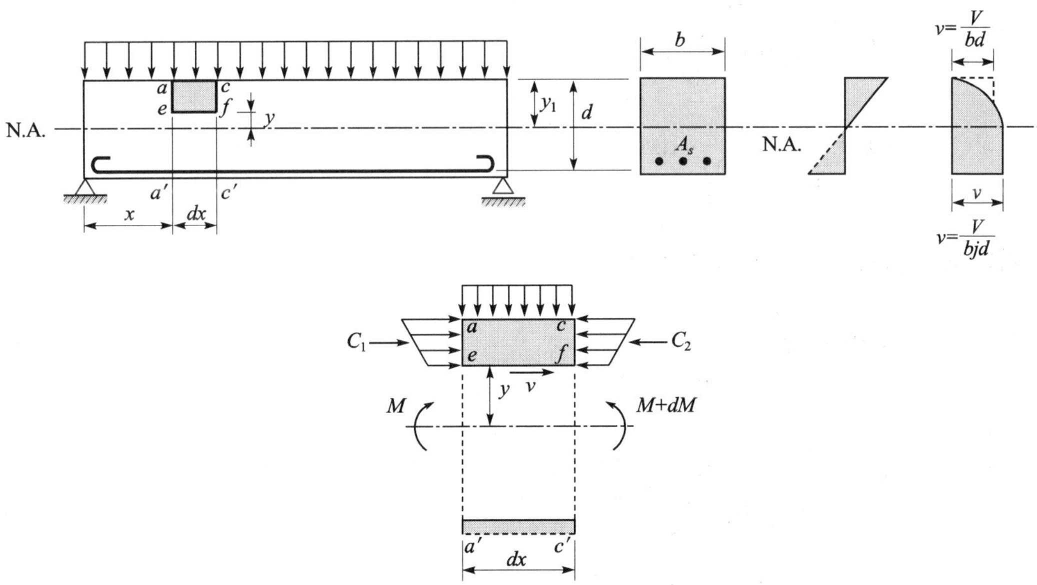

그림 5.3 철근콘크리트 보에서 임의부분의 자유물체도

그림 5.3의 미소요소에 휨모멘트 M과 전단력 V 그리고 중립축에서 y 만큼 떨어진 거리에 있는 ef면에 전단응력 v가 작용한다고 하자. 이때, 요소의 dx 만큼 떨어져 있는 두 면에 작용하는 휨 압축응력의 차는 식 (5.5)와 같다.

$$dC = \int_y^{y_1}\left(\frac{M+dM}{I}y\right)b\,dy - \int_y^{y_1}\left(\frac{M}{I}y\right)b\,dy$$

$$= \int_y^{y_1}(f+df)\,bdy - \int_y^{y_1} f\;bdy = dT = \int_y^{y_1} df\;\;b\;dy = dT \tag{5.5}$$

미소요소 aefc가 평형을 유지하기 위해서는 다음의 평형방정식을 만족해야 한다.

$$v\;bdx - \int_y^{y_1} df\;\;b\;dy = 0 \tag{5.6}$$

허용응력설계법에서 x로 표기되는 압축연단에서부터 중립축까지의 거리를 y_1으로 나타내었다. 이에 따라 임의부분의 휨 압축응력은 아래와 같다.

$$f = \frac{y}{y_1}f_c = \frac{2My}{by_1^2(d-\frac{y_1}{3})}$$

양변을 모멘트 M에 관하여 미분하면

$$\frac{df}{dM} = \frac{2y}{by_1^2(d-\frac{y_1}{3})}$$

$$df = \frac{2y}{by_1^2(d-\frac{y_1}{3})}dM \tag{5.7}$$

위의 식 (5.7)을 식 (5.6)에 대입하면

$$vbdx = \int_y^{y_1}\frac{2y}{y_1^2(d-\frac{y_1}{3})}dM\,dy$$

$$vb = \int_y^{y_1}\frac{2}{y_1^2(d-\frac{y_1}{3})}\frac{dM}{dx}y\,dy$$

$$= \frac{2V}{y_1^2(d-\frac{y_1}{3})}\int_y^{y_1} y\,dy = \frac{2V}{y_1^2(d-\frac{y_1}{3})}\left(\frac{y_1^2}{2}-\frac{y^2}{2}\right)$$

$$\therefore\ v = \frac{V(y_1^2 - y^2)}{by_1^2(d - \frac{y_1}{3})} \tag{5.8}$$

식 (5.8)은 중립축에서 임의거리 y 만큼 떨어진 곳에 발생하는 전단응력의 일반식이다. 압축측 상연에서 $y = y_1$ 이므로 전단응력 $v = 0$ 이고 중립축에 가까울수록 포물선으로 변화하면서 커진다. 따라서 전단응력은 중립축에서 최대가 되며 식 (5.8)에서 y = 0 일 때의 값이다.

$$v_{max} = \frac{V}{b(d - \frac{y_1}{3})} = \frac{V}{bz} = \frac{V}{bjd} \tag{5.9}$$

중립축 이하의 콘크리트의 인장응력을 무시하므로 인장측의 전단응력은 중립축에서의 전단응력과 동일하다. 따라서 단철근 직사각형 단면의 전단응력 분포는 그림 5.3과 같고 공칭전단응력은 위의 식 (5.9)에서 j = 1로 가정하여 사용한다. 또한 사인장 균열은 복부내에서 발생하며 이것에 저항하는 단면은 복부이므로 복부폭 b_w 를 폭으로 한다.

$$v = \frac{V}{b_w d} \tag{5.10}$$

5.3 균질 탄성 보에서의 사인장 응력

균질 보에 휨모멘트와 전단력이 동시에 작용하면 그로 인한 휨응력과 전단응력의 조합된 응력이 발생한다. 이러한 평면응력의 상태를 설명하면 다음과 같다.

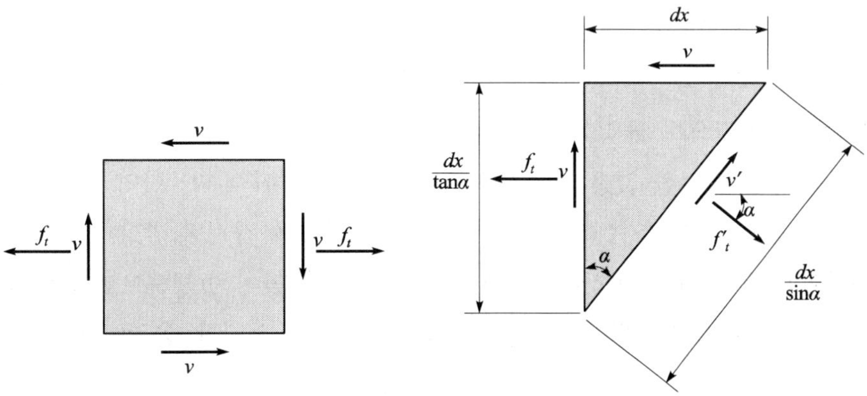

그림 5.4 요소의 응력상태

그림 5.4의 자유물체도(free body diagram)에서 보의 폭을 b라 할 때, f_t'와 v'방향으로 힘의 평형방정식을 고려하면 다음과 같다.

전단응력은 시계방향을 (+)로 하고 반시계방향을 (−)로 한다. 수직응력은 인장을 (+)로 하고 압축을 (−)로 정한다.

$$f_t' \text{방향} : f_t'\left(\frac{b\,dx}{\sin\alpha}\right) - f_t\left(\frac{b\,dx}{\tan\alpha}\right)\cos\alpha - v\,(b\,dx)\cos\alpha - v\left(\frac{b\,dx}{\tan\alpha}\right)\sin\alpha = 0$$

$$v' \text{방향} : v'\left(\frac{b\,dx}{\sin\alpha}\right) - f_t\left(\frac{b\,dx}{\tan\alpha}\right)\sin\alpha - v\,(b\,dx)\sin\alpha + v\left(\frac{b\,dx}{\tan\alpha}\right)\cos\alpha = 0$$

윗 식에서 양변을 bdx 로 나누어 정리하면

$$f_t = f_t\cos^2\alpha + 2\,v\sin\alpha\cos\alpha \qquad ※\ \sin2\alpha = 2\sin\alpha\cos\alpha$$

$$v' = f_t\sin\alpha\cos\alpha - v\,(\cos^2\alpha - \sin^2\alpha) \qquad ※\ \cos2\alpha = \cos^2\alpha - \sin^2\alpha$$

위의 식을 삼각함수를 이용하면 다음과 같다.

$$f_t' = \frac{1}{2}f_t\,(1 + \cos2\alpha) + v\sin2\alpha$$

$$v' = \frac{1}{2}f_t\sin2\alpha - v\cos2\alpha$$

여기에서 f_t'가 최대값을 갖고 동시에 v'가 0가 되는 α를 구하면 다음과 같다.

$$\tan2\alpha = \frac{v}{\frac{1}{2}f_t} = \frac{2\,v}{f_t} \tag{5.11}$$

보의 축과 α_{max}를 이루는 방향의 주인장응력(principal tensile stress)을 f_1이라 할 때 이 값은 항상 휨응력 f와 전단응력 v 이상이다. 콘크리트는 인장에 매우 약하기 때문에 주인장응력 방향의 직각으로 균열이 발생하게 되는데 전단응력 v가 작다면 주인장응력 f_1의 크기는 휨응력 f와 비슷한 값을 가지며 방향은 거의 수평이 된다. 만약 휨응력 f가 매우 작다면 주인장응력 f_1의 크기는 전단응력 v와 비슷한 값을 가지며 방향은 보의 축과 거의 45°를 이루게 된다. 이때 주인장응력 방향의 직각으로 균열이 발생하므로 균열의 방향 또한 보의 축과 거의 45°가 된다. 따라서 이러한 응력을 사인장 응력(diagonal tension stress)이라고도 한다.

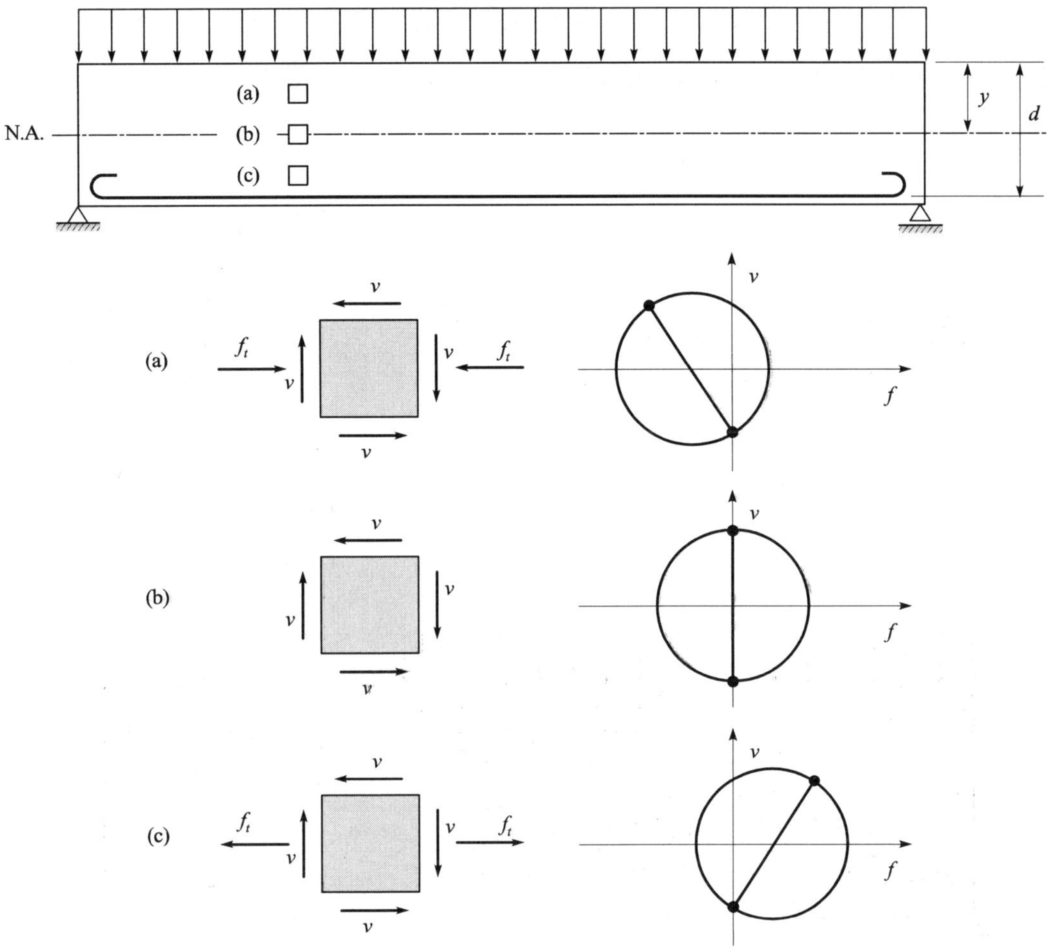

그림 5.5 보에서 위치에 따른 요소의 응력상태

임의의 점에서 휨응력과 전단응력을 알면 최대주응력과 최소주응력은 그림 5.6(a)로부터 다음 식으로 계산된다.

$$f_1 = \frac{f_t}{2} + \sqrt{\left(\frac{f_t}{2}\right)^2 + v^2} \tag{5.12a}$$

$$f_2 = \frac{f_t}{2} - \sqrt{\left(\frac{f_t}{2}\right)^2 + v^2} \tag{5.12b}$$

$$\tan 2\alpha = \frac{v}{\frac{1}{2} f_t} = \frac{2v}{f_t} \tag{5.13}$$

여기서 f_1은 주인장응력이고 f_2는 주압축응력이며 α는 주응력면의 기울기이다. 이것을 바탕으로 보에서의 주응력선과 응력방향을 그림 5.6(c)에 나타내었다.

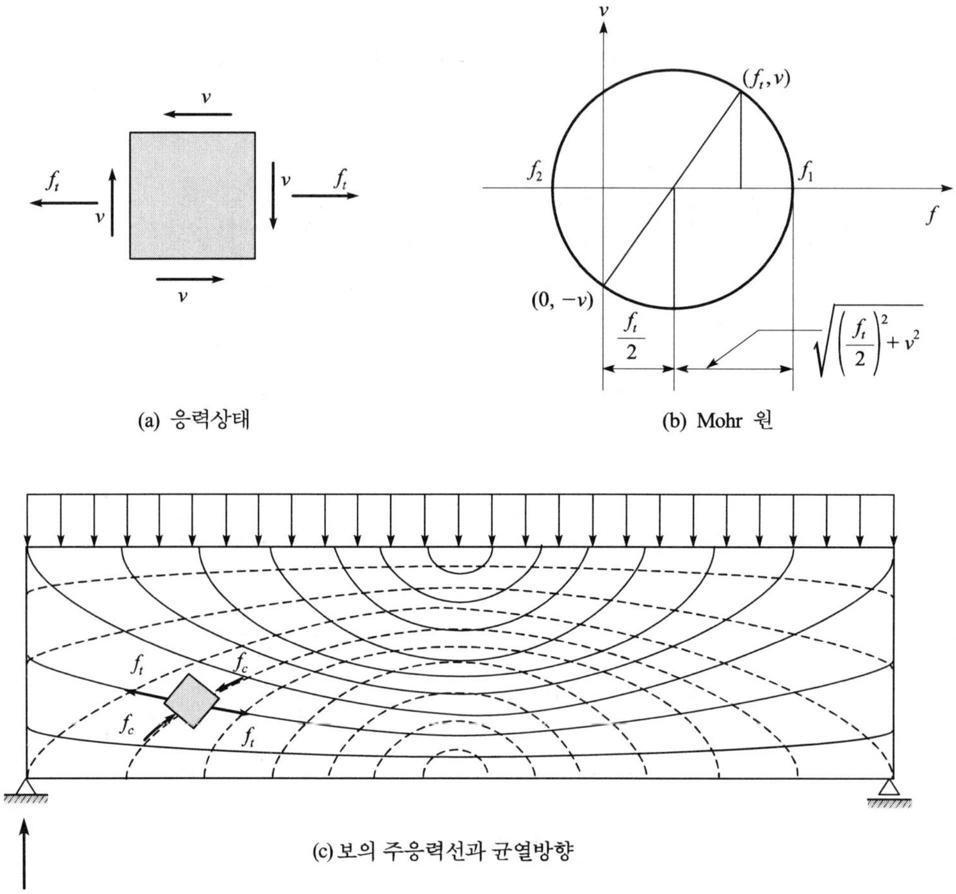

그림 5.6 보의 응력 상태

그림 5.6(c)는 등분포하중을 받는 직사각형 단면보에서 주응력선의 경사를 나타낸 것이다. 그림에서 실선은 인장응력의 궤적이며, 파선은 압축응력의 궤적이다.

주응력선은 보의 중립축에서 항상 축에 대하여 45°의 경사를 이루고 있는 것을 볼 수 있다. 또, 경간 중앙부근의 단면의 연단에서 인장응력선은 수평으로 나타낸다. 콘크리트는 인장응력에 약하므로 이 인장응력선의 직각방향으로 균열이 생기고, 이에 대한 보강철근이 필요하게 된다.

5.4 전단철근이 없는 보의 거동

휨응력에 의해 보에 인장균열이 생기더라도 이에 대한 주철근이 충분히 배근된다면 부재의 파괴는 일어나지 않는다. 그러나 이러한 경우에 전단력이 함께 작용한다면 주철근이 사인장 균열에 대해서는 보강책이 될 수 없기 때문에 경사 균열(inclined crack)이 발생하게 되고 이로 인해 보의 내하력에 중대한 영향을 미치게 된다.

철근콘크리트 보의 복부에 발생하는 경사균열은 그림 5.7과 같이 두 가지로 구분하는데 하나는 콘크리트의 인장강도를 넘는 주인장응력에 기인하여 휨균열이 발생하지 않은 상태에서 부재의 내측으로부터 시작되는 경우인데 이것을 복부전단균열(web shear crack)이라고 한다.

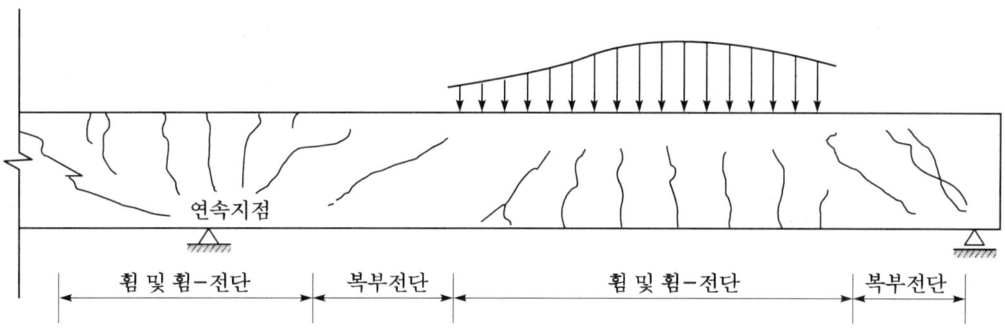

그림 5.7 휨전단 및 복부전단균열

이러한 균열은 휨모멘트는 작고 전단력이 큰 단면에서 발생하며 특히 넓은 플랜지와 얇은 복부를 갖는 I형단면의 PC 보에서 발생하기 쉽다. 이 경우 많은 연구결과에 의하면 전단강도가 $0.29\sqrt{f_{ck}}$ MPa를 초과하면 균열이 발생한다고 한다. 따라서 콘크리트가 부담할 수 있는 최대 전단 응력은 식 (5.14)와 같다.

$$v_{cr} = \frac{V_{cr}}{b_w d} = 0.29\sqrt{f_{ck}} \tag{5.14}$$

여기서 V_{cr}은 복부전단균열을 일으키는 전단력이다.

다른 하나는 이미 발생된 휨균열 선단에서 시작되어 경사지게 진행되는 사인장 균열이다. 이러한 균열을 휨 전단균열(flexure shear crack)이라고 하는데 이는 휨모멘트가 크고 전단력도 큰 단면에서 발생하며 RC보나 PSC보에서 흔히 볼 수 있는 사인장균열이다. 휨 전단균열은 전단강도가 $0.16\sqrt{f_{ck}}\,b_w d$를 초과하면 발생하므로 이때 콘크리트가 부담할 수 있는 최대 전단 응력은 식 (5.15)와 같다.

$$v_{cr} = \frac{V_{cr}}{b_w\, d} = 0.16\sqrt{f_{ck}} \tag{5.15}$$

식 (5.14)와 식 (5.15)를 비교해 보면 휨 전단균열을 일으키는 전단력은 복부 전단 균열을 일으키는 전단력의 $\frac{1}{2}$정도이다. 이것은 휨모멘트의 크기와 사인장 균열 생성에 관계가 있음을 나타낸다. 사인장 균열을 발생시키는 전단력은 그 단면의 전단력 V와 휨모멘트 M의 비 즉, 전단응력 v와 휨응력 f의 비에 지배된다는 것을 알 수 있다. 즉, 철근콘크리트 보에서 전단균열은 전단응력과 휨응력의 상태에 따라 변화한다. 이러한 전단응력과 휨응력은 다음과 같이 나타낼 수 있다.

$$v = k_1 \frac{V}{b_w\, d} \tag{5.16a}$$

$$f_t = k_2 \frac{M}{b_w\, d^2} \tag{5.16b}$$

여기서 k_1과 k_2는 비례상수이다. 식 (5.13)에서와 같이 주응력면의 기울기는 $\frac{f_t}{v}$의 함수이며 식 (5.16a)와 식 (5.16b)를 이용하여 다음 식 (5.17)로 다르게 표현될 수 있다.

$$\frac{f_t}{v} = \frac{k_2}{k_1}\frac{M}{V d} = k_3 \frac{M}{V d} \tag{5.17}$$

윗 식 (5.17)에 전단지간 $a = \frac{M}{V}$을 도입하여 정리하면 다음과 같이 휨응력과 전단응력의 비는 전단지간과 유효높이의 비와 동일한 관계로 정리된다.

$$\frac{f_t}{v} = k_3 \frac{a}{d} \tag{5.18}$$

그림 5.8은 직사각형보에서 a/d의 변화에 따른 전단강도의 변화를 보여주며 보의 파괴형태는 네 가지로 구분된다.

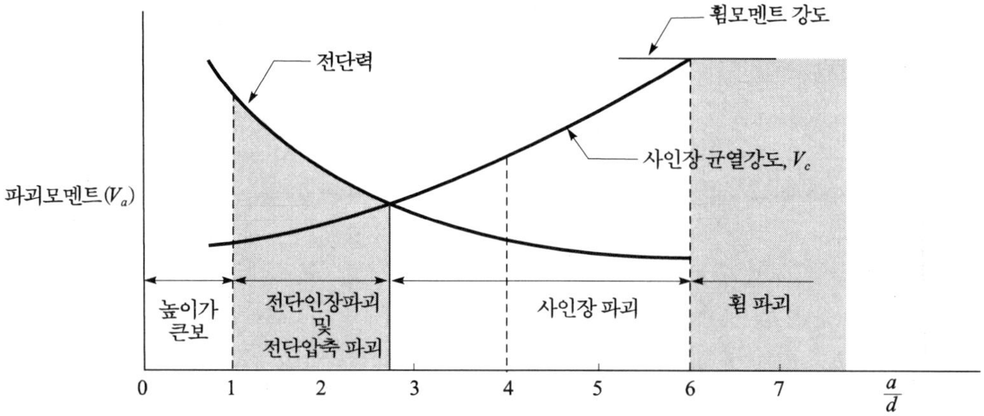

그림 5.8 a/d에 따른 전단강도의 변화

1) $\frac{\mathrm{a}}{\mathrm{d}} \leq 1$ 일 때: 깊은 보로 분류되며 보의 강도는 전단력에 의해 지배된다. 이러한 보는 경사균열이 발생한 후 그림 5.9(a)에 나타난 것처럼 타이드 아치(tied arch)와 같이 거동하며 음영부분의 콘크리트는 압축력을 받고 종방향 철근은 인장을 받는다. 이것을 철근 콘크리트보의 아치작용(arch action)이라고 한다. 이 경우 여러 가지 가능한 파괴형태는 그림 5.9(b)와 같다.

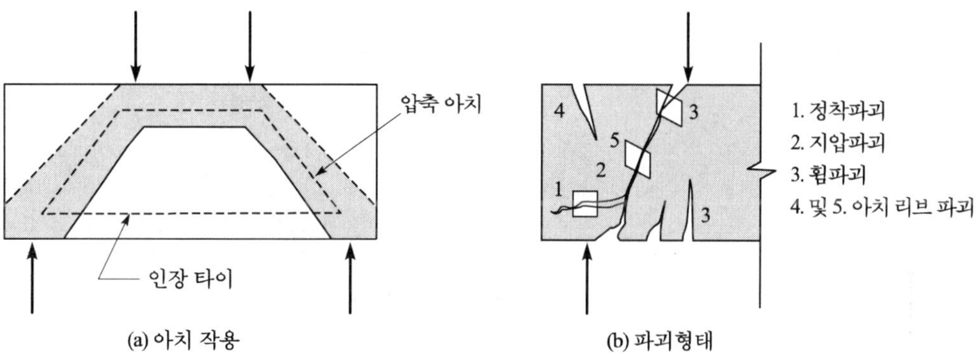

그림 5.9 깊은 보의 파괴 모델

2) $\frac{\mathrm{a}}{\mathrm{d}} = 1 \sim 2.5$ 일 때: 짧은 보로 분류되며 전단강도가 사인장 균열 강도보다 크기 때문에 휨 전단 균열이 발생한 후에 하중이 증가하면서 그 균열이 압축응력을 받는 부분으로 진전되어 그림 5.10(a)와 같이 전단압축파괴라고 하는 콘크리트 압축부분의 파괴를 일으킬 수 있다. 또한 이러한 균열은 인장철근쪽으로 전파되어 수평방향으로

진전하면서 그림 5.10(b)와 같이 전단인장파괴라고 하는 보강철근의 정착파괴를 일으키기도 한다.

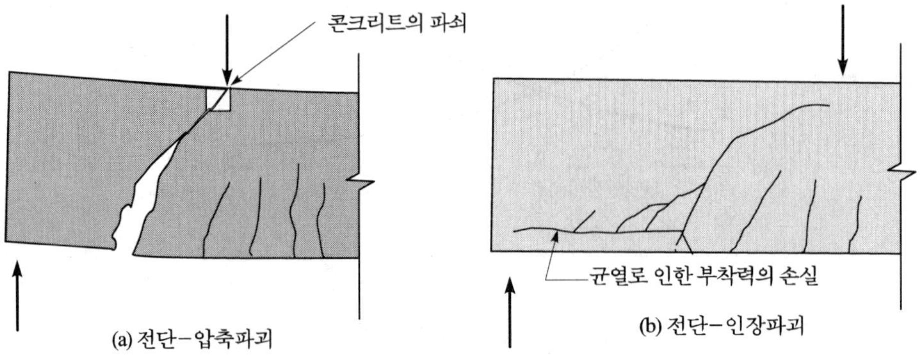

그림 5.10 짧은 보의 전단 파괴

3) $\frac{a}{d} = 2.5 \sim 6$ 일 때: 보통의 길이를 갖는 일상적인 보로서 수직방향의 휨균열이 발생한 후 경사진 휨 전단균열이 뒤따른다. 그림 5.11과 같이 휨균열의 수가 증가함에 따라 휨모멘트에 저항력이 떨어지고 이어 사인장응력에 의해 휨 전단균열이 발생하며 이 경우가 일반적인 보의 전단설계 범주이다.

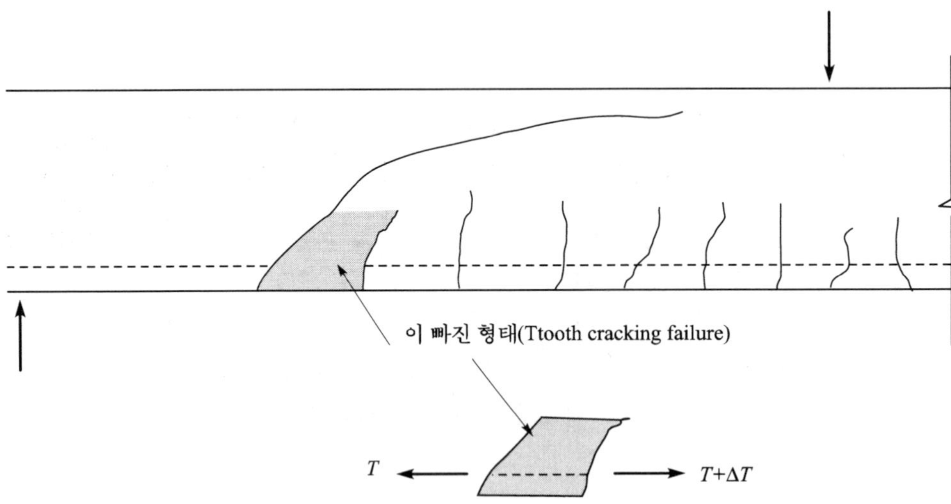

그림 5.11 일상적인 보의 사인장 파괴

4) $\frac{a}{d} > 6$ 인 긴 보의 경우: 강도는 최대 휨모멘트의 크기에 지배되며 인장철근항복으로 시작하여 최대휨모멘트가 발생하는 단면에서 콘크리트의 압축파괴로 이어진다.

5.5 전단철근의 설계

5.5.1 전단설계의 원칙

전단을 받는 단면의 설계는 다음 식 (5.19)를 기본으로 한다.

$$V_u \leqq V_d = \phi V_n = \phi(V_c + V_s) \tag{5.19}$$

여기서, V_u : 하중계수를 고려하여 해석한 전단력 즉, 계수전단력

V_d : 설계전단강도

$\phi = 0.75$: 전단에 대한 강도감소계수

$V_n = V_c + V_s$: 단면의 공칭전단강도

여기서, V_c : 콘크리트가 부담하는 공칭 전단강도

V_s : 전단철근이 부담하는 공칭 전단강도

전단에 의한 사인장 파괴는 갑작스럽게 발생하며 그 거동이 명확하게 규명되지 못해 강도 감소계수 ϕ를 휨에 대한 값 0.85보다 더 작은 0.75를 취하여 안전도를 향상시키고 있다. 그리고 철근콘크리트 보의 경우 전단에 대한 위험단면은 받침부 내면에서부터 유효깊이 d 만큼 떨어진 곳으로 보고 전단설계 때 이용되는 기본 식에서 계수전단력 V_u는 받침부 내면에서 d 만큼 떨어진 곳의 전단력으로 한다. 물론 하중계수를 고려한 전단력이며 지점 부근의 전단력도 이를 초과하지 않는 것으로 보고 위험단면의 계수전단력 V_u를 이용한다. 여기에서 사용하는 $\sqrt{f_{ck}}$의 값은 8.4 MPa을 초과하지 않도록 하여야 한다. 그러나 규정에 따라 최소전단철근이 배치된 보에서 V_c를 계산할 때는 $\sqrt{f_{ck}}$의 값이 8.4 MPa을 초과할 수 있다.

5.5.2 콘크리트가 부담하는 공칭 전단강도

보에서 콘크리트가 부담하는 공칭전단강도 V_c는 콘크리트구조설계기준에서 다음과 같이 규정하고 있다.

(1) 실용식

① 전단과 휨만을 받는 부재에 대하여 다음 식 (5.20)에 의해 계산할 수 있다.

$$V_c = \frac{1}{6}\lambda\sqrt{f_{ck}}\, b_w\, d \tag{5.20}$$

여기서, λ는 일반콘크리트에 대해서는 1.0

모래경량콘크리트에 대해서는 0.85

전 경량콘크리트에 대해서는 0.75

f_{sp}값이 주어진 경우 $\lambda = f_{sp}/(0.56\sqrt{f_{ck}}) \leq 1.0$

② 축방향 압축력을 받는 부재에 대하여 다음 식 (5.21)에 의해 계산할 수 있다.

$$V_c = \frac{1}{6}\left(1 + \frac{N_u}{14A_g}\right)\lambda\sqrt{f_{ck}}\,b_w d \qquad (5.21)$$

여기서, N_u : 단면의 축방향으로 작용하는 압축력

A_g : 고려하는 위치의 총 단면적

단, $\frac{N_u}{A_g}$는 MPa로 표시해야 한다.

③ 현저히 큰 축방향 인장력을 받는 부재에 대하여 전단철근이 총 전단력을 받도록 설계한다. 즉 $V_c = 0$으로 본다.

(2) 엄밀식

① 전단과 휨만을 받는 부재에 대하여 다음 식 (5.22)에 따라 계산할 수 있다.

$$V_c = \left(0.16\lambda\sqrt{f_{ck}} + 17.6\rho_w\frac{V_u d}{M_u}\right)b_w d \leq 0.29\lambda\sqrt{f_{ck}}\,b_w d \qquad (5.22)$$

여기서, M_u : V_u를 계산하는 위험단면에서의 계수 휨모멘트

$\rho_w = \frac{A_s}{b_w d}$이고, $\frac{V_u d}{M_u} \leq 1$ 이어야 한다.

② 축방향 압축력을 받는 부재에 대하여 다음 식 (5.23)에 의해 계산할 수 있다.

$$V_c = \left(0.16\lambda\sqrt{f_{ck}} + 17.6\rho_w\frac{V_u d}{M_m}\right)b_w d \leq 0.29\lambda\sqrt{f_{ck}}\,b_w d\sqrt{1 + \frac{N_u}{3.5A_g}} \qquad (5.23)$$

여기서 $M_m = M_u - N_u\frac{(4h - d)}{8}$ 단, $\frac{N_u}{A_g}$는 MPa로 표시해야 하고,

M_m이 부(−)일 경우에는 $V_c = 0.29\lambda\sqrt{f_{ck}}\,b_w d\sqrt{1 + \frac{N_u}{3.5A_g}}$ 로 계산하여야 한다.

③ 현저히 큰 축방향 인장력을 받는 부재에 대하여 다음 식 (5.24)에 의해 계산할 수 있다.

$$V_c = \frac{1}{6}(1 + \frac{N_u}{3.5A_g})\lambda\sqrt{f_{ck}}b_w d \quad (5.24)$$

여기서, N_u는 인장일 때 부(−)이며, $\frac{N_u}{A_g}$는 MPa로 표시해야 한다.

원형단면 부재의 V_c를 계산하기 위한 단면적을 콘크리트 단면의 유효깊이와 지름의 곱으로 구하여야 한다. 이때 단면의 유효깊이는 부재 단면 지름의 0.8배로 할 수 있다.

예제 5.1

폭 $b = 400\text{ mm}$, 유효깊이 $d = 600\text{ mm}$, 보의 높이 $h = 660\text{ mm}$인 단면에 단면적 4−D29 ($2{,}570\text{ mm}^2$)의 휨철근이 배근되어 있다. 이 단순보의 경간이 10 m이고 중앙에 계수집중하중 500 kN이 작용하고 있다. 콘크리트의 설계기준강도 $f_{ck} = 24\text{ MPa}$ 이고 인장철근은 SD300 일 때 다음의 경우에 위험단면에서 콘크리트가 부담하는 전단강도 V_c를 계산하시오. 단, 보의 자중은 무시한다.

(1) 축방향력이 작용하지 않을 경우

(2) 계수 축방향 압축력(factored axial compression) 360 kN이 작용할 경우

(3) 계수 축방향 인장력(factored axial tension) 360 kN이 작용할 경우

► **풀이**

(1) ① 실용식 : 식 (5.20)을 이용하여 계산하면 다음과 같다.

$$V_c = \frac{1}{6}\lambda\sqrt{f_{ck}}\,b_w\,d = \frac{1}{6} \times 1.0 \times \sqrt{24} \times 400 \times 600 = 195{,}959\text{ N}$$

$$\therefore V_c = 195{,}959\text{ N}$$

② 엄밀식 : 식 (5.22)로부터 다음과 같이 계산한다.

$$V_c = (0.16\lambda\sqrt{f_{ck}} + 17.6\frac{\rho_w V_u d}{M_u})b_w d \le 0.29\lambda\sqrt{f_{ck}}\,b_w d$$

여기서 $\rho_w = \frac{A_s}{b_w\,d} = \frac{2{,}570}{400 \times 600} = 0.0107$

$$M_u = \frac{P_u}{2} \times d = \frac{500{,}000}{2} \times 600 = 150{,}000{,}000\text{ N·mm}$$

$$V_u = \frac{P_u}{2} = \frac{500{,}000}{2} = 250{,}000\text{ N}$$

$$\frac{V_u d}{M_u} = \frac{250{,}000 \times 600}{150{,}000{,}000} = 1 \le 1\ (\text{OK})$$

$$0.29\lambda\sqrt{f_{ck}}b_w d = 0.29 \times 1.0 \times \sqrt{24} \times 400 \times 600 = 340{,}969\ \text{N}$$

$$V_c = (0.16\lambda\sqrt{f_{ck}} + 17.6\frac{\rho_w V_u d}{M_u})b_w d$$

$$= (0.16 \times 1.0 \times \sqrt{24} + 17.6 \times \frac{0.0107 \times 250{,}000 \times 600}{150{,}000{,}000}) \times 400 \times 600$$

$$= 233{,}353\ \text{N}$$

V_c가 $0.29\lambda\sqrt{f_{ck}}\,b_w\,d$보다 작으므로 식 (5.22)를 만족한다. 따라서

$\therefore V_c = 233{,}353\ \text{N}$

(2) ① 실용식 : 식 (5.21)로부터 계산하면 다음과 같다.

$$V_c = \frac{1}{6}(1 + \frac{N_u}{14A_g})\lambda\sqrt{f_{ck}}b_w d = 1/6 \times (1 + \frac{360{,}000}{14 \times 400 \times 660}) \times 1.0 \times \sqrt{24} \times 400 \times 600$$

$$= 215{,}046\ \text{N}$$

$\therefore V_c = 215{,}046\ \text{N}$

② 엄밀식 : 식 (5.23)으로부터 다음과 같이 계산된다.

$$V_c = (0.16\lambda\sqrt{f_{ck}} + 17.6\frac{\rho_w V_u d}{M_m})b_w d$$

여기서 $M_m = M_u - N_u\frac{(4h-d)}{8} = 150{,}000{,}000 - 360{,}000 \times \frac{(4 \times 660 - 400)}{8}$

$$= 58{,}200{,}000\ \text{N}$$

$$V_c = (0.16 \times 1.0 \times \sqrt{24} + 17.6 \times \frac{0.0107 \times 250{,}000 \times 600}{58{,}200{,}000}) \times 400 \times 600 = 304{,}698\ \text{N}$$

$$V_c = 0.29\lambda\sqrt{f_{ck}}b_w d\sqrt{1 + \frac{N_u}{3.5A_g}} = 0.29 \times 1.0 \times \sqrt{24} \times 400 \times 600 \times \sqrt{1 + \frac{360{,}000}{3.5 \times 400 \times 660}}$$

$$= 401{,}940\ \text{N}$$

따라서 식 (5.23)의 조건을 만족한다. 그러므로

$\therefore V_c = 304{,}698\ \text{N}$

(3) 엄밀식 : 식 (5.24)로부터 계산하면 다음과 같다.

$$V_c = \frac{1}{6}(1 + \frac{N_u}{3.5A_g})\lambda\sqrt{f_{ck}}b_w d = \frac{1}{6} \times (1 + \frac{-360{,}000}{3.5 \times 400 \times 660}) \times 1.0 \times \sqrt{24} \times 400 \times 600$$

$$= 119{,}611\ \text{N}$$

$\therefore V_c = 119{,}611\ \text{N}$

5.5.3 전단철근이 부담하는 공칭 전단강도

(1) 전단철근의 종류

휨에 대해 안전하게 보강된 철근콘크리트 보에서 전단응력으로 인한 사인장 균열이 발생할 수 있다. 이러한 전단균열은 보의 갑작스러운 파괴를 유발하므로 이를 방지하기 위해 철근을 따로 배근할 필요가 있다. 이와 같이 전단응력에 대해 보강하는 철근을 전단철근(shear reinforcement), 복부철근(web reinforcement) 또는 사인장철근(diagonal tension bar)이라 하며 그림 5.12에 종류별로 나타내었다.

① 수직스터럽(verticla stirrup) : 부재축에 직각으로 배치한 스터럽과 용접철망.
② 경사스터럽(diagonal stirrup) : 주인장철근에 45° 이상의 각도로 설치되는 스터럽.
③ 굽힘철근(bent up bar) : 휨에 대하여 필요 없는 부분의 주인장철근을 30° 이상의 각도로 구부린 사인장 철근.
④ 스터럽과 굽힘철근의 조합.
⑤ 나선철근

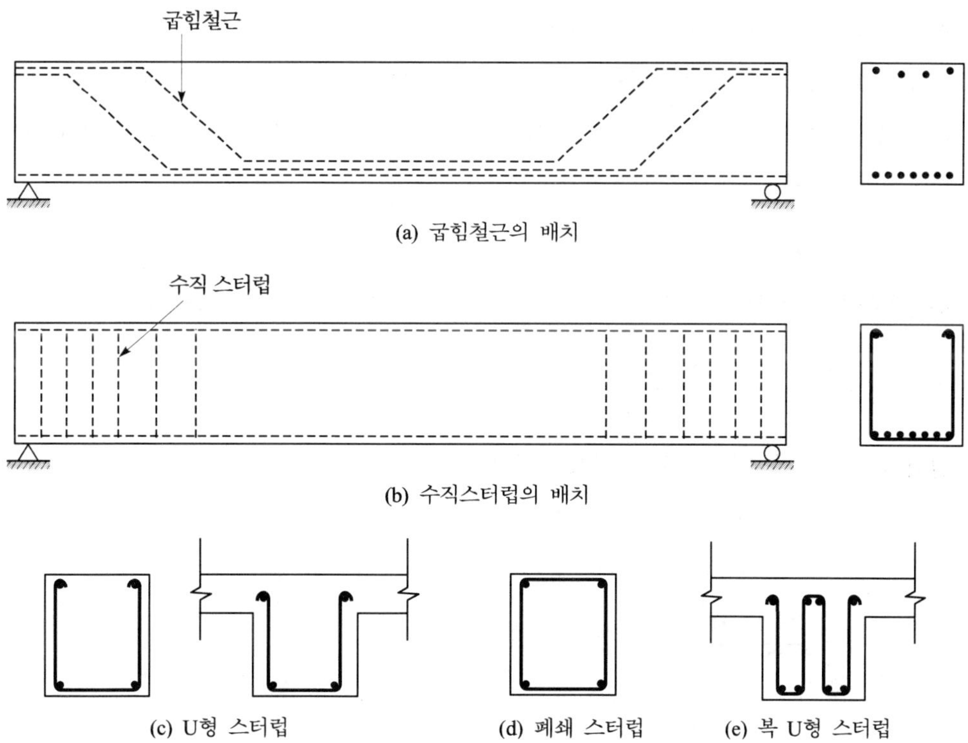

(a) 굽힘철근의 배치

(b) 수직스터럽의 배치

(c) U형 스터럽　(d) 폐쇄 스터럽　(e) 복 U형 스터럽

그림 5.12 전단철근 종류

(2) 전단철근이 부담하는 공칭 전단력

① 수직스터럽

부재축에 직각인 수직스터럽을 사용하는 경우 다음 그림 5.13과 같이 나타낼 수 있다.

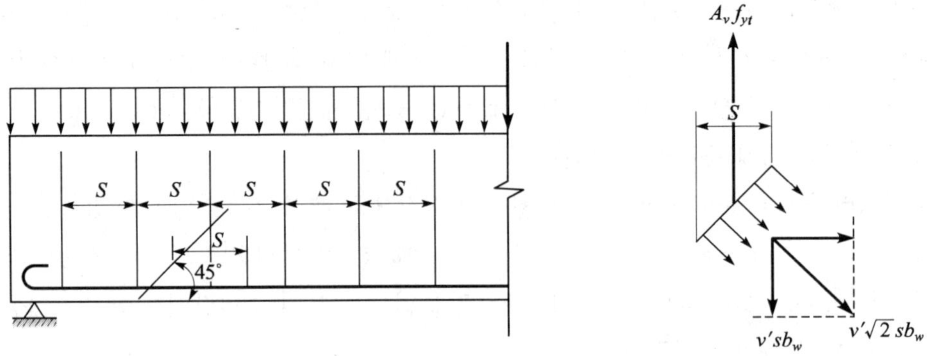

그림 5.13 수직스터럽

수직방향의 평형조건을 고려하면, 스터럽의 수직방향 강도는 $A_v f_{yt}$이고 이 힘이 부담해야 할 구간은 s이다. 그리고 s구간에서 발생하는 전단응력의 합은 $v\sqrt{2}\, s\, b_w$로 나타낼 수 있고 이 전단력의 수직분력은 $v'\,s\,b_w$이다. 이 때 v'는 콘크리트가 부담하고 남은 전단응력이다. 따라서 수직방향의 평형조건을 고려하면 다음 식 (5.25)와 같이 표시될 수 있다.

$$v'\,s\,b_w = A_v\, f_{yt} \tag{5.25}$$

수직스터럽이 부담해야 할 전단력 $V_s = v'\,b_w\,d$ 에 대해 정리하면 다음 식 (5.26)과 같다.

$$V_s = v'\,b_w\,d = \frac{A_v\, f_{yt}\, d}{s} \tag{5.26}$$

결과적으로 다음 식 (5.27a)~(5.27c)와 같이 나타낼 수 있다.

$$V_s = \frac{A_v\, f_{yt}\, d}{s} \tag{5.27a}$$

$$s = \frac{A_v\, f_{yt}\, d}{V_s} \tag{5.27b}$$

$$A_v = \frac{V_s\, s}{f_{yt}\, d} \tag{5.27c}$$

② 경사스터럽 또는 굽힘철근

경사 α의 기울기와 간격 s로 배치된 경사스터럽이나 굽힘철근의 경우, 그림 5.14에서 경사길이 ℓ을 구하면 다음 식 (5.28)과 같다.

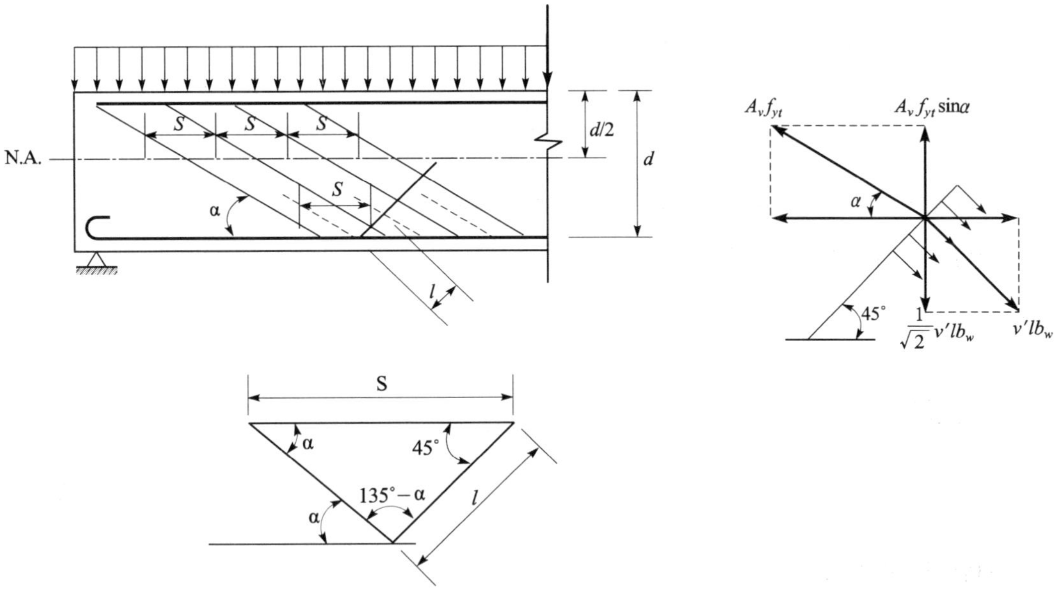

그림 5.14 경사 스터럽

$$\frac{\ell}{\sin\alpha} = \frac{s}{\sin(135° - \alpha)} = \frac{s}{\sin(45° + \alpha)}$$

$$\ell = \frac{s \cdot \sin\alpha}{\sin 45° \cos\alpha + \cos 45° \sin\alpha} = \frac{s \cdot \sin\alpha}{\frac{1}{\sqrt{2}}(\sin\alpha + \cos\alpha)} \tag{5.28}$$

※ $\sin(A+B) = \sin A \cos B + \cos A \sin B$

사인장 응력의 합에 대한 수직분력은 $v'\ell b_w \sin 45°$ 이고 ℓ에 윗 식 (5.28)을 대입하면 다음 식 (5.29)를 얻을 수 있다.

$$v'\ell b_w \sin 45° = \frac{v' b_w \sin 45° \cdot s \cdot \sin\alpha}{\frac{1}{\sqrt{2}}(\sin\alpha + \cos\alpha)} = \frac{v' b_w \cdot s \cdot \sin\alpha}{\sin\alpha + \cos\alpha} \tag{5.29}$$

경사스터럽(또는 굽힘철근)의 항복강도 $A_v f_{yt}$에 대한 수직분력은 $A_v f_{yt} \sin\alpha$이므로 이들 두 힘의 평형조건으로부터 다음 식 (5.30)을 얻을 수 있다.

$$\frac{v' b_w \cdot s \cdot \sin\alpha}{\sin\alpha + \cos\alpha} = A_v f_{yt} \sin\alpha \tag{5.30}$$

또한 전단철근이 부담해야 할 전단력을 $V_s = v' b_w d$로 볼 때, 식 (5.30)은 다음 식 (5.31)과 같이 정리될 수 있다.

$$\frac{v' b_w \cdot s \cdot \sin\alpha}{\sin\alpha + \cos\alpha} = \frac{V_s \cdot s \cdot \sin\alpha}{d(\sin\alpha + \cos\alpha)} = A_v f_{yt} \sin\alpha \tag{5.31}$$

따라서 다음 식 (5.32a)~(5.32c)와 같이 정리된다.

전단철근이 부담해야 할 전단력

$$V_s = \frac{A_v f_{yt} d(\sin\alpha + \cos\alpha)}{s} \tag{5.32a}$$

전단철근의 간격

$$s = \frac{A_v f_{yt} d(\sin\alpha + \cos\alpha)}{V_s} \tag{5.32b}$$

전단철근의 단면적

$$A_v = \frac{V_s \cdot s}{f_{yt} d(\sin\alpha + \cos\alpha)} \tag{5.32c}$$

참고로 여기에서 α를 90°로 놓으면 수직스터럽의 경우와 동일하다.

③ 1개의 굽힘철근 또는 지점에서 모두 동일한 거리에서 절곡된 평행한 한조의 굽힘철근일 경우 그림 5.15에서와 같이 굽힘철근이 부담할 수 있는 최대힘의 수직분력은 $A_v f_{yt} \sin\alpha$이고 전단균열면에 작용하는 전단응력의 합력을 수직방향의 분력으로 나타내면 $v' b_w d$이다. 따라서 수직방향의 힘의 평형조건으로부터 다음 식 (5.33a)~(5.33c)가 성립된다.

$$v' b_w d = A_v f_{yt} \sin\alpha \tag{5.33a}$$

$$V_s = A_v f_{yt} \sin\alpha \le 0.25\sqrt{f_{ck}}\, b_w d \tag{5.33b}$$

$$A_v = \frac{V_s}{f_{yt} \sin\alpha} \tag{5.33c}$$

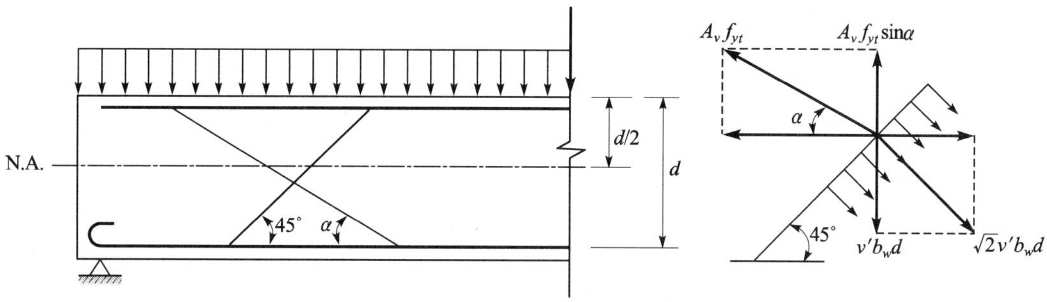

그림 5.15 굽힘철근

5.5.4 전단 설계

(1) 전단력에 따른 전단철근량

① $V_u \leq \frac{1}{2}\phi V_c$일 경우 전단철근 보강이 필요 없다.

② $\frac{1}{2}\phi V_c < V_u \leq \phi V_c$일 경우

이론적으로는 전단철근이 필요치 않으나, 설계기준에서는 다음 식 (5.34)로 계산되는 최소전단철근을 배근하도록 규정하고 있다.

$$A_{v,min} = 0.0625\sqrt{f_{ck}}\frac{b_w s}{f_{yt}} \geqq 0.35\frac{b_w s}{f_{yt}} \qquad (5.34)$$

여기서, f_{yt} : 횡방향 철근의 설계기준 항복강도(MPa)

b_w : 단면의 복부폭(mm)

s : 스터럽 간격(mm)

그러나 다음의 경우에는 이 규정을 적용하지 않는다.

가) 슬래브와 기초판

나) 콘크리트 장선구조

다) 전체 깊이가 250 mm 이하이거나, I형보나 T형보에서 그 깊이가 플랜지 두께의 2.5배 또는 복부 폭의 $\frac{1}{2}$중 큰 값 이하인 보

라) 교대 벽체 및 날개벽, 옹벽의 벽체, 암거 등과 같이 휨이 주거동인 판 부재

마) 순 단면의 깊이가 315 mm를 초과하지 않는 속빈 부재에 작용하는 계수전단력이 $0.5\phi V_{cw}$를 초과하지 않는 경우(V_{cw} : 사인장균열이 복부의 과도한 주인장응력에

기인할 때 콘크리트에 의한 단면의 공칭전단강도)

바) 보의 깊이가 600 mm를 초과하지 않고 설계기준압축강도가 40 MPa을 초과하지 않는 강섬유 콘크리트 보에 작용하는 계수전단력이 $\phi(1/6)\lambda\sqrt{f_{ck}}b_w d$를 초과하지 않는 경우

③ $\phi V_c < V_u$일 경우

이 경우에서는 콘크리트가 부담하고 남는 전단력을 전단철근으로 부담하도록 한다. 따라서 전단철근이 부담하는 전단강도 V_s는 다음 식 (5.35)와 같이 계산될 수 있다.

$$V_s \geq \frac{V_u - \phi V_c}{\phi} \tag{5.35}$$

만약 수직 수터럽을 사용한다면 위의 식 (5.35)에 식 (5.27a)를 대입하여 다음과 같이 전개할 수 있다.

$$V_s = \frac{A_v f_{yt} d}{s} \geq \frac{V_u - \phi V_c}{\phi}$$

$$s \leq \frac{\phi A_v f_{yt} d}{V_u - \phi V_c} \tag{5.36a}$$

$$A_v \geq \frac{s(V_u - \phi V_c)}{\phi f_{yt} d} \tag{5.36b}$$

만약 경사 스터럽을 사용한다면 식 (5.35)에 식 (5.32a)를 대입하여 다음과 같이 전개된다.

$$V_s = \frac{A_v f_{yt} d(\sin\alpha + \cos\alpha)}{s} \geq \frac{V_u - \phi V_c}{\phi}$$

$$s \leq \frac{\phi A_v f_{yt} d(\sin\alpha + \cos\alpha)}{V_u - \phi V_c} \tag{5.37a}$$

$$A_v \geq \frac{s(V_u - \phi V_c)}{\phi f_{yt} d(\sin\alpha + \cos\alpha)} \tag{5.37b}$$

이 때 전단철근의 설계기준항복강도 f_{yt}는 500 MPa를 초과하여 취할 수 없다. 다만, 벽체의 전단철근 또는 용접 이형철망을 사용할 경우는 전단철근의 설계기준항복강도는 600 MPa를 초과할 수 없다. 또한 설계기준에서 규정한 대로 전단철근의 간격 s를 결정하면 전단철근량 A_v를 계산할 수 있다.

(2) 전단철근의 간격

① 부재축에 직각으로 설치되는 스터럽의 간격은 철근콘크리트 부재의 경우 0.5d 이하, 프리스트레스트 콘크리트 부재의 경우 0.75h 이하, 또 어느 경우이든 600mm 이하라야 한다.

② 경사스터럽과 굽힘철근은 부재의 중간높이 0.5d에서 반력점 방향으로 주인장철근까지 연장된 45°선과 한번 이상 교차되도록 배치해야 한다.

③ $V_s > \frac{1}{3}\lambda\sqrt{f_{ck}}\,b_w\,d$인 경우에는 ①,②에서의 최대간격을 절반으로 감소시켜야 한다.

④ 종방향 철근을 구부려 전단철근으로 사용할 때는 그 경사길이의 중앙 3/4만이 전단철근으로서 유효하다고 보아야 한다.

⑤ 전단강도 V_s는 $0.2(1-f_{ck}/250)\,f_{ck}\,b_w\,d$ 이하로 하여야 한다.

예제 5.2

단면 폭 $b = 400\,\text{mm}$, 유효깊이 $d = 600\,\text{mm}$, 높이 $h = 660\,\text{mm}$인 단순보에 $6-\text{D}32(4{,}765\,\text{mm}^2)$의 휨철근이 배근되어 있다. 보의 경간이 $8\,\text{m}$이고 단순지지보에 고정하중 $30\,\text{N/mm}$와 활하중 $30\,\text{N/mm}$가 작용하고 있다. 설계기준강도 $f_{ck} = 26\,\text{MPa}$인 콘크리트와 SD400 철근을 사용할 때 다음 물음에 답하시오.

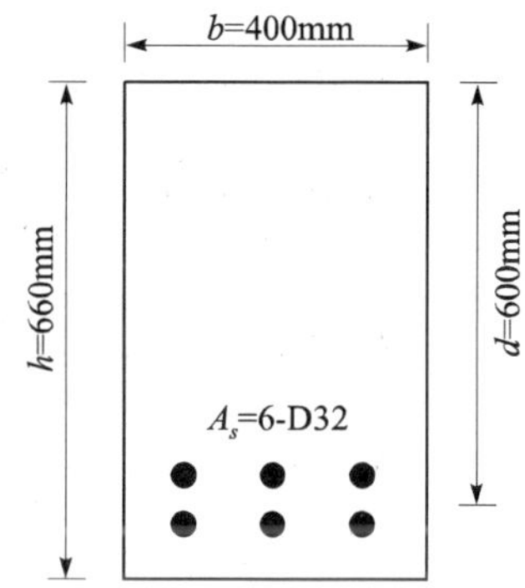

그림 5.16

(1) 위험단면에서의 계수전단력 V_u를 계산하시오.
(2) 콘크리트가 부담할 수 있는 공칭전단강도 V_c를 계산하시오.
(3) 전단철근의 보강없이 콘크리트만으로 전단에 견딜 수 있는 구간을 결정하시오.
(4) 최소전단철근량만을 배근하여 전단에 견딜 수 있는 구간과 수직스터럽으로 배근할 경우 최소전단철근량을 결정하시오.
(5) 수직스터럽을 사용할 경우 전단보강을 해야할 구간 그리고 보강할 철근의 단면적 A_v와 간격 s를 구하시오.
(6) 계산된 전단철근량을 U형 수직스터럽으로 배근하시오.

▸ **풀이**

(1) 위험단면은 지점으로부터 유효깊이 d 만큼 떨어진 곳의 전단력이므로 우선 계수등분포하중을 계산하여 보자.

자중에 의한 등분포 하중 : $w_{자} = 400 \times 660 \times 2.5 \times 10^{-5} = 6.6\ N/mm$

계수 등분포 하중 : $w_u = 1.2 \times (6.6 + 30) + 1.6 \times 30 = 91.92\ N/mm$

지점반력 : $V_{지} = \dfrac{w_u \ell}{2} = \dfrac{91.92 \times 8{,}000}{2} = 367{,}680\ N$

위험단면에서 계수전단력 : $V_u = \dfrac{w_u \ell}{2} - w_u \times d = 367{,}680 - 91.92 \times 600 = 312{,}528\ N$

$\therefore V_u = 312{,}528\ N$

(2) 콘크리트가 부담할 수 있는 공칭전단강도는 실용식 (5.20)과 엄밀식 (5.22)로 나누어 계산할 수 있다.

① 실용식 : $V_c = \dfrac{1}{6}\lambda\sqrt{f_{ck}}\, b_w d = \dfrac{1}{6} \times 1.0 \times \sqrt{26} \times 400 \times 600 = 203{,}961\ N$

② 엄밀식 : $V_c = (0.16\lambda\sqrt{f_{ck}} + 17.6\dfrac{\rho_w V_u d}{M_u}) b_w d \le 0.29\lambda\sqrt{f_{ck}}\, b_w d$

여기서 M_u : V_u를 계산하는 위험단면에서의 계수 휨모멘트

$\rho_w = \dfrac{A_s}{b_w d}$ 이고, $\dfrac{V_u d}{M_u} \leqq 1$ 이어야 한다. 따라서

$$\rho_w = \frac{A_s}{b_w d} = \frac{4{,}765}{400 \times 600} = 0.01986$$

$$M_u = \frac{w_u \ell}{2} \times d - w_u d \times \frac{d}{2}$$

$$= \frac{91.92 \times 8{,}000}{2} \times 600 - 91.92 \times 600 \times \frac{600}{2} = 204{,}062{,}400\ N \cdot mm$$

$$\frac{V_u d}{M_u} = \frac{312{,}528 \times 600}{204{,}062{,}400} = 0.919 \leqq 1$$

$$0.29\lambda\sqrt{f_{ck}}\, b_w d = 0.29 \times 1.0 \times \sqrt{26} \times 400 \times 600 = 354{,}892\ N$$

$$V_c = (0.16\lambda\sqrt{f_{ck}} + 17.6\frac{\rho_w V_u d}{M_u}) b_w d$$

$$= (0.16 \times 1.0 \times \sqrt{26} + 17.6 \times \frac{0.01986 \times 312{,}528 \times 600}{204{,}062{,}400}) \times 400 \times 600$$

$$= 272{,}870\ N$$

$V_c = 272{,}870\ N$

콘크리트가 부담하는 공칭전단강도 실용실 값과 엄밀식 값 중 여기서는 실용식 값을 사용한다. 따라서

$\therefore\ V_c = 203{,}961\ N$ (실용식 값 사용)

(3) 전단철근의 보강 없이 콘크리트만으로 전단에 견딜 수 있는 구간은 다음의 조건을 만족해야 한다.

$$V_u \leqq \frac{1}{2}\phi V_c = \frac{1}{2}\times 0.75\times 203{,}961 = 76{,}485\ N$$

따라서 전단력도에서 비례식을 이용하여 원하는 구간을 찾을 수 있다.

$4{,}000 : 367{,}680 = x_1 : 76{,}485$로부터 중앙점에서부터 거리 $x_1 = 832\ mm$이며 지점에서부터 거리는 $4{,}000 - 832 = 3{,}168\ mm$이다.

(4) ① 최소전단철근량만으로 견딜 수 있는 구간은 $\frac{1}{2}\phi V_c < V_u \leq \phi V_c$이다.

마찬가지로 전단력도에서 비례식을 이용하여 원하는 구간을 찾을 수 있다.

$4{,}000 : 367{,}680 = x_2 : 152{,}971$로부터 중앙점에서부터 거리 $x_2 = 1{,}664\ mm$이며 지점에서부터 거리는 $4{,}000 - 1{,}664 = 2{,}336\ mm$이다.

또한 위에서 계산한 값으로부터 $x_2 = 2\times x_1 = 2\times 832 = 1{,}664\ mm$를 구할 수 있다.

따라서 지점으로부터 $2{,}336 \sim 3{,}168\ mm$구간이다.

$\therefore$ 지점에서 $2{,}336 \sim 3{,}168\ mm$ 떨어진 구간

② 최소전단철근량은 이론적으로는 필요치 않으나 설계기준에서는 다음과 같이 최소전단철근을 배근하도록 규정하고 있다.

$$A_{v,min} = 0.0625\sqrt{f_{ck}}\frac{b_w s}{f_{yt}} \geqq 0.35\frac{b_w s}{f_{yt}}$$

또한 전단철근의 간격은 $\frac{d}{2}$ 이하, 600mm이하로 제한되어 있으므로 다음과 같이 철근의 간격을 먼저 결정한 후 단면적을 계산할 수 있다.

철근의 간격(s)을 $\frac{d}{2} = \frac{600}{2} = 300\ mm$와 $600\ mm$ 이하인 값 중에서 시공에 편리하도록 결정한다. 따라서 $s = 200\ mm$ 결정하면 최소전단철근량은 다음과 같다.

$$A_{v,min} = 0.0625\sqrt{f_{ck}}\frac{b_w s}{f_{yt}} = 0.0625\times\sqrt{26}\frac{400\times 200}{400} = 63.7\ mm^2$$

$$A_{v,min} = 0.35\frac{b_w s}{f_{yt}} = 0.35\times\frac{400\times 200}{400} = 70\ mm^2$$

위의 두 값 중 큰 값이 최소전단철근량이다. 따라서

$\therefore A_{v,min} = 70 \text{ mm}^2$

(5)① 전단보강을 실시할 구간은 지점에서부터 ~2,336 mm구간이다.

② 보강할 전단철근의 단면적은 식 (5.36b)로부터 다음과 같이 계산할 수 있다.

$$A_v \geq \frac{s\,(V_u - \phi V_c)}{\phi\, f_{yt}\, d}$$

전단철근이 부담하는 전단강도 V_s는 다음과 같다.

$$V_s = \frac{V_u - \phi V_c}{\phi} = \frac{312{,}528 - 0.75 \times 203{,}961}{0.75} = 212{,}743 \text{ N}$$

여기서 전단철근의 간격(s)은 $\frac{d}{2}$ 이하, 600 mm이하로 제한되어 있고, 만약 전단철근이 부담할 전단력 $V_s > \frac{1}{3}\lambda\sqrt{f_{ck}}\,b_w\,d$인 경우에는 $\frac{d}{4}$ 이하, 300mm이하로 제한되므로 확인 후 결정해야 한다. 그리고 $V_s > 0.2(1 - f_{ck}/250)f_{ck}b_w\,d$인 경우 단면을 확대시켜야 한다. $V_s = 212{,}743 \text{ N} < \frac{1}{3}\lambda\sqrt{f_{ck}}\,b_w\,d = \frac{1}{3} \times 1.0 \times \sqrt{26} \times 400 \times 600 = 407{,}922 \text{ N}$이므로 전단철근의 간격(s)은 $\frac{d}{2} = \frac{600}{3} = 300$ mm이하, 600 mm이하에서 시공에 편리한 값으로 결정한다. 따라서 s = 200 mm로 결정하면

$$A_v \geq \frac{s\,(V_u - \phi V_c)}{\phi\, f_{yt}\, d} = \frac{200 \times (312{,}528 - 0.75 \times 203{,}961)}{0.75 \times 400 \times 600} = 177.3 \text{ mm}^2$$

(6) ① 최소전단철근의 간격은 s = 200 mm이고 단면적은 $A_{v,min} = 70 \text{ mm}^2$인데 U형 스터럽은 전단파괴시 2가닥이 절단되므로 전단철근 한 가닥의 면적은 $A_{v,min} \geq \frac{70}{2} = 35 \text{ mm}^2$이다. 따라서 철근표로부터 D10($A_v = 71.3 \text{ mm}^2$)을 200mm간격으로 그림 5.17과 같이 배근한다.

② 요구되는 전단철근의 간격은 s = 200 mm이고 단면적은 $A_v = 177.3 \text{ mm}^2$인데 U형 스터럽은 전단파괴시 2가닥이 절단되므로 전단철근 한 가닥의 면적은 $A_v \geq \frac{177.3}{2} = 88.6 \text{ mm}^2$이다. 따라서 철근표로부터 D13($A_v = 126.7 \text{ mm}^2$)을 200mm 간격으로 그림 5.17과 같이 배근한다.

첫 번째 스터럽은 지점으로부터 $\frac{s}{2}$인 곳에 배치하는 것이 일반적이다. 그러므로

첫 번째 D16 스터럽의 간격은 100 mm이고 이후 D16철근 12개를 200mm간격으로 배근하면 전단철근 배근구간인 2,336 mm를 넘어서게 된다.

$100\text{ mm} + 200\text{ mm} \times 12\text{개} = 2{,}500\text{ mm} > 2{,}336\text{ mm}$

계속하여 최소전단철근 D10을 4개 더 200mm간격으로 배근하면 최소전단철근 배근구간인 3,168 mm를 넘어서게 된다.

$2{,}500\text{ mm} + 4 \times 200 = 3{,}300\text{ mm} > 3{,}168\text{ mm}$

전단력의 변화에 따라 전단력이 큰 곳에서는 계산상 요구되는 간격으로 전단철근을 배근하고 전단력이 작아짐에 따라 간격을 점점 넓게 배근하는 것이 원칙이다. 그러나 실제의 설계에 있어서 시공의 편의를 위하여 계산된 간격으로 등 간격 배근하는 것이 일반적이다.

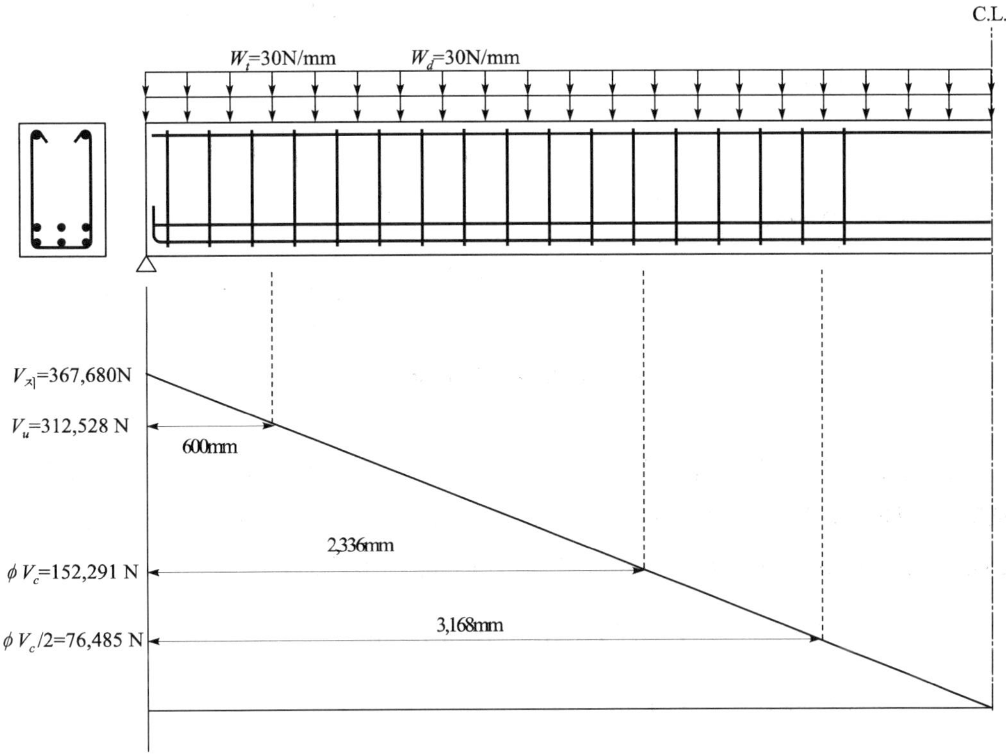

그림 5.17 전단철근의 배근

5.6 특수한 경우의 전단설계

5.6.1 높이가 변화하는 보

높이가 변화하는 보에서는 축방향력의 경사가 전단력에 상당한 영향을 미친다. 따라서 보의 상하면이 이루는 각이 10° ~ 15° 의 범위를 넘지 않으면 모멘트에 미치는 영향은 크지 않지만, 전단에 대하여는 10° 의 높이변화가 30% 정도의 증감을 일으킨다.

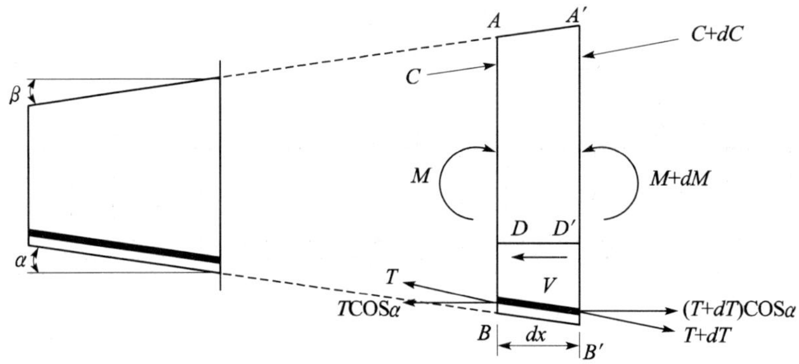

그림 5.18 높이가 변하는 보의 전단응력

그림 5.18에서 보의 축에 대한 하면의 경사는 $\alpha°$, 상면의 경사는 $\beta°$ 라 할 때 철근은 보통 표면과 평행하게 배근되므로 AB단면에 작용하는 인장력을 T라고 하면 수평력은 $\mathrm{T}\cos\alpha$ 이고 요소 BB'D'D에 작용하는 수평력의 균형은 다음과 같다.

$$-\mathrm{T}\cos\alpha + (T + dT)\cos\alpha - v\,b\,dx = 0$$

$$\mathrm{dT}\cos\alpha = v\,b\,dx$$

여기서 $\mathrm{T}\cos\alpha\,z = M$으로 놓으면 $\mathrm{T}\cos\alpha = \dfrac{M}{z}$이고 따라서 v는 다음 식 (5.38)과 같이 정리될 수 있다.

$$\mathrm{v} = \frac{1}{\mathrm{b}}\frac{\mathrm{d}}{\mathrm{dx}}(\mathrm{T}\cos\alpha) = \frac{1}{b}\frac{d}{dx}\frac{M}{z} = \frac{1}{b}\left\{\frac{1}{z}\frac{dM}{dx} - \frac{M}{z^2}\frac{dz}{dx}\right\}$$

$$= \frac{1}{\mathrm{bz}}\left\{\mathrm{V} - \frac{\mathrm{M}}{\mathrm{d}}(\tan\alpha + \tan\beta)\right\}$$

$$v = \frac{V - \frac{M}{d}(\tan\alpha + \tan\beta)}{b\,j\,d} = \frac{V - \frac{M}{d}(\tan\alpha + \tan\beta)}{b\,z} \tag{5.38}$$

따라서 평균 전단 응력은 다음 식 (5.39)로 표시되며 이때의 전단력은 식 (5.40)과 같이 표시될 수 있다.

$$v = \frac{V - \frac{M}{d}(\tan\alpha + \tan\beta)}{b\,d} \tag{5.39}$$

$$vbd = V - \frac{M}{d}(\tan\alpha + \tan\beta)$$

$$V = V_u - \frac{M_u}{d}(\tan\alpha + \tan\beta) \tag{5.40}$$

여기서 V_u와 M_u는 고려하는 단면의 계수전단력과 계수모멘트이고, α와 β의 부호는 M_u의 절대값이 증가함에 따라 유효높이 d 가 증가하는 경우에는 정(+)의 부호를 취하고, 감소하는 경우에는 부(−)의 부호를 취한다. 단, α와 β의 합계가 30° 이상으로 커지면 위의 식은 매우 부정확하게 된다. 따라서 위의 식 (5.40)은 30°를 넘지 않는 범위에서 설계에 사용해도 좋다.

5.6.2 깊은 보

보의 높이가 경간에 비하여 보통의 경우보다 높고, 보의 폭이 경간이나 높이보다 매우 작은 보를 깊은보(deep beam)라고 한다. 일반적으로 보의 경간 ℓ_n(받침부 내면 사이의 거리)과 보의 부재깊이 h 와의 비가 $\frac{\ell_n}{h} \leq 4$이거나 하중이 받침부로부터 부재깊이의 2배 거리 이내에 작용하고 하중의 작용점과 받침부가 서로 반대면에 있어서 하중작용점과 받침부 사이에 압축대가 형성될 수 있는 부재를 깊은보라고 한다. 깊은보의 거동은 보통의 보와 달리 강도가 전단에 의해 지배되며 하중의 증가 시 균열의 기울기가 45°보다 크며 경우에 따라서는 수직에 가깝게 된다. 따라서 전단에 대해 보강할 때 그림 5.19와 같이 수직스터럽 외에 수평방향으로도 전단철근을 배치한다. 2007년도부터 스트럿-타이 모델을 사용하여 설계.

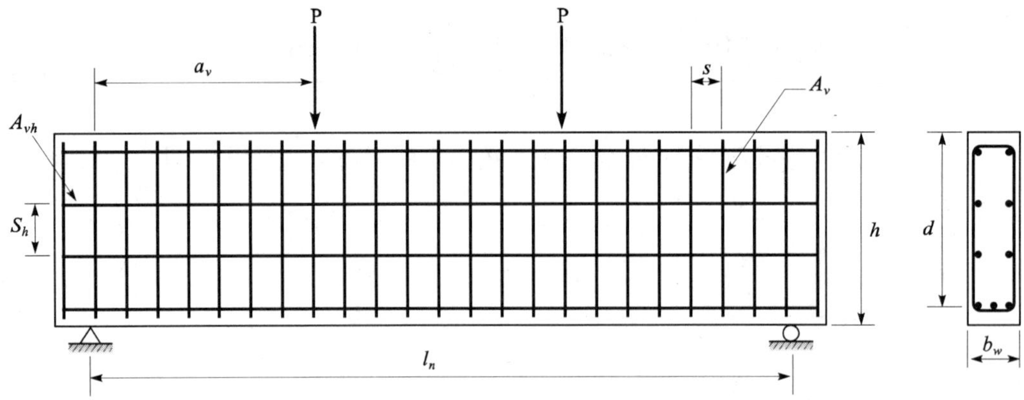

그림 5.19 깊은 보

$\frac{\ell_n}{h} \leq 4$인 보에서 하중이 상부 또는 압축면에 작용할 경우, 깊은보로 간주하며 이에 대한 전단설계는 식 (5.19)를 기본으로 하여 다음 조항을 따른다.

$$V_u \leq \phi V_n \tag{5.19}$$

여기서, V_u : 하중계수를 고려한 계수전단력

$V_n = V_c + V_s$: 단면의 공칭전단강도

(1) V_u를 계산하기 위해 고려하는 전단에 대한 위험단면은 보의 받침부 내면에서 다음 거리에 위치하며 유효깊이 d 이내여야 한다.

등분포하중을 받는 보의 경우 : 받침부 내면에서 $0.15\ell_n \leq d$

집중하중을 받는 보의 경우 : 받침부 내면에서 $0.5a \leq d$

여기서, ℓ_n : 순경간

a : 받침부로부터 집중하중 작용점까지의 거리

(2) 공칭 전단강도 V_n의 제한

$$V_n \leq \frac{5}{6}\lambda\sqrt{f_{ck}}\,b_w d \tag{5.41}$$

(3) 콘크리트가 부담하는 공칭전단강도

$$실용식 : V_c = \frac{1}{6}\lambda\sqrt{f_{ck}}\, b_w d \qquad (5.20)$$

$$정밀식 : V_c = (3.5 - 2.5\frac{M_u}{V_u d})(0.16\lambda\sqrt{f_{ck}} + 17.6\frac{\rho_w V_u d}{M_u})b_w d \qquad (5.42)$$

$$\leqq 0.16\lambda\sqrt{f_{ck}}\, b_w d$$

$$단,\ 3.5 - 2.5\frac{M_u}{V_u d} \leqq 2.5 \qquad (5.43)$$

여기서 M_u : V_u가 계산되는 위험단면에서의 계수 휨모멘트

(4) $V_u > \phi V_c$ 인 구간에 배근되는 전단철근의 공칭전단강도

$$V_s = V_s = \left[\frac{A_v}{s}\left(\frac{1+\frac{\ell_n}{d}}{12}\right) + \frac{A_{vh}}{s_h}\left(\frac{11-\frac{\ell_n}{d}}{12}\right)\right] f_{yt}\, d \qquad (5.44)$$

여기서, ℓ_n : 받침부 내면 사이의 순경간

A_v : 간격 s로 배근된 수직스터럽의 단면적

A_{vh} : 간격 s_h로 휨철근에 평행하게 배근된 전단철근의 단면적

s : 수직스터럽의 수평간격

s_h : 수평방향 전단철근의 수직 간격

식 (5.44)에 식 (5.35)를 대입하여 정리하면 다음 식 (5.45)가 된다.

$$\left[\frac{A_v}{s}\left(\frac{1+\frac{\ell_n}{d}}{12}\right) + \frac{A_{vh}}{s_h}\left(\frac{11-\frac{\ell_n}{d}}{12}\right)\right] = \frac{V_u - \phi V_c}{\phi f_{yt}\, d} \qquad (5.45)$$

또한 설계기준에서 A_v, A_{vh}, s, s_h에 대해 다음과 같이 규정하고 있으므로 모든 값을 연립하여 풀 수 있다.

$$A_v \geq 0.0025 b_w s \quad s \leq \frac{d}{5},\ 300\,mm \qquad (5.46a)$$

$$A_{vh} \geq 0.0015 b_w s_h \quad s_h \leq \frac{d}{5},\ 300\,mm \qquad (5.46b)$$

예제 5.3

그림과 같이 폭 $b = 300\,mm$, 유효깊이 $d = 1{,}000\,mm$, 높이 $h = 1{,}100\,mm$인 단면에 주인장철근 3-D41($A_s = 4{,}020\,mm^2$)이 배근된 경간 $4\,m$인 단순지지보에 고정집중하중 $600\,kN$이 지점에서 $1.3\,m$ 떨어진 곳에 대칭으로 작용하고 있다. 콘크리트설계기준강도 $f_{ck} = 24\,MPa$와 SD400 철근을 사용하여 이 보의 전단철근을 설계하시오. 단, 보의 자중은 무시한다.

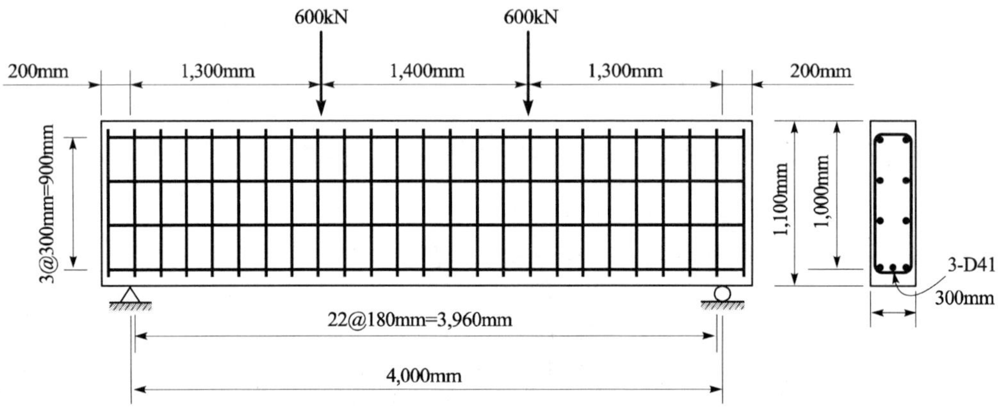

그림 5.20

▶ **풀이**

전단에 대한 기본식으로 식 (5.19)$V_u \leqq \phi V_n$ 를 이용하여 설계한다.

① 깊은보(deep beam)에 해당하는지 확인한다.

$$\frac{\ell_n}{h} = \frac{4{,}000}{1{,}100} = 3.6 \leq 4 \text{ 이므로 깊은보로 설계한다.}$$

② 위험단면에서 계수전단강도 V_u를 계산한다.

깊은보에서 집중하중을 받는 경우 받침부 내면에서 $0.5a \leq d$이므로

$0.5a = 0.5 \times 1{,}300 = 650mm < d = 1{,}000mm$

따라서 위험단면은 지점에서 650mm 떨어진 곳이며 여기에서 계수전단력은 다음과 같이 계산한다.

$V_u = 1.2 \times 600{,}000 = 720{,}000\ N$

③ 공칭 전단강도 V_n의 제한에 대해 검토한다.

$V_n \leq \frac{5}{6}\lambda\sqrt{f_{ck}}\,b_w d$ 인지를 확인한다.

$$V_n = \frac{V_u}{\phi} = \frac{720{,}000}{0.75} = 960{,}000\ \text{N} < 1{,}224{,}744\ \text{N (OK)}$$

$$V_n \leq \frac{5}{6}\lambda\sqrt{f_{ck}}\,b_w d = \frac{5}{6}\times 1.0\times\sqrt{24}\times 300\times 1{,}000 = 1{,}224{,}745\ \text{N}$$

위의 조건을 만족하므로 콘크리트 단면은 적당하다.

④ 콘크리트가 부담하는 공칭전단강도를 계산한다.

실용식 : $V_c = \frac{1}{6}\lambda\sqrt{f_{ck}}\,b_w d = \frac{1}{6}\times 1.0\times\sqrt{24k}\times 300\times 1{,}000 = 244{,}949\ \text{N}$

정밀식 : $V_c = (3.5 - 2.5\frac{M_u}{V_u d})(0.16\lambda\sqrt{f_{ck}} + 17.6\frac{\rho_w V_u d}{M_u})b_w d$

$\leq 0.16\lambda\sqrt{f_{ck}}\,b_w d$

단, $3.5 - 2.5\frac{M_u}{V_u d} \leq 2.5$ 이어야 한다. 그리고 위험단면에서 계산되는 계수전단력V_u는 ②에서 계산되었고 계수모멘트 M_u는 아래와 같다.

$V_u = 720{,}000\ \text{N}$

$M_u = 720{,}000\times 650 = 468{,}000{,}000\ \text{N}\cdot\text{mm}$

$$3.5 - 2.5\frac{M_u}{V_u d} = 3.5 - 2.5\frac{468{,}000{,}000}{720{,}000\times 1{,}000} = 1.875 < 2.5\ \text{(OK)}$$

$$V_c = (3.5 - 2.5\frac{M_u}{V_u d})(0.16\lambda\sqrt{f_{ck}} + 17.6\frac{\rho_w V_u d}{M_u})b_w d$$

$$= 1.875\times(0.16\times 1.0\times\sqrt{24} + 17.6\times\frac{4{,}020}{300\times 1{,}000}\times\frac{720{,}000\times 1{,}000}{468{,}000{,}000})\times 300\times 1{,}000$$

$$= 645{,}000\ \text{N}$$

$0.16\lambda\sqrt{f_{ck}}\,b_w d = 0.16\times 1.0\times\sqrt{24}\times 300\times 1{,}000 = 235{,}151\ \text{N}$

645,000 〉 235,151 이므로 작은 값을 사용한다.

$\therefore V_c = 235{,}151$ N (정밀식을 결과를 이용)

콘크리트가 부담하는 공칭전단강도를 정밀식에 의한 값을 사용하면

$\phi V_c = 0.75\times 235{,}151\ \text{N} = 176{,}363\ \text{N} < V_u = 720{,}000\ \text{N}$ 이므로 전단에 대한 보강이 필요하다.

⑤ 식 (5.44)와 식 (5.46)을 이용하여 전단철근을 설계한다.

$$V_s = \left[\frac{A_v}{s}\left(\frac{1+\frac{\ell_n}{d}}{12}\right) + \frac{A_{vh}}{s_h}\left(\frac{11-\frac{\ell_n}{d}}{12}\right)\right] f_{yt}\, d$$

여기에서 $V_s = \dfrac{V_u - \phi V_c}{\phi} = \dfrac{720{,}000 - 0.75 \times 235{,}151}{0.75} = 724{,}849$ N 이므로 윗식에 대입하여 정리하면 다음과 같다.

$$724{,}849 = \left[\frac{A_v}{s}\left(\frac{1+\frac{4{,}000}{1{,}000}}{12}\right) + \frac{A_{vh}}{s_h}\left(\frac{11-\frac{4{,}000}{1{,}000}}{12}\right)\right] \times 400 \times 1{,}000$$

$$\frac{A_v}{s}\left(\frac{5}{12}\right) + \frac{A_{vh}}{s_h}\left(\frac{7}{12}\right) = 1.812$$

$$5\frac{A_v}{s} + 7\frac{A_{vh}}{s_h} = 21.745$$

⑥ 식 (5.46b)에 의해 수평 전단철근을 설계한다.

$$A_{vh} \ge 0.0015\, b_w s_h, \quad s_h \le \frac{d}{5},\ 300\ \text{mm}$$

먼저 수직 전단철근의 간격을 결정하면 다음과 같다.

$\dfrac{d}{5} = \dfrac{1{,}000}{5} = 200\text{mm} < 300\text{mm}$ 이므로 간격 s 는 200mm로 결정한다.

$A_{vh} \ge 0.0015\, b_w s_h = 0.0015 \times 300 \times 200 = 90\text{mm}^2$ 이므로 띠철근으로 보강한다면 철근단면이 2개이므로 필요한 단면적 $A_v = \dfrac{90}{2} = 45\text{mm}^2$이다. 따라서 D10(71.3mm^2) 띠철근을 200mm 간격으로 배근한다.

⑦ 식 (4.46a)와 ⑤항의 마지막 식을 이용하여 수직철근을 설계한다.

$$A_v \ge 0.0025\, b_w s, \quad s \le \frac{d}{5},\ 300\ \text{mm}$$

$$5\frac{A_v}{s} + 7\frac{A_{vh}}{s_h} = 21.745$$

먼저 식 (5.46b)의 두 번째 항을 이용하여 수평철근의 간격을 계산하면

$\dfrac{d}{5} = \dfrac{1{,}000}{5} = 200\text{mm} < 300\text{mm}$ 이므로 간격 s 는 200mm로 결정한다.

따라서 식 (5.46b)의 첫 번째 항을 이용하여 수평철근의 단면적을 계산하면

$A_v \ge 0.0025\, b_w s = 0.0025 \times 300 \times 200 = 150\text{mm}^2$ 이고

⑤항의 마지막 식을 이용하여 수평철근의 단면적을 계산하면 다음과 같다.

$5\frac{A_v}{s} + 7\frac{A_{vh}}{s_h} = 21.745$로부터 $5\times\frac{A_v}{200} + 7\times\frac{71.3\times 2}{200} = 21.745$

$A_v = 670.16mm^2 > 150\ mm^2$ (OK)

따라서 U형 스터럽으로 보강한다면 스터럽 다리가 2개이므로

필요한 단면적 $A_v = \frac{670.16}{2} = 335.08mm^2$이다.

따라서 D22($387.1mm^2$) U형 스터럽을 200mm 간격으로 배근한다.

또는 ⑥ 식 (5.46a)에 의해 수직 전단철근을 설계한다.

$A_v \geq 0.0025 b_w s \quad s \leq \frac{d}{5},\ 300\ mm$

먼저 수직 전단철근의 간격을 결정하면 다음과 같다.

$\frac{d}{5} = \frac{1,000}{5} = 200mm < 300mm$ 이므로 간격 s 는 200mm로 결정한다.

$A_v \geq 0.0025 b_w s = 0.0025\times300\times200 = 150mm^2$ 이므로 U형 스터럽으로 보강한다면 스터럽 다리가 2개이므로 필요한 단면적 $A_v = 150/2 = 75mm^2$이다. 따라서 D13($126.7mm^2$) U형 스터럽을 200mm 간격으로 배근한다.

⑧ 식 (5.46b)와 ⑤항의 마지막 식을 이용하여 수평철근을 설계한다.

$A_{vh} \geq 0.0015 b_w s_h,\quad s \leq \frac{d}{5},\ 300\ mm$

$5\frac{A_v}{s} + 7\frac{A_{vh}}{s_h} = 21.745$

먼저 식 (5.46b)의 두 번째 항을 이용하여 수평철근의 간격을 계산하면

$\frac{d}{5} = \frac{1,000}{5} = 200mm < 300mm$ 이므로 간격 s 는 200mm로 결정한다.

따라서 식 (5.46b)의 첫 번째 항을 이용하여 수평철근의 단면적을 계산하면

$A_{vh} \geq 0.0015 b_s s = 0.0015\times300\times200 = 90mm^2$ 이고

⑤항의 마지막 식을 이용하여 수평철근의 단면적을 계산하면 다음과 같다.

$5\frac{A_v}{s} + 7\frac{A_{vh}}{s_h} = 21.745$로부터 $5\times\frac{126.7\times 2}{200} + 7\times\frac{A_{vh}}{200} = 21.745$

$A_{vh} = 440.3mm^2 > 90mm^2$ (OK)

따라서 띠 철근으로 보강한다면 다리가 2개이므로

필요한 단면적 $A_v = 440.3/2 = 220.14mm^2$이다.

따라서 D19($286.5mm^2$) 띠 철근을 200mm 간격으로 배근한다.

5.6.3 전단마찰

$\frac{a_v}{d} < 1.0$인 경우, 사인장보다 순수전단 또는 활동이 지배적이므로 전단력의 작용방향으로 균열이 발생하는 경우가 많다. 따라서 전단전달을 고려하여 균열이 발생하거나 발생할 가능성이 있는 면을 가로지르는 철근의 배치가 필요하다.

이러한 경우를 예로 들면 다음과 같다.

① 서로 다른 시기에 친 콘크리트의 경계면

② 콘크리트와 강재 사이의 경계면

③ 프리캐스트 구조물에 대한 부재요소의 접합면

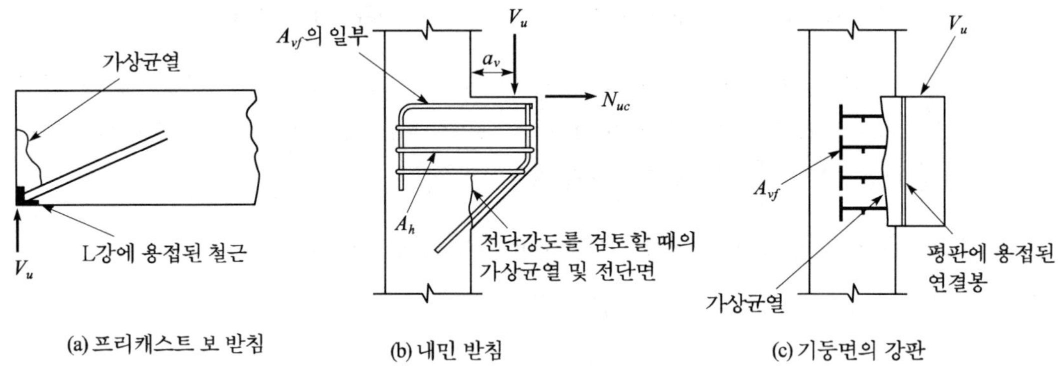

그림 5.21 전단마찰을 고려할 경우

(1) 전단마찰 철근이 전단면에 수직한 경우

균열면에 수직인 전단마찰 철근의 인장력 성분은 균열 내부면에서 압축력으로 작용하여 마찰력 $\mu A_{vf} f_y$를 발생시킨다. 이때 콘크리트가 부담하는 전단력 $V_c = 0$으로 간주한다. 따라서 공칭전단강도는 다음 식 (5.47)로 된다.

$$V_n = \mu A_{vf} f_y \tag{5.47}$$

전단설계에 대한 기본 식과 관련하여 요구되는 전단마찰철근의 단면적을 계산하면 다음 식 (5.48)과 같다.

$$V_u \le \phi V_n = \phi \mu A_{vf} f_y$$

$$\therefore A_{vf} \ge \frac{V_u}{\phi \mu f_y} \tag{5.48}$$

여기서, $\phi = 0.75$: 전단에 대한 강도감소계수

μ : 마찰계수

A_{vf} : 전단마찰철근(shear-friction reinforcement)

$\mu A_{vf} f_y$: 전단마찰력(shear-friction force)

(2) 전단마찰 철근이 전단면과 경사를 이룰 경우

이 경우 그림 5.22와 같이 전단마찰 철근의 인장력의 수직성분 $A_{vf} f_y \cos\alpha_f$와 전단마찰력 $\mu A_{vf} f_y \sin\alpha_f$가 존재하게 된다.

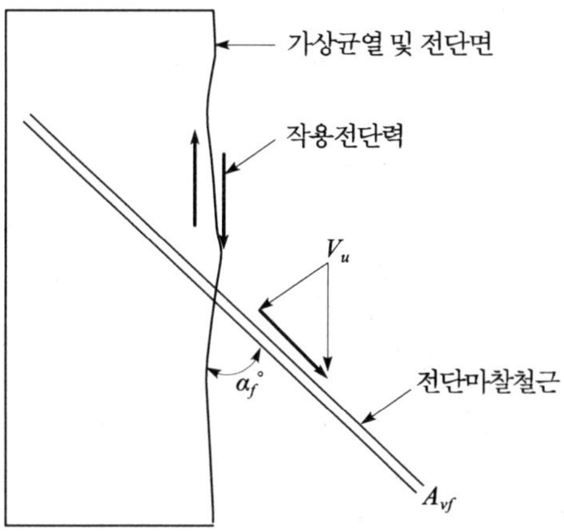

그림 5.22 전단마찰 철근이 전단면과 경사를 이룰 경우

따라서 공칭전단강도는 다음 식 (5.49)와 같이 된다.

$$V_n = A_{vf} f_y (\mu \sin\alpha_f + \cos\alpha_f) \tag{5.49}$$

여기서 α_f : 전단마찰 철근과 전단면 사이의 각

위에서와 마찬가지로 $V_c = 0$로 간주하여 요구되는 전단마찰철근의 단면적을 계산하면 다음 식 (5.50)과 같다.

$$V_u \le \phi V_n = \phi A_{vf} f_y (\mu \sin\alpha_f + \cos\alpha_f)$$

$$\therefore A_{vf} \ge \frac{V_u}{\phi f_y (\mu \sin\alpha_f + \cos\alpha_f)} \tag{5.50}$$

전단마찰이론(shear-friction theory)에서 사용되는 마찰계수 μ는 콘크리트구조 설계기준에서 다음과 같이 정하고 있다.

① 일체로 친 콘크리트 : $\mu = 1.4\lambda$

② 표면을 거칠게 만든 굳은 콘크리트에 새로 친 콘크리트 : $\mu = 1.0\lambda$

③ 표면을 일부러 거칠게 하지 않은 굳은 콘크리트에 새로 친 콘크리트 : $\mu = 0.6\lambda$

④ 전단연결재에 의하거나 철근에 의해 구조강에 정착된 콘크리트 : $\mu = 0.7\lambda$

여기서, λ는 일반콘크리트에 대해서는 1.0
모래경량콘크리트에 대해서는 0.85
전 경량콘크리트에 대해서는 0.75
f_{sp}값이 주어진 경우 $\lambda = f_{sp}/(0.56\sqrt{f_{ck}}) \leq 1.0$

그리고 일체로 친 콘크리트나 규정에 따라 표면을 거칠게 만든 굳은 콘크리트에 새로 친 보통콘크리트의 경우 전단강도 V_n은 $0.2f_{ck}A_c$와 $(3.3+0.08f_{ck})A_c$ 그리고 $11A_c$(단위는 N) 중 가장 작은 값 이하로 하여야 한다. 그 밖의 경우 전단강도 V_n은 $0.2f_{ck}A_c$ 또한 $5.5A_c$(단위는 N)이하라야 하며 여기서 A_c는 전단전달을 저항하는 콘크리트 단면의 면적이다. 강도가 서로 다른 콘크리트를 친 경우 낮은 강도 콘크리트의 f_{ck} 값을 사용하여 전단강도 V_n을 산정하여야 한다. 또한 전단마찰 철근의 설계항복강도는 500 MPa이하라야 한다. 전단마찰철근은 전단면에 걸쳐 적절하게 배치되어야 하며, 또 이 철근 양쪽을 정착길이를 확보하거나 갈고리 또는 특수한 장치에 용접하여 철근이 설계기준항복강도를 발휘할 수 있도록 양측에 정착시켜야 한다.

전단전달(shear transfer)을 효과적으로 하기 위해서 이미 굳은 콘크리트에 새로운 콘크리트를 칠 때 접촉면은 깨끗하고 레이탄스(laitance)가 없도록 하여야 한다. μ가 1.0λ와 같다고 가정하는 경우의 접촉면은 그 요철의 크기가 대략 6mm 정도 되게 거칠게 만들어야 한다. 또 스터드를 사용하거나 철근을 용접하여 구조강과 콘크리트 사이에서 전단력이 전달되는 경우에는 구조강은 깨끗하고 페인트가 묻어있지 않아야 한다.

5.6.4 브래킷과 내민받침에 대한 전단마찰

그림 5.23에서와 같이 기둥에 연결된 브래킷(bracket) 또는 내민 받침(corbel)이 보를 지지하기 위해 널리 사용된다. 이러한 브래킷이나 내민받침은 보통 $\frac{a_v}{d} \leq 1$이므로 그 파괴

가 전단에 의해 지배되며, 보가 부착되어 있어 크리프, 건주수축 그리고 온도변화에 따른 변형을 구속하여 수평력 N_{uc}를 받게 된다. 따라서 설계기준에서는 전단경간에 대한 깊이의 비 $\frac{a_v}{d} \le 1.0$이고 V_u보다 크지 않은 수평인장력 N_{uc}를 받는 브래킷과 내민받침은 다음과 같이 설계하도록 규정하고 있다. 한편, 설계기준에서는 $\frac{a_v}{d} \le 2.0$인 경우에는 KDS 14 20 24를 이용하여 설계할 수 있다.

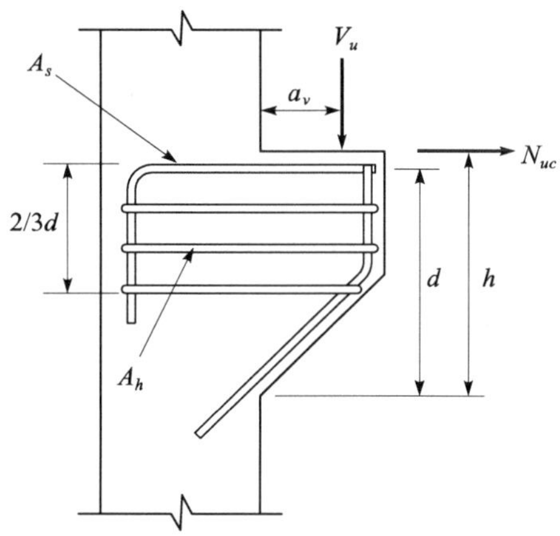

그림 5.23 철근 콘크리트 브래킷

그림 5.23에서와 같이 유효깊이 d는 기둥면에서 측정한 값으로 보고 지압면의 외단의 깊이는 적어도 0.5d 이상으로 하여야 한다. 또한 받침부면의 단면은 전단력 V_u와 모멘트 $M_u = [V_u\, a_v + N_{uc}(h-d)]$ 및 수평인장력 N_{uc}를 동시에 받을 수 있도록 설계해야 한다. 이에 따라 설계하는 순서와 설계기준을 정리하면 다음과 같다.

(1) 유효깊이 d와 지압면 외단의 깊이를 결정한다.

보통중량콘크리트에 대한 전단강도 V_n은 $0.2\, f_{ck}\, b_w\, d$, $(3.3+0.08\, f_{ck})b_w d$ 및 $11\, b_w\, d$(단위는 N)이하로 취하여야 한다. 전경량콘크리트 또는 모래경량콘크리트에 대한 전단강도 V_n은 $(0.2-0.07a_v/d)\, f_{ck}\, b_w\, d$와 $(5.6+2.0a_v/d)\, f_{ck} b_w d$ 이하로 취하여야 한다. 따라서 V_u를 계산한 후에 다음의 순서에 따른다.

- $V_u \le \phi V_n = \phi \times \begin{pmatrix} 0.2\, f_{ck}\, b_w\, d \\ (3.3+0.08 f_{ck}) b_w d \\ 11\, b_w\, d \end{pmatrix}$ 세 조건 모두 만족
- 지압면 외단의 깊이는 0.5d 이상으로 한다.

(2) 전단력 V_u에 저항하는 전단마찰 철근량 A_{vf}를 계산한다.

$$A_{vf} \geq \frac{V_u}{\phi \mu f_y} \tag{5.48}$$

(3) 모멘트 $M_u = [V_u a_v + N_{uc}(h-d)]$에 저항하는 철근량 A_f를 계산한다.

인장력 N_{uc}는 인장력을 피하도록 특별한 장치가 마련되어 있지 않는 한, $0.2V_u$ 이상으로 하여야 하며 활하중으로 간주하여야 한다.

$A_f = \dfrac{M_u}{\phi f_y (d - \frac{a}{2})}$ 와 $a = \dfrac{A_f f_y}{\eta 0.85 f_{ck} b}$ 로부터 반복계산하여 정확한 A_f와 a를 계산한다.

(4) 수평인장력 N_{uc}에 저항하는 철근량 A_n을 계산한다.

$N_{uc} \leq \phi A_n f_y$로부터 다음 식 (5.51)과 같이 된다.

$$A_n \geq \frac{N_{uc}}{\phi f_y} \tag{5.51}$$

(5) 모멘트와 수평력에 대하여 브래킷 상부에 배근해야 할 주인장철근량 A_s를 계산한다.

즉, 주인장철근의 단면적

$$A_s \geq \begin{pmatrix} A_f + A_n \\ \frac{2}{3}A_{vf} + A_n \\ 0.04\left(\frac{f_{ck}}{f_y}\right)bd \end{pmatrix} \text{ 중에서 큰 값으로 한다.} \tag{5.52}$$

여기에서 $0.04(\frac{f_{ck}}{f_y})$는 주인장철근의 철근비이다.

브래킷 또는 내민받침의 전면에서 주인장철근 A_s는 적어도 같은 크기의 횡방향 철근에 구조적으로 용접되어야 하며, 이 용접은 주인장철근 A_s의 설계기준항복강도를 발휘할 수 있게 설계되어야 한다. 주인장철근의 자유단에서 수평으로 구부려 지지부재에 정착되도록 하여야 한다.

(6) A_s 외에 배근할 수평철근량 A_h를 계산한다.

(5)에서 사용한 A_{vf}의 나머지 철근량 $\frac{1}{3}A_{vf}$는 A_h의 단면적을 가지는 수평 폐쇄스터럽

으로 배근한다. 이때 A_s와 나란하게 폐쇄스터럽이나 띠철근으로 배근되는 전체 A_h는 $0.5(A_s - A_n)$이상으로 취하여야 한다.

$$A_h \ge \begin{pmatrix} \frac{1}{3}A_{vf} \\ 0.5(A_s - A_n) \end{pmatrix} \text{ 중에서 큰 값으로 한다.} \tag{5.53}$$

식 (5.53)에서 계산된 수평철근량 A_h는 A_s에 인접한 유효깊이의 $\frac{2}{3}$ 내에 균등하게 배치해야 한다.

예제 5.4

그림 5.24와 같이 한 변의 길이가 400mm인 기둥면에서부터 200mm 떨어진 거리에서 고정하중 반력 100 kN과 활하중 반력 200 kN을 지지할 수 있는 브래킷을 설계하시오. 브래킷의 모서리에는 주인장 철근 상면에 용접되는 L형강이 있고 그 위에 거더가 놓인다. 단, $f_{ck} = 24$ MPa 이고 SD400 철근을 사용한다.

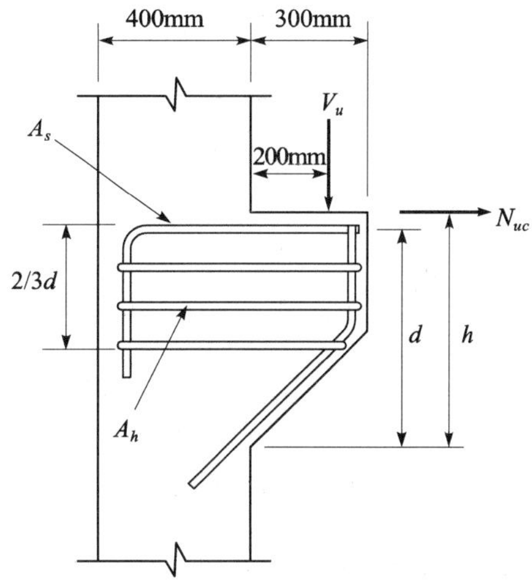

그림 5.24

▸ **풀이**

(1) 유효깊이 d와 지압면 외단의 깊이를 결정한다.

먼저 기둥면에서 계수전단력V_u를 계산하면 다음과 같다.

$$V_u = 1.2 \times 100{,}000 + 1.6 \times 200{,}000 = 440{,}000 \text{ N}$$

$$V_u \le \phi V_n = \phi \times \begin{pmatrix} 0.2\, f_{ck}\, b_w\, d \\ (3.3 + 0.08 f_{ck}) b_w\, d \\ 11\, b_w\, d \end{pmatrix} = 0.75 \times \begin{pmatrix} 0.2 \times 24 \times 400 \times d \\ (3.3 + 0.08 \times 24) \times 400 \times d \\ 11 \times 400 \times d \end{pmatrix} = \begin{pmatrix} 1{,}920\,d \\ 2{,}088d \\ 4{,}400\,d \end{pmatrix}$$

위의 값 모두를 만족해야 하므로 d = 305.6mm 와 d=281 mm 그리고 133.3 mm 중 큰 값 이상이 되어야 한다. 따라서 d = 320mm로 결정한다. 또한 주철근 도심에서 브래킷 상면까지의 거리를 30mm로 가정하면 브래킷의 높이 h=320+30=350mm이다.

지압면 외단의 깊이 ≥ 0.5 d = 160mm이어야 한다.

또한 $a_v/d=200/320=0.63$이므로 전단마찰개념으로 설계한다.

(2) 전단력 V_u에 저항하는 전단마찰 철근량 A_{vf}를 계산한다.

여기서 마찰계수 μ는 일체로 친 일반콘크리트로 보아 1.4를 취한다.

$$A_{vf} \geq \frac{V_u}{\phi \mu f_y} = \frac{440{,}000}{0.75 \times 1.4 \times 400} = 1{,}047.6\text{mm}^2$$

$\therefore A_{vf} = 1{,}048\text{mm}^2$로 결정한다.

(3) 모멘트 $M_u = [V_u a_v + N_{uc}(h-d)]$에 저항하는 철근량 A_f를 계산한다.

$N_{uc} \geq 0.2 V_u = 0.2 \times 440{,}000 = 88{,}000$ N이어야 하며 활하중으로 간주하여야 한다. 따라서 $N_{uc} = 88{,}000$ N으로 결정하고 M_u를 계산한다.

$$M_u = [V_u a_v + N_{uc}(h-d)] = [440{,}000 \times 200 + 88{,}000 \times (350 - 320)]$$

$$= 90{,}640{,}000 \text{ N} \cdot \text{mm}$$

콘크리트 압축응력의 분포깊이 a= 44mm로 가정하면

$$A_f = \frac{M_u}{\phi f_y (d - \frac{a}{2})} = \frac{90{,}640{,}000}{0.85 \times 400 \times (320 - \frac{44}{2})} = 894.6\text{mm}^2$$

$$a = \frac{A_f f_y}{\eta 0.85 f_{ck} b} = \frac{894.6 \times 400}{1.0 \times 0.85 \times 24 \times 400} = 43.9\text{mm}$$

따라서 철근량 $A_f = 895\text{mm}^2$으로 한다.

(4) 수평인장력 N_{uc}에 저항하는 철근량 A_n을 계산한다.

$$A_n \geq \frac{N_{uc}}{\phi f_y} = \frac{88{,}000}{0.85 \times 400} = 259\text{mm}^2$$

(5) 모멘트와 수평력에 대하여 브래킷 상부에 배근해야 할 철근량 A_s를 계산한다.

주인장철근의 단면적은 다음 세 값 중 가장 큰 값으로 결정한다.

$$A_f + A_n = 895 + 259 = 1{,}154\text{mm}^2$$

$$\frac{2}{3}A_{vf} + A_n = \frac{2}{3} \times 1{,}048 + 259 = 958\text{mm}^2$$

$$0.04\left(\frac{f_{ck}}{f_y}\right) bd = 0.04 \times \left(\frac{24}{400}\right) \times 400 \times 320 = 307\text{mm}^2$$

따라서 주인장철근의 단면적$A_s = 1{,}154\text{mm}^2$으로 결정하며 이에 해당하는 철근량을 찾아 3-D22(1161mm^2)로 결정한다.

(6) A_s 외에 배근할 수평철근량 A_h를 계산한다.

수평철근의 단면적은 다음 두 값 중 큰 값으로 결정한다.

$$\frac{1}{3}A_{vf} = \frac{1}{3}\times 1{,}048 = 349\text{mm}^2$$

$$0.5(A_s - A_n) = 0.5\times(1{,}154 - 259) = 448\text{mm}^2$$

따라서 $A_h = 448\text{mm}^2$으로 정하고 이를 만족하는 철근량 3-D16(595.8mm^2)으로 결정한다. 또한 이 철근량은 A_s에 인접한 유효깊이의 $\frac{2}{3}$ 내에 균등하게 배치해야 하므로 주인장철근에서부터 60mm간격으로 배근한다.

5.7 비틀림 설계

일반적으로 휨부재는 휨과 전단을 주로 받는다. 그러나 때에 따라서 휨부재에 휨모멘트와 전단력을 수반한 비틀림(torsion)이 작용하는 경우가 있다. 이러한 비틀림은 부재에 전단응력을 추가로 발생시키고 이에 따른 사인장 응력을 증가시켜 사인장 균열의 원인이 되기도 한다. 그러므로 만약 비틀림을 받는 부재가 이에 대하여 폐쇄스터럽과 종방향 철근으로 적절하게 보강되지 않는다면 전단파괴와 같이 갑작스러운 파괴가 발생할 수 있다.

그런데 종래에는 콘크리트 구조물에 있어서 이와 같은 비틀림의 영향을 2차적인 것으로 보고 특별한 경우를 제외하고는 무시하여 왔다. 그러나 최근에는 구조물의 대형화와 곡선형, 격자형 등과 같은 비대칭구조의 채택 등으로 말미암아 비틀림 모멘트가 지배적인 경우가 자주 등장하게 되어 이에 대한 고려가 필수적인 경우도 많아졌다.

5.7.1 무근 콘크리트 부재의 비틀림

그림 5.25는 부재 양단에서 크기가 같고 방향이 반대인 비틀림 모멘트 T를 받고 있는 일정한 사각형 단면의 무근 콘크리트 부재를 나타낸 것이다. 만약 재료가 탄성적이라면 비틀림 전단응력이 그림 5.25(b)와 같이 분포하게 되며 이때 최대전단응력은 긴 변의 중앙에서 발생하게 된다. 만약 재료가 콘크리트와 같이 비탄성적으로 거동한다면 응력분포는 파선에 근접할 것이다.

전단응력은 그림 5.25(a)와 같이 작용하며 주응력방향 즉, 전단방향에 대하여 45°기울기를 가지는 방향에 전단응력과 동일한 크기의 인장응력과 압축응력이 작용하게 된다. 이러한 사인장응력은 5.3에서 언급한 응력과 같다. 그러나 비틀림의 경우에는 그림 5.25(b)와 같이 비틀림으로 인한 전단응력이 부재의 맞은편에서는 반대의 방향을 나타내므로 대응하는 사인장응력은 서로 90°의 각을 이룬다.

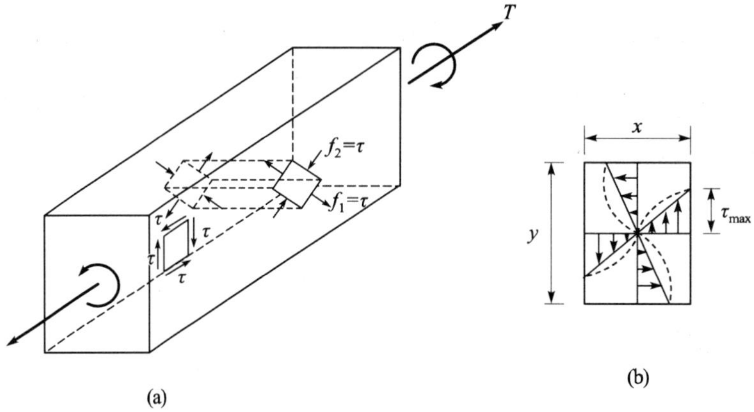

그림 5.25 비틀림에 의한 응력

주 인장응력(diagonal tension stress)이 콘크리트가 저항하는 인장강도를 초과하면 균열이 발생하며 이것이 점점 진전하게 된다. 이와 같이 콘크리트에 사인장 균열을 발생시키는 비틀림 모멘트(torque)를 균열 비틀림 모멘트(cracking torque) T_{cr} 이라 한다.

비틀림을 받는 부재를 해석하는 데에는 여러 가지 방법이 있다. 그 중에서 이전에는 경사-휨 이론(skew-bending theory)을 사용하여 왔는데 최근 들어 비선형 응력분포에 적합한 박벽관(thin-walled tube), 입체 트러스 이론(space truss analogy)으로 비틀림 부재를 해석·설계하고 있다.

이 이론에서는 부재단면에 작용하는 전단응력이 부재의 바깥둘레에서부터 어느 정도의 두께 t에 걸쳐 일정한 것으로 간주하여 보를 그림 5.26과 같은 박벽관으로 고려한다. 그러므로 비틀림 모멘트는 관의 벽 속에서 단위길이 당 힘의 단위를 갖는 전단흐름(shear flow) q에 의해 저항하도록 한다. 또한 q를 관의 둘레길이에 걸쳐 일정한 값으로 간주하여 전단흐름의 합력은 벽 속에서 벽의 중심선을 따라 작용하는 것으로 본다.

이 때 재하된 비틀림 모멘트 T는 전단흐름 q의 합력을 관의 중심에 대해 모멘트를 취한 값과 같아야 하므로 다음 식 (5.54a)로 표시할 수 있다.

$$T = 2 \times q x_o \times \frac{y_o}{2} + 2 \times q y_o \times \frac{x_o}{2} = 2 q x_o y_o = 2 q A_o \qquad (5.54a)$$

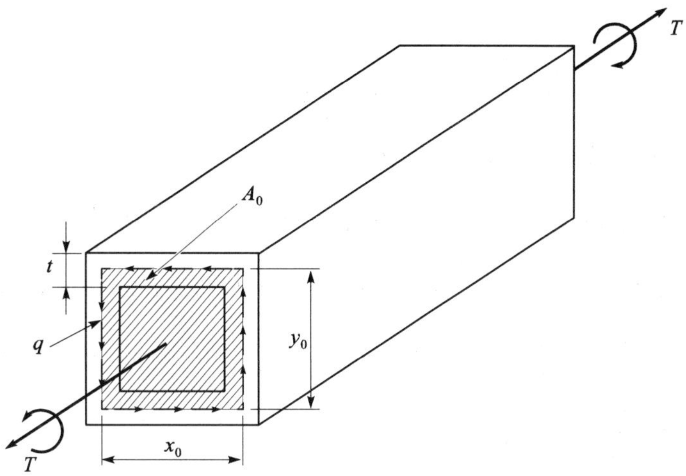

그림 5.26 박벽관

여기서 $x_o\,y_o$는 전단흐름 경로로 둘러싸인 면적이며 A_o로 나타내었다. 따라서 전단흐름 q는 식 (5.54a)로부터 다음 식 (5.54b)와 같이 정리할 수 있다.

$$q = \frac{T}{2A_0} \tag{5.54b}$$

위의 식 (5.54b)는 속찬 단면은 물론 속이 비어 있는 박스 단면에도 적용할 수 있으며 이 때 중앙의 빈 부분의 면적도 A_o에 포함시킨다.

관의 벽 두께가 t일 때, 벽 속에 작용하는 전단응력 τ는 다음과 같다.

$$\tau = \frac{q}{t} = \frac{T}{2A_0 t} \tag{5.55}$$

식 (5.55)로 계산되는 순수 전단응력은 전단면에 45°기울어진 면을 따라 동일한 크기의 주응력으로 변환되며 이 때 주 인장응력이 콘크리트의 인장강도를 초과하면 균열이 발생하게 된다. 그리고 이 경우 2축 응력을 받고 있는데 그 중에서도 가장 불리한 인장과 압축을 받고 있으므로 1축 인장강도보다 작은 $1/3\sqrt{f_{ck}}$를 콘크리트의 인장강도로 취하여 식 (5.55)에 대입하면 다음과 같은 균열 비틀림 모멘트 T_{cr}을 계산할 수 있다.

$$T_{cr} = 1/3\sqrt{f_{ck}}\,(2A_0 t) \tag{5.56}$$

여기서, f_{ck} : 콘크리트 설계기준 강도

A_o : 전단흐름 경로로 둘러싸인 면적

t　: 벽의 두께($\fallingdotseq \frac{A_{cp}}{p_{cp}}$)

A_{cp} : 콘크리트 외부둘레로 둘러싸인 단면적

p_{cp} : 콘크리트 단면의 둘레길이

일반적으로 속찬 직사각형 단면 부재에서 t 는 단면 최소폭의 $\frac{1}{6} \sim \frac{1}{4}$범위에 있으므로 직사각형 단면의 폭이 b이고 높이가 h일 때, h = 2b인 부재에 대하여 t의 범위 중 $\frac{1}{4}$을 취하면 $A_o = \frac{3}{4}b \times \frac{7}{4}b = \frac{21}{16}b^2$이고 $A_{cp} = b \times 2b = 2b^2$이므로 A_o는 다음과 같다.

$$A_o = \frac{21}{32}A_{cp} \fallingdotseq \frac{2}{3}A_{cp} \tag{a}$$

또한 $p_{cp} = 2 \times b + 2 \times 2b = 6b$이고 $\frac{A_{cp}}{p_{cp}} = \frac{2b^2}{6b} = \frac{1}{3}b$이므로

$$t = \frac{1}{4}b = \frac{3}{4}\frac{A_{cp}}{p_{cp}} \tag{b}$$

위의 식 (a),(b)를 식 (5.56)에 대입하면

$$T_{cr} = 1/3\sqrt{f_{ck}}\,(2A_0 t) = 1/3\sqrt{f_{ck}}\,(2 \times \frac{2}{3}A_{cp} \times \frac{3}{4}\frac{A_{cp}}{p_{cp}})$$

따라서 다음 식 (5.57)과 같이 균열 비틀림 모멘트 T_{cr} 을 얻을 수 있다.

$$T_{cr} = 1/3\sqrt{f_{ck}}\,\frac{A_{cp}^2}{p_{cp}} \tag{5.57}$$

여기서, T_{cr} : 콘크리트 부재의 균열 비틀림 모멘트

f_{ck} : 콘크리트 설계기준 강도

A_{cp} : 콘크리트 외부둘레로 둘러싸인 단면적

p_{cp} : 콘크리트 단면의 둘레길이

보가 슬래브와 일체로 된 부재 또는 합성구조로 된 부재에서 A_{cp}와 p_{cp}를 계산할 경우, 그림 5.27과 같이 슬래브 위 또는 아래로 내민 높이 중 큰 높이만큼을 보의 양쪽으로 연장한 슬래브 부분까지를 보로 본다.

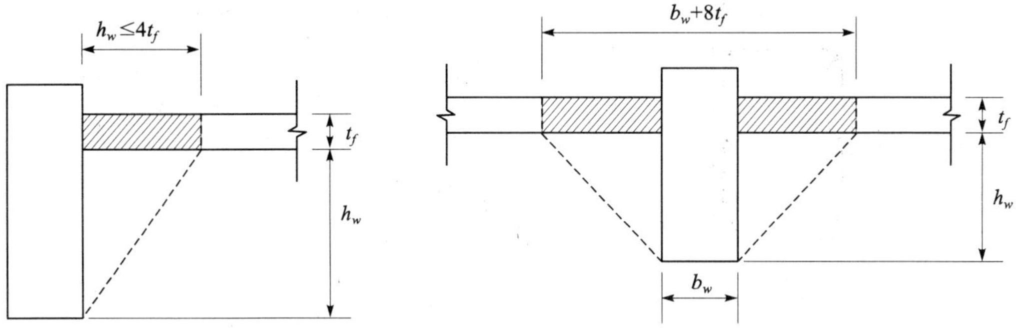

그림 5.27 보에 포함해야 할 슬래브 면적

5.7.2 철근 콘크리트 부재의 비틀림

균열 비틀림 모멘트 T_{cr} 보다 큰 비틀림에 저항시키기 위해 배근하는 폐쇄스터럽(closed stirrup)과 종방향 철근(longitudinal bar)을 비틀림 철근(torsion reinforcement)이라고 한다.

철근 콘크리트보가 균열 비틀림 모멘트를 받으면 나선형의 균열을 일으키고, 일단 균열이 발생하면 콘크리트의 비틀림 저항은 비균열 부재의 약 1/2 정도로 저하되며 나머지는 보강된 비틀림 철근이 담당하게 된다.

많은 실험 결과에 의하면 전단 경로에 둘러싸인 면적으로, 균열 전에는 박벽관의 벽 중심선에서 측정된 면적을 사용했는데 균열 발생 후에는 바깥쪽 폐쇄스터럽의 중심선에서 측정된 면적을 사용해야 하는 것으로 나타났다.

부재의 비틀림 저항에 대한 해석은 비틀림 균열과 평행한 힘을 받는 나선형 콘크리트 사재(spiral concrete diagonal)와 횡방향 인장 부재(transverse tension tie)를 담당하는 폐쇄스터럽(closed stirrup) 그리고 종방향 인장현(tension chord)의 역할을 하는 종방향 철근으로 구성된 입체트러스로 간주하여 이루어진다. 이러한 박벽관, 입체트러스 이론은 실제거동을 단순화한 것이며 실제로는 비틀림 강도를 과소평가하게 된다.

그림 5.28와 같이 직사각형 단면을 가진 부재의 비틀림 저항은, 등가의 속빈 관(equivalent hollow tube)에서 각각의 네 벽에 존재하는 전단력의 기여를 합하여 나타낼 수 있다.

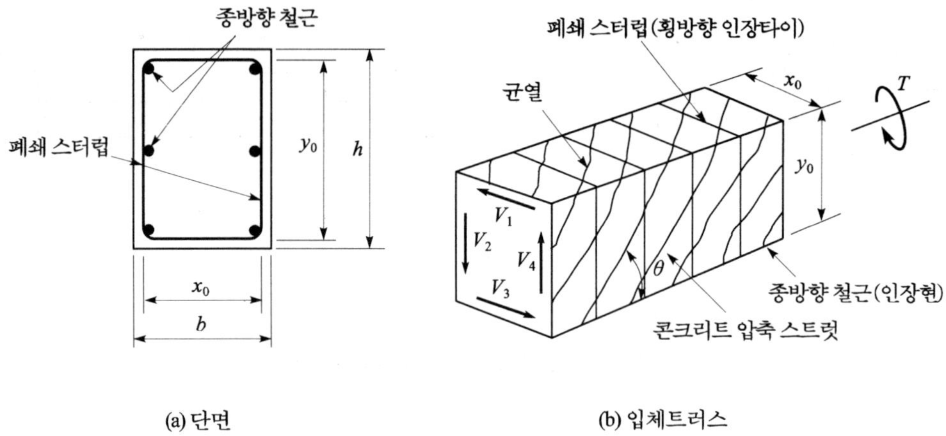

그림 5.28 입체 트러스 이론

예를 들어 관의 우측 수직벽에 작용하는 전단력이 비틀림 저항에 기여하는 정도는 다음과 같다.

$$T_4 = V_4 \frac{x_0}{2} \tag{a}$$

θ의 각도로 발생한 균열에 평행한 모서리를 포함한 수직벽에서 단면의 평형은 그림 5.29에 표시된 것과 같이 이루어질 수 있다.

그림 5.29(a)에서 균열과 교차된 스터럽이 항복한다면 고려중인 벽에서 전단력은 다음과 같다.

$$V_4 = n\, A_t\, f_{yt} \tag{b}$$

여기서, n : 균열과 교차된 스터럽의 수

A_t : 폐쇄스터럽 다리 하나의 단면적

f_{yt} : 폐쇄스터럽의 항복강도

그림 5.29(a)에서와 같이 균열의 수평 정사영(horizontal projection)은 $y_0 \cot\theta$ 이므로 균열과 교차되는 스터럽의 수는 $n = \dfrac{y_0 \cot\theta}{s}$ 이다. 따라서 식 (b)는 다음과 같이 된다.

$$V_4 = \frac{A_t\, f_{yt}\, y_0}{s} \cot\theta \tag{c}$$

여기서, s : 스터럽의 간격

θ : 콘크리트 압축 스터럿의 경사각

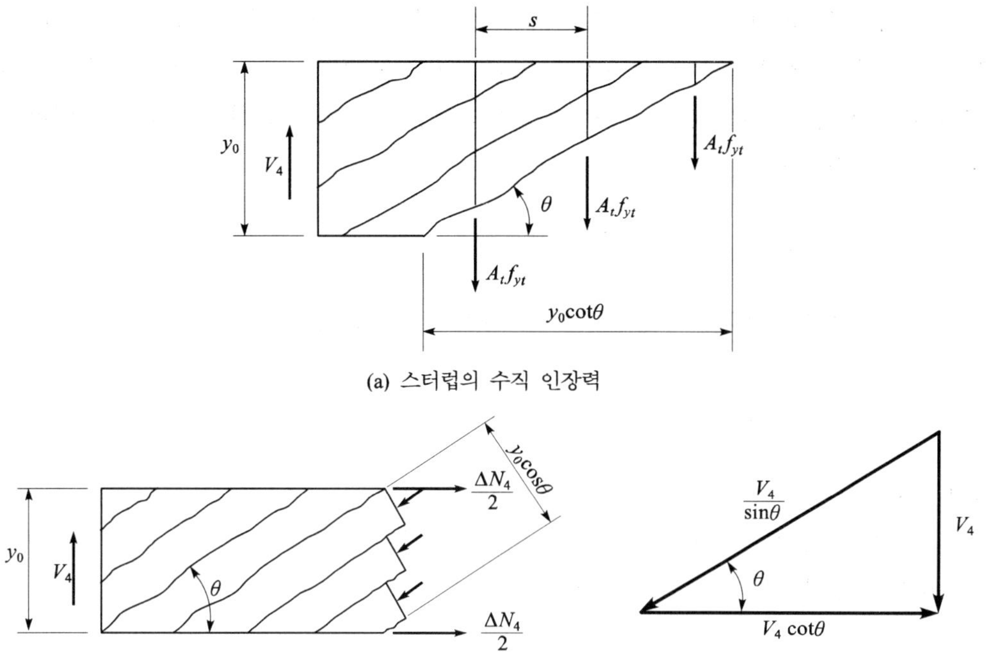

(b) 수직벽의 경사 압축력　　(c) 수직벽에서 힘의 평형

그림 5.29 비틀림 설계의 기본원리

위의 식 (c)를 식 (a)에 대입하면

$$T_4 = \frac{A_t\, f_{yt}\, y_0}{s} \cot\theta \times \frac{x_0}{2} = \frac{A_t\, f_{yt}\, x_0\, y_0}{2s} \cot\theta \qquad \text{(d)}$$

각각의 수평 및 수직벽에 대하여 식 (d)와 같은 표기를 쉽게 유도할 수 있으므로 네 벽에 작용하는 전단력으로 인한 비틀림력을 모두 더하면 다음과 같이 공칭 비틀림 강도를 얻을 수 있다.

$$T_n = \sum_{i=1}^{4} T_i = \frac{2\, A_t\, f_{yt}\, x_0\, y_0}{s} \cot\theta \qquad \text{(e)}$$

여기서 폐쇄스터럽으로 둘러싸인 면적을 $x_0\, y_0 = A_{oh}$ 라 하면 식 (e)는 다음 식 (5.58)로 된다.

$$T_n = \frac{2\, A_{oh}\, A_t\, f_{yt}}{s} \cot\theta \qquad (5.58)$$

비틀림 균열에 평행한 경사 압축 스트럿은 입체 트러스로 간주된 단면의 평형에 필요하며 수직벽에서 스트럿에 작용하는 압축력의 수평분력은 축방향 인장력 ΔN_4와 평형을 이루어야 한다. 부재 둘레에 전단흐름이 등분포한다고 가정하였으므로 스트럿의 경사응력도 등분포로 볼 수 있으며 이 축방향력의 합력의 작용선은 벽의 중간 높이와 일치한다. 따라서 그림 5.29(c)에서와 같이 비틀림으로 인한 축방향력의 변화에 대해 우측 수직벽이 부담하는 힘은 다음과 같다.

$$\Delta N_4 = V_4 \cot\theta = \frac{A_t\, f_{yt}\, y_0}{s}\cot^2\theta$$

그러므로 네 변 모두에 대한 축방향력을 합산하면 다음 식 (5.59)로 된다.

$$\Delta N = \sum_{i=1}^{4}\Delta N_i = \frac{A_t\, f_{yt}}{s}2(x_0 + y_0)\cot^2\theta = \frac{A_t\, f_{yt}\, p_h}{s}\cot^2\theta \tag{5.59}$$

여기서 p_h는 폐쇄스터럽의 중심선에서 잰 둘레길이이다.

식 (5.59)에서 계산된 축방향력 ΔN은 종방향 철근이 지지해야 하므로 만약 종방향 철근이 항복하도록 설계한다면 다음과 같다.

$$\Delta N = A_\ell\, f_{y\ell} = \frac{A_t\, f_{yt}\, p_h}{s}\cot^2\theta$$

$$\therefore A_\ell = \frac{A_t}{s}\, p_h\, \frac{f_{yt}}{f_y}\cot^2\theta \tag{5.60}$$

여기서, A_ℓ : 비틀림에 저항하기 위한 종방향 철근의 총단면적

f_y : 종방향 철근의 항복강도

균열 발생 후, 전단흐름 경로로 둘러싸인 유효면적 A_o는 앞에서 사용한 A_{oh}보다 다소 작다는 것이 실험에 의해 밝혀져 왔다. 따라서 감소된 값으로 $A_o = 0.85 A_{oh}$가 추천되고 있으며 여기서 A_{oh}는 횡방향 철근의 중심선으로 둘러싸인 면적이다. 그러므로 식 (5.58)에서 A_{oh}는 $0.85A_{oh}$로 대치되어야 한다. 이와 더불어 극한하중에 가까운 하중에서 등가의 관 두께는 $t = \frac{A_{oh}}{p_h}$에 근접한다는 것이 실험에 의해 알려졌다.

5.7.3 전단과 비틀림의 조합

부재가 비틀림만을 받는 경우는 매우 드물며 일반적인 경우에 휨모멘트와 전단력을 받는 부재가 추가로 비틀림 모멘트에 저항하여야 한다. 비 균열 부재에서는 전단력은 물론 비틀

림 모멘트가 전단응력을 발생시키며, 균열부재에서는 이들이 경사 스트럿에 작용하는 하중을 증가시켜 사인장 균열의 폭을 증가시키고 횡방향 보강재에 작용하는 하중 또한 증가시킨다.

철근 콘크리트보에서 재하된 전단력에 의한 공칭전단응력은 $v_v = \dfrac{V}{b_w d}$ 이고 비틀림에 의한 전단응력은 $\tau_t = \dfrac{T}{2A_o t}$ 이다.

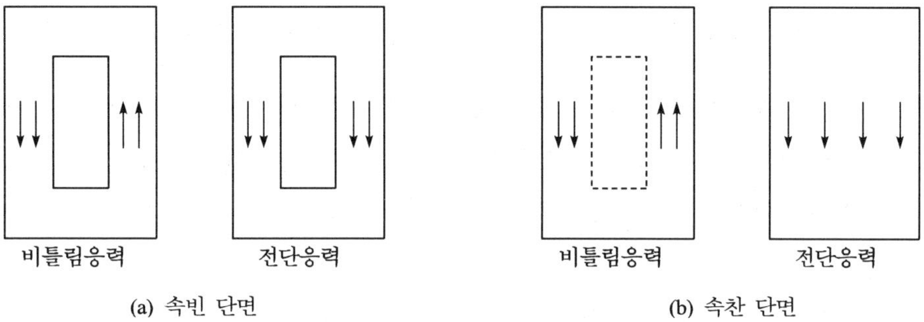

그림 5.30 비틀림 응력과 전단응력의 합산

그림 5.30(a)와 같이 속빈 단면에 있어서 이 응력들은 부재의 한 변에서 직접 더하면 된다. 따라서 $A_o = 0.85A_{oh}$ 이고 $t = \dfrac{A_{oh}}{p_h}$ 인 균열단면에서 최대전단응력은 다음과 같이 표현될 수 있다.

$$\tau = v_v + \tau_t = \frac{V}{b_w d} + \frac{T p_h}{1.7 A_{oh}^2} \tag{5.61}$$

속찬 단면에 있어서 전단응력은 그림 5.30(b)와 같이 분포되므로 실험에 의하면 식 (5.61)은 속찬 단면에 대하여 약간 과보존적(overconservative)이므로 최대전단응력에 대한 보다 근접한 방법으로 다음 식 (5.62)이 주어진다.

$$\tau = \sqrt{\left(\frac{V}{b_w d}\right)^2 + \left(\frac{T p_h}{1.7 A_{oh}^2}\right)^2} \tag{5.62}$$

식 (5.61)과 식 (5.62)는 사용하중과 극한하중상태에서 콘크리트의 전단응력 계산에 이용된다.

5.7.4 비틀림 설계

비틀림에 필요한 철근량은 다음 식 (5.63)에 의해 계산하여야 한다.

$$T_u \leq T_d = \phi T_n \tag{5.63}$$

여기서, T_u : 계수 비틀림 모멘트(factored torsional moment)

T_d : 설계 비틀림 강도(design torsional strength)

$\phi = 0.75$: 비틀림에 대한 강도 감소 계수

T_n : 부재의 공칭 비틀림 강도(nominal torsional strength)

철근콘크리트 보에서 위험단면은 받침부 전면으로부터 경간쪽으로 유효깊이 d 만큼 떨어진 곳으로 본다. 그러나 만약 d 이내에서 집중된 비틀림이 발생하면 설계 시 위험단면은 받침부 전면이 된다. 따라서 계수 비틀림 모멘트 T_u는 이러한 위험단면에서 계산되어야 한다.

(1) 비틀림을 고려하지 않아도 되는 경우

계산된 계수 비틀림 모멘트 T_u가 다음과 같은 경우에는 설계시 비틀림에 대한 고려를 무시할 수 있다.

① 철근콘크리트 부재의 경우

$$T_u < \phi(\lambda\sqrt{f_{ck}}/12)\frac{A_{cp}^2}{p_{cp}} \tag{5.64a}$$

② 축방향 인장 및 압축을 받는 철근콘크리트 부재의 경우

$$T_u < \phi(\lambda\sqrt{f_{ck}}/12)\frac{A_{cp}^2}{p_{cp}}\sqrt{1+\frac{N_u}{A_g\lambda\sqrt{f_{ck}}/3}} \tag{5.64b}$$

속이 빈 단면에서 A_g는 A_{cp} 대신에 사용할 수 있으며, 단면의 외부경계선은 규정에 따라야 한다.

여기서, A_{cp} : 외부둘레로 둘러싸인 콘크리트의 총 단면적($= b_w d$, mm^2)

p_{cp} : 콘크리트 단면의 외부 둘레길이($=2(b_w + h)$, mm)

균열에 의하여 내력의 재분배가 발생하여 비틀림모멘트가 감소할 수 있는 부정정 구조물의 경우, 최대 계수비틀림모멘트 T_u는 다음 값으로 감소시킬 수 있다.

① 철근콘크리트 부재의 경우

$$\phi(\lambda\sqrt{f_{ck}}/3)\frac{A_{cp}^2}{p_{cp}} \tag{5.64c}$$

② 축방향 인장 및 압축을 받는 철근콘크리트 부재

$$\phi(\lambda\sqrt{f_{ck}}/3)\frac{A_{cp}^2}{p_{cp}}\sqrt{1+\frac{N_u}{A_g\lambda\sqrt{f_{ck}}/3}} \tag{5.64d}$$

철근콘크리트 부재에서, 받침부에서 d 이내에 위치한 단면은 d에서 계산된 T_u보다 작지 않은 비틀림모멘트에 대하여 설계하여야 한다. 만약 d 이내에서 집중된 비틀림모멘트가 작용하면 위험단면은 받침부의 안쪽 면으로 하여야 한다.

(2) 비틀림 강도

전단과 비틀림의 합 응력에 의해 발생되는 미세한 균열의 감소와 경사압축응력에 의한 콘크리트 표면의 파괴를 방지하기 위해 설계기준에서는 다음과 같이 규정하고 있다.

① **속찬 단면** : 이 단면에서 전단에 대한 응력은 단면의 전체 폭에 걸쳐서 발생하지만 비틀림에 의한 응력은 박벽관 이론에 의해 구한 값으로 다음과 같다.

$$\sqrt{\left(\frac{V_u}{b_w d}\right)^2+\left(\frac{T_u p_h}{1.7 A_{oh}^2}\right)^2} \le \phi\left(\frac{V_c}{b_w d}+\frac{2\sqrt{f_{ck}}}{3}\right) \tag{5.65}$$

② **속빈 단면** : 이 단면에서는 전단과 비틀림에 의해 발생한 전단응력을 직접 더한 관계를 다음과 같이 만족하여야 한다.

$$\frac{V_u}{b_w d}+\frac{T_u p_h}{1.7 A_{oh}^2} \le \phi\left(\frac{V_c}{b_w d}+\frac{2\sqrt{f_{ck}}}{3}\right) \tag{5.66}$$

여기서, $V_c=\frac{1}{6}\lambda\sqrt{f_{ck}}\,b_w d$

p_h : 폐쇄스터럽 중심선으로 둘러싸인 둘레길이

A_{oh} : 폐합스터럽의 중심선으로 둘러싸인 면적

위의 식 (5.65)와 식 (5.66)이 만족되지 않을 경우 부재의 단면치수를 늘리거나 설계기준 강도 f_{ck}를 크게 해야 한다. 만약 속빈 단면의 주위로 벽의 두께가 변한다면 윗 식 (5.66)

의 좌변이 최대가 되는 위치에서 계산되어야 한다. 또한 벽의 두께가 A_{oh}/p_h 보다 작다면 식 (5.66)의 둘째 항을 $\left(\frac{T_u}{1.7 A_{oh}\, t}\right)$로 취하여야 한다. 여기서 t는 응력이 계산되는 위치에서 속빈 단면의 벽 두께이다.

(3) 부재의 공칭 비틀림 강도 T_n 계산

부재의 공칭 비틀림 강도 T_n을 계산할 때는 모든 비틀림이 스터럽과 주철근에 의해 저항되고 $T_c = 0$라고 가정하여야 하며 동시에 콘크리트에 의한 전단저항 V_c는 비틀림에 의해 변하지 않는다고 가정하여야 한다. 따라서 공칭비틀림 강도 T_n은 다음 식 (5.67)으로 계산된다.

$$T_n = \frac{2 A_o A_t f_{yt}}{s} \cot\theta = \frac{T_u}{\phi} \tag{5.67}$$

여기서 A_0는 $0.85 A_{oh}$로 취할 수 있고, 압축경사각 θ는 30° 이상 60° 이하의 값으로서 프리스트레싱 되지 않은 부재나 프리스트레스 힘이 주철근 인장강도의 40% 미만인 경우는 45°로 취할 수 있고, 프리스트레스 힘이 주철근 인장강도의 40% 이상인 경우는 37.5° 로 취할 수 있다.

(4) 횡방향 철근량 계산

비틀림에 저항하기 위한 횡방향 철근량 A_t는 위의 식 (5.67)로부터 다음 식 (5.68)로 된다.

$$A_t = \frac{T_u\, s}{2\phi A_o f_{yt} \cot\theta} = \frac{T_u\, s}{2\phi A_o f_{yt}} \tan\theta \tag{5.68}$$

여기서, A_o : 전단흐름경로로 둘러싸인 면적($=0.85 A_{oh}$)

A_{oh} : 폐합스터럽의 중심선으로 둘러싸인 면적

A_t : 폐쇄스터럽 다리 하나의 단면적

f_{yt} : 폐쇄스터럽의 항복강도

s : 폐쇄스터럽의 간격

θ : 콘크리트 압축스트럿의 기울기

비틀림 철근의 설계기준항복강도는 500 MPa이하로 취하여야 한다. 또한 A_o는 $0.85 A_{oh}$로 취할 수 있고 압축경사각 θ는 30° ~ 60°의 값으로서 철근콘크리트보의 경우 일반적으로 45°로 취할 수 있다.

여기서 횡방향 비틀림 철근의 간격은 $\frac{p_h}{8}$ 보다 작아야 하고, 또한 300mm보다 작아야 한다. 즉,

$$s < \begin{pmatrix} \frac{p_h}{8} \\ 300\ mm \end{pmatrix} \text{ 중에서 작은 값}$$

p_h : 폐쇄스터럽 중심선으로 둘러싸인 둘레길이

비틀림모멘트를 받는 속빈 단면에서는 횡방향 비틀림철근의 중심선에서 단면 내벽까지의 거리가 $0.5\,A_{oh}/p_h$ 이상이 되어야 한다.

(5) 종방향 철근량 계산

비틀림에 저항하기 위한 종방향 철근은 다음 식 (5.69)로 된다.

$$A_\ell = \frac{A_t}{s} p_h \left(\frac{f_{yt}}{f_y}\right) \cot^2\theta \tag{5.69}$$

여기서, A_ℓ : 종방향 철근의 단면적

f_y : 종방향 철근의 항복강도

나머지 변수는 위의 식에서와 동일하게 하고 종방향 철근은 폐쇄스터럽의 둘레에 따라 300mm 이하의 간격으로 분포시켜야 한다. 또한 종방향 철근은 스터럽 내부에 배치되어야 하며, 스터럽의 각 모서리에 최소한 하나의 종방향 철근이 있어야 한다. 이러한 종방향 철근의 지름은 스터럽 간격의 1/24 이상이 되어야 하며, D10 이상의 철근이어야 한다.

(6) 전단력에 대한 전단철근의 계산

전단력에 대한 전단철근의 설계는 앞 5.5에 따른다. 만약 수직 스터럽을 사용한다면 다음 식을 이용한다.

$$A_v \geq \frac{s\,(V_u - \phi V_c)}{\phi\, f_{yt}\, d} \tag{5.36b}$$

(7) 전체 횡방향 철근의 결정

비틀림과 전단에 대한 스터럽의 요구량을 서로 더해서 다음 식 (5.70)과 같은 최소한의 전체 소요량이 만족되도록 스터럽을 배치해야 한다.

$$\frac{A_{v+t}}{s} \geq \frac{A_v}{s} + 2\frac{A_t}{s} \tag{5.70}$$

여기서, A_v : 전단력에 대한 전단철근의 단면적

A_t : 비틀림에 대한 폐쇄스터럽의 단면적

(8) 최소 비틀림 철근량의 검토

비틀림을 고려해야 하는 구간에 대하여 다음의 조건을 만족해야 한다.

횡방향 철근의 최소 면적은 다음 식으로 검토한다.

$$(A_v + 2A_t) \geq 0.0625\sqrt{f_{ck}}\frac{b_w s}{f_{yt}} \tag{5.71}$$

종방향 철근의 최소 면적은 다음 식으로 검토한다.

$$A_{\ell.min} = \frac{0.42\sqrt{f_{ck}}A_{cp}}{f_y} - \left(\frac{A_t}{s}\right)p_h\frac{f_{yt}}{f_y} \tag{5.72}$$

단, $\frac{A_t}{s} \geq \frac{0.175 b_w}{f_{yt}}$ 이어야 한다.

비틀림 철근은 계산상으로 필요한 위치를 넘어 $(b_t + d)$ 이상의 거리까지 배근시켜야 한다. 여기서 b_t 는 폐쇄스터럽이 배치된 단면의 폭이다.

예제 5.5

그림과 같이 폭 $b = 400$ mm, 유효깊이 $d = 530$ mm, 보의 높이 $h = 600$ mm인 철근콘크리트 단면 보에 4-D29(2,570 mm^2)의 휨철근이 배근되어 있다. 보의 지지면에서 거리 d만큼 떨어진 곳에 계수전단력 $V_u = 200{,}000$N과 계수 비틀림 모멘트 $T_u = 2\times10^7$N·mm가 작용할 때 전단철근을 설계하시오. 단, $f_{ck} = 24$ MPa 이고 SD300 철근을 사용한다.

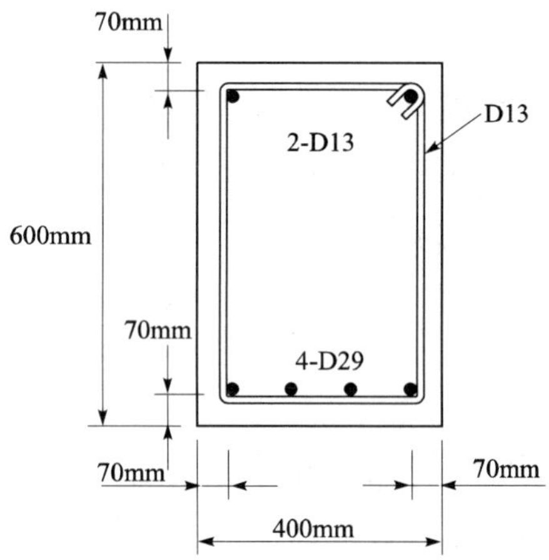

그림 5.31

▸ **풀이**

(1) 비틀림을 고려해야 하는지 확인한다.

식 5.64 : $T_u < \phi(1/12\lambda\sqrt{f_{ck}})\dfrac{A_{cp}^2}{p_{cp}}$

여기서, $T_u = 2\times10^7$ N.mm

$A_{cp} = 400\times600 = 240{,}000\text{mm}^2$

$p_{cp} = 2\times(400+600) = 2{,}000\text{mm}$

$$\phi(1/12\lambda\sqrt{f_{ck}})\frac{A_{cp}^2}{p_{cp}} = 0.75\times(1/12\times1.0\times\sqrt{24})\times\frac{240{,}000^2}{2{,}000} = 8{,}818{,}163\ \text{N·mm}$$

$\therefore\ T_u > \phi(1/12\lambda\sqrt{f_{ck}})\dfrac{A_{cp}^2}{p_{cp}}$ 이므로 비틀림을 고려해야 한다.

(2) 콘크리트 단면의 적절성을 검토한다.

속 찬 단면이므로 다음에 대해 검토한다.

식 5.65 : $\sqrt{\left(\dfrac{V_u}{b_w d}\right)^2+\left(\dfrac{T_u p_h}{1.7A_{oh}^2}\right)^2} \le \phi\left(\dfrac{V_c}{b_w d}+\dfrac{2\sqrt{f_{ck}}}{3}\right)$

여기서 $V_u = 200{,}000$ N, $T_u = 2\times10^7$ N·mm

$p_h = 2\times\{(400-2\times70+28.6+12.7)+(600-2\times70+28.6+12.7)\} = 1{,}605.2\text{mm}$

$A_{oh} = (400-2\times70+28.6+12.7)\times(600-2\times70+28.6+12.7) = 151{,}041.69\text{mm}^2$

$V_c = \dfrac{1}{6}\lambda\sqrt{f_{ck}}\,b_w d = 1/6\times1.0\times\sqrt{24}\times400\times530 = 173{,}097.3$ N

식 (5.65)는 다음과 같이 계산된다.

$$\sqrt{\left(\frac{V_u}{b_w d}\right)^2+\left(\frac{T_u p_h}{1.7A_{oh}^2}\right)^2} = \sqrt{\left(\frac{200{,}000}{400\times530}\right)^2+\left(\frac{20{,}000{,}000\times1{,}605.2}{1.7\times151{,}041.69^2}\right)^2} = 1.255$$

$$\phi\left(\frac{V_c}{b_w d}+\frac{2\sqrt{f_{ck}}}{3}\right) = 0.75\times\left(\frac{173{,}097.3}{400\times530}+2/3\times\sqrt{24}\right) = 3.062$$

따라서,

$\sqrt{\left(\dfrac{V_u}{b_w d}\right)^2+\left(\dfrac{T_u p_h}{1.7A_{oh}^2}\right)^2} < \phi\left(\dfrac{V_c}{b_w d}+\dfrac{2\sqrt{f_{ck}}}{3}\right)$ 이므로 단면의 크기는 적절하다.

(3) 부재의 공칭 비틀림 강도T_n 계산

$$T_n = \frac{T_u}{\phi} = \frac{20{,}000{,}000}{0.75} = 26{,}700{,}000\ \text{N}$$

(4) 횡방향 철근량 계산

식 5.68 : $A_t = \dfrac{T_u\, s}{2\phi\, A_o\, f_{yt}\cot\theta} = \dfrac{T_u\, s}{2\phi\, A_o\, f_{yt}}\tan\theta$

여기서 $A_o = 0.85\,A_{oh} = 0.85\times151{,}041.69 = 128{,}385.4\text{mm}^2$

$f_{yt} = 300\text{ MPa},\ \theta = 45°$

$s < \begin{pmatrix} \dfrac{p_h}{8} \\ 300\text{ mm} \end{pmatrix}$ 중에서 작은 값이므로

$(\dfrac{p_h}{8} = \dfrac{1{,}605.2}{8} = 200.65\text{mm} < 300\text{mm})$

s는 200.65mm보다 작아야 한다. 따라서 철근간격 $s = 200\text{ mm}$로 하면

$\therefore\ A_t = \dfrac{T_u\, s}{2\phi\, A_o\, f_{yt}}\tan\theta = \dfrac{20{,}000{,}000\times200}{2\times0.75\times128{,}385.4\times300}\times\tan45° = 69.2\text{mm}^2$

따라서 폐쇄스터럽 다리 하나의 단면적 $A_t = 69.2\text{ mm}^2$이다.

(5) 종방향 철근량 계산

식 5.69 : $A_\ell = \dfrac{A_t}{s}\,p_h\left(\dfrac{f_{yt}}{f_y}\right)\cot^2\theta$

여기서 $f_y = f_{yt} = 300\text{ MPa}$이므로

$\therefore\ A_\ell = \dfrac{69.2}{200}\times1{,}605.2\times\left(\dfrac{300}{300}\right)\times\cot^2 45° = 555.4\text{mm}^2$

(6) 전단력에 대한 전단철근의 계산

$V_u \leqq V_d = \phi\,V_n = \phi\,(V_c + V_s)$로부터

$V_s = \dfrac{A_v\, f_{yt}\, d}{s} \geq \dfrac{V_u - \phi V_c}{\phi} = \dfrac{200{,}000 - 0.75\times173{,}097.3}{0.75} = 93{,}569.4\text{ N}$

$V_s > \dfrac{1}{3}\lambda\sqrt{f_{ck}}\,b_w\,d$ 인지 확인하여 철근 간격을 결정한다.

$\dfrac{1}{3}\lambda\sqrt{f_{ck}}\,b_w\,d = \dfrac{1}{3}\times1.0\times\sqrt{24}\times400\times530 = 346{,}194.55\text{ N}$

$V_s < \dfrac{1}{3}\lambda\sqrt{f_{ck}}\,b_w\,d$이므로 철근간격을 0.5d이하 600mm 이하로 한다.

$0.5d = 265\text{mm} < 600\text{mm}$이므로 철근의 간격 $s = 200\text{ mm}$로 결정하면

$A_v \geq \dfrac{s\,(V_u - \phi V_c)}{\phi\, f_{yt}\, d} = \dfrac{200\times(200{,}000 - 0.75\times173{,}097.3)}{0.75\times300\times530} = 117.7\text{mm}^2$

(7) 전체 횡방향 철근의 결정

$\frac{A_{v+t}}{s} \geq \frac{A_v}{s} + 2\frac{A_t}{s} = \frac{117.7}{200} + 2 \times \frac{69.2}{200} = 1.28$mm 이고 전체철근의 간격은 전단력에 대한 횡방향 철근간격과 비틀림에 대한 횡방향 철근간격을 모두 만족시켜야 하므로 200mm로 결정하면

$A_{v+t} \geq 1.28 \times 200 = 256.0\text{mm}^2$

(8) 최소 비틀림 철근량의 검토

횡방향 철근의 최소 면적을 식 (5.71)로 검토한다.

$$(A_v + 2A_t) = 256.1\text{mm}^2 > 0.0625\sqrt{f_{ck}}\frac{b_w s}{f_{yt}} = 0.0625 \times \sqrt{24} \times \frac{400 \times 200}{300} = 81.65 \text{ (O.K.)}$$

종방향 철근의 최소 면적을 식 (5.72)로 검토한다.

$$A_{\ell,min} = \frac{0.42\sqrt{f_{ck}}\,A_{cp}}{f_y} - \left(\frac{A_t}{s}\right) p_h \frac{f_{yt}}{f_y}$$

$$= \frac{0.42 \times \sqrt{24} \times 240{,}000}{300} - \left(\frac{69.2}{200}\right) \times 1{,}605.2 \times \frac{300}{300}$$

$$= 1{,}090.6\text{mm}^2 > A_l = 555.4\text{mm}^2 \quad \text{(Not O.K.)}$$

단, $\frac{A_t}{s} \geq \frac{0.175 b_w}{f_{yt}}$ 이어야 한다. 따라서,

$$\frac{A_t}{s} = \frac{69.2}{200} = 0.345 > \frac{0.175 b_w}{f_{yt}} = \frac{0.175 \times 400}{300} = 0.2333 \text{ (O.K.)}$$

따라서 종방향 철근 $A_\ell = 1{,}090.6\text{mm}^2$ 이상으로 배근한다.

(9) 철근의 배치

① 횡방향 철근 : 위에서 200mm간격으로 256.0mm^2을 배근하여야 하는데 폐합스터럽으로 배근할 때 스터럽의 다리가 2개 이므로 $256.0/2 = 128.0\text{mm}^2$이 되어야 한다. 따라서 D13($126.7\text{mm}^2$)을 200mm간격으로 배근한다.

② 종방향 철근 : 위에서 종방향 철근 $A_\ell = 1{,}090.6\text{mm}^2$을 배근하여야 하는데 설계기준에 의하면 종방향 철근은 폐쇄스터럽의 둘레에 따라 300mm 이하의 간격으로 분포시켜야 하고 스터럽 내부에 배치되어야 하며, 스터럽의 각 모서리에 최소한 하나를 배치해야 한다. 또한 이러한 종방향 철근의 직경은 스터럽 간격의 1/24 이상이 되어야 하며, D10 이상이어야 한다.

직경 : $\frac{s}{24} = \frac{200}{24}$ = 8.333mm < D10의 직경 = 9.53mm 이므로

철근의 직경은 D10 이상이라야 한다.

간격 : d−d′ = 530−70 = 460mm > 300mm

따라서 보의 상단, 중단, 하단에 각각 $\frac{A_\ell}{3}$을 배근한다.

$$\frac{A_\ell}{3} = \frac{1{,}090.6}{3} = 363.5\text{mm}^2$$

그런데 각 단에 2개의 종방향 철근이 배근되므로 철근 1개의 단면적은 363.5/2 = 181.8mm^2 이상이라야 한다. 따라서 D16(198.6mm^2)을 배근하면 된다.

- 상단 : 2−D13(253.4mm^2) + 2−D16(397.2mm^2) = 650.6mm^2 이므로
  2−D22(=774.2mm^2)를 배근한다.
- 중단 : 2−D16(=397.2mm^2)를 배근한다.
- 하단 : 4−D29(2,570mm^2) + 2−D16(397.2mm^2) = 2,967.2mm^2 이므로
  4−D32(=3,177mm^2)를 배근한다.

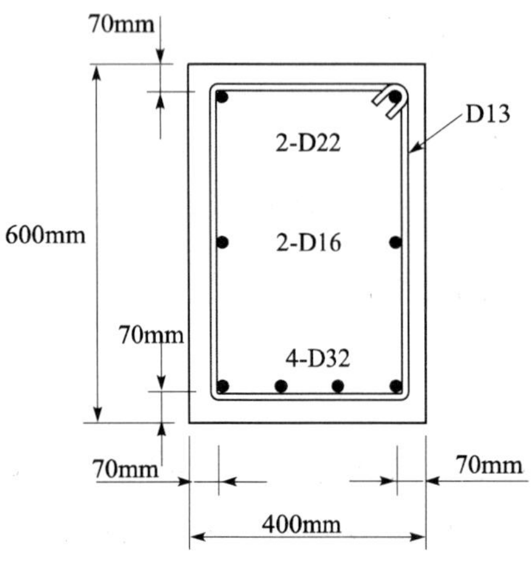

그림 5.32 최종 배근단면

연습문제

5.1 최대 계수전단력 $V_u = 200\ kN$을 받는 단순지지보의 단면을 직사각형으로 설계하고자 한다. 보의 단면이 전단에 의해 지배된다면 $f_{ck} = 40\ MPa$ 일 때 다음의 경우에 대해 단면적을 결정하시오.

(1) 전단철근을 보강하지 않을 경우

(2) 최소전단철근을 보강할 경우

(3) 전단철근을 최대로 보강할 경우

5.2 b = 400mm, d = 600mm인 직사각형 단면의 보가 계수전단력 $V_u = 350\ kN$ 을 받을 때 전단철근을 수직스터럽으로 설계하시오. 단, $f_{ck} = 24\ MPa$ 인 콘크리트를 사용하고 SD400 철근을 사용하고자 한다.

5.3 계수전단력 $V_u = 400\ kN$을 받는 직사각형 보가 있다. 보의 폭 b = 300mm이고 유효깊이 d = 500mm일 때 전단철근을 설계하시오. 단, 전단철근은 수직스터럽으로 하며 $f_{ck} = 21\ MPa$ 이고 철근은 SD350 을 사용한다.

5.4 b = 400mm, d = 600mm, h = 700mm이고 경간이 10,000mm인 직사각형 단면의 단순지지보가 있다. 여기에 등분포 고정하중 20 N/mm, 등분포 활하중 20 N/mm가 작용할 때 전단철근을 수직스터럽으로 설계하시오.
단, $f_{ck} = 24\ MPa$ 이고 SD400 철근을 사용하며 자중을 반드시 고려하시오.

5.5 고정하중(자중포함) 20 N/mm와 활하중 10 N/mm를 받는 b = 250mm, d = 450mm인 직사각형 단순보가 있다. 이 보의 경간이 16,000mm일 때 전단철근을 수직스터럽으로 설계하시오.
단, $f_{ck} = 28\ MPa$ 이고 SD400 철근을 사용하고자 한다.

5.6 b = 400mm, d = 600mm, h = 700mm이고 경간이 10,000mm 인 직사각형 단면의 단순지지보가 있다. 여기에 등분포 고정하중 20 N/mm, 등분포 활하중 20 N/mm가 작용할 때 전단철근을 30°의 경사를 가지 경사스터럽으로 설계하시오.
단, $f_{ck} = 24$ MPa 이고 SD400 철근을 사용하며 자중을 반드시 고려하시오.

5.7 b = 400mm, d = 600mm, h = 700mm이고 경간이 8,000mm 인 직사각형 단면의 단순지지보가 있다. 여기에 등분포 고정하중 $w_d = 10$ N/mm와 등분포 활하중 $w_\ell = 10$ N/mm 그리고 집중하중 140 kN이 양지점에서 2,000mm 떨어진 곳에 각각 작용할 때 전단철근을 수직스터럽으로 설계하시오.
단, $f_{ck} = 24$ MPa 이고 SD400 철근을 사용하며 자중을 반드시 고려하시오.

5.8 보의 폭 b = 300mm, 유효깊이 d = 600mm, 높이 h = 700mm인 직사각형 단면의 보가 있다. 여기에 등분포 고정하중 $w_d = 20$ N/mm(자중포함)과 등분포 활하중 $w_\ell = 40$ N/mm가 작용할 때 다음 각 경우에 대해 전단에 대한 위험단면에서 콘크리트가 부담할 수 있는 전단강도 V_c를 계산하시오. 보는 경간 6,000mm의 단순지지이고 휨철근은 3－D 35가 지점 끝까지 연속되어 있다.
단, $f_{ck} = 24$ MPa 이고 SD400 철근을 사용하며 자중을 반드시 고려하시오.

(1) 축방향력이 작용하지 않는 경우
(2) 계수 축방향 압축력 740 kN이 작용할 경우
(3) 계수 축방향 인장력 200 kN이 작용할 경우

5.9 폭 b = 400mm, 높이 h = 2,000mm, 경간 3,000mm인 깊은 보가 양 지점에서 400×400 mm의 기둥으로 지지되어 있고 보의 중앙에 계수집중하중 2,600 kN이 작용할 때, 보의 휨 및 전단에 대하여 설계하시오. 단, $f_{ck} = 28$ MPa 이고 SD400 철근을 사용한다.

5.10 400×400 mm로 된 정사각형 기둥에서 돌출된 폭 b = 300mm, 높이 h = 400mm의 브래킷에 기둥면에서 a = 100 mm 인 곳에서 수직방향으로 고정하중에 의한 반력 100 kN과 활하중에 의한 반력 200 kN이 작용할 때 브래킷을 설계하시오. 단, $f_{ck} = 28$ MPa 이고 SD400 철근을 사용한다.

5.11 단면이 300×600 mm인 직사각형보에 계수 비틀림 $T_u = 20$ MN.mm가 작용할 때 비틀림 보강 철근을 계산하시오.
단, $f_{ck} = 28$ MPa 이고 SD400 철근을 사용한다.

5.12 계수 전단력 $V_u =$ 200 kN과 계수 비틀림 $T_u = 30$ MN.mm를 받는 직사각형보에서 필요한 스터럽 철근량을 계산하시오. 보의 b = 400mm, d = 500mm, h = 600mm이고 4−D 32가 단철근으로 보강되어 있다.
단, $f_{ck} = 24$ MPa 이고 SD350 철근을 사용한다.

CHAPTER

06 정착과 이음

CHAPTER 06

정착과 이음

6.1 서론

일반적으로 구조물에 재하되는 하중이 증가함에 따라 구조부재에 변형이 증가하게 되는데 이에 저항하는 성질을 **강성**이라고 한다. 강성에는 인장강성, 휨강성, 비틀림강성 등이 있는데 그 중 휨변형에 저항하는 휨강성에는 탄성계수 E와 단면2차 모멘트 I가 관계된다. 여기에서 탄성계수 E는 재료의 고유한 성질을 나타내는 반면 단면2차 모멘트 I는 부재의 기하학적 단면의 성질을 나타내며 형상과 관계된다. 그런데 철근콘크리트 부재가 휨을 받을 때 각 재료가 일체로 작용하지 않으면, 즉 경계면에서 활동하면 부재의 단면2차 모멘트는 철근과 콘크리트 각각의 중립축에 대한 단면2차 모멘트의 합으로 구성하게 되므로 일체로 작용할 경우보다 작은 단면2차 모멘트를 갖게 된다. 따라서 동일한 하중에 대해 커다란 변형을 유발시키며 또한 콘크리트와 철근이 각각의 중립축을 형성하게 되어 휨으로 인한 인장응력과 압축응력을 받게 되므로 콘크리트의 결점인 인장저항을 철근으로 보강한다는 의미가 없어지게 된다.

철근콘크리트가 구조체로 성립되는 이유 중 하나가 콘크리트 속에 묻힌 철근이 콘크리트와 일체가 되어 외력에 저항한다는 것이다. 이와 같이 두 재료가 일체로 작용하기 위해서는 두 재료 사이의 부착력이 커서 그 경계 면에서 철근이 축 방향으로 활동하지 않아야 한다. 이 때 철근과 콘크리트의 경계면에서 활동에 저항하는 것을 철근콘크리트의 **부착(bond)**이라고 하며 이러한 부착은 주로 다음의 세 가지 작용에 의해 얻어진다.

① 시멘트 풀과 철근 표면의 화학적 점착력(chemical adhesion)

② 철근과 콘크리트 사이의 마찰력(friction)

③ 이형철근 표면의 요철에 의한 기계적 저항력

만약 원형 철근이 사용된다면 위의 작용 중 비교적 약한 화학적 점착력과 교면마찰력만이 부착강도로 작용하며 큰 하중으로 인해 이러한 저항력이 무너지면 철근이 콘크리트에서 빠져나와 부재의 파괴로 이어진다. 따라서 구조물이 안전을 유지하기 위해서는 콘크리트 속의 철근이 인장력이나 압축력을 받게 될 때 철근이 그 기능을 발휘하기 위해서 철근의 단부가 콘크리트로부터 빠져나오지 않도록 해야한다. 이와 같이 철근의 끝부분이 콘크리트 속에서 빠져나오지 않도록 고정하는 것을 철근의 **정착(anchorage)**이라고 한다. 실제의 하중하에서 철근과 콘크리트의 응력 및 부착응력은 그림 6.1과 같다.

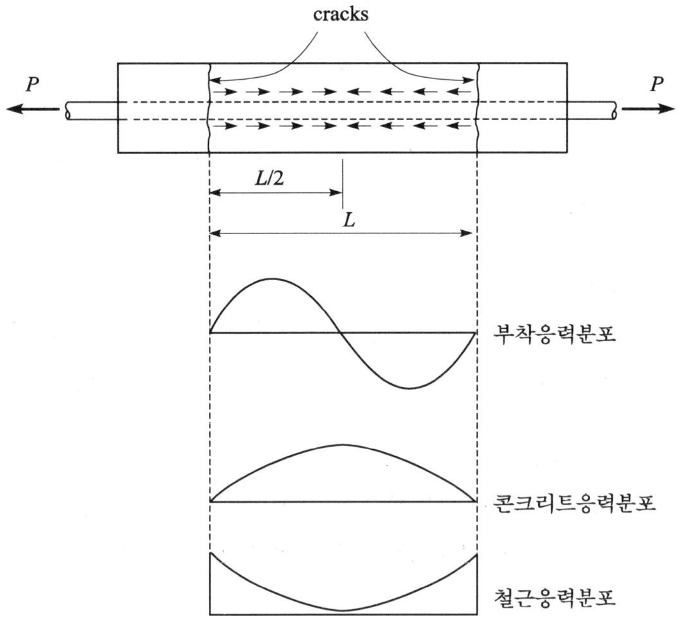

그림 6.1 균열사이의 응력분포

6.2 부착에 영향을 미치는 요인

많은 실험적 연구에 의해 부착에 영향을 미치는 요인들이 확인되었고 또한 실험 데이터의 분석을 통해 현재 설계에 사용되는 경험식이 도출되었다. 가장 기본이 되는 요인들을 열거하면 다음과 같다.

① **콘크리트의 인장강도**(tensile strength)

부착강도는 다른 조건이 일정할 때 콘크리트의 인장강도가 클수록 커지며, 일반적으로 이러한 인장강도는 압축강도가 클수록 커진다. 이형철근을 사용한 경우 철근 둘레의 콘크리트에 대한 철근의 쐐기작용이 콘크리트의 인장강도를 초과하면 쪼갬(splitting)형태의 부착파괴를 일으키므로, 비록 실험적으로 유도된 정착길이 공식에 콘크리트의 인장강도가 분명하게 나타나 있지 않지만 분모에 $\sqrt{f_{ck}}$ 항을 포함하여 콘크리트 인장강도의 영향을 반영하고 있다.

② **피복두께**(cover distance)

일반적으로 철근의 중심으로부터 콘크리트 표면까지의 최외단거리로 측정된 두께(cover)는 철근으로부터 인장쪼갬파괴에 영향을 미친다. 만약 수평이나 수직방향의 두께가 증가된다면 이형철근의 쐐기작용으로 발생되는 인장응력에 보다 잘 저항할 수 있으므로 인장쪼갬파괴에 대한 저항성이 증가하며 이는 부착강도의 증가로 이어진다. 따라서 정착길이는 짧아진다.

③ **철근의 간격**(bar spacing)

철근의 간격이 증가하면 한 개의 철근이 유발하는 인장력에 저항하는 콘크리트가 증가되어 부착강도를 증진시키며 따라서 정착길이를 줄일 수 있다.

④ **횡방향 보강**(lateral reinforcement)

스터럽과 같은 횡방향 보강철근에 작용하는 인장력은 균열의 발생을 저지하는 경향이 있으므로 수평이나 수직방향의 쪼갬 파괴에 대한 인장철근의 저항능력을 향상시킨다.

⑤ **철근의 표면상태**

철근의 표면상태는 바찰계수를 변화시켜 철근과 콘크리트 사이의 바찰력(friction)에 영향을 준다. 따라서 이형철근은 원형철근보다 마찰력이 크고 이형철근 표면의 요철에 의한 기계적 저항력이 발생하기 때문에 부착강도가 훨씬 크다. 근래에 와서 부식성환경에 놓이게 되는 구조물에는 에폭시도막철근이 사용되고 있는데 이는 콘크리트와의 점착력을 감소시켜 부착강도를 저하시킨다.

⑥ **철근의 위치 및 방향**

일반적으로 수평철근은 수직철근보다 부착강도가 떨어지고 같은 수평철근이라도 상부철근은 하부철근보다 부착강도가 작다. 이는 워커빌리티를 확보하기 위해 사용된 초과수량과 기포가 콘크리트 시공시 상부로 떠오르면서 상부철근 하면에 모여 부착면적을 감소시키기 때문이다. 실험에 의하면 철근 아래로 300mm 이상의 콘크리트가 있을 때 부착강도의 손실이 크게 나타난다.

6.3 부착응력

그림 6.2(a)와 같은 철근콘크리트 보가 표면을 매끄럽게 처리한 원형철근을 삽입하여 만들어졌다면, 즉 철근과 콘크리트의 경계면에서 부착력이 존재하지 않는다면 그림6.2(b)와 같이 하중이 재하될 때 보는 휨 변형을 받게 되고 철근은 원래의 길이를 유지하게 된다. 이것은 휨에 의해 인장변형을 받는 인접한 콘크리트에 대해 철근이 축방향으로 활동했다는 것을 보여주며 이러한 보는 무근콘크리트 보와 거의 비슷한 거동을 나타낸다.

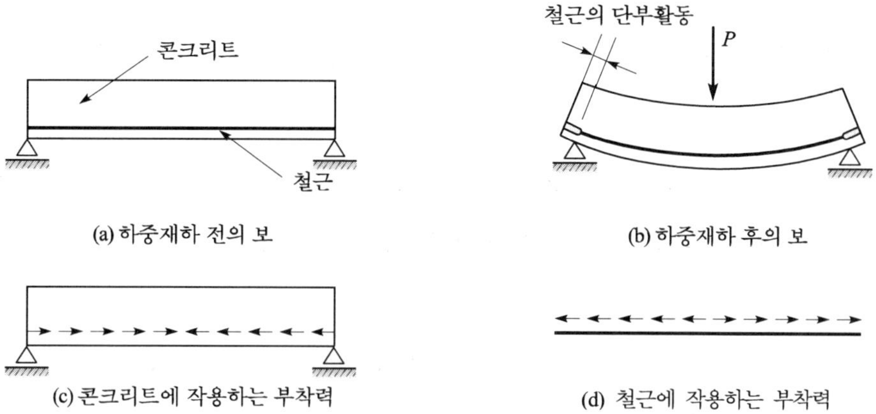

그림 6.2 휨에 의한 부착응력

철근콘크리트 보가 의도한 것처럼 거동하기 위해서는 철근과 콘크리트의 경계면에서 활동을 방지하기 위해 부착력이 발생해야 한다. 그림 6.2(c)는 휨에 의해 콘크리트에 작용하는 부착력을 나타내며, 그림 6.2(d)는 동일한 크기를 가지고 반대방향으로 철근에 작용하는 부착력을 보여준다. 이때 부착력으로 인해 발생하는 단위면적당 힘을 부착응력이라고 한다.

철근에 작용하는 인장응력은 휨모멘트의 변화에 따라 변화하게 되고 부착응력은 철근의 인장응력에 따라 변화한다. 이와 같이 휨모멘트의 변화에 따라 변화되는 부착응력을 휨부착 응력(flexural bond stress)이라고 한다.

그림 6.3(a)와 같이 거리 dx 만큼 떨어진 보의 한 부분을 고려하면 한쪽 단면의 모멘트는 다른 쪽 단면의 모멘트와 미소량 dM만큼 차이가 있다. 만약 균열 후에 콘크리트는 어떠한 인장응력에도 저항하지 못한다고 가정한다면 부재에 작용하는 내력은 그림 6.3(a)와 같다. 여기에서 휨모멘트의 변화량 dM은 다음과 같이 철근에 작용하는 인장력을 변화시킨다.

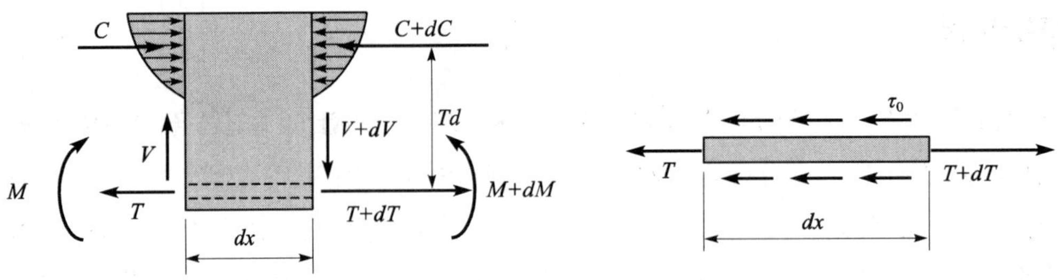

(a) 철근콘크리트 미소요소의 자유물체도 (b) 철근 요소의 자유물체도

그림 6.3 보의 미소길이에 작용하는 힘과 응력

요소의 좌측면을 고려하면 $C = T = \dfrac{M}{z}$ 이고 우측면을 고려하면 $C + dC = T + dT = \dfrac{M + dM}{z}$ 이다.

여기서 z는 보의 압축력 C와 인장력 T의 팔 길이를 나타낸다. 따라서 철근의 직경을 d_b 라고 하고 부착응력을 τ_0 라고 하면 그림 6.3(b)로부터 다음과 같은 힘의 평형방정식이 성립한다.

$$T + dT - T - \tau_0 \pi d_b dx = \frac{M + dM}{z} - \frac{M}{z} - \tau_0 \pi d_b dx$$

$$= \frac{dM}{z} - \tau_0 \pi d_b dx = 0$$

$$\therefore \tau_0 = \frac{1}{\pi d_b z} \cdot \frac{dM}{dx} = \frac{V}{\pi d_b z} \tag{6.1}$$

즉, 철근은 평형상태에 있어야 하므로 철근에 작용하는 인장력의 변화는 철근과 콘크리트의 접촉면에서 부착에 의한 반대방향의 힘으로 상쇄된다. 또한 국부적인 부착응력은 철근에 작용하는 인장력의 변화율에 비례한다. 즉, 임의의 단면에서 단위 부착응력은 휨모멘트의 변화율인 전단력에 비례한다는 것을 나타낸다.

식 (6.1)은 콘크리트가 인장에 저항하지 못할 만큼 균열이 많이 발생한 곳에 위치한 인장철근에 적용된다. 그러므로 단순경간 및 연속경간의 정모멘트 구역에서는 바닥철근에, 부모멘트 구역에서는 상부철근에 적용된다. 그러나 압축철근에서는 휨 부착응력이 매우 작기 때문에 적용되지 않는다.

종래의 허용응력설계법에서는 식 (6.1)로 휨부착을 검토해 왔으나 이 식은 이론적인 평균값을 나타내므로 실제의 정확한 부착응력과 거리가 있으며 높은 휨부착응력 발생 시 보의 강도와 상관성이 적기 때문에 강도설계법에서는 사용하지 않고 있다.

6.4 정착 부착

휨부재에서 인장철근의 단면적은 휨모멘트에 의해 결정되며 철근의 인장력은 철근과 콘크리트의 경계면에서 부착력에 의해 지지된다. 이때 부착력이 철근의 인장력을 전달할 수 있을 만큼 철근이 콘크리트 속에 정착되지 않는다면 그 철근은 활동하게 된다. 따라서 휨부재의 모멘트 저항능력은 철근의 단면적은 물론 철근의 묻힘길이와도 관계된다.

그림 6.4와 같은 캔틸레버보를 고려하여 주어진 하중에 대해 지름이 d_b인 철근 한 개로 인장에 저항한다고 가정하자. 최대 휨모멘트가 발생하는 B점에서 철근에 작용하는 응력을 f_s라 하면 철근의 인장력은 $f_s \times \dfrac{\pi d_b^2}{4}$이고, 이 인장력은 묻힘길이 ℓ_1에서 부착응력에 의해 콘크리트에 전달된다. ℓ_1부분의 철근 표면적에 작용하는 평균부착응력을 τ_0라고 하면 다음과 같은 힘의 평형방정식이 성립한다.

$$\tau_0 \pi d_b \ell_1 - f_s \frac{\pi d_b^2}{4} = 0$$

$$\therefore \tau_0 = \frac{f_s d_b}{4 \ell_1} \tag{6.2}$$

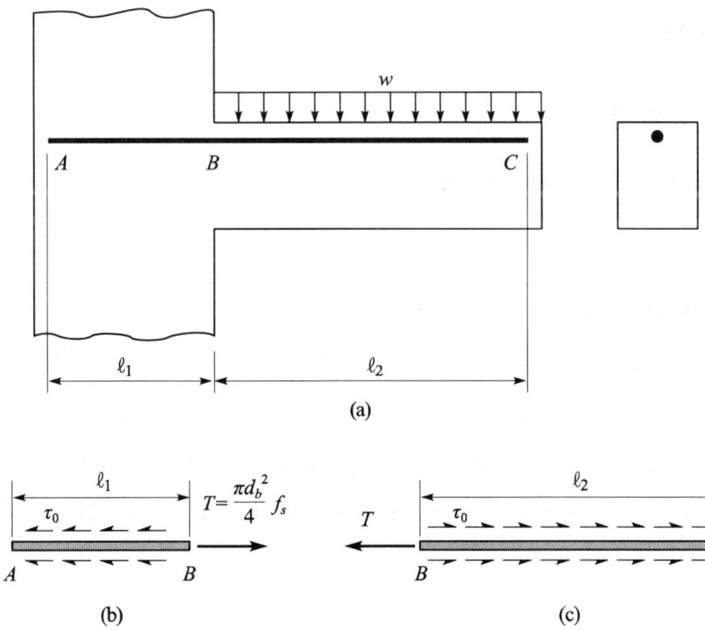

그림 6.4 정착 부착응력

이러한 부착응력을 정착 부착응력(anchorage bond stress)이라고 하며 철근의 인장력이 변화하는 구간에서의 평균 극한부착응력을 나타낸다. 식 (6.2)를 다시 정리하면 철근의 정착길이(development length)는 다음과 같다.

$$\therefore\ \ell_1 = \frac{f_s\, d_b}{4\,\tau_0} \tag{6.3}$$

여기서 ℓ_1은 철근의 인장응력 f_s를 콘크리트에 전달하는데 필요한 묻힘길이이다. 이러한 철근의 정착길이(development length)를 충분히 취할 수 없는 경우에는 표준갈고리를 사용하여 기계적 정착작용을 추가할 수 있다.

강도설계법에서는 부재의 설계강도를 철근이 항복할 경우로 간주하므로, 철근이 항복할 때까지 활동하지 않고 그 기능을 발휘할 수 있는 최소의 묻힘길이를 정착길이 ℓ_d라고 하며 식 (6.3)의 관계를 이용하면 다음과 같이 된다.

$$\therefore\ \ell_d = \frac{f_y\, d_b}{4\,\tau_u} \tag{6.4}$$

여기서 τ_u는 극한 부착응력(ultimate bond stress)이고 f_y는 철근의 항복강도이다.

6.5 철근의 정착

6.5.1 철근의 정착 방법

철근의 단부를 콘크리트에 정착시키기 위해서는 다음의 방법 중 하나 또는 두 가지 이상의 방법을 사용한다.

① 묻힘길이에 의한 정착

철근이 전체강도 $A_s\, f_y$를 발휘할 수 있도록, 즉 항복강도에 도달할 때까지 콘크리트에서 빠지지 않도록 철근을 직선으로 콘크리트 속에 충분히 묻어 넣는 방법이다. 이때 철근과 콘크리트의 부착에 의해 정착이 이루어지며 콘크리트 속에 묻힌길이(length of embedment)를 정착길이(development length)라고 한다. 이 정착방법은 이형철근에 한하여 사용된다.

② **갈고리에 의한 정착**

철근 끝을 표준 갈고리로 만들어서 갈고리의 기계적 작용과 직선부분의 부착이 조합되도록 정착하는 방법이다. 이러한 갈고리는 정착력을 증가시키는데 매우 효과적이므로 보통 원형철근의 정착에는 반드시 갈고리를 두어야 한다. 이형철근을 사용할 경우라도 부재의 고정지점, 접합부, 확대기초, 캔틸레버의 고정단과 자유단 등의 정착부에는 갈고리를 두는 것이 좋다.

③ **기타 방법에 의한 정착**

정착하고자 하는 철근의 횡방향으로 여러 가지 모양의 철근을 용접해 붙이는 방법이 있고, 또 특별한 정착장치를 사용하는 경우도 있다.

일반적으로 인장철근의 정착에는 주로 ①과 ②의 방법이 함께 사용된다. 압축철근의 정착길이는 인장철근보다 짧아도 되며 갈고리의 효과가 별로 없어서 압축철근의 정착에는 갈고리를 사용하지 않는다.

6.5.2 묻힘 길이에 의한 정착

정착길이의 계산에 사용하는 $\sqrt{f_{ck}}$값은 8.4 MPa를 초과하지 않아야 한다. 이것은 f_{ck}가 70 MPa를 초과하더라도 정착길이가 감소되지 않기 때문이다.

(1) 인장 이형철근 및 이형철선의 정착

인장 이형철근 및 이형철선의 정착길이 ℓ_d는 다음 식 (6.5)의 기본정착길이 ℓ_{db}에 표 6.1의 보정계수를 곱하여 계산된 값 또는 식 (6.6)에 의해 계산된 값 중 하나를 선택하여 적용할 수 있다. 또한 식 (6.7)에 해당하는 경우에는 이를 적용하여야 한다. 그러나 이렇게 구한 정착길이 ℓ_d는 항상 300 mm 이상이어야 한다.

1) **기본정착길이에 보정계수를 곱하는 방법**

인장 이형철근 및 이형철선의 기본정착길이 ℓ_{db}는 다음 식 (6.5)에 의해 구해야 한다.

$$\ell_{db} = \frac{0.6\, d_b\, f_y}{\lambda \sqrt{f_{ck}}} \tag{6.5}$$

여기서 d_b는 철근의 공칭지름(mm)이다.

정착길이 ℓ_d는 철근의 종류, 철근의 간격, 피복두께, 철근 배근 위치, 철근표면 도막 혹은 도금 여부 및 콘크리트의 종류에 따라 식 (6.5)에 표 6.1의 보정계수를 고려하여 구한다.

표 6.1 보정계수

조건 \ 철근지름	D19 이하의 철근과 이형철선	D22 이상의 철근
정착되거나 이어지는 철근의 순 간격이 d_b 이상이고 피복두께도 d_b 이상이면서 ℓ_d 전 구간에 설계기준에서 규정된 최소 철근량 이상의 스터럽 또는 띠철근을 배근한 경우 또는 정착되거나 이어지는 철근의 순 간격이 $2d_b$ 이상이고 피복두께가 d_b 이상인 경우	$0.8\alpha\beta$	$\alpha\beta$
기타	$1.2\alpha\beta$	$1.5\alpha\beta$

보정계수 α, β, λ는 다음과 같이 구할 수 있다.

① α = 철근배치 위치계수

(가) 상부철근(정착길이 또는 겹침이음부 아래 300mm를 초과되게 굳지 않은 콘크리트를 친 수평철근) 1.3

(나) 기타 철근 1.0

② β = 도막계수

(가) 피복두께가 $3d_b$ 미만 또는 순간격이 $6d_b$ 미만인 에폭시 도막 혹은 아연-에폭시 이중 도막 철근 또는 철선 1.5

(나) 기타 에폭시 도막 혹은 아연-에폭시 이중 도막 철근 또는 철선 1.2

(다) 아연도금 혹은 도막되지 않은 철근 또는 철선 1.0

③ 에폭시 도막철근이 상부철근인 경우에 상부철근의 위치계수 α와 도막계수 β의 곱, $\alpha\beta$가 1.7보다 클 필요는 없다. 즉, $\alpha\beta \leqq 1.7$ 이어야 한다.

④ λ = 경량콘크리트 계수

(가) f_{sp}값이 규정되어 있지 않은 경우

$\lambda = 0.75$, 전경량콘크리트

$\lambda = 0.85$, 모래경량콘크리트

다만, 0.75에서 0.85 사이의 값은 모래경량콘크리트의 잔골재를 경량잔골재로 치환하는 체적비에 따라 직선보간한다. 0.85에서 1.0 사이의 값은 보통중량콘크리트의 굵은골재를 경량골재로 치환하는 체적비에 따라 직선보간한다. 보통중량콘크리트의 $\lambda = 1.0$이다.

(나) f_{sp}값이 주어진 경우

$$\lambda = \frac{f_{sp}}{0.56\sqrt{f_{ck}}} \le 1.0$$

2) **정밀식에 의한 방법**

$$\ell_d = \frac{0.9\, d_b\, f_y}{\lambda\sqrt{f_{ck}}}\frac{\alpha\,\beta\,\gamma}{\left(\dfrac{c + K_{tr}}{d_b}\right)} \qquad (6.6)$$

식 (6.6)에서 $\dfrac{c + K_{tr}}{d_b}$은 2.5 이하이어야 한다. 그리고 식 (6.6)의 계수 γ, c와 K_{tr}은 다음과 같다.

① γ = 철근 또는 철선의 크기계수

(가) D19 이하의 철근과 이형철선 ………… 0.8

(나) D22 이상의 철근 ………… 1.0

② c = 철근 간격 또는 피복두께에 관련된 치수

철근 또는 철선의 중심으로부터 콘크리트 표면까지의 최단거리 또는 정착되는 철근 또는 철선의 중심 간 거리의 1/2 중 작은 값을 사용하여mm 단위로 나타낸다.

③ K_{tr} = 횡방향 철근지수

$$K_{tr} = \frac{40\,A_{tr}}{s\,n}$$

여기서, A_{tr} : 정착된 철근을 따라 쪼개질 가능성이 있는 면을 가로질러 배근된 간격 s 이내에 있는 횡방향 철근의 전체 단면적 (mm^2)

s : 정착길이 ℓ_d구간 내에 있는 횡방향 철근의 최대 중심 간 간격 (mm)

n : 쪼개질 가능성이 있는 평면을 따라 정착되거나 이어지는 철근 또는 철선의 수

횡방향 철근이 배근되어 있더라도 설계를 간편하게 하기 위해 $K_{tr} = 0$ 으로 사용할 수 있다.

3) 휨부재에 배근된 철근량이 해석에 의해 요구되는 소요철근량을 초과하는 경우는 계산된 정착길이에

$$\left(\frac{\text{소요}A_s}{\text{배근}A_s}\right) \tag{6.7}$$

를 곱하여 정착길이를 감소시킬 수 있다. 다만, 이때 감소시킨 정착길이 ℓ_d는 300 mm 이상이어야 한다. 또한 f_y를 발휘하도록 정착을 특별히 요구하는 경우에는 이를 적용하지 않는다.

4) 설계기준항복강도가 550 MPa을 초과하는 철근에 대해서는 다음을 만족하여야 한다.

① 횡방향철근을 배치하지 않는 경우에는 c/d_b이 2.5 이상이어야 한다.

② 횡방향철근을 배치하는 경우에는 $K_{tr}/d_b \geq 0.25$와 $(c+K_{tr})/d_b \geq 2.25$을 만족하여야 한다.

(2) 압축 이형철근의 정착

압축 이형철근의 정착길이 ℓ_d는 식 (6.8)의 기본정착길이에 적용 가능한 모든 보정계수를 곱하여 구하여야 한다. 다만, 이때 구한 ℓ_d는 항상 200 mm 이상이어야 한다.

압축 이형철근의 기본정착길이는 다음 식 (6.8)에 따라 구하여야 한다.

$$\ell_{db} = \frac{0.25\, d_b\, f_y}{\lambda \sqrt{f_{ck}}} \geq 0.043\, d_b\, f_y \tag{6.8}$$

여기서 λ는 경량콘크리트 계수로 인장철근의 정착 규정에 따른다.

압축에 대한 보정계수는 다음과 같다.

① 해석결과 요구되는 철근량을 초과하여 배치한 경우 ……………………………… $\left(\frac{\text{소요}A_s}{\text{배근}A_s}\right)$

② 지름이 6mm 이상이고 나선간격이 100mm 이하인 나선철근 또는 중심간격 100mm 이하로 요구조건에 따라 배근된 D13 띠철근으로 둘러싸인 압축 이형철근 ……… 0.75

(3) 다발철근의 정착

① 인장 또는 압축을 받는 하나의 다발철근 내에 있는 개개 철근의 정착길이는 다발철근이 아닌 경우 각 철근의 정착길이에 3개의 철근으로 구성된 다발철근에 대해서 20%, 4개의 철근으로 구성된 다발철근에 대해서 33%를 증가시켜야 한다.

② 다발철근의 정착길이 ℓ_d를 계산할 때 설계기준에서 규정한 보정계수를 적절하게 선택하기 위해서는 다발철근 전체와 동등한 단면적과 도심을 가지는 하나의 철근으로 취급하여야 한다.

예제 6.1

그림 6.5는 라멘구조에서 보와 기둥의 접합부를 나타낸다. 해석결과 보의 단부에 요구되는 부철근의 단면적은 1,285mm^{2}인데, 실제로는 2−D32(1,588 mm^2)가 배근되었다. 보의 폭 b = 250 mm, 유효높이 d = 460 mm, 높이 h = 540 mm이고 D10의 스터럽이 피복두께 40mm로 배근되었으며 접합부에서 스터럽의 간격은 130mm이다. 기둥의 단면치수는 400×540mm이다. 철근은 SD400이고 f_{ck} = 28 MPa인 보통골재의 콘크리트가 사용되었다. 인장력을 전달하는데 필요한 부철근의 정착길이 ℓ_d를 계산하시오.

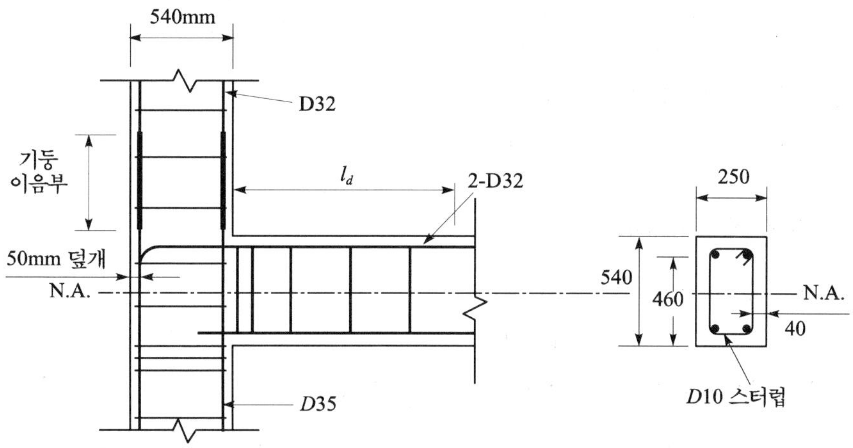

그림 6.5

► **풀이**

(1) 식 (6.5)를 사용할 경우 :

인장철근의 기본 정착길이는 다음과 같다.

$$\text{식 (6.5)} : \ell_{db} = \frac{0.6\, d_b f_y}{\lambda\sqrt{f_{ck}}} = \frac{0.6 \times 31.8 \times 400}{1.0 \times \sqrt{28}} = 1{,}442\text{mm}$$

여기서 경량콘크리트에 대한 언급이 없으므로 $\lambda = 1.0$이다.

주 철근의 직경 : d_b = 31.8mm

주 철근의 순 간격 : 250 − 2×(40 + 9.53 + 31.8) = 87.34mm > $2d_b$ = 63.6mm

측면에서 주 철근의 피복두께 : 40 + 9.53 = 49.53mm > d_b = 31.8mm

상면에서 주 철근의 피복두께 : 540 − 460 − 31.8/2 = 64.1mm > d_b = 31.8mm

D32 > D22 이므로 보정계수는 $\alpha\beta$이다.

① α = 철근배치 위치계수

철근 아래에 있는 콘크리트 깊이 : 460 − 31.8/2 = 444.1mm > 300mm 이므로 상부철근에 해당된다. α = 1.3

② β = 도막계수

도막에 대한 어떤 언급도 없으므로 $\beta = 1.0$이다.

따라서 정착길이는 다음과 같다.

$\ell_d = \ell_{db} \times \alpha\beta$ = 1,442×1.3×1.0 = 1,875mm

여기에서 부철근이 해석에 의해 요구되는 소요철근량을 초과하여 배근되어 있으므로

식 (6.7) : $\left(\dfrac{\text{소요}A_s}{\text{배근}A_s}\right) = \dfrac{1,285}{1,588}$ = 0.8092 만큼 보정해야 한다.

철근의 정착길이는 다음과 같다.

ℓ_d = 1,875 × 0.8092 = 1,517mm

(2) 식 (6.6)을 사용할 경우 :

식 (6.6) : $\ell_d = \dfrac{0.9\, d_b\, f_y}{\lambda\sqrt{f_{ck}}}\dfrac{\alpha\beta\gamma}{\left(\dfrac{c+K_{tr}}{d_b}\right)}$

위의 풀이에서 $\alpha = 1.3$, $\beta = 1.0$, $\lambda = 1.0$ 은 확인되었다.

① γ = 철근 또는 철선의 크기계수

D32 > D22 이므로 $\gamma = 1.0$ 이다.

② c = 철근 간격 또는 피복두께에 관련된 치수

철근 중심으로부터 콘크리트 표면까지의 최단거리 :

측면에서 40 + 9.53 + 31.8/2 = 65.43mm

상면에서 540 − 460 = 80mm

정착되는 철근의 중심 간 거리의 1/2 :

$$\frac{250-2(40+9.53+\frac{31.8}{2})}{2} = \frac{119.14}{2} = 59.57\text{mm}$$

중 작은 값이므로 c = 59.57mm 이다.

③ 횡방향 철근지수 $K_{tr} = \dfrac{40\,A_{tr}}{s\,n}$

A_{tr} : 측면의 피복두께가 상면보다 작으므로 쪼갬(splitting)면은 수평면이 되며 이 면은 스터럽을 2번 가로질러 존재한다. (만약 상면의 피복두께가 더 작다면 쪼갬면은 수직을 이루므로 스터럽과 1번 만나게 된다. 그러므로 스터럽단면적 1개를 A_{tr}로 한다.)

따라서 $A_{tr} = 2 \times 71.3 = 142.6\ \mathrm{mm}^2$

$s = 130\ \mathrm{mm}$: 정착길이 구간 내에 있는 횡방향 철근의 최대 중심 간 간격

$n = 2$: 쪼개질 가능성이 있는 평면을 따라 정착되는 철근의 수

$$K_{tr} = \frac{40\,A_{tr}}{s\,n} = \frac{40 \times 142.6}{130 \times 2} = 21.94$$

단, 다음의 조건을 확인해야 한다.

$$\frac{c + K_{tr}}{d_b} = \frac{59.57 + 21.94}{31.8} = 2.563 \text{ 이므로 } 2.5\text{보다 크다}$$

$$\therefore \frac{c + K_{tr}}{d_b} = 2.5$$

따라서 철근의 정착길이는 다음과 같이 계산된다.

$$\ell_d = \frac{0.9\,d_b\,f_y}{\lambda\sqrt{f_{ck}}}\frac{\alpha\,\beta\,\gamma}{\left(\dfrac{c + K_{tr}}{d_b}\right)} = \frac{0.9 \times 31.8 \times 400}{1.0 \times \sqrt{28}} \times \frac{1.3 \times 1.0 \times 1.0}{2.5} = 1{,}125\ \mathrm{mm}$$

여기에서 부철근이 해석에 의해 요구되는 소요 철근량을 초과하여 배근되어 있으므로 식(6.6)을 이용하여 보정해야 한다. 따라서

$$\left(\frac{\text{소요}A_s}{\text{배근}A_s}\right) = \frac{1{,}285}{1{,}588} = 0.8092$$

철근의 정착길이는 다음과 같다.

$\therefore \ell_d = 1{,}125 \times 0.8092 = 910\ \mathrm{mm}$

두 가지 방법에 의해 계산된 값 중 어느 하나를 선택하여 적용할 수 있으며 이것이 300 mm 이상이라야 한다.

6.5.3 표준갈고리를 갖는 인장 이형철근의 정착

단부에 표준갈고리가 있는 인장 이형철근의 정착길이 ℓ_{dh}는 식 (6.9)의 기본정착길이 ℓ_{hb}에 적용 가능한 모든 보정계수를 곱하여 구하여야 한다. 그러나 이렇게 구한 ℓ_{dh}는 항상 $8d_b$ 이상 또한 150mm 이상이어야 한다.

$$\ell_{hb} = \frac{0.24\beta d_b f_y}{\lambda\sqrt{f_{ck}}} \tag{6.9}$$

여기서 β는 에폭시 도막 혹은 아연-에폭시 이중 도막 철근의 경우 1.2 아연도금 혹은 도막되지 않은 철근의 경우 1.0이며 λ는 인장이형철근의 경우와 동일하다.

표준갈고리를 갖는 인장 이형철근의 정착길이 ℓ_d에 대한 보정계수는 다음과 같다.

① 콘크리트 피복두께
D35 이하 철근에서 갈고리 평면에 수직방향인 측면 피복두께가 70mm 이상이며, 90° 갈고리에 대해서는 갈고리를 넘어선 부분의 철근 피복두께가 50mm 이상인 경우 ········ 0.7

② D35 이하 90° 갈고리 철근에서 정착길이 ℓ_{dh} 구간을 $3d_b$ 이하 간격으로 띠철근 또는 스터럽이 정착되는 철근을 수직으로 둘러싼 경우 또는 갈고리 끝 연장부와 구부림부의 전 구간을 $3d_b$ 이하 간격으로 띠철근 또는 스터럽이 정착되는 철근을 평행하게 둘러싼 경우 ········ 0.8

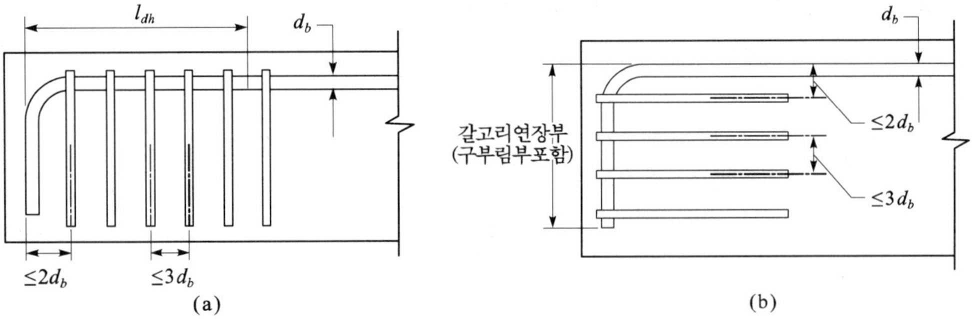

그림 6.6 갈고리 철근의 정착

③ D35 이하 180° 갈고리에서 정착길이 ℓ_{dh} 구간을 $3d_b$ 이하 간격으로 띠철근 또는 스터럽이 정착되는 철근을 수직으로 둘러싼 경우 ········ 0.8

④ 전체 f_y를 발휘하도록 정착을 특별히 요구하지 않는 단면에서 휨철근이 소요철근량 이상 배치된 경우 ········ $\left(\dfrac{소요A_s}{배근A_s}\right)$

다만, ②, ③에서 첫 번째 띠철근 또는 스터럽은 갈고리 구부러진 부분 바깥면부터 $2d_b$ 이내에서 갈고리의 구부러진 부분을 둘러싸야 한다.

갈고리는 압축을 받는 경우 철근정착에 유효하지 않은 것으로 봐야 한다.

또한 부재의 불연속단에서 갈고리철근의 양측면과 상부 또는 하부의 피복두께가 70mm 미만으로 표준갈고리에 의해 정착되는 경우에 전 정착길이 ℓ_{dh} 구간에 $3d_b$ 이하 간격으로 띠철근이나 스터럽으로 갈고리 철근을 둘러싸야 한다. 이때 첫 번째 띠철근 또는 스터럽은 갈고리 구부러진 부분 바깥면부터 $2d_b$ 이내에서 갈고리의 구부러진 부분을 둘러싸야 한다. 이 경우 ②와 ③의 보정계수 0.8을 적용할 수 없다. 설계기준항복강도가 550 MPa을 초과하는 철근을 사용하는 경우에는 상기 ②와 ③의 보정계수 0.8을 적용할 수 없다.

예제 6.2

예제 6.1에서 부철근(2-D32)을 기둥 속으로 연장하여 90°갈고리로 정착시키고자 한다. 이때 기둥면을 지나 속으로 묻어 넣어야 하는 최소 묻힘길이를 계산하시오. 단, 갈고리 단부는 기둥 바깥면에서 50mm의 피복두께를 확보한다.

► **풀이**

철근의 설계기준항복강도가 400 MPa인 경우, 기본정착길이 ℓ_{hb}는 식 (6.9)에 의해 구할 수 있다.

$$\ell_{hb} = \frac{0.24\beta d_b f_y}{\lambda\sqrt{f_{ck}}} = \frac{0.24\times1.0\times31.8\times400}{1.0\times\sqrt{28}} = 576.9\text{ mm}$$

여기서 도막계수 β와 경량콘크리트 계수 λ는 해당 없으므로 1.0이다.
보정계수를 고려하면 다음과 같다.

① 콘크리트 피복두께 : 부철근이 D35 이하에 해당하고 갈고리 평면에 수직방향인 측면 피복두께 : (400−250)/2 + 40 +9.53 = 124.53mm > 70mm
갈고리를 넘어선 부분의 철근 피복두께 : 50mm
따라서 보정계수 0.7을 적용한다.

② 띠철근 또는 스터럽 : 스터럽의 간격 = 130mm > $3d_b$ = 95.4mm

해당 없음

③ 90° 갈고리이므로 해당없음

④ 배근된 철근량이 소요철근량을 초과하는 경우 :

$\left(\dfrac{\text{소요}A_s}{\text{배근}A_s}\right) = \dfrac{1{,}285}{1{,}588} = 0.8092$ 만큼 보정해야 한다.

따라서 갈고리 철근의 필요한 정착길이는 다음과 같다.

$\ell_{dh} = 576.9 \times 0.7 \times 0.8092 = 326.7\text{ mm}$

갈고리 철근의 필요한 정착길이는 150 mm 이상 그리고 $8d_b = 8 \times 31.8 = 254.4\text{ mm}$ 이상이어야 한다. 따라서 갈고리 철근의 정착길이는

$\therefore \ell_{dh} = 326.7\text{ mm}$

그런데 보와 기둥의 접합부에서 기둥 속으로 갈고리 철근을 연장할 수 있는 길이는 540 − 50 = 490mm 이므로 갈고리를 이용하여 규정대로 정착할 수 있다.

6.5.4 휨철근의 정착

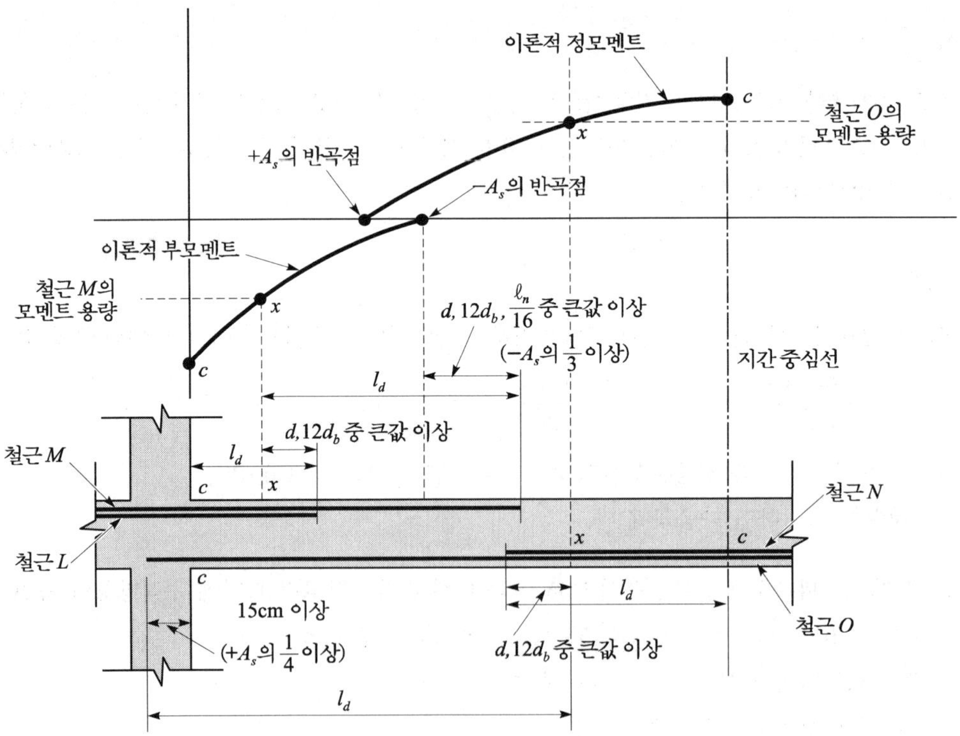

그림 6.7 휨철근의 정착

휨부재 설계 시 휨철근의 단면적은 부재에 작용하는 최대휨모멘트의 크기에 따라 결정되며 이러한 휨모멘트의 크기는 부재의 위치에 따라 다르고 휨모멘트가 작은 곳에서는 응력을 받는데 필요한 철근 이상의 철근을 더 연장할 필요가 없는 곳에서 끊어 버리거나, 또는 절곡하여 사용한다. 그런데 철근이 절단된 점이나 절곡된 점은 경간내에서 최대응력점과 함께 철근의 정착에 대한 위험단면이 된다. 그림 6.7을 고려하면 c단면과 x단면이 위험단면이다. 따라서 콘크리트 구조설계기준에서는 다음과 같이 휨철근의 정착에 대한 원칙을 정하고 있다.

(1) 정착의 일반 원칙

① 휨부재에서 최대 응력점과 경간 내에서 인장철근이 끝나거나 철근이 굽혀진 위험단면에서 철근의 정착에 대한 안전을 검토하여야 한다.

② 휨철근은 휨모멘트를 저항하는데 더 이상 철근을 요구하지 않는 점에서 부재의 유효깊이 d 또는 $12d_b$ 중 큰 값 이상 더 연장되어야 한다. 다만 단순경간의 받침부와 캔틸레버의 자유단에서 이 규정은 적용되지 않는다.

③ 연속철근은 구부려지거나 절단된 인장철근이 휨을 저항하는데 더 이상 필요하지 않은 점에서 정착길이 ℓ_d 이상의 묻힘길이를 확보하여야 한다.

④ 인장철근은 구부려서 복부를 지나 정착하거나 부재의 반대 측에 있는 철근 쪽으로 연속하여 정착시켜야 한다.

⑤ 휨철근은 다음 조건 중 하나를 만족하지 않는 한 인장구역에서 절단할 수 없으며, 원칙적으로 전체 철근량의 50%를 초과하여 한 단면에서 절단할 수 없다.

ⓐ 절단점에서 계수전단력이 전체 전단강도의 2/3를 초과하지 않는 경우 즉,

$$V_u \le \frac{2}{3}\phi V_n = \frac{2}{3}\phi(V_c + V_s) \tag{6.10}$$

ⓑ 절단점에서 부재 유효깊이의 3/4 구간(전$\frac{3}{4}$d + 후$\frac{3}{4}$d = $\frac{6}{4}$d) 에 절단된 철근 또는 는 철선을 따라 전단과 비틀림에 대해 필요한 양을 초과하는 스터럽이 배근되어 있는 경우, 이때 초과되는 스터럽의 단면적 A_v는 $0.42\frac{b_w s}{f_{yt}}$ 이상이어야 하고 간격 s는 $\frac{d}{8\beta_b}$ 이내 이어야 한다. 즉,

$$A_v \ge 0.42\frac{b_w s}{f_{yt}},\ s \le \frac{d}{8\beta_b} \tag{6.11}$$

여기서 β_b는 그 단면에서 전체 인장철근량에 대한 절단철근량의 비이다.

ⓒ D35 이하의 철근이며, 연속철근이 절단점에서 휨모멘트에 필요한 철근량의 2배 이상 배근되어 있고 계수전단력이 전단강도의 3/4 이하인 경우. 즉,

$$M_d = \phi M_n \geq 2M_u\ ,\ V_u \leq \frac{3}{4}\phi V_n = \frac{3}{4}\phi(V_c + V_s) \tag{6.12}$$

(2) 정철근의 정착

정(+)의 휨모멘트에 의해 인장을 받으며 정모멘트의 크기에 따라 단면적이 결정되는 철근을 정철근이라고 한다. 이러한 정철근은 정착의 일반원칙 외에 다음의 규정을 따라야 한다.

① 단순부재에서 정철근의 1/3 이상, 연속부재에서 정철근의 1/4 이상을 부재의 같은 면을 따라 받침부까지 연장하여야 한다. 보의 경우는 이러한 철근을 받침부 내로 150mm 이상 연장해야 한다.

② 휨부재가 횡하중을 지지하는 주구조물의 일부일 때, ①에 따라 받침부내로 연장되어야 할 정철근은 받침부의 안쪽 면에서 설계기준항복강도 f_y를 발휘할 수 있도록 정착되어야 한다.

③ 단순받침부와 반곡점의 정철근은 f_y에 대하여 계산된 정착길이 ℓ_d가 다음 식 (6.13)을 만족하도록 철근지름을 제한하여야 한다.

$$\ell_d \leq \frac{M_n}{V_u} \tag{6.13}$$

여기서, M_n : 단면에 배근된 모든 정철근이 항복강도 f_y를 받는다고 가정하여 구한 공칭 휨강도(N·mm)

V_u : 지점에서 단면에 작용하는 계수전단력

$\frac{M_n}{V_u}$의 값은 철근의 끝부분이 압축 반력으로 눌려서 구속을 받는 경우 30% 증가시킬 수 있다. 즉,

$$\ell_d \leq 1.3\frac{M_n}{V_u} \tag{6.14}$$

④ 단순받침부의 중심선을 지나 절단되는 철근에서 표준갈고리 또는 적어도 표준갈고리와 동등한 성능을 갖는 기계적 정착에 의해 정착되는 경우 위의 식 (6.13)을 만족하지 않아도 되며 직선철근으로 정착하는 경우 다음 식을 만족하여야 한다.

$$\frac{V_u - 0.5\phi V_s}{M_n} \le \frac{\ell_a}{\ell_d jd} \tag{6.15}$$

여기서, jd : 휨모멘트 팔길이(mm)

ℓ_a : 받침부에서 그 중심을 지나 매입된 길이 또는 반곡점을 지나 매입된 길이(mm)

⑤ 깊은보의 단순받침부에서 정철근은 받침부 전면에서 f_y를 발휘할 수 있도록 정착되어야 한다. 또한 깊은보의 내부 받침부에서 정철근은 연속되거나 인접 경간의 정철근과 겹침이음이 되도록 설계하여야 한다.

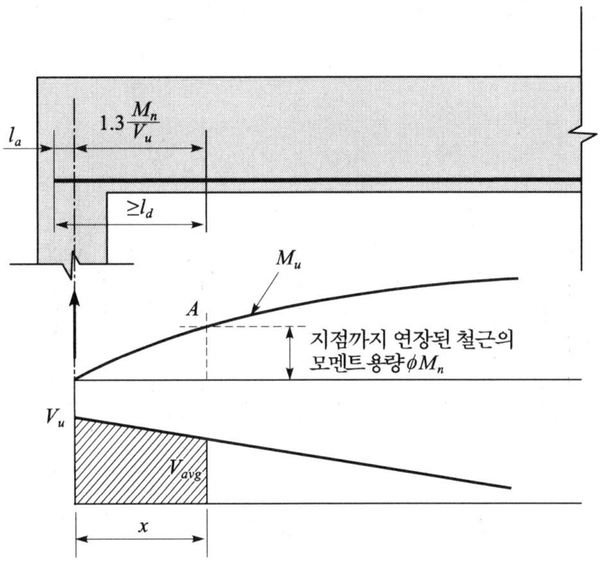

그림 6.8 단순보 받침부에서의 ℓ_a와 ℓ_d

(3) 부철근의 정착

부(−)의 휨모멘트에 의해 인장을 받으며 부모멘트의 크기에 따라 단면적이 결정되는 철근을 부철근이라고 한다. 이러한 부철근은 정착의 일반원칙 외에 다음의 규정을 따라야 한다.

① 연속되거나 구속된 부재, 캔틸레버 부재 또는 강결된 골조의 어느 부재에서나 부철근은 묻힘길이, 갈고리 또는 기계적 정착에 의하여 받침부 내에 정착되거나 받침부를 지나서 정착되어야 한다.

② 받침부에서 부모멘트에 대해 배근된 전체 인장철근량의 1/3 이상은 반곡점을 지나 부재의 유효깊이 d, 철근지름의 12배($12d_b$), 또는 순경간 ℓ_n의 1/16 중 제일 큰 값 이상

의 묻힘길이가 확보되어야 한다.

③ 깊은보의 내부 받침부에서 부철근은 인접경간의 부철근과 연속되도록 설계하여야 한다.

예제 6.3

자중 이외의 등분포 고정하중 $w_d = 7\ N/mm$ 와 등분포 활하중 $w_\ell = 10\ N/mm$ 를 받는 경간 10 m의 단순보를 대상으로 휨설계를 실시하여 주철근 $3 - D32(2{,}383\ mm^2)$와 직사각형의 콘크리트 단면 $300 \times 670\ mm$ 그리고 유효깊이 $d = 600\ mm$가 결정되었다. 또한 전단설계에 의해 U형 스터럽 D10과 스터럽 간격 $s = 200\ mm$가 결정되어 이것을 그림에 나타내었다. 보의 측면에서 피복두께가 40mm 이고 $f_{ck} = 24\ MPa$ 의 콘크리트와 SD400 철근을 사요할 때 철근의 끊을 수 있는 위치를 구하시오. 반드시 자중을 고려하시오. 아래 그림은 하중계수를 고려하여 계산한 휨모멘트도와 전단력도이다.

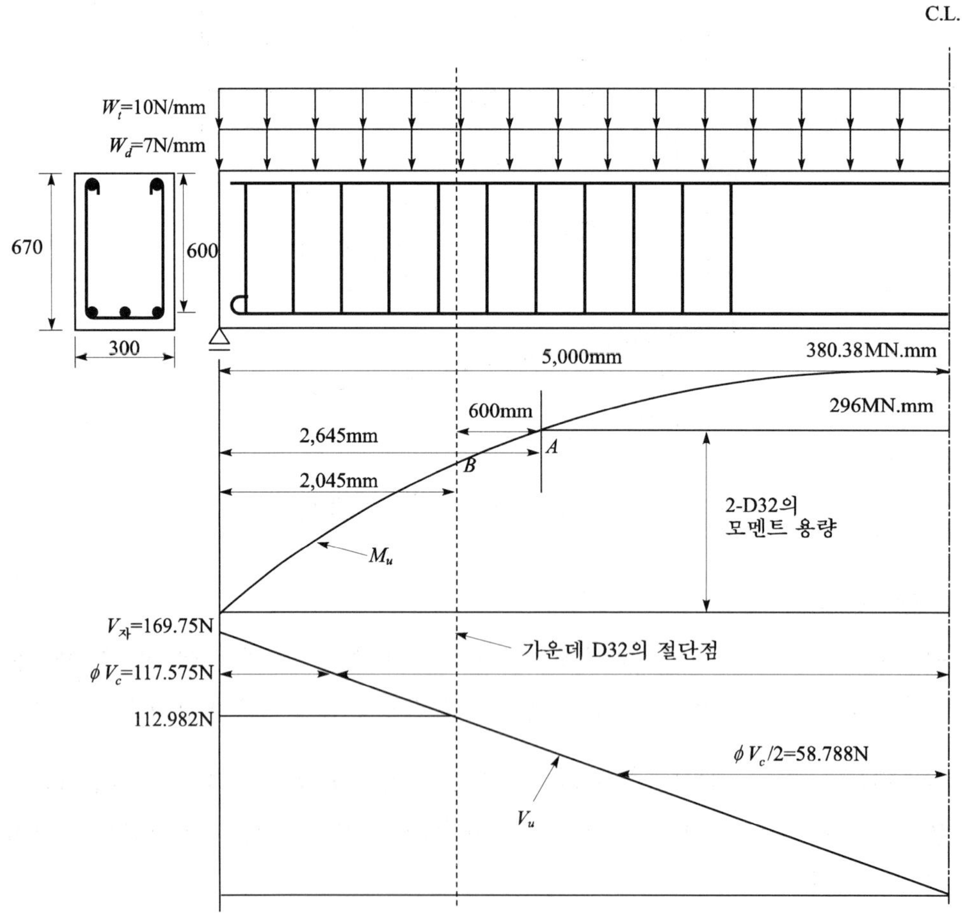

그림 6.9

▸ **풀이**

정철근의 1/3 이상은 지점까지 연장되어야 하고 단면의 대칭을 유지하려면 3개의 주인장철근 중 가운데 1개를 끊을 수 있다. 따라서 2-D32 가 저항할 수 있는 모멘트는 다음과 같다.

$$a = \frac{A_s\, f_y}{\eta 0.85\, f_{ck}\, b} = \frac{2\times 794.2\times 400}{1.0\times 0.85\times 24\times 300} = 103.9\,\text{mm}$$

$$M_n = A_s\, f_y\left(d - \frac{a}{2}\right) = 1{,}588\times 400\times\left(600 - \frac{103.8}{2}\right) = 348{,}235{,}415\ \text{N·mm}$$

$$\phi M_n = 0.85\times 348{,}235{,}415 = 296{,}000{,}000\ \text{N·mm}$$

자중에 의한 등분포하중 $w_{자}$와 계수하중 w_u를 계산하면 다음과 같다.

$$w_{자중} = 2.5/100{,}000\times 670\times 300 = 5.025\ \text{N/mm}$$

$$w_u = 1.2\times(5.025+7)+1.6\times 10 = 30.43\ \text{N/mm}$$

계수하중으로 인한 지점반력 $R_{지}$를 계산한다.

$$R_{지} = \frac{w_u \ell}{2} = \frac{30.43\times 10{,}000}{2} = 152{,}150\ \text{N}$$

계수모멘트도에서 2개의 D32 철근이 휨모멘트에 저항할 수 있는 위치 x를 계산한다.

$$\frac{w_u \ell}{2}x - \frac{w_u x^2}{2} = 296{,}000{,}000\ \text{N·mm}$$

$x = 2{,}645$ mm와 $x = 7{,}355$ mm

따라서 그림 6.9에서 점 A이며 지점에서 2,645mm 떨어진 곳이다. 이론적으로는 점 A에서 가운데 D32를 끊어도 되지만 설계기준에서는 점 A로부터 지점쪽으로 유효깊이 d 이상, 또 철근 지름 d_b의 12배 이상 연장해야 한다고 규정하고 있으므로 여기에 대해 검토해야 한다.

$$12\, d_b = 12\times 31.8 = 381.6\ \text{mm} < d = 600\ \text{mm}$$

따라서 점 A에서 지점쪽으로 600mm 떨어진 점 B(지점에서 2,045mm 떨어진 곳)에서 철근을 끊어야 한다.

그러나 인장측에서 철근을 끝낼 수 있는 경우에 해당하는지 검토해야 한다. 따라서 순서대로 검토하면 다음과 같다.

ⓐ 절단점의 전단력이 전단철근에 의해 보강된 전단강도를 포함한 전체 전단강도의 2/3를 초과하지 않는 경우, 즉 $V_u \le \frac{2}{3}\phi V_n = \frac{2}{3}\phi(V_c + V_s)$인 경우이므로

지점에서 2,045mm 떨어진 곳에서의 계수전단력은

$$V_u = \frac{w_u \ell}{2} - 2{,}045\, w_u = \frac{30.43\times 10{,}000}{2} - 2{,}045\times 30.43 = 89{,}917\ \text{N}$$

$$V_c = 1/6\,\lambda\sqrt{f_{ck}}\, b_w\, d = 1/6\times 1.0\times\sqrt{24}\times 300\times 600 = 146{,}969\ \text{N}$$

$$V_s = \frac{A_v f_{yt} d}{s} = \frac{2\times 71.3\times 400\times 600}{200} = 171,120\ N$$

$$\frac{2}{3}\phi V_n = \frac{2}{3}\phi(V_c + V_s) = \frac{2}{3}\times 0.75\times(146,969 + 171,120) = 159,045\ N$$

$$\therefore V_u = 89,917\ N < \frac{2}{3}\phi V_n = 159,045\ N\ \ (O.K.)$$

그러므로 점 B(지점에서 2,045mm 떨어진 곳)에서 가운데 있는 D32를 끊어도 좋다.

ⓑ 절단점에서 부재 유효깊이의 3/4 구간(전$\frac{3}{4}$d + 후$\frac{3}{4}$d = $\frac{6}{4}$d)에 절단된 철근 또는 철선을 따라 전단과 비틀림에 대해 필요한 양을 초과하는 스터럽이 배근되어 있는 경우, 이때 초과되는 스터럽의 단면적 A_v는 $0.42\frac{b_w s}{f_{yt}}$ 이상이어야 하고 간격 s는 $\frac{d}{8\beta_b}$ 이내 이어야 한다.

ⓐ에서 계산된 결과로부터 지점에서 2,045mm 떨어진 곳의 계수전단력 V_u가 V_c보다 작으므로 스터럽이 전단에 대해 필요한 양을 초과하여 배근되었고 U형 스터럽이므로

$$A_v = 2\times 71.3 = 142.6\ mm^2 > 0.42\frac{b_w s}{f_{yt}} = 0.42\times\frac{300\times 200}{400} = 63$$

β_b는 그 단면에서 전체 인장철근량에 대한 절단철근량의 비로서 $\beta_b = \frac{1}{3}$ 이므로

$$s = 200\ mm < \frac{d}{8\beta_b} = \frac{600}{8\times 1/3} = 225\ mm$$

그러므로 지점으로부터 2,045mm 떨어진 곳에서 D32를 끊어도 좋다.

ⓒ D35 이하의 철근이며, 연속철근이 절단점에서 휨모멘트에 필요한 철근량의 2배 이상 배근되어 있고 전단력이 전단강도의 3/4 이하인 경우인데 D32 < D35이므로 해당된다. 절단점(지점에서 2,045mm 떨어진 곳)에서 계수모멘트는

$$M_u = 152,150\times 2,045 - \frac{30.43\times 2,045^2}{2} = 247.52\ MN\cdot mm$$

$M_d = 296,000,000\ N\cdot mm < 2M_u = 495,040,000\ N\cdot mm$ 이므로 상기 조건을 만족하지 못한다.

철근의 정착길이 계산 : $\ell_d = \frac{0.9\, d_b f_y}{\lambda\sqrt{f_{ck}}}\frac{\alpha\beta\gamma}{\left(\frac{c + K_{tr}}{d_b}\right)}$

α : 철근아래에 있는 콘크리트 깊이 = 보의 높이 - 유효깊이 - 주철근의 직경/2

= 670 - 600 - 31.8/2

= 54.1mm < 300mm : 상부철근 아님($\alpha = 1.0$)

β : 에폭시 도막이 아니므로 ($\beta = 1.0$)

λ : 보통 콘크리트이므로 ($\lambda = 1.0$)

① γ = 철근 또는 철선의 크기계수

D32 > D22 이므로 $\gamma = 1.0$이다.

② c = 철근 간격 또는 피복두께에 관련된 치수

철근 중심으로부터 콘크리트 표면까지의 최단거리 :

측면에서 40 + 9.53 + 31.8/2 = 65.43mm

하면에서 670 − 600 = 70mm

정착되는 철근의 중심 간 거리의 1/2 :

$$\left(\frac{300-2(40+9.53+\frac{31.8}{2})}{2}\right) = 84.57\text{mm}$$

중 작은 값이므로 c = 65.43mm 이다.

③ 횡방향 철근지수 $K_{tr} = \dfrac{40\,A_{tr}}{s\,n}$

A_{tr} : 측면의 피복두께가 상면보다 작으므로 쪼갬(splitting)면은 수평면이 되며 이 면은 스터럽을 2번 가로질러 존재한다. (만약 상면의 피복두께가 더 작다면 쪼갬면은 수직을 이루므로 스터럽과 1번 만나게 된다. 그러므로 스터럽단면적 1개를 A_{tr}로 한다.) 따라서 $A_{tr} = 2 \times 71.3 = 142.6\ \text{mm}^2$

$s = 200\ \text{mm}$: 정착길이 구간 내에 있는 횡방향 철근의 최대 중심 간 간격

$n = 2$: 쪼개질 가능성이 있는 평면을 따라 정착되는 철근의 수

$$K_{tr} = \frac{40\,A_{tr}}{s\,n} = \frac{40 \times 142.6}{200 \times 2} = 14.26$$

단, 다음의 조건을 확인해야 한다.

$$\frac{c + K_{tr}}{d_b} = \frac{65.43 + 14.26}{31.8} = 2.506 > 2.5\text{이므로}$$

$$\therefore\ \frac{c + K_{tr}}{d_b} = 2.5$$

따라서 철근의 정착길이는 다음과 같이 계산된다.

$$\therefore\ \ell_d = \frac{0.9\,d_b\,f_y}{\lambda\sqrt{f_{ck}}}\frac{\alpha\,\beta\,\gamma\,\lambda}{\left(\frac{c + K_{tr}}{d_b}\right)} = \frac{0.9 \times 31.8 \times 400}{1.0 \times \sqrt{24}} \times \frac{1.0 \times 1.0 \times 1.0 \times 1.0}{2.5} = 935\ \text{mm}$$

지점에서 정착길이 검사

단순보의 받침부에서와 같이 철근의 단부가 지점반력에 의해 압축될 경우

$\ell_d \leq 1.3\dfrac{M_n}{V_u}$ 이어야 한다.

M_n : 단순받침부에서 단면의 모든 철근이 f_y에 도달한다고 가정하고 구한 공칭휨강도이므로 앞에서 계산된 값 $M_n = 348.24\ \text{MN·mm}$

V_u : 지점에서 단면에 작용하는 계수 전단력이므로 $V_u = 152{,}150\ \text{N}$

$\ell_d = 935\ \text{mm} < 1.3\dfrac{M_n}{V_u} = 1.3 \times \dfrac{348{,}240{,}000}{152{,}150} = 2{,}975\ \text{mm}$ 이므로 만족한다.

6.5.5 복부철근의 정착

복부철근은 피복두께 요구조건과 다른 철근과의 간격이 허용하는 한 부재의 압축면과 인장면 가까이까지 연장되어야 한다. 따라서 단일 U형 또는 다중 U형 스터럽의 단부는 다음 중 한 가지 방법에 의해 정착되어야 한다.

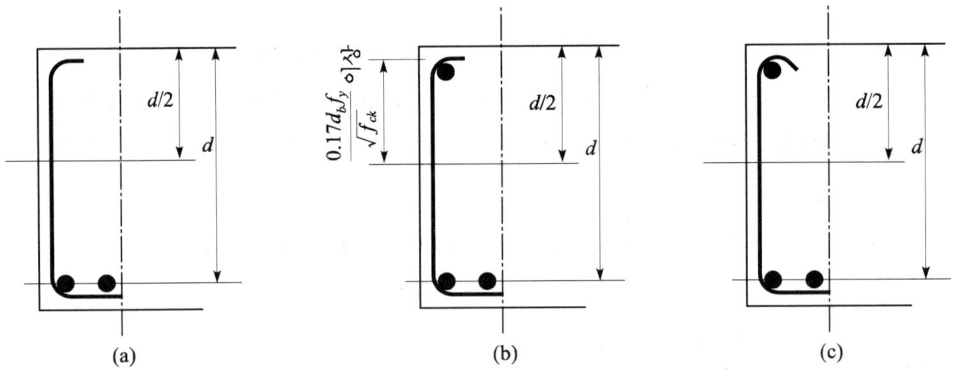

그림 6.10 스터럽의 정착

① D16 이하 철근 또는 지름 16mm 이하 철선으로 만들어진 스터럽은 종방향 철근을 둘러싸는 표준갈고리로 정착하여야 한다.(그림 6.10(a),(c)참조)

② f_{yt}가 300 MPa 이상인 D19, D22 및 D25 스터럽은 종방향 철근을 둘러싸는 표준갈고리 외에 추가로 부재의 중간 깊이에서 갈고리 단부의 바깥까지 $0.17\dfrac{d_b f_{yt}}{\sqrt{f_{ck}}}$ 이상의 묻힘길이를 확보하여 정착하여야 한다.(그림 6.10(b)참조)

③ 폐쇄형으로 배근된 한 쌍의 U형 스터럽 또는 띠철근은 겹침이음길이가 $1.3\ell_d$ 이상일 때 적절하게 이어진 것으로 볼 수 있다. 깊이가 450mm 이상인 부재에서 스터럽의 가닥들이 부재의 전 깊이까지 연장된다면 폐쇄스터럽의 이음이 적절한 것으로 볼 수 있다. 이때 한 가닥의 이음부에서 발휘할 수 있는 인장력 $A_b f_{yt}$는 40 kN 이하이어야 한다. 여기서 A_b는 철근 한 개의 단면적이다.

6.6 철근의 이음

6.6.1 이음 일반

철근은 이어대지 않는 것을 원칙으로 한다. 그러나 일반적으로 철근은 운반과 무게를 고려하여 표준길이로 생산되므로 이음을 해야할 때가 많다. 이러한 철근의 이음부는 구조적인 약점이 되는 곳이므로 최대 인장응력이 작용하는 곳에서는 이음을 피해야 하며 한 단면에 집중되지 않도록 엇갈리게 해야한다. 철근의 이음방법에는 겹침이음(lap splice), 용접이음(welded splice), 슬리브 너트(sleeve nut) 및 연결장치(coupler) 등을 사용하는 방법이 있는데 주로 겹침이음이 사용된다.

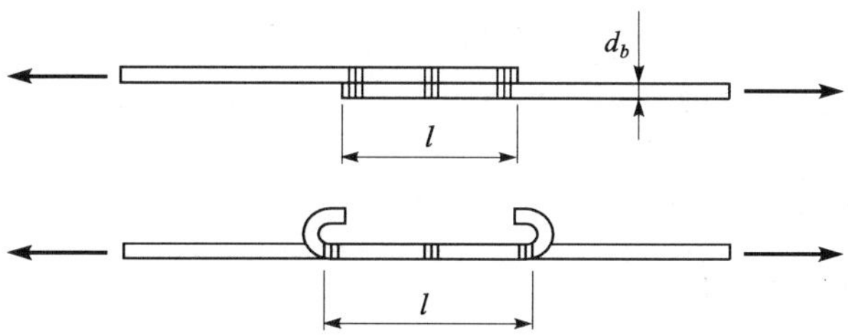

그림 6.11 철근의 겹침이음

겹침이음은 이음할 2개의 철근의 단부를 그림 6.11과 같이 겹치고 콘크리트를 칠 때 위치변동을 막기 위해 철사로 묶는다. 이때 겹침이음의 길이는 철근이 모든 강도를 발휘할 수 있도록 충분하게 두어야 한다. 일반적으로 이형철근의 겹이음 시 갈고리를 두지 않지만 원형철근의 경우 반드시 갈고리를 두어야 한다.

철근의 겹침이음은 다음 규정에 따라야 한다.

① D35를 초과하는 철근은 겹침이음을 하지 않아야 한다.

② 다발철근의 겹침이음은 다발 내의 개개 철근에 대한 겹침이음길이를 기본으로 하여 결정되어야 하며, 각 철근은 다발철근이 아닌 경우의 각 철근의 정착길이에 3개의 철근으로 구성된 다발철근에 대해서 20%, 4개의 철근으로 구성된 다발철근에 대해서 33%를 증가시켜야 한다. 그러나 한 다발 내에서 각 철근의 이음은 한 군데에서 중복하지 않아야 한다. 또한 두 다발철근을 개개 철근처럼 겹침이음하지 않아야 한다.

③ 휨부재에서 서로 직접 접촉되지 않게 겹침이음된 철근은 횡방향으로 소요 겹침이음길이의 1/5 또는 150 mm 중 작은 값 이상 떨어지지 않아야 한다.

한편 용접이음과 기계적 연결은 다음 규정에 따라야 한다.

① 용접이음은 용접용 철근을 사용해야 하며 철근의 설계기준항복강도 f_y의 125% 이상을 발휘할 수 있는 완전용접이어야 한다.

② 기계적이음은 철근의 설계기준항복강도 f_y의 125% 이상을 발휘할 수 있는 기계적이음이어야 한다.

③ ① 또는 ②의 요구조건을 만족하지 않는 용접이음이나 기계적 연결은 인장이형철근 및 이형철선의 이음규정을 만족해야 하며, D16 이하의 철근에만 허용한다.

6.6.2 인장 이형철근 및 이형철선의 이음

(1) 인장을 받는 이형철근 및 이형철선의 겹침이음길이는 A급, B급으로 분류하며 다음 값 이상으로 하여야 한다. 그러나 300 mm 이상이어야 한다.

① A급 이음 : $1.0\ell_d$ (6.16a)

② B급 이음 : $1.3\ell_d$ (6.16b)

여기서 ℓ_d는 인장 이형철근의 정착길이 이다.

이때 $\left(\dfrac{\text{소요}A_s}{\text{배근}A_s}\right)$에 대한 보정계수는 적용하지 않아야 한다.

(2) 겹침이음에서 A급 이음과 B급 이음은 다음 표 6.2와 같이 규정하고 있다.

표 6.2 인장철근의 겹침이음

겹침이음길이 내에서 조건	겹침이음의 종류
$\dfrac{\text{배근된 철근량}}{\text{소요 철근량}} \geq 2$ 이고 $\dfrac{\text{겹침이음된 철근량}}{\text{전체 철근량}} \leq \dfrac{1}{2}$ 인 경우	A급 이음
위의 조건에 해당되지 않는 경우	B급 이음

(3) 서로 다른 크기의 철근을 인장 겹침이음하는 경우 이음길이는 크기가 큰 철근의 정착길이와 크기가 작은 철근의 겹침이음길이 중 큰 값 이상이어야 한다.

(4) 용접이음과 기계적 연결이 철근의 설계기준항복강도 f_y의 125% 이상을 발휘할 수 없는 경우라도 이음부에 배치된 철근량이 해석결과 요구되는 소요철근량의 2배 이상이고 아래의 요구조건을 따르는 경우, D16 이하의 철근에 대해서 용접이음 또는 기계적 연결에 의한 이음을 허용한다.

① 각 철근의 이음부는 서로 600 mm 이상 엇갈려야 하고, 이음부에서 계산된 인장응력의 2배 이상을 발휘할 수 있도록 이어져야 한다. 또한 배치된 전체 철근이 140 MPa 이상의 응력을 발휘할 수 있어야 한다.

② 각 단면에서 발휘하는 인장력을 계산할 때 이어진 철근은 규정된 이음강도를 발휘하는 것으로 보아야 한다. 이어지지 않은 연속철근의 인장응력은 설계기준항복강도 f_y를 발휘할 수 있도록 계산된 정착길이 ℓ_d에 대한 실제로 짧게 배치된 정착길이의 비를 f_y에 곱하여 사용하여야 한다.

(5) 인장부재의 철근이음은 철근의 설계기준항복강도 f_y의 125 % 이상을 발휘할 수 있는 완전용접이나 기계적 연결로 이루어져야 한다. 이 때 인접철근의 이음은 750 mm 이상 떨어져서 서로 엇갈리게 하여야 한다.

6.6.3 압축 이형철근의 이음

(1) 압축철근의 겹침이음길이는 다음과 같이 구할 수 있다.

$$\ell_s = \left(\frac{1.4 f_y}{\lambda \sqrt{f_{ck}}} - 52 \right) d_b \tag{6.17}$$

f_y가 400 MPa 이하인 경우는 $0.072 f_y d_b$ 이상, f_y가 400 MPa를 초과할 경우는 $(0.13 f_y - 24) d_b$ 이상이어야 하고, 어느 경우에나 300 mm 이상이어야 한다. 이때 콘크리트의 설계기준강도가 21 MPa 미만인 경우는 겹침이음길이를 1/3 증가시켜야 한다.

(2) 서로 다른 크기의 철근을 압축부에서 겹침이음하는 경우, 이음길이는 크기가 큰 철근의 정착길이와 크기가 작은 철근의 겹침이음길이 중 큰 값 이상이어야 한다. 이때 D41과 D51 철근은 D35 이하 철근과의 겹침이음을 할 수 있다.

(3) 철근이 압축력만을 받을 경우는 철근과 직각으로 절단된 철근의 양끝을 적절한 장치에 의해 중심이 잘 맞도록 접촉시킴으로써 압축응력을 직접 지압에 의해 전달할 수 있다. 이때 철근의 양 단부는 철근 축의 직각면에 1.5° 이내의 오차를 갖는 평탄한 면이 되어야 하고 조립 후 지압면의 오차는 3° 이내이어야 한다.

(4) 단부 지압이음은 폐쇄띠철근, 폐쇄스터럽 또는 나선철근을 배치한 압축부재에서만 사용하여야 한다.

6.7 철근 가공

6.7.1 표준갈고리

철근이 항복응력에 도달했을 때 총 강도를 철근의 부착만으로 정착할 수 없는 경우에 철근단부에 갈고리를 두게 된다. 이때 원형철근은 반드시 갈고리를 붙여야 하며 중요한 부재에서는 이형철근에도 갈고리를 붙인다.

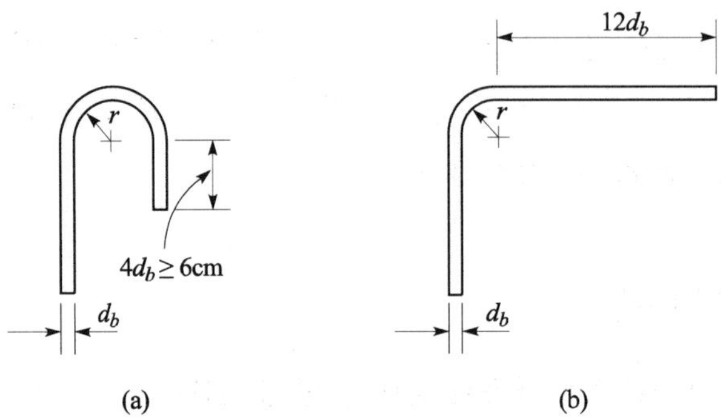

그림 6.12 주철근의 표준갈고리

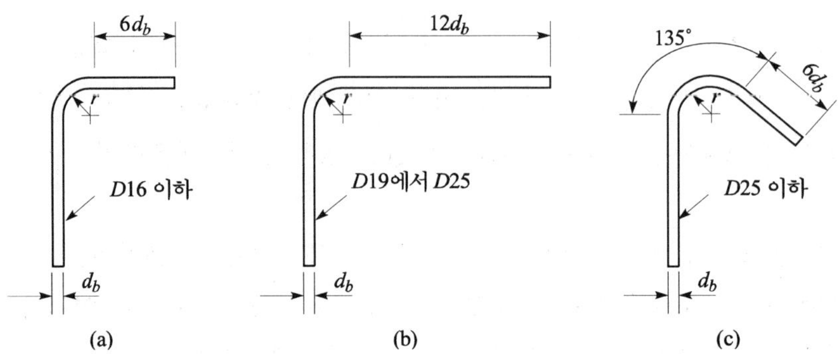

그림 6.13 스터럽과 띠철근의 표준갈고리

표준갈고리는 그림 6.12와 그림 6.13과 같이 분류되며 각 표준갈고리는 그림의 규정을 만족하여야 한다. 그림 6.12(a)를 반원형 갈고리 또는 180° 갈고리, 그림 6.12(b)를 직각 갈고리 또는 90° 갈고리, 그림 6.13(c)를 예각 갈고리 또는 135° 갈고리라고 한다.

그림 6.12는 주철근의 표준갈고리이고 그림 6.13은 스터럽과 띠철근의 표준 갈고리이다.

주철근의 표준갈고리

1) 180° 표준갈고리는 180° 구부린 반원 끝에서 $4d_b$ 이상, 또한 60 mm 이상 더 연장되어야 한다.
2) 90° 표준갈고리는 90° 구부린 끝에서 $12d_b$ 이상 더 연장하여야 한다.

스터럽과 띠철근의 표준갈고리

1) 90° 표준갈고리
   (가) D16 이하인 철근은 90° 구부린 끝에서 $6d_b$ 이상 더 연장하여야 한다.
   (나) D19, D22와 D25인 철근은 90° 구부린 끝에서 $12d_b$ 이상 연장하여야 한다.

2) 135° 표준갈고리
   D25 이하의 철근은 135° 구부린 끝에서 $6d_b$ 이상 더 연장하여야 한다.

6.7.2 최소 구부림의 내면반지름

1) 주철근의 180° 표준갈고리와 90° 표준갈고리의 구부림 최소 내면반지름은 표 6.3의 값 이상으로 하여야 한다.

2) 스터럽과 띠철근용 표준갈고리의 내면반지름은 다음 규정에 따라야 한다.
   ① D16 이하의 스터럽과 띠철근으로 사용하는 표준갈고리의 구부림 내면반지름은 2 d_b 이상으로 하여야 한다.
   ② D19 이상의 스터럽과 띠철근의 구부림 내면반지름은 표 6.3에 따라야 한다.
   표 6.3은 철근의 재질을 손상시키지 않을 한도 내에서 정해진 갈고리의 최소 내면 반지름이다. 여기서 d_b는 철근의 공칭지름이다.

표 6.3 구부림의 최소 내면 반지름

철근 크기	최소 내면반지름
D10 ~ D25	$3d_b$
D29 ~ D35	$4d_b$
D38 이상	$5d_b$

3) 스터럽 또는 띠철근으로 사용하는 용접철망(원형 또는 이형)에 대한 표준갈고리의 구부림 내면 반지름은 지름이 7mm 이상인 이형철선은 $2d_b$, 그 밖의 철선의 경우는 d_b 이상으로 하여야 한다. 또한 $4d_b$ 보다 작은 내면반지름으로 구부리는 경우는 가장 가까이 위치한 용접교차점으로부터 $4d_b$ 이상 떨어져서 철망을 구부려야 한다.

4) 표준갈고리가 아닌 경우의 최소 구부림 내면반지름은 $5d_b$ 이상으로 하여야 하고(그림 6.14), 접합부 모서리 부분의 외측에 연하는 철근의 구부림 내면반지름은 $10d_b$ 이상으로 하여야 한다(그림 6.15).

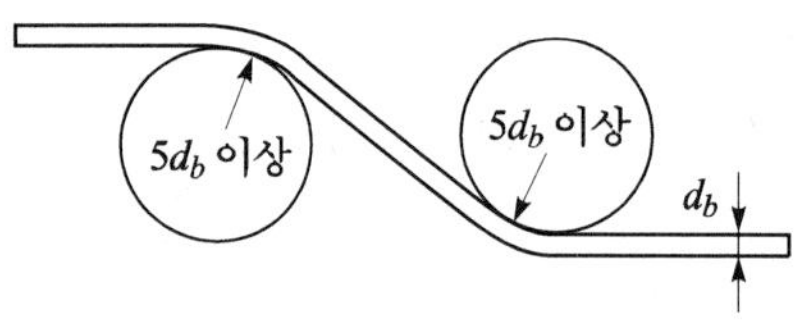

그림 6.14 절곡철근의 구부림 반지름

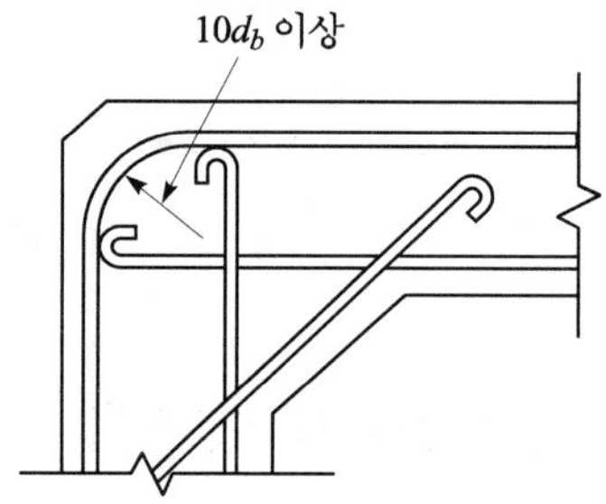

그림 6.15 라멘 접합부의 외측

헌치(haunch) 및 라멘부재의 접합부 등에서 내측에 배치한 철근을 그림 6.16과 같이 슬래브 또는 보의 인장철근을 구부려 사용해서는 안된다. 왜냐하면 인장철근의 인장력 때문에 헌치의 내부 덮개부분의 콘크리트가 이탈할 염려가 있기 때문이다. 그러므로 이러한 경우에는 그림 6.17과 같이 배근해야 한다.

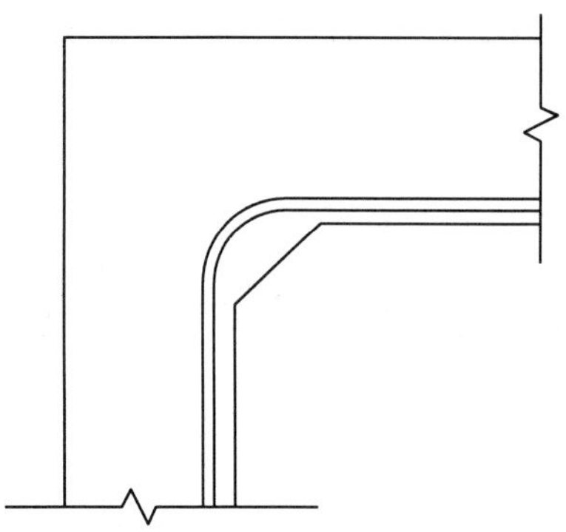

그림 6.16 라멘 접합부의 잘못된 배근

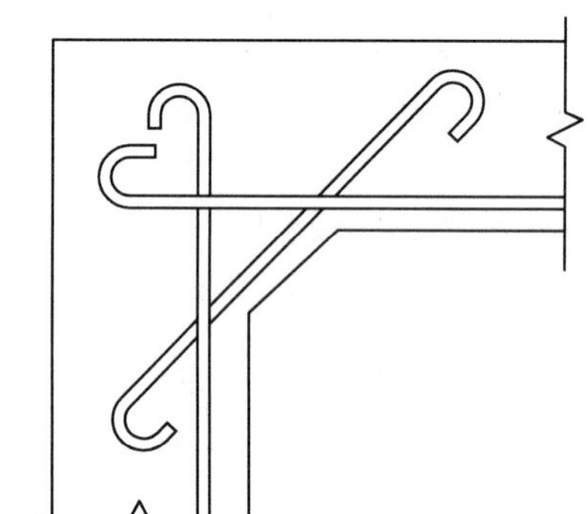

그림 6.17 라멘 접합부의 올바른 배근

5) 기타 철근의 구부림 내면반지름은 표 6.3의 값 이상이어야 한다. 그러나 큰 응력을 받는 곳에서 철근을 구부릴 때는 구부림 내면반지름을 더 크게 하여 철근 반지름 내부의 콘크리트가 파쇄되는 것을 방지하여야 한다.
모든 철근은 상온에서 구부려야 하며 콘크리트 속에 일부가 묻혀있는 철근은 현장에서 구부리지 않도록 하여야 한다. 이것은 철근의 재질에 손상을 주지 않기 위해서 필요하다.

6.8 철근 배치

6.8.1 배근 원칙

(1) 철근은 콘크리트 치기 전에 정확하게 배치되고 움직이지 않도록 적절하게 지지되어야 하며, 시공이 편리하도록 배치되어야 한다.
(2) 철근조립을 위해 교차되는 철근을 용접하지 않아야 한다.
(3) 철근은 다음과 같은 허용오차 이내에서 규정된 위치에 배치하여야 한다.
① 유효깊이 d에 대한 허용오차와 휨부재, 벽체, 압축부재에서 콘크리트의 최소 피복두께 허용오차는 다음 표 6.4에 따라야 한다.
② 종방향 철근을 구부리거나 철근이 끝나는 단부의 허용오차는 ±50mm이며, 다만 부재의 불연속단에서 철근 단부의 허용오차는 ±13mm이다.

표 6.4 철근 배근 시 허용오차

	유효깊이 (d)	콘크리트 최소 피복두께
$d \le 200$mm	±10mm	−10mm
$d > 200$mm	±13mm	−13mm

다만, 하단 거푸집까지의 순거리에 대한 허용오차는 −7mm이며, 피복두께의 허용오차는 도면 또는 설계기준에서 요구하는 최소 피복두께의 -1/3을 초과하지 않아야 한다.

6.8.2 철근의 간격

철근 둘레에 콘크리트를 잘 돌게 하여 철근 표면이 완전히 콘크리트로 둘러싸여 부착력이 잘 발휘되도록 하기 위해서는 인접한 철근 사이에 일정한 간격을 둘 필요가 있다. 그래서 설계기준에서는 표 6.5와 같이 규정하고 있다.

표 6.5 철근 간격

<table>
<tr><td rowspan="2">보</td><td rowspan="2">주철근</td><td>수평 순간격</td><td>25mm 이상
철근의 공칭지름 이상
굵은골재 최대치수의 4/3배 이상</td></tr>
<tr><td>2단 이상 배치시 연직 순간격</td><td>동일 연직면 내에 배근
25mm 이상</td></tr>
<tr><td rowspan="3">기둥</td><td colspan="2">축방향 철근의 순간격</td><td>40mm 이상
축방향 철근지름의 1.5배 이상
굵은골재 최대치수의 4/3배 이상</td></tr>
<tr><td colspan="2">나선철근의 순간격</td><td>25mm 이상
75mm 이하</td></tr>
<tr><td colspan="2">띠철근의 순간격</td><td>종방향 철근지름의 16배 이하
띠철근 지름의 48배 이하
기둥 단면의 최소치수 이하</td></tr>
<tr><td>벽체와
슬래브</td><td>주철근</td><td>중심간격</td><td>슬래브 두께의 3배 이하
450mm 이하
장선구조는 예외</td></tr>
<tr><td rowspan="2">배력철근</td><td rowspan="2">건조수축 및
온도철근</td><td>1방향 슬래브의 중심간격</td><td>슬래브 두께의 5배 이하
450mm 이하</td></tr>
<tr><td>옹벽의 수평철근의 중심간격</td><td>벽체 두께의 5배 이하
450mm 이하</td></tr>
<tr><td>다발철근</td><td colspan="3">- 2개 이상의 철근을 묶어서 사용하는 다발철근은 이형철근으로, 그 개수는 4개 이하이어야 하며, 이들은 스터럽이나 띠철근으로 둘러싸여야 한다.
- 휨부재의 경간 내에서 끝나는 한 다발철근 내의 개개 철근은 $40d_b$이상 서로 엇갈리게 끝나야 한다.
- 다발철근의 간격과 최소 피복두께를 철근지름으로 나타낼 경우, 다발철근의 지름은 등가단면적으로 환산된 한 개의 철근지름으로 보아야 한다.
- 보에서 D35를 초과하는 철근은 다발로 사용할 수 없다.</td></tr>
</table>

6.8.3 철근의 피복두께

철근의 부식을 방지하고 충분한 부착력을 발휘하도록 하며 또한 화재로 인한 해를 받지 않도록 하기 위하여, 필요로 하는 두께의 콘크리트로 보호해야 한다. 이 콘크리트 두께를 철근의 피복두께(cover)라고 한다. 즉, 철근의 피복두께는 철근 표면으로부터 콘크리트 표면까지의 최단거리이다. 설계기준에서는 현장치기 콘크리트 구조물의 경우, 철근의 덮개를 다음과 같이하도록 규정하고 있다. 이는 콘크리트의 중성화 속도를 고려하여 구조물의 공용기간 동안 철근의 부식을 막기 위해 실험치로부터 결정한 값이다.

현장치기 콘크리트의 최소피복두께는 다음과 같다.

(1) 수중에서 타설하는 콘크리트 ································ 100 mm

(2) 흙에 접하여 콘크리트를 친 후 영구히 흙에 묻혀 있거나 수중에 있는 콘크리트 ································ 75 mm

(3) 흙에 접하거나 옥외의 공기에 직접 노출되는 콘크리트

- D19 이상 철근 ································ 50 mm
- D16 이하 철근, 지름 16mm 이하의 철선 ································ 40 mm

(4) 옥외의 공기나 흙에 직접 접하지 않는 콘크리트

- 슬래브, 벽체, 장선 : D35를 초과하는 철근 ································ 40 mm
  D35 이하인 철근 ································ 20 mm
- 보, 기둥 ································ 40 mm
- 이 경우 콘크리트의 설계기준강도 f_{ck}가 40 MPa 이상이면 규정된 값에서 10 mm 저감시킬 수 있다.
- 쉘, 절판부재 ································ 20 mm

연습문제

6.1 다음의 경우에 대해 D25(공칭 단면적 $A_s = 506.7\,mm^2$, 공칭지름 $d_b = 25.4\,mm$)철근의 기본 정착 길이를 구하시오. 단, $f_{ck} = 21\,MPa$ 이고 SD300 철근이다.

(1) 위의 철근이 인장을 받는 경우

(2) 위의 철근이 압축을 받는 경우

(3) 위의 철근이 인장을 받으며 표준갈고리를 둔 경우

6.2 유효깊이가 500mm인 캔틸레버에서 D25가 인장철근으로 배근되어 있다. 철근의 중심간격은 150mm이고, 부재 측면에서 70mm 떨어져 있다. 이 때 필요한 정착길이를 계산하시오. 단, $f_{ck} = 24\,MPa$ 이고 SD400 철근이다.

6.3 다음 조건과 같이 D25 상부철근이 순간격 70mm로 배근된 캔틸레버에서 지지 기둥 속으로 연장될 때 필요한 정착길이를 계산하시오. 이 때 주철근은 120mm간격의 D10 스터럽으로 보강되었고 피복두께는 50mm 이다.

단, $f_{ck} = 28\,MPa$ 이고 SD300 철근이다.

(1) 직선철근

(2) 표준갈고리 철근

6.4 b = 300mm, d = 550mm, h = 620mm이고 경간이 6,000mm인 직사각형 단면의 단순지지보가 있다. 여기에 등분포 고정하중 $w_d = 20\,N/mm$(자중포함)과 등분포 활하중 $w_\ell = 30\,N/mm$이 작용할 때 휨 해석결과 인장철근 A_s = 3−D32 = 2,383 mm^2를 배근하였다. 인장철근의 끊을 수 있는 위치를 계산하고, 또 철근의 정착길이를 검토하시오. 단, f_{ck} = 27MPa이고 SD350철근이다. 또한 U형스터럽 D10이 s = 150mm 간격으로 주철근을 둘러싸고 있으며 피복두께는 40mm이다.

6.5 단순경간의 직사각형보에 순간격 50mm 그리고 피복두께 50mm인 여러개의 D25철근을 배근하고자 한다. 이 철근을 겹이음하고자 할 때 다음 각각의 경우에 대해 겹이음 길이를 계산하시오. 단, $f_{ck} = 26$ MPa 이고 SD400 철근이다.

(1) 전체 철근의 70%를 이음하고자 하며 $\left(\frac{\text{배근}A_s}{\text{소요}A_s}\right) = 1.5$일 때

(2) 전체 철근의 70%를 이음하고자 하며 $\left(\frac{\text{배근}A_s}{\text{소요}A_s}\right) = 2.0$일 때

(3) 전체 철근의 40%를 이음하고자 하며 $\left(\frac{\text{배근}A_s}{\text{소요}A_s}\right) = 1.5$일 때

(4) 전체 철근의 40%를 이음하고자 하며 $\left(\frac{\text{배근}A_s}{\text{소요}A_s}\right) = 2.0$일 때

CHAPTER

07 사용성

CHAPTER

07 사용성

7.1 서론

구조물에 외력이 작용할 때 구조물의 안전에는 문제가 없으나, 구조물을 사용하는 데 있어서는 불편을 초래하는 경우가 있다. 구조물에 과대한 처짐, 균열, 피로 등이 일어나면 구조물의 기능에 지장을 초래할 뿐 아니라, 미관을 해치고 사용자에게 불안감을 주게 된다. 이러한 것을 사용성(serviceability)이 좋지 않다고 한다. 특히 폭이 큰 균열, 과대한 처짐, 반복하중 등은 내구성(durability)을 저하시키게 된다. 따라서 구조물은 외력에 대하여 안전해야 할 뿐만 아니라 사용성과 내구성을 확보하여야 한다.

허용응력설계법은 사용성에 중점을 둔 설계법이고, 강도설계법은 안전성에 중점을 두고 사용성을 따로 검토하는 방법을 취하고 있으며, 한계상태설계법은 안전성과 사용성을 하나의 설계체계 속에서 다루려는 설계법이다. 따라서 허용응력설계법으로 설계된 구조부재는 처짐이나 균열에 대하여 안전한 설계가 되어 사용성에 대해서는 종래 거의 신경을 쓰지 않았다. 그러나 최근 콘크리트나 철근이 고강도화의 경향에 있고 설계법이 정밀해 짐에 따라 부재단면이 작아지는 경향이 있으므로 처짐이나 균열 또는 피로에 대해 검토하여야 한다.

7.2 균열

7.2.1 균열의 종류와 형태

하중에 의해 일어나는 균열은 그림 7.1에 보인 바와 같이 서로 다른 형태를 보인다. 잘 설계된 보에서 휨 균열은 육안으로 볼 수 없는 실 균열(hairline crack)이다. 그리고 사용하중하에서 최대균열폭은 0.3 mm 정도이다. 하중이 더 증가하면 균열폭은 더 커진다. 하중이 균열하중을 넘어 점차로 증가하면 그림 7.1(a)에 보인 것처럼 균열의 수와 폭이 증가한다. 이렇게 발전된 균열은 중립축 쪽으로 진행한다.

전단으로 인한 균열은 그림 7.1(b)에 보인 바와 같이 특색 있는 경사진 형태를 나타낸다. 이 전단균열은 중립축의 높이만큼 위쪽으로 진행되며, 때로는 압축구역으로 발전한다. 비틀림에 의한 균열도 그림 7.1(c)에 보인 바와 같이 전단의 경우와 비슷하다. 부착균열은 그림 7.1(d)에 보인 바와 같이 할렬(split)을 유발한다.

집중하중은 때로는 그림 7.1(e)에 보인 바와 같이 할렬균열(splitting crack) 또는 파열균열(bursting crack)을 일으키는 수가 있다. 이러한 균열은 특히 포스트텐션 방식의 PC보의 정착부 근처에서 종종 볼 수 있다.

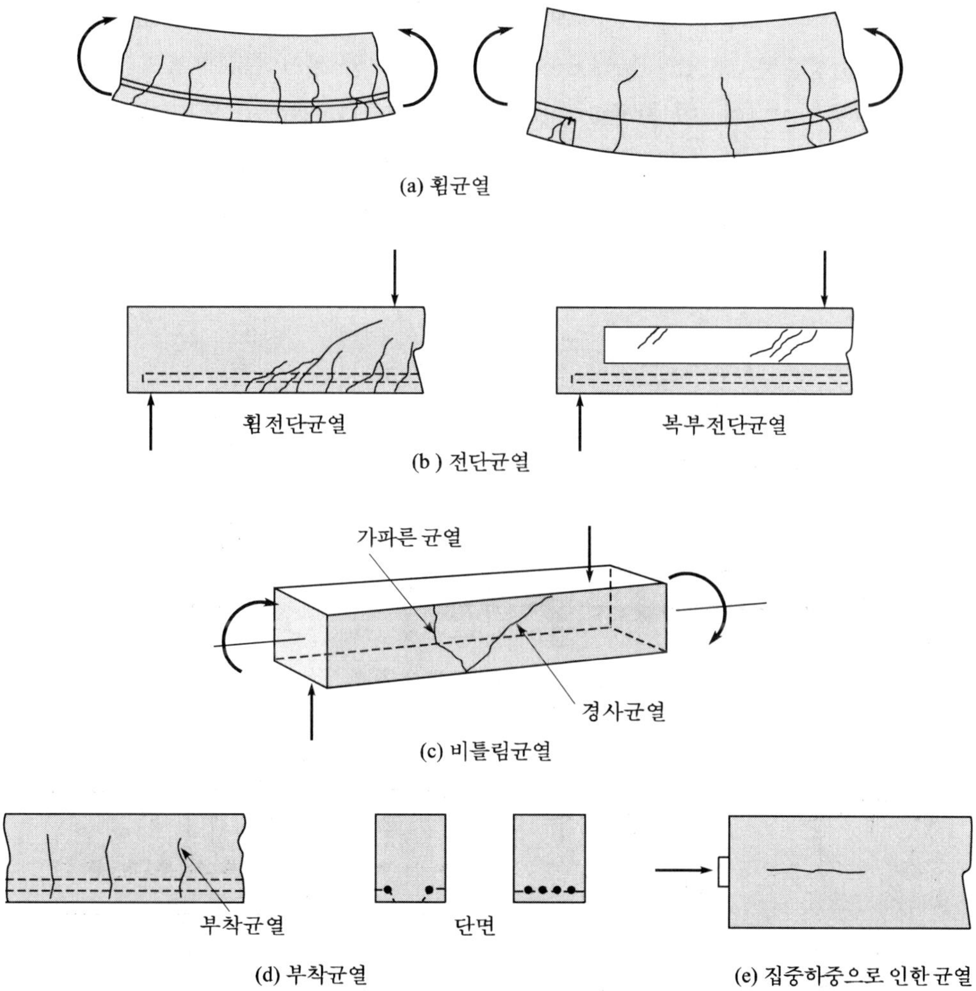

그림 7.1 하중에 의한 균열의 종류와 형태

부등침하, 건조수축, 온도변화 등에 의해서도 균열이 발생한다. 육중하고 강한(stiff) 구조물에 연결된 얇은 부재의 경우, 수축이 구속되면 수축균열이 일어난다.

구조물에서 자주 볼 수 있는 균열은 초기 재령의 부재에서 수화열에 의해 상승된 온도가 냉각하는 과정에서, 수축이 구속되어 일어나는 균열이다. 이러한 경우의 예로는 콘크리트를 타설한 지 얼마 되지 않은 기초위에 어떤 길이의 벽체를 이어치는 곳에서 볼 수 있다(그림 7.2). 벽체가 냉각할 때, 그 수축이 기초에 의해 구속되기 때문이다. 일반적으로 부재의 기초부의 구속 또는 다른 부재에 의한 구속은 균열을 유발한다. 이러한 균열은 수화열로 인한 온도의 상승 및 냉각속도를 조절하므로 제어할 수 있다. 또는 벽체를 짧은 길이로 타설하거나 철근을 보통의 수축철근 이상으로 충분히 배근하므로 제어할 수 있다.

콘크리트의 소성수축(plastic shrinkage)은 새로 타설한 콘크리트의 블리딩(bleeding)과 표면건조 때문에 일어나며, 이 침하로 인하여 그림 7.3(a)와 같이 철근을 따라 균열이 일어나고, 또는 그림 7.3(b)와 같은 망사형균열이라 일컬어지는 균열패턴을 보이기도 한다. 이러한 균열은 적절한 배합설계 및 타설 직후의 표면건조를 방지하여 피할 수 있다.

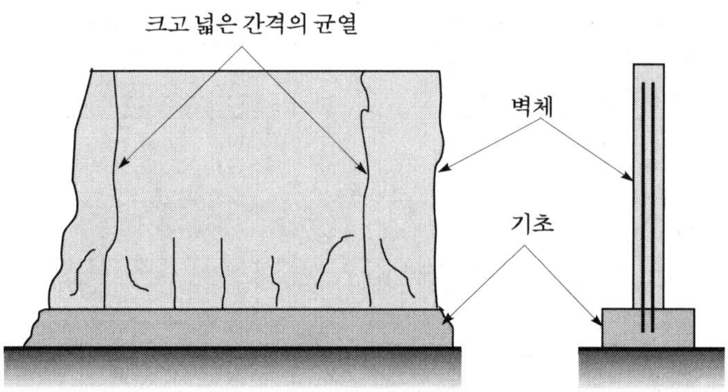

그림 7.2 수화열로 인한 균열

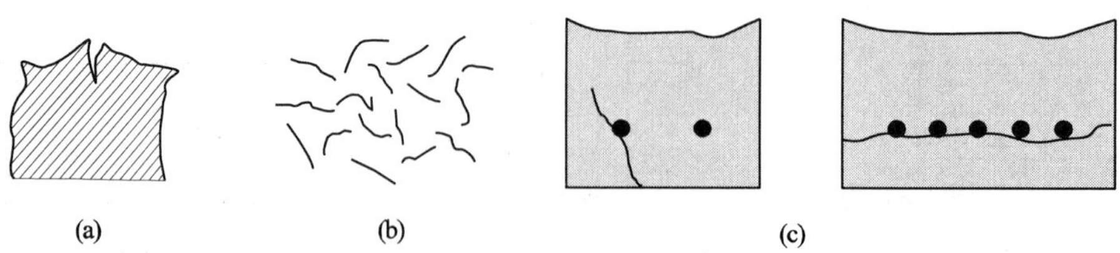

그림 7.3 그 밖의 형태의 균열

7.2.2 균열폭 제어의 필요성

균열폭은 외관, 철근의 부식 등에 관계된다. 폭이 넓은 균열은 외관상 좋지 않을 뿐만 아니라, 구조물 이용자에게 불안감을 준다. 액체저장용 구조물에 발생한 균열은 액체 누출의 원인이 된다.

폭이 넓은 균열은 철근을 부식시켜, 구조물의 내구성을 저하시킨다. 철근의 부식은 콘크리트의 탄화(carbonization)가 철근에 도달했을 때, 또는 염화물이 콘크리트를 통하여 철근표면에 침투했을 때 시작된다. 이들이 일어나는데 걸리는 시간은 균열 발생여부, 콘크리트 덮개 및 침투성, 구조물이 놓인 환경 등에 지배된다. 따라서 콘크리트에 발생하는 균열은 구조물의 기능, 내구성 및 미관 등 사용목적에 손상을 주지 않도록 제한되어야 한다.

7.2.3 휨균열 제어를 위한 설계기준의 규정

균열 폭은 여러 가지 요인의 의해 변화한다. 그러므로 균열의 제어를 계산으로 알아낸다는 것은 어려운 일이다. 이러한 문제의 복잡성 때문에 현 단계에서는 균열 폭의 예측은 시험관측에 기초하고 있다. 최대균열 폭을 예측하기 위해 제안된 대부분의 계산식들은 부재에 일어난 실제의 균열 폭의 약 90%가 계산치 이하임을 나타내고 있다.

그래서 2007년 개정된 설계기준에서는 종전의 설계기준(2003)에 주고 있었던 규정 즉 균열 폭을 계산하여 허용 균열 폭과 비교하는 방법 대신에, 철근을 인장영역에 고르게 분산 배치함으로서 휨균열을 제어하는 방법을 채택하고 있다. 즉 인장철근의 간격을 제한함으로서 균열을 제어하자는 것이다.

(1) 보 및 1방향 슬래브에 있어서 휨균열을 제어하기 위하여 다음에 따라 휨철근을 배치하여야 한다. 인장연단에 가장 가까이 배치되는 철근의 중심 간격 s는 다음 식 (7.1)으로 계산되는 값 중에서 작은 값 이하라야 한다.

$$s = 375\left(\frac{\kappa_{cr}}{f_s}\right) - 2.5c_c \quad (7.1a)$$

$$s = 300\left(\frac{\kappa_{cr}}{f_s}\right) \quad (7.1b)$$

여기서, κ_{cr} : 일반 옥내부재와 같이 부식의 우려가 없을 정도로 보호한 경우의 건조환경에 노출되는 경우 280이고 그 외의 환경에 노출되는 경우 210

c_c : 인장철근의 피복두께 즉 인장철근 표면과 인장연단 사이의 최소 두께 (mm)

f_s : 인장철근의 응력 즉 사용하중 모멘트로 계산한, 인장연단에 가장 가까이 위치한 철근의 응력(MPa)(근사 값으로 $f_s = 2/3 f_y$를 사용할 수 있다.)

위의 식 (7.1a) 및 식 (7.1b)는 균열폭 0.3 mm를 기본으로 하여 철근의 간격으로 나타낸 것이다.

(2) T형보 구조에서 플랜지가 인장을 받는 경우에는 휨 인장철근을 플랜지의 유효 폭과 경간의 1/10에 해당하는 폭 중에서 작은 폭에 분산 배치해야 한다. 플랜지의 유효 폭이 경간의 1/10보다 큰 경우에는 종방향 철근을 플랜지 바깥 부분에 추가로 배치해야 한다.

(3) 보의 높이 h가 900 mm를 초과할 경우에는 인장 연단으로부터 h/2의 높이까지, 보의 양쪽 측면을 따라 종방향 표피철근(longitudinal skin reinforcement)을 균일하게 배치하여야 한다. 이 때 표피철근의 간격 s는 앞의 식 (7.1)에 따라야하고, c_c는 표피철근 표면으로부터 부재 측면까지의 최단거리이다. 여기서 표피철근(skin reinforcement)이란 그림 7.4에 보인바와 같이 보의 전체 높이가 900 mm를 초과하는 휨부재에서 복부의 양측 면에 부재 축방향으로 배치하는 보조철근을 말한다.

이전에는 이것을 표면철근(surface reinforcement)이라고 불리어 왔으나, 표면철근의 양보다는 간격이 균열제어에 주된 영향을 준다는 연구결과에 따른 것이다. 일반적으로 D10~D16의 철근이나 또는 1m당 280m^2 이상의 단면적을 가지는 철선이 표피철근으로 사용되고 있다.

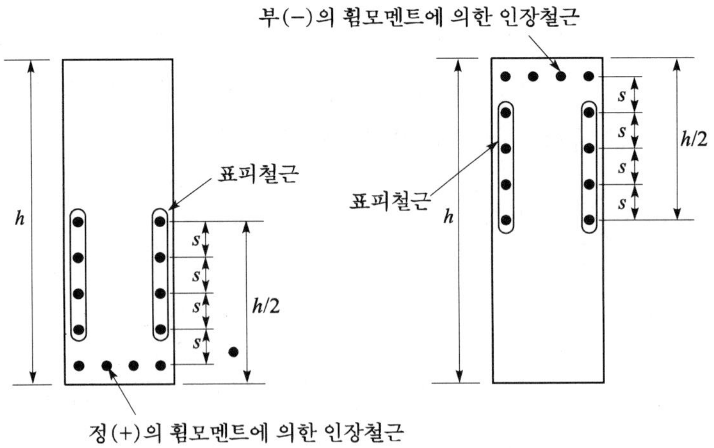

그림 7.4 보 및 장선(joist)에 있어서의 표피철근

예제 7.1

사용하중에 의한 휨모멘트 M = 620 kN.m 를 받고 있는 그림과 같은 단면이 옥외환경에 노출되어 있다. 2열로 배치된 인장철근의 연직 순 간격은 25mm이고, 인장연단으로부터 스터럽 철근 표면까지의 순 피복두께는 40mm이다. 철근은 SD 400이 사용되었다. 설계기준의 규정에 따라 휨균열 제어를 위한 철근간격을 검토해보자. 단 $f_{ck} = 28$ MPa이다.

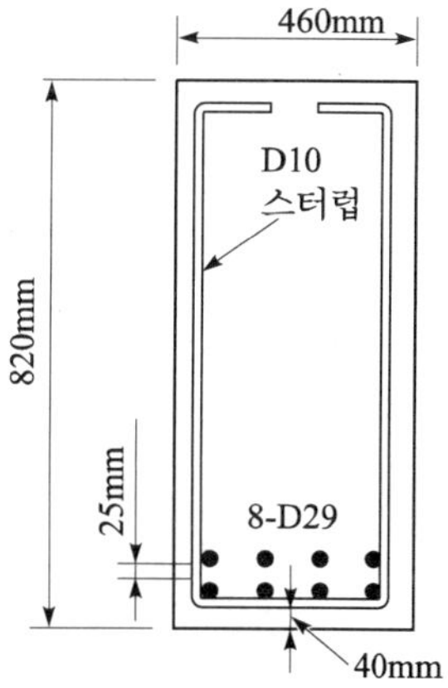

그림 7.5

▶ 풀이

(1) 인장연단에 배치된 철근의 유효깊이는

$$d = 820 - 40(\text{피복두께}) - 9.53(\text{스터럽 D10의 지름}) - 28.6(\text{D29의 지름}) - \frac{25}{2} = 729.37\text{mm}$$

인장연단에 위치한 철근의 사용하중 모멘트에 의한 응력 f_s를 계산하면 다음과 같다.

$$n = \frac{E_s}{E_c} = \frac{2\times10^5}{8{,}500\times\sqrt[3]{32}} = 7.41 \text{이고}\ k = -n\rho + \sqrt{(n\rho)^2 + 2n\rho} = 0.3763 \text{이며}$$

$x = kd = 274.5$ mm 이다. ($A_s = 8 - D29 = 8\times642.4 = 5{,}139\text{mm}^2$이므로)

$$f_s = \frac{M}{A_s(d - \frac{x}{3})} = \frac{620\times10^3\times10^3}{5{,}139\times(729.37 - \frac{274.5}{3})} = 189.13\text{MPa}$$

인장연단으로부터 최외단 철근 표면까지의 거리는

$$c_c = 40(\text{피복두께}) + 9.53(\text{스터럽 } D10) = 49.53\text{mm}$$

옥외환경이므로 $\kappa_{cr} = 210$이다.

식 (7.1a)로 부터

$$s = 375\left(\frac{210}{f_s}\right) - 2.5c_c = 375\times\frac{210}{189.13} - 2.5\times49.53 = 292.6\text{mm}$$

식 (7.1b)로부터

$$s = 300\left(\frac{210}{f_s}\right) = 300\times\frac{210}{189.13} = 333.1\text{mm} > 292.6\text{mm}$$

그림에서 단면의 측면 가까이에 위치한 철근 D29의 중심으로부터 단면의 측면까지의 거리는

$$40(\text{피복두께}) + 9.53(\text{스터럽 } D10\text{의 지름}) + \frac{1}{2}\times28.6(D29\text{의 지름의 }\frac{1}{2}) = 63.83\text{mm}$$

따라서 인장연단에 가장 가까이 배치된 4 - D29의 중심간 거리는

$$(460-2\times 63.83)\times \frac{1}{3}=110.78\,\text{mm} < 292.6\,\text{mm}\ (\text{OK})$$

즉 7.2.3의 식 (7.1)의 조건을 만족하고 있다.

(2) $f_s=\frac{2}{3}f_y$로 계산해보자.

SD 400의 항복강도는 $f_y=400$ MPa 이므로

$$f_s=\frac{2}{3}f_y=\frac{2}{3}\times 400=267\,\text{MPa}$$

식 (7.1a)로 부터

$$s=375\left(\frac{210}{f_s}\right)-2.5c_c=375\times\frac{210}{267}-2.5\times 49.5=171\text{mm} > 110.78\text{mm}$$

식 (7.1b)로부터

$$s=300\left(\frac{210}{f_s}\right)=300\times\frac{210}{267}=236\text{mm} > 110.78\text{mm}$$

즉 이 경우도 앞의 (7.1)의 조건을 만족하고 있다.

예제 7.2

옥외환경에 노출되어 있는 그림과 같은 단면의 표피철근을 설계해보자. 인장철근의 연직 순 간격은 25mm이고 인장연단에서의 피복두께는 40mm이다. 당, $f_{ck}=28$ MPa이며 사용철근은 SD400 이다.

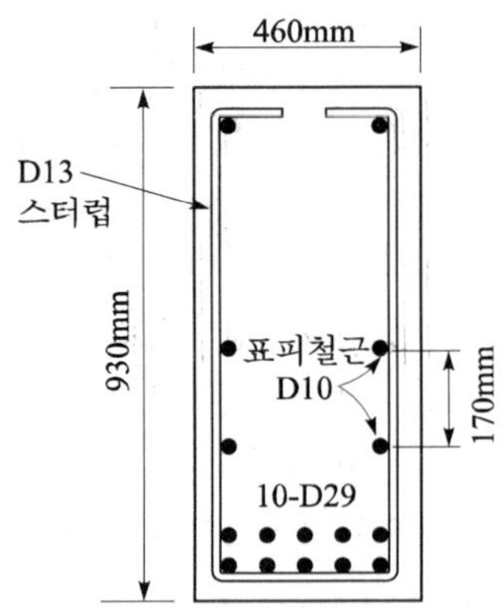

그림 7.6

▸ **풀이**

보의 깊이 h가 900 mm를 초과하므로 종방향 표피철근이 필요하다. 표피철근으로 D10을 사용하기로 하고 D10의 피복두께를 $c_c=50$ mm로 한다. 철근의 응력 f_s에 근사 값을 사용한다면

$$f_s=\frac{2}{3}f_y=\frac{2}{3}\times 400=267\,\text{MPa}$$

옥외환경이므로 $\kappa_{cr}=210$이다.

식 (7.1a)로부터

$$s=375\left(\frac{210}{f_s}\right)-2.5c_c=375\times\frac{210}{267}-2.5\times50=170\text{mm}$$

식 (7.1b)로부터

$$s=300\left(\frac{210}{f_s}\right)=300\times\frac{210}{267}=236\text{mm}>170\text{mm}$$

따라서 표피철근의 간격은 170 mm이다.

인장연단으로부터 상단 (2열)에 배치된 철근의 중심까지의 거리는

40(피복두께) + 12.7(스터럽 D13의 지름) + 28.6(D29의 지름)

+ 25(인장철근의 연직 순간격) + $\frac{1}{2}$ × (상단철근 D29의 지름의 $\frac{1}{2}$)

= 121mm

여기서부터 $\frac{h}{2}=\frac{930}{2}=465\text{mm}$까지 그림 예제 7.2에 보인바와 같이 종방향 표피철근 2-D10을 170 mm의 간격으로 양쪽 측면에 배치한다.

7.2.4 균열 폭의 검증

2007년 개정된 설계기준에서는 콘크리트 구조물의 내구성, 사용성, 미관 등에 대한 균열 폭의 검증이 필요한 경우를 고려하여 부록 V(균열의 검증)을 따로 주고 있다. 여기서는 설계기준 부록 V에서 주고 있는 사항들에 대하여 설명한다.

(1) 균열의 분류

부록 V에서는 균열을 다름과 같이 분류하고 있다.

① **휨 인장균열**(flexural cracking) : 휨모멘트에 의해 발생되는 균열로서 단면의 한쪽 부분에만 발생되는 균열
② **전 단면 인장균열**(hoop/direct tension cracking) : 주로 축 인장력에 의해 단면 전체에 인장응력이 발생되어 단면 전체에 걸쳐 발생되는 균열
③ **단일상태 균열**(first cracking) : 인장응력이 발생하여 부재에 처음으로 발생되는 균열
④ **안정상태 균열**(steady state cracking) : 균열이 다수 발생하여 균열 수는 어느 정도 안정화되어 증가하지 않고 균열 폭이 커지는 상태의 균열

(2) 환경 조건

균열로 인한 강재(철근)의 부식은 철근의 피복두께, 철근의 종류, 구조물이 놓이는 환경 등에 따라 크게 영향을 받는다. 부록 V에서는 강재부식에 대한 환경조건을 표 7.1과 같이 주고 있다.

표 7.1 강재의 부식에 대한 환경조건의 구분

건조환경	일반 옥내 부재, 부식의 우려가 없을 정도로 보호한 경우의 보통 주거 및 사무실 건물 내부
습윤환경	일반 옥외의 경우, 흙 속의 경우, 옥내의 경우에 있어서 습기가 찬 곳
부식성 환경	1) 습윤환경과 비교하여 건습의 반복작용이 많은 경우, 특히 유해한 물질을 함유한 지하수위 이하의 흙 속에 있어서 강재의 부식에 해로운 영향을 주는 경우, 동결작용이 있는 경우, 결빙 방지제를 사용하는 경우 2) 해양 콘크리트 구조물 중 해수 중에 있거나 극심하지 않은 해양환경에 있는 경우(가스, 액체, 고체)
고(高)부식성 환경	1) 강재의 부식에 현저하게 해로운 영향을 주는 경우 2) 해양 콘크리트 구조물 중 간만조위의 영향을 받거나 비말대(飛沫帶)에 있는 경우, 극심한 해풍의 영향을 받는 경우

(3) 허용 균열 폭

해석에 의해 균열 폭을 검토할 때는 다음식이 만족되어야 한다.

$$w_k \leq w_a \tag{7.2}$$

여기서, w_k : 사용하중이 작용할 때 계산된 균열 폭

w_a : 내구성, 사용성(누수) 및 미관에 관련하여 허용되는 균열 폭

설계 기준 부록 V에서는 내구성 확보를 위하여 허용되는 균열 폭을 표 7.2와 같이 주고 있고, 수처리 구조물의 내구성과 누수방지를 위하여 허용되는 균열 폭은 표 7.3과 같이 주고 있다.

표 7.2 허용 균열 폭 w_a(mm)

강재의 종류	강재부식에 대한 환경조건			
	건조환경	습윤환경	부식성 환경	고 부식성 환경
이형 철근	0.4mm와 $0.006t_c$ 중 큰 값	0.3mm와 $0.005t_c$ 중 큰 값	0.3mm와 $0.004t_c$ 중 큰 값	0.3mm와 $0.0035t_c$ 중 큰 값
PS 강재	0.2mm와 $0.005t_c$ 중 큰 값	0.2mm와 $0.004t_c$ 중 큰 값	–	–

※ 이 표에서 t_c는 최외단 철근의 표면과 콘크리트 표면 사이의 최소 피복두께(mm)

표 7.3 수처리 구조물의 허용 균열 폭

	휨 인장균열	전 단면 인장균열
오염되지 않은 물[1)]	0.25mm	0.20mm
오염된 액체[2)]	0.20mm	0.15mm

1) 음용수(상수도) 시설물
2) 오염이 매우 심한 경우 발주처 또는 건축주와 협의하여 결정

7.3 처짐

철근콘크리트 구조가 합리적으로 설계되기 위해서는 외력에 안전하게 저항할 수 있는 강도를 발휘할 수 있어야 할 뿐만 아니라 구조물의 사용목적에 부합되도록 처짐, 균열, 피로에 대한 제한조건을 만족하는 적당한 강성을 가져야 한다. 그런데 강도설계법으로 철근콘크리트 부재 설계 시 고강도 철근과 콘크리트로 설계될 경우 단면이 얇아지고 이로 인해 강성이 크게 저하되어 처짐이 크게 발생할 우려가 있다. 부재의 처짐이나 균열은 일반적인 사용상태에서 문제가 되기 때문에 사용하중(service load)하에서 즉시처짐과 장기처짐을 검토한다.

7.3.1 하중-처짐 거동

그림 7.7(a)는 그림 7.7(b)와 같은 고정보가 등분포하중을 받을 때 하중-처짐 곡선을 보인 것이다. 처음에 작용하는 하중이 매우 작으면 균열이 발생하지 않으며, 보는 초기강성을 유지한다. 그림의 OA가 이 단계를 나타낸다. 하중이 증가하여 보의 단부 모멘트가 균열모멘트를 초과하면 균열이 발생하고 보의 강성이 저하하며 단면 2차 모멘트 I가 감소한다. 이 단계가 그림의 AB구간이다. 경간 중앙의 균열은 더 큰 강성의 감소를 가져오며 이것이 그림의 점 B이다. 이후 하중이 약간 증가해도 처짐은 매우 커져서 보의 단부 또는 경간 중앙에서 항복을 초래한다. 그림의 점 D 및 E가 그것이다.

사용하중의 단계가 C점이고 이곳에서 보는 기본적으로 탄성적이다. 시간이 경과함에 따라 콘크리트의 크리프로 인하여 사용하중 처짐은 점 C에서 점 C'로 증가한다. 사용하중으로 인한 즉시처짐(점 C)과 크리프, 건조수축으로 인한 장기처짐(점 C')은 둘 다 설계에 고려해야 한다.

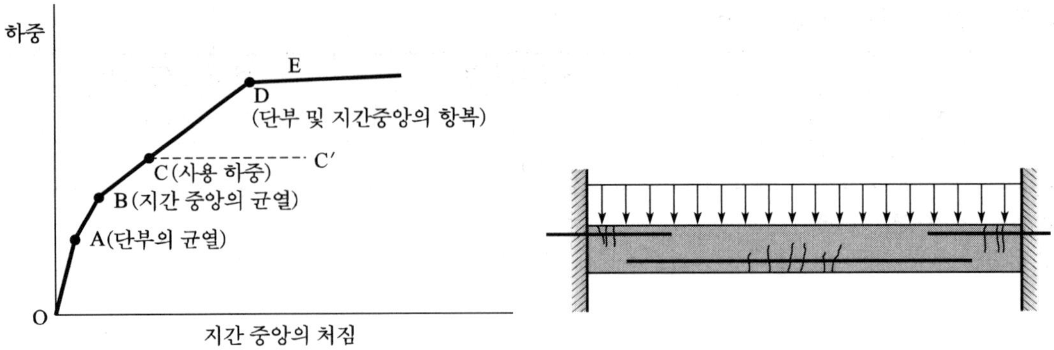

(a) 하중-처짐 곡선

(b) 휨 균열

그림 7.7 보의 하중-처짐 곡선

7.3.2 휨강성과 단면 2차모멘트

재료역학으로부터 탄성보의 곡률 ϕ_e는 다음 식으로 계산한다.

$$\phi_e = \frac{M}{EI} \tag{7.3a}$$

여기서 EI는 보의 휨강성이다.

철근 콘크리트보에 있어서는 3개의 서로 다른 EI 값을 고려하게 된다. 이것은 그림 7.8(d)에 보인 모멘트 곡률도(moment-curvature diagram)에 의해 설명할 수 있다. 식 (7.3a)로부터 그림 7.8(d)의 원점에서 그은 방사선의 기울기 $\frac{M}{\phi}$은 다음과 같다.

$$\frac{M}{\phi} = EI \tag{7.3b}$$

즉, 이 그림에서 방사선의 기울기는 단면의 휨강성 EI를 나타낸다.

균열이 발생하기 전에는 그림 7.8(b)에 보인 바와 같이 단면 전체가 유효하다. 따라서 비균열 단면 2차 모멘트 I_g는 콘크리트 전체단면에 대하여 계산되며, 이 경우의 휨강성 EI_g가 그림 7.8(d)의 OA이다.

그림 7.8(c)에 보인 바와 같이 보에 균열이 발생하면 단면의 인장측 콘크리트는 무시된다. 인장측 콘크리트 단면을 무시하고 계산한 단면 2차 모멘트 I_{cr}를 균열 환산단면 2차 모멘트라고 하며, 그 값은 비균열 단면 2차 모멘트 I_g보다 작다. 따라서 $EI_{cr} < EI_g$이고 EI_{cr}이 그림 7.8(d)의 OB이다.

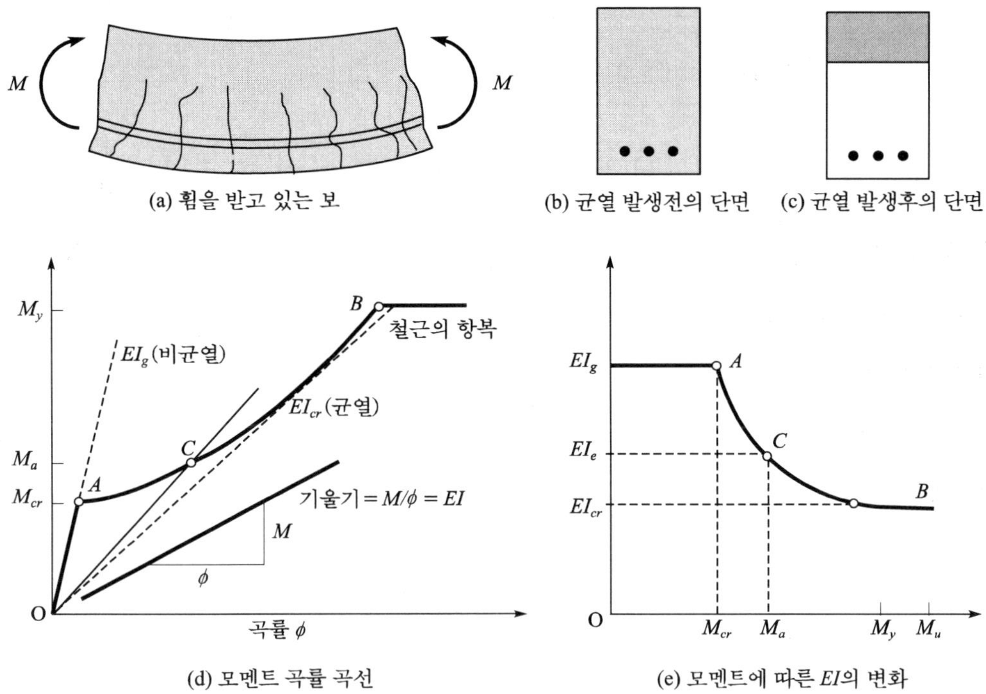

그림 7.8 모멘트-곡률 곡선과 EI의 변화

사용하중 상태에 해당하는 점 C의 EI 값은 위의 두 값 사이에 있다. 즉 사용하중 상태의 범위에서 실제의 EI값은 EI_g와 EI_{cr} 사이에서 변한다. 이러한 관계가 그림 7.8(e)에도 나타나 있다. 사용하중 상태에서 이렇게 변하는 EI값을 사용하여 처짐을 계산한다는 것은 쉬운 일이 아니며 실용적이 못된다. 그래서 다음에 설명하는 유효단면 2차 모멘트 I_e (effective moment of inertia) 또는 평균 단면 2차 모멘트 I_e를 사용하여 EI_e로 처짐을 계산한다.

그림 7.8(d)에서 균열이 발생한 점 A와 항복이 일어난 점 B 사이에서는 이 두 점의 휨강성 EI_g와 EI_{cr} 사이의 값에 해당하는 EI가 있을 것이다. 그래서 I_g에서부터 I_{cr}까지 변화하는 값 I_e가 많은 시험의 결과로 얻어졌으며, 그것을 단순화하여 다음과 같이 설계기준에서 제안하고 있다.

$$I_e = \left(\frac{M_{cr}}{M_a}\right)^3 I_g + \left\{1 - \left(\frac{M_{cr}}{M_a}\right)^3\right\} I_{cr} \le I_g \tag{7.4}$$

여기서, M_{cr} : 균열 모멘트($M_{cr} = \dfrac{f_r I_g}{y_t}$, $f_r = 0.63\lambda\sqrt{f_{ck}}$)

M_a : 처짐이 계산되는 단계에서 사용하중에 의해 일어나는 최대 휨 모멘트

I_g : 철근을 무시하고 계산한 콘크리트 총 단면의 2차 모멘트

I_{cr} : 균열 환산단면 2차 모멘트

만약 $\frac{M_a}{M_{cr}} > 3$일 때는 균열이 더 확장되므로 I_{cr}을 사용하여 계산하고, $1 < \frac{M_a}{M_{cr}} < 3$이면 면 I_e로 계산하고, $\frac{M_a}{M_{cr}} < 1$이면 균열이 발생하지 않으므로 I_g값을 사용하여 계산한다.

식 (7.4)의 I_e를 유효 단면 2차 모멘트(effective moment of inertia)라고 하며 처짐계산에 사용된다.

$$I_g > I_e > I_{cr}$$

그림 7.9는 철근콘크리트 보의 하중-처짐 관계를 나타내는 것으로 I_g , I_e , I_{cr}의 관계를 보여준다.

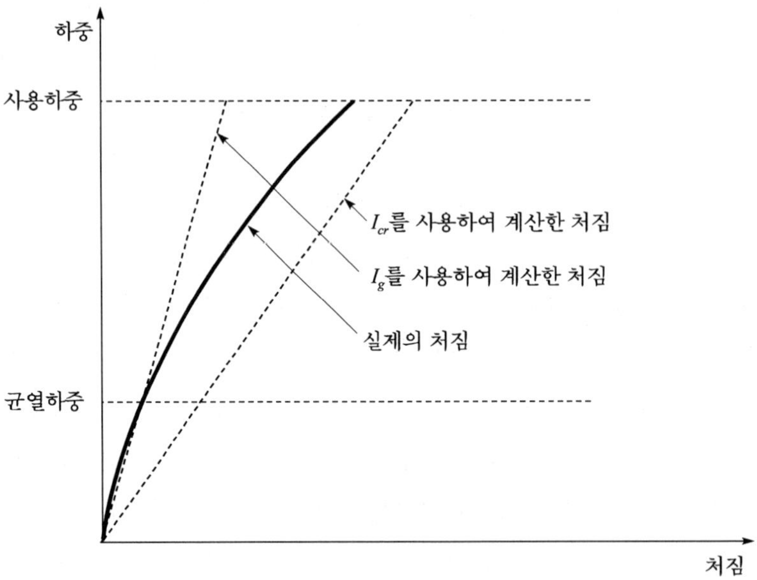

그림 7.9 철근콘크리트 보의 하중-처짐곡선

연속보에 있어서는 정 모멘트 구역과 부 모멘트 구역에서 I_e의 값이 매우 다르다. 특히 T형단면, 복철근 단면의 경우에는 그 차이가 크기 때문에, 연속보에 대하여는 다음과 같은 가중평균(weighted average)의 I_e를 사용한다.

그림 7.10(a)와 같이 양단이 연속으로 된 부재에 대하여

$$I_e = 0.70\,I_{em} + 0.15(I_{e1} + I_{e2}) \tag{7.5}$$

여기서, I_{em} : 경간 중앙의 유효단면 2차 모멘트

I_{e1}, I_{e2} : 양단의 부 모멘트 단면에 대한 유효단면 2차모멘트

그림 7.10(b)와 같이 1단이 연속으로 된 부재에 대하여

$$I_e = 0.85\,I_{em} + 0.15\,I_{e1} \tag{7.6}$$

여기서 I_{e1} : 연속단의 유효단면 2차 모멘트

위의 가중평균 I_e 대신에 다음 식의 산술평균 I_e를 사용해도 좋다.

$$I_e = 0.5\{\,I_{em} + 0.5(I_{e1} + I_{e2})\,\} \tag{7.7}$$

단순보는 경간중앙 단면에 대하여 캔틸레버는 지점 단면에 대하여 식 (7.4)로 계산되는 I_e를 사용한다.

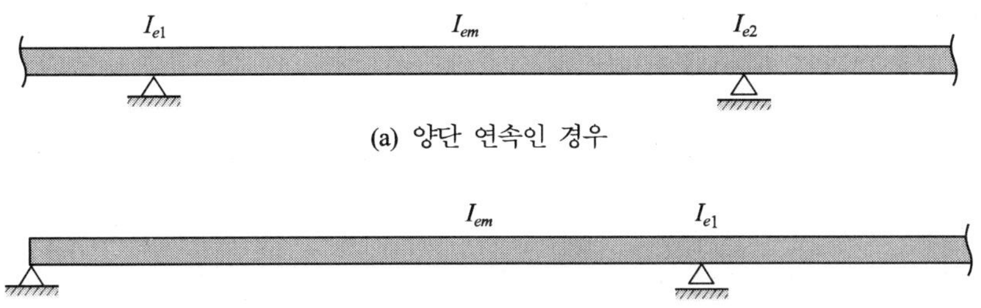

(a) 양단 연속인 경우

(b) 1단 연속인 경우

그림 7.10 연속보의 I_e 계산

7.3.3 즉시처짐

하중이 작용하는 그 순간에 일어나는 초기처짐을 탄성처짐(즉시처짐)이라 하며 탄성처짐의 계산은 휨부재의 탄성거동에 기초를 둔다. 탄성처짐 δ는 하중 P, 경간 ℓ, 단면 2차 모멘트 I, 그리고 재료의 탄성계수 E의 함수로 다음 식과 같이 표현된다.

$$\delta = f\left(\frac{P\ell}{EI}\right) \tag{7.8}$$

예를 들면, 단순보에 등분포 하중 w가 작용하면 경간 ℓ의 중앙에 일어나는 최대처짐은 다음과 같다.

$$\delta = \frac{5w\ell^4}{384EI} \tag{7.9}$$

여기서 E는 콘크리트 탄성계수 E_c를 사용한다.

I는 모멘트가 작게 일어나는 구역에서 균열이 발생하지 않았을 경우 전단면이 유효하므로, 총단면 2차모멘트 I_g를 취하고 모멘트가 큰 구역에서서는 균열이 발생하므로, 균열환산단면 2차모멘트 I_{cr}를 취한다. 단면의 인장측 콘크리트 응력이 휨강도(파괴계수) f_r을 초과하면 균열이 발생한다. 이때의 휨모멘트를 균열 모멘트 M_{cr}이라고 하며 다음 식과 같다.

$$f_r = \frac{M_{cr}}{I_g} y_t \tag{7.10}$$

$$M_{cr} = \frac{f_r}{y_t} I_g \tag{7.11}$$

여기서, $f_r = 0.63\lambda\sqrt{f_{ck}}$

I_g : 철근을 무시한 총단면 2차 모멘트

y_t : 중립축에서 인장측 하단까지 거리

외력에 의한 휨모멘트 M이 균열모멘트 M_{cr}보다 커지면 인장측 콘크리트에 균열이 발생하며 이때 처짐은 비균열 단면 2차 모멘트 I_g 대신 균열 단면 2차 모멘트 I_{cr}을 사용해야 한다. 그러나 철근 콘크리트 보의 실제 처짐은 I_{cr}에 의해 계산된 값보다 작다. 그러므로 콘크리트 설계기준에서는 처짐계산을 위해 식 (7.4)와 같이 유효단면 2차 모멘트 I_e를 제안하고 있다.

7.3.4 장기처짐

지속하중에 의한 건조수축 및 크리프는 하중이 구조물에 처음 재하 될 때 일어나는 처짐외에 추가 처짐의 원인이 된다. 이러한 추가처짐은 장기처짐이라고도 말하며 온도, 습도, 양생조건, 재하기간, 압축철근의 양, 지속하중의 크기 및 기타 요소에 의하여 영향을 받는다. 장기처짐은 콘크리트의 건조수축과 크리프에 의해 발생되는 처짐으로, 초기에는 빠른 속도로 증가하여 시간이 지남에 따라 둔화되고 4~5년 후에는 거의 끝난다.

콘크리트구조설계기준에서는 휨부재의 크리프와 건조수축에 의한 추가 장기처짐 Δ는 해당 지속하중에 의해 생긴 순간처짐 δ_i에 다음 계수 λ_Δ를 곱하여 구하도록 제안되어 있다.

$$장기처짐 : \Delta = \lambda_{\Delta}\delta_{i} \quad (7.12a)$$

여기서 δ_i는 순간처짐이며, 계수 λ_Δ는 다음과 같다.

$$\lambda_{\Delta} = \frac{\xi}{1+50\rho'} \quad (7.12b)$$

여기서, $\rho' = \dfrac{A_s'}{bd}$: 단순 및 연속경간인 경우 보 중앙단면의 압축 철근비, 캔틸레버인 경우 받침부 단면의 압축철근비

$\xi =$ 지속하중에 대한 시간경과계수 (표 7.4 참조)

표 7.4 장기 처짐을 구하기 위한 시간경과계수

개월	3	6	12	5년 이상
ξ	1.0	1.2	1.4	2.0

식 (7.12b)에서 압축철근 A_s'는 장기처짐을 감소시키는 데 영향을 주고 재하기간 계수 ξ는 크리프와 건조수축에 의한 재료의 특성을 반영한다. 따라서 압축철근을 증가시키면 크리프와 건조수축을 구속하고 장기처짐을 감소시키는 데 효과적이다.

그림 7.11은 콘크리트의 재령에 따른 장기처짐을 보인다. 압축철근이 없는 단철근보를 예로 하면, 하중재하 후 3개월 내에 처짐은 장기처짐의 50%가 발생되고 5년 이상 재하 된 경우의 장기처짐은 탄성처짐의 2배가 된다.

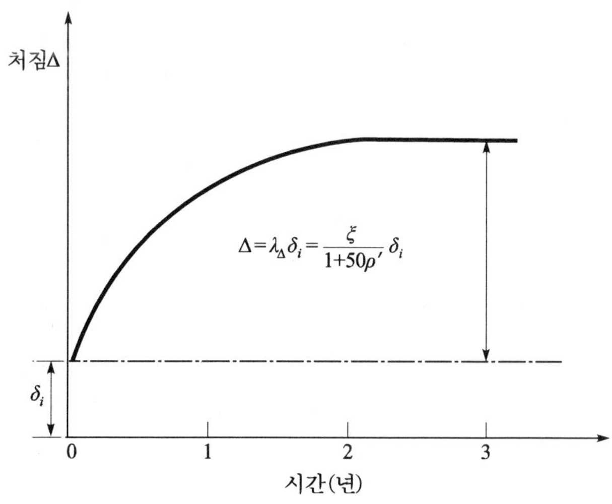

그림 7.11 재령에 따른 장기처짐

7.3.5 처짐의 제한

처짐계산에 의하여 더 작은 두께의 단면을 사용해도 유해하지 않다는 검토를 한 경우를 제외하고 큰 처짐에 의하여 손상되기 쉬운 칸막이벽이나 기타 구조물을 지지하지 않는 1방향 구조물의 경우 최소두께는 콘크리트구조설계기준에 의해 표 7.5의 값 이상으로 해야 한다.

표 7.5 처짐을 계산하지 않는 경우의 보 또는 1방향 슬래브의 최소두께

부재	최소두께, h			
	단순지지	1단연속	양단연속	캔틸레버
	큰 처짐에 의해 손상되기 쉬운 칸막이벽이나 기타 구조물을 지지 또는 부착하지 않은 부재			
• 1방향 슬래브	$\ell/20$	$\ell/24$	$\ell/28$	$\ell/10$
• 보 • 리브가 있는 1방향 슬래브	$\ell/16$	$\ell/18.5$	$\ell/21$	$\ell/8$

※ 철근의 항복강도가 $f_y = 400$ MPa 이외인 경우에는 계산된 h값에 $(0.43 + f_y/700)$를 곱해야 한다.

표 7.6 최대 허용 처짐

부재의 형태	고려해야 할 처짐	처짐 한계
과도한 처짐에 의해 손상되기 쉬운 비구조 요소를 지지 또는 부착하지 않은 평지붕구조	활하중 L 에 의한 순간처짐	$\frac{\ell}{180}$ [1)]
과도한 처짐에 의해 손상되기 쉬운 비구조 요소를 지지 또는 부착하지 않은 바닥구조	활하중 L 에 의한 순간처짐	$\frac{\ell}{360}$
과도한 처짐에 의해 손상되기 쉬운 비구조 요소를 지지 또는 부착한 지붕 또는 바닥구조	전체 처짐 중에서 비구조 요소가 부착된 후에 발생하는 처짐부분(모든 지속하중에 의한 장기처짐과 추가적인 활하중에 의한 순간처짐의 합)	$\frac{\ell}{480}$ [2)]
과도한 처짐에 의해 손상될 염려가 없는 비구조 요소를 지지 또는 부착한 지붕 또는 바닥구조		$\frac{\ell}{240}$ [4)]

※ 1), 2), 3), 4)의 자세한 설명은 콘크리트구소설계기준을 참조할 것.

내부에 보가 없는 2방향 슬래브의 최소두께도 콘크리트구조설계기준에 규정되어 있다. 한편, 설계기준에서는 1방향 구조물에 대한 탄성처짐과 장기처짐의 계산 값이 표 7.6의 최대 허용처짐을 만족하지 않는 경우, 설계단면의 높이나 압축 철근량을 증가시켜 다시 설계해야 한다고 규정하고 있다. 현장조건의 한계 때문에 단면의 높이를 증가시킬 수 없는 경우에는 미리 예상되는 처짐량을 계산하여 적당히 솟음을 두어도 좋다.

7.4 피로

교량은 공용기간 중에 수백만 번의 반복하중을 받는 것이 일반적이며, 이런 경우 과대하중으로 인한 파괴위험보다는 계속되는 반복하중으로 구조재료의 피로손상(fatigue damage)에 의하여 급격한 취성파괴를 유발할 수 있다. 따라서 이러한 구조물에 대해서는 피로에 대한 안정성을 검토하여야 한다.

보와 슬래브의 피로에 대해서는 휨과 전단에 대하여 검토하여야 하고, 기둥의 피로에 대해서는 검토하지 않아도 된다. 다만 휨모멘트나 축인장력의 영향이 특히 큰 기둥의 경우 보에 준하여 검토하여야 한다. 휨부재는 과소 철근보로 설계되는 것이 일반적으로 휨부재의 피로는 반복인장응력을 받는 철근의 피로에 의하여 검토하는 것이 일반적이다.

콘크리트구조설계기준에서는 충격을 포함한 사용 활하중에 의한 철근의 응력범위 및 프리스트레싱 긴장재의 인장응력 변동 범위가 표 7.7의 응력 이내에 들면 피로에 대하여 검토할 필요가 없다.

표 7.7 피로를 고려하지 않아도 되는 철근과 프리스트레싱 긴장재의 응력범위(MPa)

강재의 종류와 위치		철근의 인장 및 압축응력 범위 또는 프리스트레싱 긴장재의 인장응력 변동 범위
이형 철근	SD 300	130
	SD 350	140
	SD 400 이상	150
프리스트레싱 긴장재	연결부 또는 정착부	140
	기타 부위	160

그러나 반복하중에 의한 철근의 응력이 표 7.7의 값을 초과하여 피로의 검토가 필요한 경우는 합리적 방법으로 피로에 대한 안전을 검토하여야 한다. 또한 피로의 검토가 필요한 구조부재는 높은 응력을 받는 부분에서 철근을 구부리지 않도록 하여야 한다.

예제 7.4

그림과 같이 폭 $b = 300\ mm$, 유효깊이 $d = 540\ mm$, 높이 $h = 600\ mm$인 단철근보에 고정하중 20 N/mm 와 활하중 30 N/mm의 실하중이 작용한다. 고정하중은 보의 자중을 포함하고, 활하중의 50%가 지속하중으로 작용할 때 다음을 계산하라.

단, $f_{ck} = 28\ MPa$ 이며 SD300 철근을 4 − D32로 배근하였다.

(1) 전체 하중에 의한 초기처짐을 계산하라.

(2) 60개월 후의 장기처짐을 계산하라.

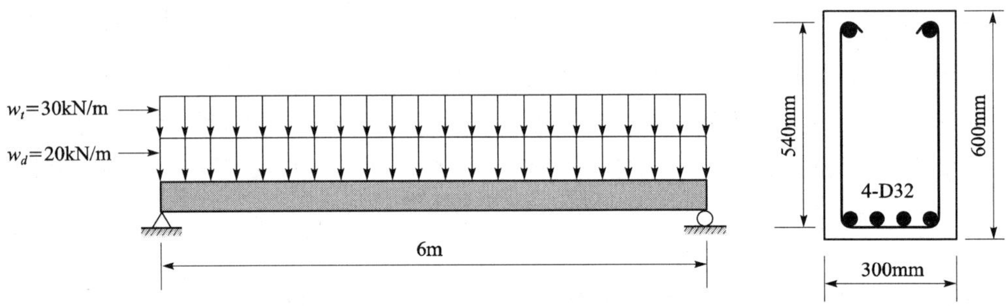

그림 7.12

► **풀이**

(1) 전체 하중에 의한 초기처짐

총 사용하중 $\omega = 20 + 30 = 50\,kN/m = 50\,N/mm$

I_e 의 계산 : $I_e = (\frac{M_{cr}}{M_a})^3 I_g + \left\{1 - (\frac{M_{cr}}{M_a})^3\right\} I_{cr}$

$$I_g = \frac{bh^3}{12} = \frac{300 \times 600^3}{12} = 5.4 \times 10^9\ mm^4$$

$$y_t = \frac{h}{2} = 300\ mm$$

$$f_r = 0.63\lambda\sqrt{f_{ck}} = 0.63 \times 1.0 \times \sqrt{28} = 3.334\ MPa$$

$$M_{cr} = \frac{I_g f_r}{y_t} = \frac{5.4 \times 10^9 \times 3.334}{300} = 60\ MN\cdot mm$$

$$M_a = \frac{wl^2}{8} = \frac{50 \times 6000^2}{8} = 225\ MN\cdot mm$$

$$I_{cr} = \frac{bx^3}{3} + nA_s(d-x)^2 = 3,474,891,508\ mm^4$$

$E_c = 8{,}500\sqrt[3]{f_{cm}} = 26{,}986\,MPa \quad f_{cm} = f_{ck} + 4\,MPa$

$n = \dfrac{E_s}{E_c} = \dfrac{2\times10^5}{8{,}500\times\sqrt[3]{f_{cm}}} = \ 7.41$

$\rho = \dfrac{A_s}{bd} = 0.0196,\ n\rho = 0.1453$

$x = kd = 223mm,\ k = -n\rho + \sqrt{(n\rho)^2 + 2n\rho} = 0.413$

$\dfrac{M_a}{M_{cr}} = \dfrac{225}{60} = 3.75 > 3$, 또는 $\dfrac{M_{cr}}{M_a} = \dfrac{60}{225} = 0.2667$ 이므로

$I_e = (\dfrac{M_{cr}}{M_a})^3 I_g + \left\{1 - (\dfrac{M_{cr}}{M_a})^3\right\} I_{cr}$

$= 0.2667^3 \times 5.4\times10^9 + (1 - 0.2667^3)\times 3.475\times10^9$

$= 3.511\times10^9 mm^4$

$\delta_i = \dfrac{5wl^4}{384E_cI_e} = \dfrac{5\times50\times6{,}000^4}{384\times26{,}986\times3.511\times10^9} = 8.904mm$

(2) 60개월 후의 장기처짐 계산

I_e의 계산 : $I_e = \left[\dfrac{M_{cr}}{M_a}\right]^3 I_g + \left[1 - \left(\dfrac{M_{cr}}{M_a}\right)^3\right] I_{cr}$

$\omega = 20 + 0.5\times30 = 35\,kN/m = 35\,N/mm$

$M_a = \dfrac{35\times6{,}000^2}{8} = 157.5\,MN\cdot mm, \qquad M_{cr} = 60\,MN\cdot mm$

$\dfrac{M_a}{M_{cr}} = \dfrac{157.5}{60} = 2.625 < 3$이므로 I_e를 계산한다.

$\dfrac{M_{cr}}{M_a} = \dfrac{60}{157.5} = 0.381,\ (\dfrac{M_{cr}}{M_a})^3 = 0.0553$

$I_e = \left[\dfrac{M_{cr}}{M_a}\right]^3 I_g + \left[1 - \left(\dfrac{M_{cr}}{M_a}\right)^3\right] I_{cr}$

$= 0.381^3\times5.4\times10^9 + [1 - 0.381^3]\times3.475\times10^9 \quad = 3.581\times10^9 mm^4$

탄성처짐 $\delta_i = \dfrac{5wl^4}{384E_cI_e} = \dfrac{5\times35\times6{,}000^4}{384\times26{,}986\times3.581\times10^9} = 6.111mm$

장기처짐에 대한 계수는 60개월일 때 $\xi = 2.0$ 이고, $\rho' = 0$ 이다.

$\Delta_{t=60} = \left(\dfrac{\xi}{1+50\rho'}\right)\delta_i = 2\times6.111 = 12.222\,mm$

총처짐 = 총 탄성처짐 + 장기처짐 = 8.904 + 12.222 = 21.13mm

연습문제

7.1 폭 $b = 300\,\text{mm}$, 유효높이 $d = 540\,\text{mm}$, 보높이 $h = 600\,\text{mm}$인 단철근 직사각형 단면의 단순보가 있다. 경간은 $\ell = 6.0\,\text{m}$이고 철근은 4-D25가 피복두께 40mm로 배치되어 있다. 이 보가 자중을 포함한 사용 고정하중 18 N/mm와 사용 활하중 35 N/mm를 받고 있다. 사용재료의 $f_{ck} = 24\,\text{MPa}$이고 SD400 철근이다. 이 구조물은 일반 환경의 옥외구조물이다. 콘크리트 구조 설계기준의 규정에 따라 균열을 검사하라.

7.2 폭 b = 400mm, 유효깊이 d = 600mm, 높이 h = 670mm, A_s=4−D29, A'_s=2−D13인 단순보의 경간이 8m이다. 이 보는 옥외에 있으며 등분포 고정하중(자중포함) w_d= 20N/mm와 등분포 활하중 w_ℓ= 10 N/mm가 작용하고 있다. f_{ck}= 26MPa, 철근은 SD400일 때, 다음을 해석하시오.

(1) 상기조건에서 휨균열 제어를 위한 철근간격을 검토하시오.

(2) 상기조건에서 즉시처짐을 계산하시오.

(3) 상기조건에서 5년 후의 장기처짐을 계산하시오.

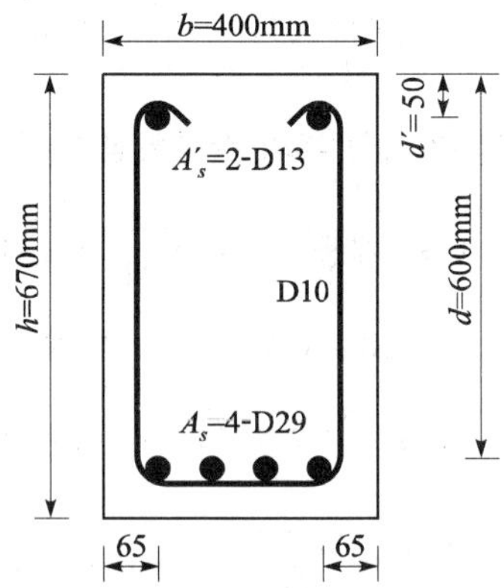

7.3 경간이 6 m 인 그림과 같은 단순보 중앙의 탄성처짐을 계산하라. 작용하중은 집중하중으로 고정하중 35 kN과 활하중 5 kN이 경간 중앙에 작용하고 있으며, 보의 자중이 작용한다. 단면은 강도설계법으로 설계되었으며, b = 350mm, d = 500mm, h = 550mm, A_s = 4,054 mm^2이고, f_{ck}= 21 MPa, SD 300 철근을 사용하였다.

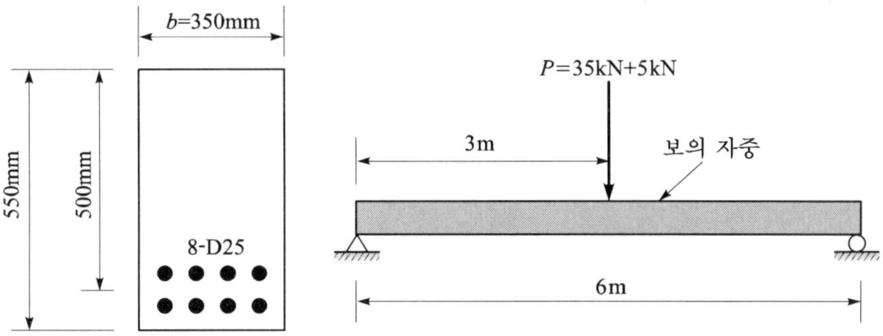

7.4 폭 b = 300mm, 유효깊이 d = 500mm, 높이 h = 570mm, A_s= 3−D29의 단면을 가진 단순보의 경간이 5m이다. 아래 그림과 같이 이 보에 등분포 고정하중(자중포함) w_d = 10kN/m와 등분포 활하중 w_ℓ = 20 kN/m가 작용하고 있다. 여기서 f_{ck} = 28 MPa, 철근은 SD 400를 사용하였다. 탄성처짐과 1년 후의 장기처짐을 계산하시오. 단, 활하중의 50%가 지속된다고 가정하시오.

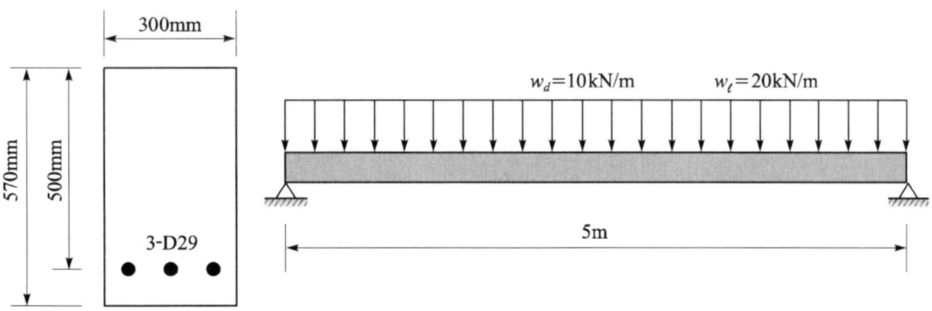

7.5 경간 10 m 인 단순보가 있다. 사용 고정하중(자중포함) 및 사용 활하중에 의한 경간 중앙의 휨모멘트는 각각 26 MN·mm이다. 경간중앙에 일어나는 탄성처짐과 6개월 후 일어날 장기처짐을 계산하시오. 이 단순보의 단면은 폭 b = 250mm, 유효깊이 d = 380mm, 높이 h = 450mm, $A_s = 3 - D25$인 단철근 직사각형이다. 콘크리트의 설계기준강도 f_{ck}= 28 MPa이고 철근은 SD 350을 사용하였으며 활하중의 50%를 지속하중으로 간주한다.

CHAPTER

08 기둥

CHAPTER

08 기둥

8.1 서론

기둥이란 축방향 압축을 받는 부재로서 높이가 단면 최소치수의 3배 이상인 것이라고 콘크리트구조설계기준에서 정의한다. 기둥이 축방향압축력을 받는 부재라 할지라도 실제로 순수한 축하중만을 받는 부재는 거의 존재하지 않으며, 대부분의 기둥은 보와 기둥의 일체화로 생기는 구속모멘트, 불균등한 바닥판의 지지, 풍하중 또는 지진하중과 같은 수평하중 등에 의해 생긴 편심으로 인하여 다소의 휨모멘트를 받는다. 따라서 기둥을 압축부재라고 하지만 축하중과 휨을 받는 것이 일반적이며, 기둥의 거동은 축하중과 휨모멘트의 크기에 따라서 축하중만을 받는 기둥작용(column action)부터 순수 휨을 받는 보작용(beam action)까지의 거동 변화를 보인다.

기둥은 주로 압축력을 받는 부재로 압축파괴에서는 시각적으로 경고를 감지할 수 있는 시간이 짧기 때문에 보 또는 다른 수평부재들보다 높은 보유강도(reserve strength)를 갖도록 설계에서 고려할 필요가 있다. 즉, 강도설계법에서는 압축부재의 안선계수를 휨부재의 안전계수보다 크게 두는데, 이를 강한 기둥-약한 보 이론(strong column - weak beam theory)이라 한다.

8.2 기둥의 종류

일반적으로 기둥의 종류는 기둥의 길이에 따라 단주와 장주로 분류되고, 철근의 배근형태에 따라 띠철근 기둥, 나선철근 기둥, 합성철근 기둥 등으로 분류된다.

8.2.1 기둥길이에 의한 분류

기둥길이에 따라 부재를 단주와 장주로 나눌 수 있으며, 이는 압축부재의 강도가 같은 단면이라도 기둥길이의 영향을 받기 때문이다. 기둥길이의 영향이나 처짐이 작아서 축방향철근이나 콘크리트가 압축파괴 되는 기둥을 단주(short column)라 하며, 큰 세장비나 좌굴효과로 인하여 단주에 비하여 하중저항력이 크게 감소하는 형태의 기둥을 장주(long column)라 한다.

8.2.2 형태에 의한 분류

기둥의 종류는 철근의 배근형태에 따라 그림 8.1과 같이 띠철근 기둥, 나선철근 기둥, 합성철근 기둥 등으로 분류한다. 띠철근과 나선철근은 콘크리트를 타설하는 동안 축방향 철근의 위치와 형태를 유지시킨다. 나선철근 기둥은 파괴전에 상당한 변형을 일으키지만, 띠철근 기둥은 별로 큰 변형을 일으키지 않고 붕괴되는 취성파괴 거동을 나타낸다. 따라서 지진하중이나 풍하중과 같은 동적하중에는 기둥의 연성을 증가시킬 수 있는 나선철근 기둥이 유리하다.

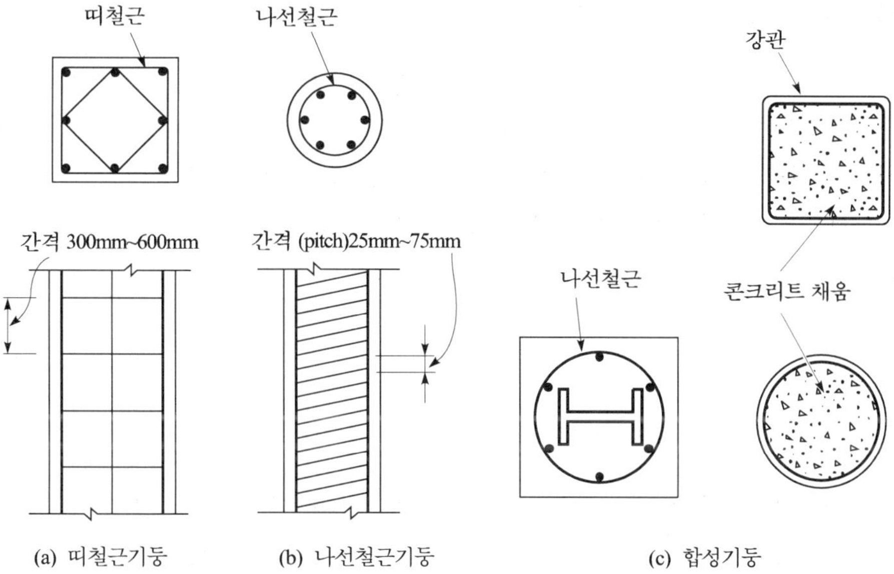

그림 8.1 기둥의 종류

(1) 띠철근 기둥(tied column)

콘크리트를 타설할 때 축방향 철근을 원위치에서 벗어나지 않도록 적당한 간격의 띠철근으로 고정시킨 압축부재를 말하며, 단면은 주로 정사각형 또는 직사각형이 많이 쓰이고, 띠철근의 간격은 보통 300 ~ 450 mm이다 (그림 8.1(a)).

(2) 나선철근 기둥(spiral column)

축방향 철근을 연속된 나선철근으로 고정시켜 강도를 높인 압축부재이며, 단면은 주로 원형이 많이 쓰이고 나선철근의 피치는 25 ~ 75 mm 정도이다 (그림 8.1(b)).

(3) 합성기둥(composite column)

콘크리트 속에 구조용 강재로 보강한 압축부재이며, 축방향 철근과 나선철근이나 띠철근을 사용할 수 있다. 최근에는 강관 속에 콘크리트를 채운 합성기둥(concrete-filled pipe column)도 사용되고 있다. 단면은 직사각형, 원형 등 다양하다 (그림 8.1(c)).

8.3 기둥의 거동 및 시방서 규정

8.3.1 축하중을 받는 기둥의 거동

그림 8.2에서는 지속하중을 받는 띠철근 및 나선철근기둥의 하중-변위 관계를 그림으로 나타낸다. 기둥의 항복점까지는 띠철근기둥과 나선철근기둥이 거의 유사하게 거동하나, 최대하중에 도달하면, 수직균열, 파괴가 콘크리트 기둥의 외각에서 발생하고 이 콘크리트가 깨어진다. 띠철근기둥에서 이러한 현상이 발생하면 콘크리트 기둥 심부(core)의 여유강도는 하중보다 적게 되어 콘크리트 기둥 심부는 부스러지며, 축방향 철근은 띠철근 사이의

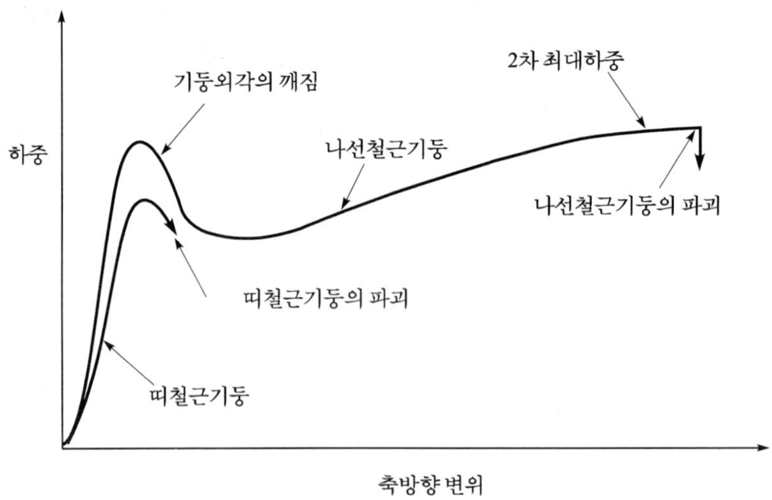

그림 8.2 축하중을 받는 띠철근과 나선철근 기둥의 하중과 변위관계

외부로 나오면서 좌굴된다. 여기서 갑작스럽게 취성 파괴(brittle failure)가 발생한다. 그러나 나선철근기둥에서는 외각 콘크리트가 떨어져 나갈 때 콘크리트 기둥 심부가 나선철근의 효과로 3축 응력상태 하에 놓이므로 급작스런 파괴는 예상되지 않는다.

띠철근기둥은 낮은 시공비 때문에 널리 사용되지만, 나선철근기둥은 구조적 특성으로 지진구역 등과 같이 연성(ductility)의 증가가 필요한 곳에 주로 사용된다. 그림 8.2는 나선철근 효과로 인해 연성과 인성(toughness)이 크게 증가되는 것을 나타낸다.

따라서 콘크리트설계기준에서는 띠철근기둥에 대한 강도감소 계수 $\phi = 0.65$로 하며, 나선철근기둥에서 $\phi = 0.70$으로 한다.

8.3.2 축하중-모멘트(P-M) 상관도

거의 대부분의 기둥은 축하중과 함께 다소의 휨모멘트를 받는다. 축하중과 모멘트를 동시에 받는 기둥의 재하 능력은 축하중만을 받는 기둥보다 감소하게 되며, 이러한 관계를 도식화 한 것이 기둥의 축하중-모멘트 상관도 (column strength interaction diagram) 또는 P-M 상관도이다. 그림 8.3의 P-M 상관도에서 P_0는 기둥에서 받을 수 있는 최대의 순수축하중이며 휨모멘트가 없는 상태에서의 축하중 강도이다. 반대로, M_o 는 휨강도이며 압축력이 존재하지 않는 상태이다.

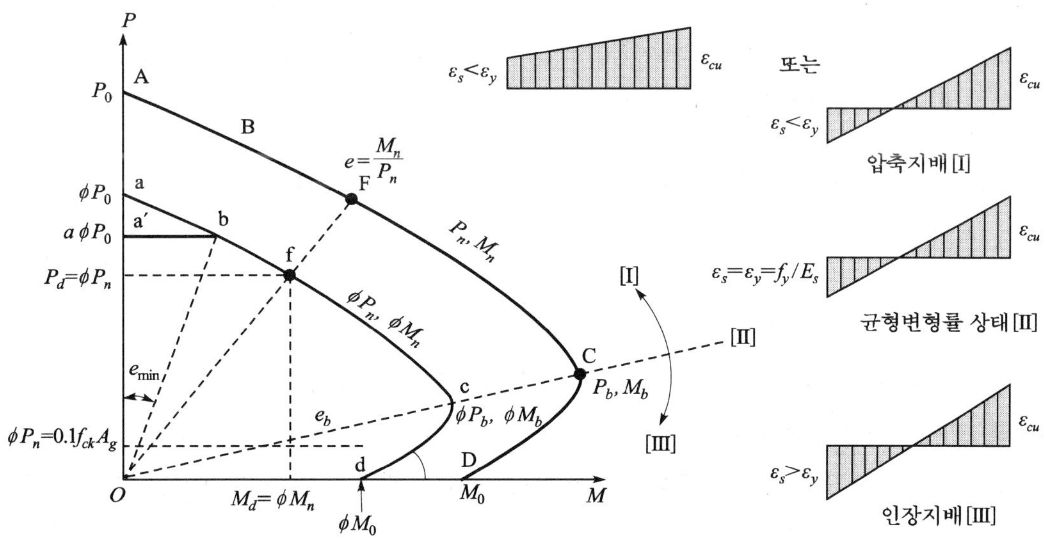

그림 8.3 축하중-모멘트 상관도(P-M 상관도)

공칭축하중강도 P_n은 축하중과 휨모멘트를 동시에 받는 일반적인 기둥의 공칭강도이며 편심거리에 크게 의존한다. 단주에서 주어진 편심에서의 공칭축하중강도 P_n과 편심거리 e에 의한 모멘트 $M_n = P_n e$의 관계를 도시한 것이 그림 8.3의 P-M 상관도 이다.

Ⅰ 구역 내의 $P_{n(max)}$는 기둥의 최대 허용축하중이며, 기둥은 축하중 강도의 감소 없이 약간의 모멘트에 저항할 것이다($e < e_b$일 때). 그런데 편심 $e = 0$인 경우는 도면이나 이론적으로만 가능하므로 최소의 편심 e_{min}을 규정하여 안전을 확보하고 있으며 최소편심 이외의 구역에서 편심 $e = M_n/P_{n(max)}$의 값이다. 콘크리트구조설계기준에서는 최소편심을 고려하여 나선철근기둥의 경우 $P_{n(max)} = 0.85P_0$, 띠철근기둥의 $P_{n(max)} = 0.80P_0$로 하고 있으며, 이 구역 내의 $P_{n(max)}$상태 하에서 모든 철근은 항복되고 콘크리트는 압축강도에 도달하여 압축으로 파괴가 지배된다. 이 경우 $P_n > P_b$이 된다.

Ⅱ구역 내에서는 모멘트가 e_{min}으로부터 증가하고, 축하중이 감소하므로 기둥의 한쪽 면의 압축변형은 영(zero)까지 감소한다. 편심 e가 균형편심 e_b로 증가하면 기둥의 인장면측 철근의 인장변형 ϵ_s는 항복변형 ϵ_y에 도달할 때까지 증가하고, 이 점에서 균형변형률(balanced strain)상태가 된다. 즉, 인장철근은 항복응력 f_y와 일치하는 변형 ϵ_y에 도달하고, 동시에 콘크리트의 압축변형은 극한 변형상태(ϵ_{cu})에 놓인다. 이와 같은 평형상태에서 편심은 $e = e_b$(균형편심)이고, $P_n = P_b$(균형하중)와 $M_n = M_b$(균형모멘트)인 점을 나타낸다.

Ⅲ구역 내에서는 큰 편심과 적은 축하중을 받는 경우($e > e_b$일 때)로서, 콘크리트의 파괴 전에 인장측의 철근이 먼저 항복하여 파괴된다. 따라서 구역 Ⅲ에서는 철근의 인장으로 파괴가 지배된다. 이 경우 $P_n < P_b$이 된다.

축방향 압축과 휨을 동시에 받는 기둥부재의 설계강도는 다음과 같이 된다.

$$P_d = \phi P_n \tag{8.1}$$

$$M_d = \phi M_n \tag{8.2}$$

여기서, P_n과 M_n은 부재단면이 동시에 발휘할 수 있는 공칭축방향력 및 공칭휨모멘트를 나타내며, 이를 쉽게 나타낸 것이 그림 8.3이다. 그림에서 실선으로 나타낸 곡선ABFCD는 압축부재가 축방향 압축과 휨의 조합작용에 의해 파괴될 때의 실제의 P_n, M_n의 상관도이다. 그러므로 점 F의 실제의 공칭강도를 ϕ계수에 의해 감소시켜서 얻은 설계강도 P_d 및 M_d는 점 f로 나타내어진다. 즉, 그림에서 $\overline{Of} = \phi \times \overline{OF}$이다.

8.3.3 시방서 안전규정

(1) 하중계수

기둥설계에서 하중계수에 대한 안전규정은 고정하중(D), 활하중(L), 풍하중(W)에 대해 콘크리트 구조설계기준에서는 다음과 같이 규정하고 있다.

$$U = 1.2D + 1.6L \tag{8.3}$$

$$U = 1.2D + 1.3W + 1.0L \tag{8.4}$$

(2) 강도감소계수(ϕ)

① **압축지배단면** : 콘크리트 압축연단이 가정된 극한 변형률(ϵ_{cu})에 도달할 때 단면의 최외단 인장철근의 순인장변형률 ϵ_t가 압축지배 변형률 한계 이하인 경우 이를 압축지배단면이라 하며, 압축부재의 강도감소계수 ϕ_c(규정된 강도감소계수 규정에 따라 0.65 또는 0.7)를 적용한다. 이때 압축지배 변형률 한계란 균형 변형률 상태에서 인장철근의 순인장변형률로써 철근의 항복변형률을 의미한다. I, II 구역에 해당된다.

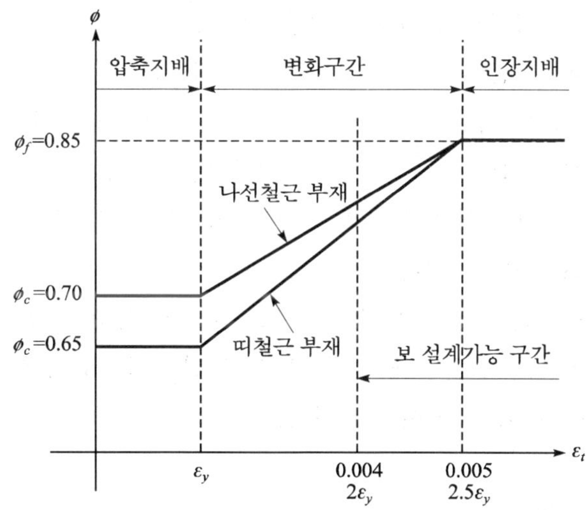

그림 8.4 지배단면 변화에 따른 강도감소계수

② **인장지배단면** : 콘크리트의 압축연단이 가정된 극한변형률(ϵ_{cu})에 도달할 때 최외단 인장철근의 순인장 변형률 ϵ_t가 인장지배 변형률 한계 이상의 경우를 인장지배단면이라 하며, 강도감소계수는 휨부재의 강도감소계수 ϕ_f(규정된 강도감소계수 규정에 따라

0.85)를 적용한다. 여기서, 인장지배 변형률 한계는 철근의 항복강도가 400 MPa 이하인 경우에는 0.005를 사용하고, 400 MPa을 초과하는 경우에는 철근 항복 변형률의 2.5배로 한다.

③ **변화구간 단면** : 최외단 인장철근의 순인장 변형률 ϵ_t가 압축지배 변형률 한계와 인장지배 변형률 한계 사이에 존재하게 되는 단면은 변화구간 단면이라 하며, 변화구간의 강도감소계수는 압축지배단면의 강도감소계수와 인장지배 단면의 강도감소계수를 직선보간하여 아래 식을 적용한다.

$$\phi = \phi_c + \frac{\phi_f - \phi_c}{0.005 - \epsilon_y}(\epsilon_t - \epsilon_y) \tag{8.5}$$

8.3.4 압축부재 설계의 제한사항

(1) 압축부재의 설계단면치수

① 둘 이상의 맞물린 나선철근을 가진 독립 압축부재의 유효단면의 한계는 나선철근의 최외측에서 콘크리트 최소 피복두께에 해당하는 거리를 더하여 취하여야 한다.

② 콘크리트 벽체나 교각구조와 일체로 시공되는 나선철근 또는 띠철근 압축부재의 유효단면의 한계는 나선철근이나 띠철근 외측에서 40 mm보다 크지 않게 취하여야 한다.

③ 정사각형, 8각형 또는 다른 형상의 단면을 가진 압축부재 설계에서 전체 단면적을 사용하는 대신에 실제 형상의 최소 치수에 해당하는 지름을 가진 원형단면을 사용할 수 있다. 이 경우 고려되는 부재의 전체 단면적, 요구되는 철근비 및 설계강도는 위의 원형단면을 기준으로 하여야 한다.

④ 하중에 의해 요구되는 단면보다 큰 단면으로 설계된 압축부재의 경우, 감소된 유효단면적을 사용하여 최소 철근량과 설계강도를 결정할 수 있다. 이 때 감소된 유효단면적은 전체 단면적의 1/2 이상이어야 한다.

(2) 압축부재의 철근량 제한

① 비합성 압축부재의 축방향 주철근 단면적은 전체 단면적 A_g의 0.01배 이상, 0.08배 이하로 하여야 한다. 축방향 주철근이 겹침이음되는 경우의 철근비는 0.04를 초과하지 않도록 하여야 한다.

② 압축부재의 축방향 주철근의 최소 개수는 사각형이나 원형 띠철근으로 둘러싸인 경우 4개, 삼각형 띠철근으로 둘러싸인 경우 3개, 나선철근으로 둘러싸인 철근의 경우 6개

로 하여야 한다.

③ 나선철근비 ρ_s는 다음 값 이상으로 해야 한다.

$$\rho_s \geq 0.45\left(\frac{A_g}{A_{ch}} - 1\right)\frac{f_{ck}}{f_{yt}} \tag{8.6}$$

여기서, $\rho_s = \dfrac{1\text{회전에 대한 나선철근의 체적}}{\text{나선철근의 중심간격 s에 대해 외측표면 } d_c\text{를 지름으로 한 심부체적}}$

A_{ch} = 나선철근의 바깥선을 지름으로 하여 측정된 나선철근 기둥의 심부 단면적, mm^2

A_g = 전체 단면적, mm^2

이때, 나선철근의 설계기준항복강도 f_{yt}는 700 MPa 이하로 하여야 하며, 400 MPa을 초과하는 경우에는 겹침이음을 할 수 없다.

④ 나선철근 또는 띠철근이 배근된 압축부재에서 축방향 철근의 순간격은 40mm 이상, 또한 철근공칭지름의 1.5배 이상으로 하여야 한다.

(3) 압축부재의 횡철근 구조상세

가. 압축부재에 사용되는 나선철근은 다음 규정을 따라야 한다.

① 나선철근은 균등한 간격을 갖는 연속된 철근이나 철선으로 이루어지며, 설계된 치수로부터 벗어남이 없이 제작, 설치할 수 있도록 그 크기가 확보되어야 한다.

② 나선철근비 ρ_s는 식 (8.6)에 따라야 한다.

③ 현장치기 콘크리트 공사에서 나선철근 지름은 10 mm 이상으로 하여야 한다.

④ 나선철근의 순간격은 25 mm 이상, 75 mm 이하이어야 한다.

⑤ 나선철근의 정착은 나선철근의 끝에서 추가로 1.5회전만큼 더 확보하여야 한다.

⑥ 나선철근의 이음은 이형철근 또는 철선인 경우 지름의 48배 이상, 원형철근 또는 철선인 경우 지름의 72배 이상이고, 또 300 mm 이상의 겹침이음으로 하거나, 또는 시방서를 만족하는 기계적 이음이나 용접이음으로 하여야 한다.

⑦ 나선철근은 확대기초판 또는 기초 슬래브의 윗면에서 그 위에 지지된 부재의 최하단 수평철근까지 연장되어야 한다.

⑧ 보 또는 브래킷이 기둥의 모든 면에 연결되어 있지 않을 때에는 나선철근이 끝나는 점부터 슬래브 또는 지판, 기둥전단머리 밑면까지 추가 띠철근을 배치하여야 한다.

⑨ 기둥머리가 있는 기둥에서 기둥머리의 지름이나 폭이 기둥지름의 2 배가 되는 곳

까지 나선철근을 연장하여야 한다.

⑩ 나선철근은 수직간격재에 의해 제 위치에 단단하고 곧게 조립되어야 한다.

나. 압축부재에 사용되는 띠철근은 다음 규정을 따라야 한다.

① D 32 이하의 축방향 철근은 D 10 이상의 띠철근으로, D 35 이상의 축방향 철근과 다발철근은 D 13 이상의 띠철근으로 둘러싸야 하며, 띠철근 대신 등가단면적의 이형철선 또는 용접철망을 사용할 수 있다.

② 띠철근의 수직간격은 축방향 철근지름의 16 배 이하, 띠철근이나 철선지름의 48 배 이하, 또한 기둥 단면의 최소 치수 이하로 하여야 한다.

③ 모든 모서리 축방향 철근과 하나 건너 위치하고 있는 축방향 철근들은 135° 이하로 구부린 띠철근의 모서리에 의해 횡지지되어야 한다. 다만, 띠철근을 따라 횡지지된 인접한 축방향 철근의 순간격이 150 mm 이상 떨어진 경우에는 추가 띠철근을 배치하여 축방향 철근을 횡지지하여야 한다. 또한 축방향 철근이 원형으로 배치된 경우에는 원형 띠철근을 사용할 수 있다. 이때 원형 띠철근을 150 mm 이상 겹쳐서 표준갈고리로 기둥 주철근을 감싸야 한다.

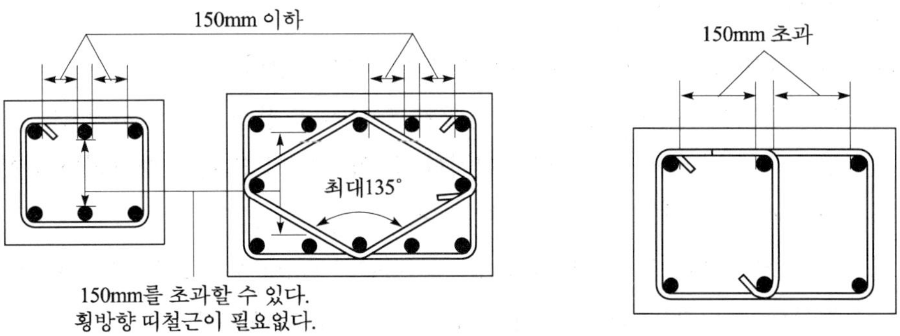

(a) 축방향 철근의 순간격이 150 mm 이하인 경우 (b) 축방향 철근의 순간격이 150 mm를 초과한 경우

그림 8.5 띠철근 기둥의 띠철근 상세

④ 확대기초판 또는 기초 슬래브의 윗면에 배치되는 첫 번째 띠철근 간격은 다른 띠철근 간격의 1/2 이하로 하여야 하고, 슬래브나 지판에 배치된 최하단 수평철근 아래에 배치되는 첫 번째 띠철근도 다른 띠철근 간격의 1/2 이하로 하여야 한다.

⑤ 보 또는 브래킷이 기둥의 4 면에 연결되어 있는 경우에 가장 낮은 보 또는 브래킷의 최하단 수평철근 아래에서 75 mm 이내에서 띠철근을 끝낼 수 있다. 단, 이때 보의 폭은 해당 기둥면 폭의 1/2 이상이어야 한다.

8.4 단주설계

8.4.1 중심축 하중

단주가 중심축하중을 받아 파괴될 경우 기둥의 극한하중 P_0는 다음 식 (8.7)과 같이 표시된다.

$$P_0 = 0.85 f_{ck} \cdot A_c + f_y \cdot A_{st} = 0.85 f_{ck}(A_g - A_{st}) + f_y \cdot A_{st} \tag{8.7}$$

여기서, A_c : 콘크리트의 순 단면적 ($A_c = A_g - A_{st}$ mm^2)

A_{st} : 축방향 철근의 단면적 (mm^2)

A_g : 콘크리트의 총 단면적 (mm^2)

f_y : 철근의 항복점 강도 (MPa)

f_{ck} : 콘크리트의 재령 28일에서의 설계기준강도 (MPa)

그러나 실제로 기둥에서 완전하게 축방향 하중만을 받는 기둥은 없으며, 조금이라도 편심 된 하중이 기둥단면에 작용할 수 있다. 여러 가지 원인에 의하여 예상하지 못한 모멘트가 작용하는 경우가 있으므로 모든 기둥은 최소 편심 e_{min}을 가지고 설계한다. 이에 대하여 구조설계 기준에서는 최소 편심을 취하는 대신에 위의 극한하중을 α로 곱하여 낮춘 다음 식 (8.8)을 사용하고 있다. 즉, 기둥의 공칭강도 P_n은

$$P_n = \alpha[0.85 f_{ck}(A_g - A_{st}) + f_y A_{st}] \tag{8.8}$$

여기서, $\alpha = 0.85$: 나선철근기둥과 합성기둥에 대해

$\alpha = 0.8$: 띠철근 기둥에 대해

기둥의 설계기준강도(P_d)는 강도감소계수(ϕ)를 곱하여 다음과 같이 된다.

$$P_d = \phi P_n = \phi \alpha P_n$$

여기서, $\phi = 0.7$: 나선철근기둥과 합성기둥에 대해

$\phi = 0.65$: 띠철근 기둥에 대해

결과적으로 나선철근과 합성철근 단주의 설계강도는 다음과 같다.

$$P_d = \phi P_n = 0.70 \times 0.85 [0.85 f_{ck} (A_g - A_{st}) + f_y A_{st}] \tag{8.9}$$

띠철근 단주는 설계강도는 다음과 같다.

$$P_d = \phi P_n = 0.65 \times 0.80 [0.85 f_{ck} (A_g - A_{st}) + f_y A_{st}] \tag{8.10}$$

참고로 띠철근 기둥에서 $e_{min} = 0.1h$, 나선철근 기둥에서 $e_{min} = 0.15h$ 로 하고 있다. 여기서 h는 기둥단면의 폭을 나타낸다.

예제 8.1

단면이 400 mm×500 mm인 띠철근 압축부재가 있다. 6−D29의 축방향 철근이 소정간격의 띠철근으로 둘러싸여 있으며, 횡방향 상대변위가 없는 단주이다. 이 압축부재에 사용 고정하중 950 kN, 사용 활하중 806 kN, 활하중에 의한 모멘트 58.2 kN·m가 작용한다. 안전을 검사하라. $f_{ck} = 24$ MPa이고 SD350 철근이 사용되었다.

► **풀이**

축방향 계수하중은

$P_u = 1.2 \times 950 + 1.6 \times 806 = 2,430$ kN

계수 휨모멘트는

$M_u = 1.6 \times 58.2 = 93$ kN·m

축하중의 편심거리는

$$e = \frac{M_u}{P_u} = \frac{93}{2430} = 0.038 \text{ m} = 38 \text{ mm}$$

띠철근 부재의 최소편심을 0.10h로 보면

$e_{min} = 0.10h = 0.10 \times 400 = 40 \text{ mm} > 38 \text{ mm}$

즉, $e < e_{min}$ 이므로 이 부재의 강도는 축방향 압축으로 지배된다. 다시 말하면, 이 부재는 설계 축하중 강도에 의해 설계가 지배된다.

축방향 철근의 단면적은

$A_{st} = 6 \times 642.4 = 3,854 \text{ mm}^2$

띠철근 기둥의 설계 축하중 강도는

$$\begin{aligned}\phi P_n &= \phi 0.80 [0.85 f_{ck} (A_g - A_{st}) + f_y A_{st}] \\ &= 0.65 \times 0.80 \times [0.85 \times 24 \times (400 \times 500 - 3,854) + 350 \times 3,854] \\ &= 2,782,000 \text{ N} = 2,782 \text{ kN} > 2,430 \text{ kN}\end{aligned}$$

즉, $\phi P_n > P_u$ 이므로 안전하다.

8.4.2 압축과 휨을 받는 직사각형 기둥

(1) 직사각형 단면기둥의 균형상태

콘크리트 전단면이 $0.85f_{ck}$의 응력을 균등하게 받고 철근도 균등하게 항복점 응력 f_y를 받는다고 가정할 때의 전응력의 합력의 작용점을 단면의 소성중심이라 한다. 철근이 대칭으로 배치된 대칭단면의 소성중심은 단면의 도심(중심)이지만 하중이 큰 편심으로 작용하는 라멘의 기둥과 같은 부재에서는 철근이 비대칭으로 배치된다. 이런 기둥에 작용하는 하중의 편심거리는 소성중심으로부터 잰 거리이다.

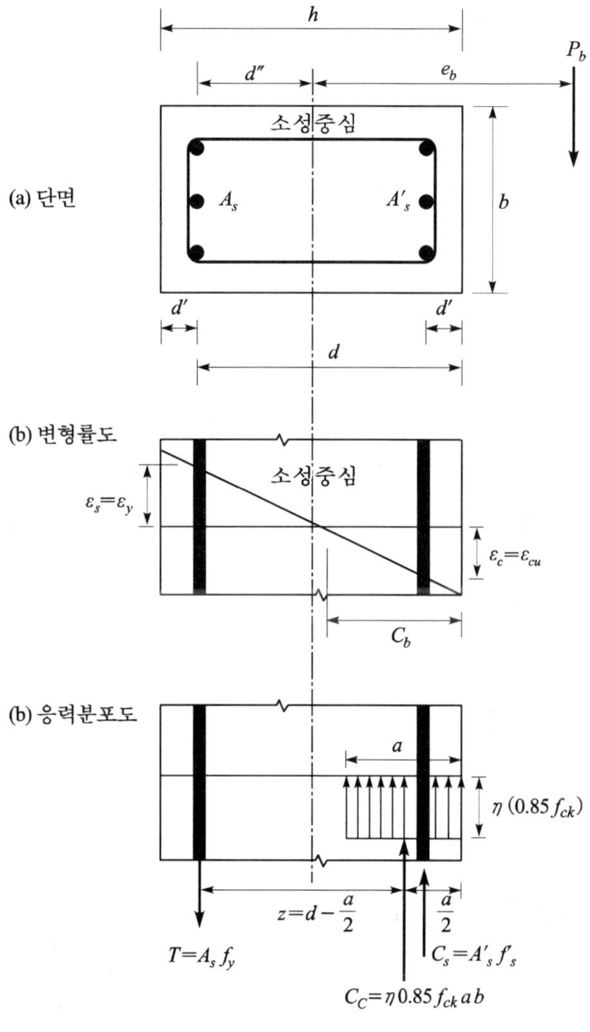

그림 8.6 단주의 균형 상태

기둥단면에 작용하는 축방향 하중의 편심이 증가함에 따라 압축파괴에서 인장파괴로 변환되는 점을 균형상태라고 한다. 균형상태는 콘크리트의 변형률이 ϵ_{cu}가 되고, 동시에 인장철근의 항복 변형률이 $\epsilon_y = f_y/E_s$에 도달할 때 일어난다. 균형상태를 이루는 축하중을 균형 축하중 P_b라고 한다. 만약, 극한 축하중이 P_b보다 크다면 이 기둥은 압축강도가 지배하며, P_b보다 작다면 인장강도가 지배하게 된다.

그림 8.6의 변형률도에서 균형상태의 중립축 깊이 c_b는

$$c_b = \frac{\epsilon_{cu}}{\epsilon_{cu} + \epsilon_y} d = \frac{\epsilon_{cu}}{\epsilon_{cu} + f_y/E_s} d \qquad (8.11)$$

여기서, $E_s = 2.0 \times 10^5$ MPa

균형상태의 등가 압축응력의 깊이는

$$a_b = \beta_1 c_b = \beta_1 \frac{\epsilon_{cu}}{\epsilon_{cu} + f_y/E_s} d \qquad (8.12)$$

균형조건에서 $\sum V = 0$일 때, 균형축 하중은

$$P_b = C_c + C_s - T \qquad (8.13)$$

여기서, $C_c = \eta\, 0.85\, f_{ck}\, a_b\, b$: 콘크리트의 압축강도

$C_s = A_s'(f_s' - \eta\, 0.85\, f_{ck})$ 또는 근사식 $= A'_s f'_s$: 압축철근의 강도

$T = A_s\, f_y$: 인장철근의 강도

그림 8.6의 변형률도에서 비례식 $c_b : \epsilon_{cu} = c_b - d' : \epsilon'_s$을 이용하여 압축철근의 응력을 계산한다.

$$\epsilon'_s = \epsilon_{cu} \frac{c_b - d'}{c_b}$$

$$f_s' = \epsilon'_s E_s = \epsilon_{cu} \frac{c_b - d'}{c_b} E_s \le f_y \qquad (8.14)$$

따라서 위의 식을 대입하면 균형 축하중은

$$P_b = \eta\, 0.85 f_{ck} a_b b + A_s' f_s' - A_s f_y \qquad (8.15)$$

균형설계 축하중 강도는

$$P_d = \phi P_b = \phi(\eta\, 0.85\, f_{ck} a_b b + A'_s f'_s - A_s f_y) \tag{8.16}$$

단면의 소성중심에서 균형편심 e_b를 구하기 위해 그림 8.6의 소성중심에서 압축연단까지 거리 $d-d''$로 하고 소성중심에 대한 균형모멘트를 취한다.

$$\begin{aligned} M_b &= P_b e_b \\ &= \eta\, 0.85 f_{ck} a_b b\left(d - d'' - \frac{a_b}{2}\right) + A'_s f'_s (d - d' - d'') + A_s f_y d'' \end{aligned} \tag{8.17}$$

따라서, 균형상태의 설계 모멘트 강도는

$$\begin{aligned} \phi M_b &= \phi P_b e_b \\ &= \phi\left[\eta\, 0.85\, f_{ck} a_b b\left(d - d'' - \frac{a_b}{2}\right) + A'_s f'_s (d - d' - d'') + A_s f_y d''\right] \end{aligned} \tag{8.18}$$

균형편심 e_b는 식 (8.15)와 식 (8.17)을 이용하여 다음과 같이 구할 수 있다.

$$e_b = \frac{M_b}{P_b} \tag{8.19}$$

기둥이 균형상태로 되기 위해서는 어떤 특정한 균형편심과 특정한 균형하중이 작용해야 한다.

예제 8.2

그림 8.7과 같이 편심축하중을 받는 압축부재의 균형모멘트를 구하라. 단, $f_{ck} = 21$ MPa이고 SD350 철근을 사용하였으며 기둥은 단주이다.

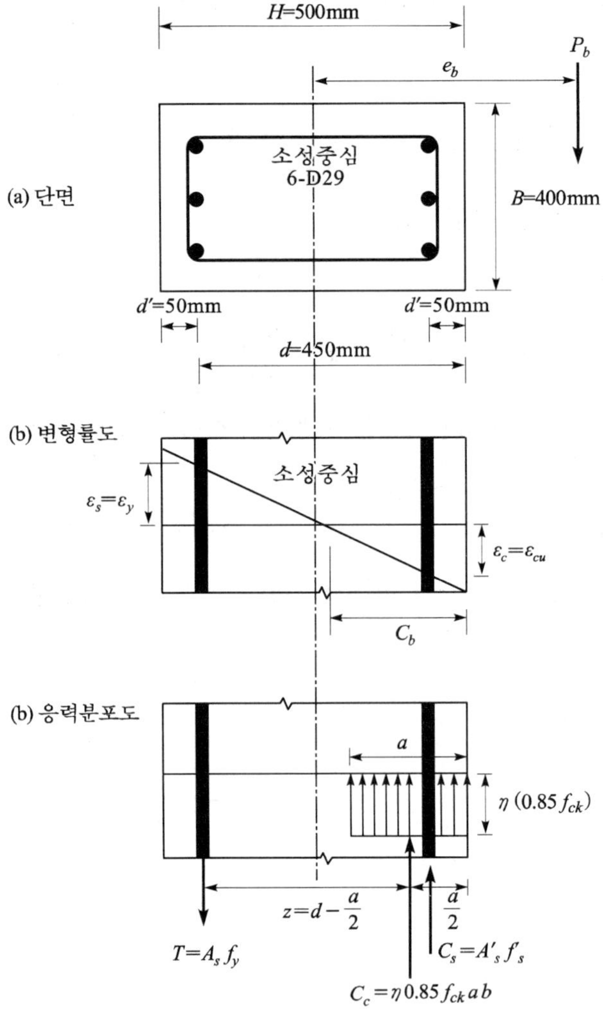

그림 8.7

▸ **풀이**

$f_{ck} < 40$ MPa이므로 $\epsilon_{cu} = 0.0033$, $\eta = 1.0$, $\beta_1 = 0.8$이다.

균형변형률상태에서 중립축의 위치는

$$c_b = \frac{\epsilon_{cu}}{\epsilon_{cu} + f_y/E_s} d = \frac{0.0033}{0.0033 + 350/200{,}000} \times 450 = 294.1 \text{ mm}$$

여기서, $E_s = 2\times10^5$ MPa이다.

콘크리트의 응력사격형의 깊이는

$a_b = \beta_1 c_b$ = 0.8×294.1 = 235.2 mm

압축철근의 변형률 ϵ_s'는 변형률도로부터

$$\epsilon_s' = \frac{294.1-50}{294.1}\times 0.0033 = 0.002739$$

철근의 항복변형률 ϵ_y는

$$\epsilon_y = \frac{f_y}{E_s} = \frac{350}{2.0\times10^5} = 0.00175 < \epsilon_s'$$

즉, 압축철근도 항복한다.

균형상태 조건으로부터 인장철근은 항복한다.

콘크리트의 압축력은

$C_c = \eta 0.85 f_{ck} a_b b$ = 1.0×0.85×21×235.2×400 = 1,679,328 N

압축철근의 단면적이 A_s'(3–D29) = 3×642.4 = 1,927 mm^2이므로

압축철근의 압축력은

$C_s = (f'_s - \eta 0.85 f_{ck})A_s'$ = (350–1.0×0.85×21)×1,927 = 640,119 N

인장철근의 인장력은

$T = A_s f_y$ = 350×1,927 = 674,520 N

따라서, 균형하중 P_b는 $\sum V = P_b + T - C_c - C_s = 0$ 으로부터

$P_b = C_c + C_s - T$ = 1,679,328+640,119−674,520 = 1,645,267 N = 1,645 kN

강도감소계수 ϕ를 적용하면(띠철근기둥에서 $\phi = 0.65$)

ϕP_b = 0.65×1,645,267 = 1,069,423 N = 1,069 kN

소성중심(대칭단면이므로 단면의 도심)에 대하여 $\sum M = 0$를 적용하면

$$T\times200 + C_c(250-\frac{a_b}{2}) + C_s\times200 - P_b\times e_b = 0$$

$$1,645,267\times e_b = 674,520\times200 + 1,679,667\times(250-\frac{235.2}{2}) + 640,119\times200$$

$\therefore e_b = 295.0$ mm

따라서 균형모멘트 M_b는

$M_b = P_b \times e_b$ = 1,645,267×295.0 = 485,275,937 N·mm = 485.3 kN·m

강도감소계수 ϕ를 적용하면

ϕM_b = 0.65×485.3 = 315.4 kN·m

(2) 인장이 지배하는 직사각형 단면기둥의 강도

기둥은 큰 편심에 하중이 작용할 때, 인장철근이 먼저 항복하여 인장강도에 지배된다. 즉, 기둥에 작용하는 축하중이 $P_n < P_b$, 편심이 $e > e_b$일 때, 그리고 $c < c_b$일 때, 기둥은 인장파괴를 일으킨다.

1) 소성중심으로부터 하중편심 e′가 주어졌을 경우

인장강도 지배의 직사각형 단면의 설계강도는 단면이 대칭기둥이고 파괴상태에서 압축철근이 항복한다고 가정하면 인장철근의 응력은 $f'_s = f_y$이고, 압축철근의 응력은 정확하게는 $(f_y - 0.85 f_{ck})$이지만 실용적으로 f_y로 보고 다음과 같이 구할 수 있다.

$$A_s = A'_s\ , \quad f_s = f'_s = f_y, \quad y' = h/2$$

공칭 축하중 강도는 $\sum V = 0$에서

$$P_n = \eta 0.85 f_{ck} ab + 0 \tag{8.20}$$

$$M_n = P_n e = \eta 0.85 f_{ck} ab\left(y' - \frac{a}{2}\right) + A_s' f_y (y' - d') + A_s f_y (d - y')$$

또는

$$M_n = P_n e = \eta 0.85 f_{ck} ab\left(\frac{h}{2} - \frac{a}{2}\right) + A_s f_y (d - d') \tag{8.21}$$

$$= P_n\left(\frac{h}{2} - \frac{a}{2}\right) + A_s f_y (d - d')$$

식 (8.20)에서 $a = \dfrac{P_n}{\eta 0.85\ f_{ck}\ b}$이므로, 이를 위의 식에 대입하여 정리하면

$$P_n^2 - P_n\left(\frac{h}{2} - e\right) - A_s f_y (d - d') = 0$$

위의 식을 정리하면

$$P_n = \eta 0.85 f_{ck} b \left[\left(\frac{h}{2} - e\right) + \sqrt{\left(\frac{h}{2} - e\right)^2 + \frac{2 A_s f_y (d - d')}{\eta 0.85\ f_{ck} b}} \right] \tag{8.22}$$

여기에, $\rho = \rho' = \dfrac{A_s}{bd}$, $m = \dfrac{f_y}{\eta 0.85\ f_{ck}}$를 대입하면 공칭 축하중 강도는

$$P_n = \eta 0.85\, f_{ck} b d \left[\frac{(h-2e)}{2d} + \sqrt{(\frac{h-2e}{2d})^2 + 2\rho m (1-\frac{d'}{d})} \right] \quad (8.23)$$

그림 8.7에서 $e' = e + (d - h/2)$로 할 수 있고 $\frac{(h-2e)}{2d} = 1 - \frac{e'}{d}$이므로, 위의 식을 다시 정리하면 다음과 같은 대칭단면의 경우, 인장강도가 지배하는 직사각형 단면의 설계 축하중 강도 식을 얻을 수 있다.

$$P_d = \phi P_n = \phi \eta 0.85\, f_{ck} bd \left[(1-\frac{e'}{d}) + \sqrt{(1-\frac{e'}{d})^2 + 2\rho m (1-\frac{d'}{d})} \right] \quad (8.24)$$

기둥단면의 치수와 철근량, 축하중의 작용위치가 주어지면 P_n은 구할 수 있다. 실제로 기둥단면이 대칭이 아닌 경우는 거의 없고, 비대칭의 경우는 위의 식 (8.24)보다 복잡하므로 여기서는 생략하였다.

2) 압축연단부터 중립축까지 거리 $c < c_b$가 주어졌을 경우

인장이 지배하는 파괴이므로 인장철근이 항복한다. 중립축 깊이 c가 주어졌으므로 $a = \beta_1 c$의 관계로부터 등가 압축응력의 깊이 a를 구할 수 있다. 평형조건 $\sum V = 0$에서 축하중은 다음과 같이 표기된다.

$$P = C_c + C_s - T$$

여기서, $C_c = \eta 0.85\, f_{ck}\, a\, b$: 콘크리트의 압축강도

$C_s = A_s'(f_s' - \eta 0.85\, f_{ck})$ 또는 근사식 $= A'_s f'_s$: 압축철근의 강도

$T = A_s f_y$: 인장철근의 강도

그림 8.6의 변형률도에서 비례식 $c : \epsilon_{cu} = c - d' : \epsilon'_s$을 이용하여 압축철근의 응력을 계산한다.

$$\epsilon'_s = \epsilon_{cu} \frac{c-d'}{c}$$

$$f_s' = \epsilon'_s E_s = \epsilon_{cu} \frac{c-d'}{c} E_s \le f_y \quad (8.25)$$

따라서 위의 식을 평형조건에 대입하면 공칭축하중강도 P_n은 다음과 같다.

$$P_n = \eta 0.85\, f_{ck} a b + A'_s f'_s - A_s f_y \quad (8.26)$$

설계축하중강도 P_d는 공칭축하중강도 P_n에 강도감소계수를 곱하여 계산한다.

$$P_d = \phi P_n = \phi(\eta 0.85 f_{ck} a b + A'_s f'_s - A_s f_y) \tag{8.27}$$

단면의 소성중심에 대한 모멘트를 취하여 공칭모멘트를 구한다.

$$M_n = \eta 0.85 f_{ck} ab\left(d - d'' - \frac{a}{2}\right) + A'_s f'_s (d - d' - d'') + A_s f_y d'' \tag{8.28}$$

따라서 설계모멘트강도 M_d는 공칭모멘트강도 M_n에 강도감소계수를 곱하여 구한다.

$$M_d = \phi M_n = \phi P_n e$$

편심 e는 위의 식으로부터 다음과 같이 구할 수 있다.

$$e = \frac{M_n}{P_n} = \frac{M_d}{P_d} \tag{8.29}$$

(3) 압축이 지배하는 직사각형 단면기둥의 강도

기둥에 작용하는 축하중 $P_n > P_b$, 편심 $e < e_b$ 그리고 $c > c_b$ 일 때 기둥은 인장철근이 항복하기 전에 콘크리트가 먼저 압축파괴를 일으킨다. 이런 경우 콘크리트의 변형률은 ϵ_{cu}에 도달하지만 인장철근의 변형률은 항복점 변형률에 못 미친다. 즉, $\epsilon_s < \epsilon_y$ 이다. 이 때 중립축은 인장철근에 가깝게 있고 중립축 깊이 c는 균형단면의 경우보다 크게 된다.

주어진 기둥단면이 압축파괴인가를 판단하는 것은 간단하지 않으므로, 압축파괴가 일어난다고 가정하고 앞의 식을 이용하여 시산법으로 구할 수 있다.

1) Whitney 근사식

축방향 철근이 대칭으로 배근된 직사각형 단면의 공칭축하중강도에 대하여 Whitney는 다음과 같은 근사식을 추천하고 있다. 이 식을 이용하면 압축강도가 지배하는 공칭 축하중강도에 대한 간단하고 안전한 근사값을 얻을 수 있다.

$$P_n = \frac{f_y A'_s}{\dfrac{e}{d - d'} + 0.5} + \frac{b t f_{ck}}{\dfrac{3te}{d^2} + 1.18} \tag{8.30}$$

여기서, $A_s = A'_s$ 이고 b는 단면의 폭이며 t는 편심방향의 단면 폭이다.

2) P-M 상관도를 직선으로 가정한 근사식

그림 8.3과 같은 P－M 상관도에서 압축지배 구간의 곡선을 직선으로 가정하여 비례식을 세우면 다음과 같다.

$$M_b : P_0 - P_b = M_b - M : P - P_b$$

$$M_b(P - P_b) = (P_0 - P_b)(M_b - M) = (P_0 - P_b)M_b - (P_0 - P_b)M$$

상기 식에서 $M = Pe$와 $M_b = P_b e_b$를 고려하여 정리하면 다음과 같다.

$$M_b P - M_b P_b = (P_0 - P_b)M_b - (P_0 - P_b)Pe$$

$$P(M_b + P_0 e - P_b e) = (P_0 - P_b)M_b + M_b P_b$$

$$P = \frac{(P_0 - P_b)M_b + M_b P_b}{(M_b + P_0 e - P_b e)}$$

상기식의 분자와 분모를 M_b로 나누면 다음과 같다. 여기서 $M = Pe$이고 $M_b = P_b e_b$이다.

$$P = \frac{P_0}{\dfrac{(M_b + P_0 e - P_b e)}{M_b}} = \frac{P_0}{1 + \dfrac{e(P_0 - P_b)}{P_b e_b}} = \frac{P_0}{1 + \dfrac{e}{e_b}\left(\dfrac{P_0 - P_b}{P_b}\right)}$$

$$\therefore P = \frac{P_0}{1 + \dfrac{e}{e_b}\left(\dfrac{P_0}{P_b} - 1\right)} \qquad (8.31)$$

3) 압축연단부터 중립축까지 거리 $c > c_b$가 주어졌을 경우

압축이 지배하는 파괴이므로 인장철근이 항복하지 않는다. 중립축 깊이 c가 주어졌으므로 $a = \beta_1 c$ 의 관계로부터 등가 압축응력의 깊이 a를 구할 수 있다. 평형조건 $\sum V = 0$에서 축하중은 다음과 같이 표기된다.

$$P = C_c + C_s - T$$

여기서, $C_c = \eta 0.85\, f_{ck}\, a\, b$: 콘크리트의 압축강도

$C_s = A_s'(f_s' - \eta 0.85\, f_{ck})$ 또는 근사식 $= A'_s f'_s$: 압축철근의 강도

$T = A_s\, f_s$: 인장철근의 강도(항복하지 않음)

그림 8.6의 변형률도에서 비례식 $c:\epsilon_{cu}=c-d':\epsilon'_s$을 이용하여 압축철근의 응력을 계산한다.

$$\epsilon'_s=\epsilon_{cu}\frac{c-d'}{c}$$

$$f_s'=\epsilon'_s E_s=\epsilon_{cu}\frac{c-d'}{c}E_s\le f_y \qquad (8.25)$$

만찬가지로 비례식 $c:\epsilon_{cu}=d-c:\epsilon_s$을 이용하여 인장철근의 응력을 계산한다.

$$\epsilon_s=\epsilon_{cu}\frac{d-c}{c}$$

$$f_s=\epsilon_s E_s=\epsilon_{cu}\frac{d-c}{c}E_s\le f_y \qquad (8.32)$$

따라서 위의 식을 평형조건에 대입하면 공칭축하중강도 P_n은 다음과 같다.

$$P_n=\eta 0.85 f_{ck}ab+A'_s f'_s-A_s f_s \qquad (8.33)$$

설계축하중강도 P_d는 공칭축하중강도 P_n에 강도감소계수를 곱하여 계산한다.

$$P_d=\phi P_n=\phi(\eta 0.85 f_{ck}ab+A'_s f'_s-A_s f_s) \qquad (8.34)$$

단면의 소성중심에 대한 모멘트를 취하여 공칭모멘트를 구한다.

$$M_n=\eta 0.85 f_{ck}ab\left(d-d''-\frac{a}{2}\right)+A'_s f'_s(d-d'-d'')+A_s f_s d'' \qquad (8.35)$$

따라서 설계모멘트강도 M_d는 공칭모멘트강도 M_n에 강도감소계수를 곱하여 구한다.

$$M_d=\phi M_n=\phi P_n e$$

편심 e는 위의 식으로부터 다음과 같이 구할 수 있다.

$$e=\frac{M_n}{P_n}=\frac{M_d}{P_d} \qquad (8.29)$$

예제 8.3

예제 8.2의 그림에서 띠철근 기둥에서 x축 방향으로 $e = 120$ mm의 편심으로 작용할 수 있는 하중을 구하라. 기준의 조건은 예제 8.2와 같다.

▶ **풀이**

최소편심은 $e_{min} = 0.1h = 0.1 \times 500 = 50$ mm로 볼 수 있고 예제 8-2에서 계산된 균형편심 $e_b = 295.0$ mm 이므로 본 예제의 경우 $e_{min} < e < e_b$로 기둥의 강도가 압축으로 지배되는 경우이다. 그러므로 소요의 하중 P_n을 구한다. 여기서 P_o는

$$P_o = 0.85 f_{ck}(A_g - A_{st}) + f_y A_{st}$$

$$= 0.85 \times 21 \times (500 \times 400 - 3,854) + 350 \times 3,854 = 4,850,000 \text{ N} = 4,850 \text{ kN}$$

예제 8.2로부터 $P_b = 1,690,473$ N 이므로

$$P_n = \frac{P_o}{1 + \frac{e}{e_b}(\frac{P_o}{P_b} - 1)} = \frac{4,850,239}{1 + \frac{120}{295}(\frac{4,850,239}{1,645,267} - 1)}$$

$$= 2,705,803 \text{ N} = 2,706 \text{ kN}$$

따라서 이 기둥에 x축방향으로 $e = 120$ mm의 편심으로 작용시킬 수 있는 하중은 다음과 같다.

$$\phi P_n = 0.65 \times 2,706 = 1,759 \text{ kN}$$

예제 8.4

그림 8.8과 같이 300 mm × 500 mm의 직사각형 단면에 4 − D32를 배치한 띠철근 기둥이 있다. $f_{ck} = 21$ MPa 이고 SD300 철근을 사용하였다. 다음을 구하시오.

(1) 편심이 0일 때의 축하중 강도를 구하시오.

(2) 균형하중 P_b와 균형모멘트 M_b 그리고 균형편심 e_b를 계산하시오.

(3) 압축파괴 구역의 임의점에 대한 축하중과 모멘트를 계산하시오.

(4) 기둥강도가 인장으로 지배되는 구역의 임의점에 대한 축하중과 모멘트를 계산하시오.

(5) 이 기둥의 P − M상관도를 그리시오.

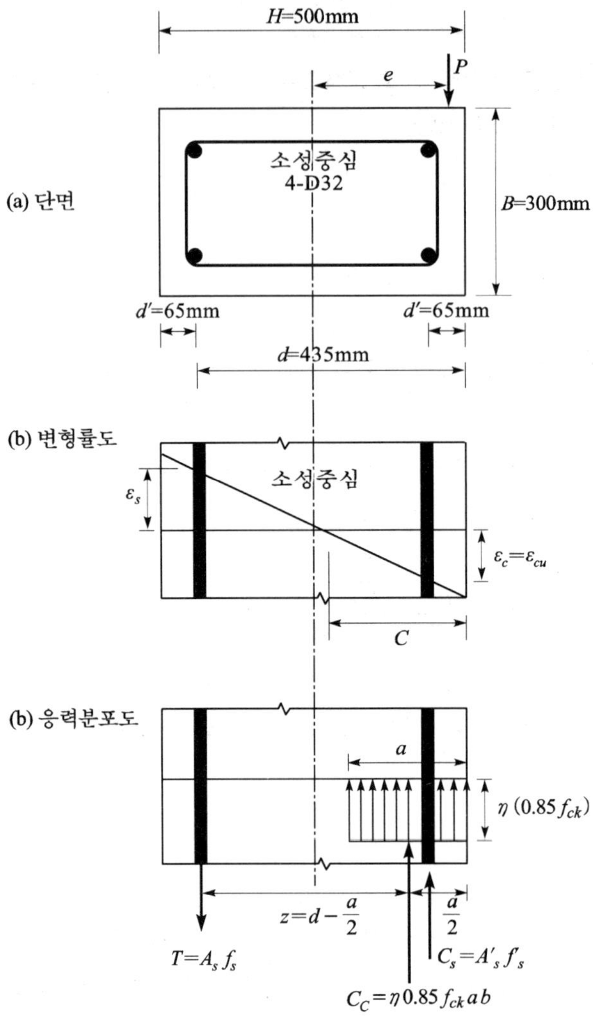

그림 8.8

► **풀이**

$f_{ck} < 40$ MPa이므로 $\epsilon_{cu} = 0.0033$, $\eta = 1.0$, $\beta_1 = 0.8$이다.

(1) 하중이 단면도심에 작용할 경우, 즉 e = 0, c = ∞ 일 때 기둥의 축방향 강도를 계산한다.

$$P_0 = 0.85f_{ck}(A_g - A_{st}) + A_{st}f_y = 0.85 \times 21 \times (300 \times 500 - 3{,}177) + 3{,}177 \times 300$$

$$= 3{,}573{,}834 \text{ N}$$

$$\therefore \phi P_0 = 0.65 \times 3{,}573{,}834 = 2{,}322{,}992 \text{ N}$$

위의 값을 다시 $\alpha = 0.8$ 만큼 감소시켜야 하므로

$\therefore P_d = \alpha \phi P_n = 0.80 \times \phi P_0 = 0.80 \times 2,322,992 = 1,858,394\ N$

(2) 균형파괴상태 때의 중립축은 그림 8.8(b)의 변형률도를 참고하면

$$c_b = \frac{\epsilon_{cu}}{\epsilon_{cu} + \epsilon_y} d = \frac{0.0033}{0.0033 + \frac{f_y}{E_s}} d = \frac{0.0033}{0.0033 + \frac{300}{200,000}} \times 435 = 299.1\ mm$$

따라서 콘크리트의 응력분포사각형의 깊이는

$$a_b = \beta_1 c_b = 0.8 \times 299.1 = 239.3\ mm$$

균형파괴상태에서는 인장철근 A_s의 응력은 f_y에 달해야 한다.

압축철근의 변형률 ϵ'_s을 구하려면 $c_b : \epsilon_{cu} = (c_b - d') : \epsilon'_s$를 이용하면 된다.

$$\epsilon'_s = \epsilon_{cu} \times (c_b - d')/c_b = 0.002583$$

압축철근의 응력 f'_s는 다음과 같이 계산한다.

$$f'_s = E_s \epsilon'_s = E_s \times \left(\epsilon_{cu} \frac{c_b - d'}{c_b} \right) = 200,000 \times 0.0033 \times \frac{299.1 - 65}{299.1}$$

$$= 517\ MPa > f_y = 300\ MPa$$

$$\therefore f'_s = 300\ MPa$$

즉, 압축철근 A'_s도 항복한다. 따라서 균형하중 P_b는 다음과 같이 된다.

$A_s = A'_s = 2 \times 794.2 = 1,588.4\ mm^2$이므로 콘크리트가 저항하는 압축력 C_c는

$$C_c = \eta 0.85 f_{ck} a_b b = 1.0 \times 0.85 \times 21 \times 239.3 \times 300 = 1,281,184\ N$$

압축철근이 저항하는 압축력 C_s는

$$C_s = (f'_s - \eta \times 0.85 \times f_{ck}) \times A'_s = (300 - 1.0 \times 0.85 \times 21) \times 1,588.4 = 448,167\ N$$

인장철근이 저항하는 인장력 T는

$$T = A_s f_y = 1,599.4 \times 300 = 476,520\ N$$

$$P_b = C_c + C_s - T = 1,281,184 + 448,167 - 476,520 = 1,252,831\ N$$

$$\therefore \phi P_b = 0.65 \times 1,252,831 = 814,340\ N$$

인장철근 중심으로부터 소성중심까지 거리 d″ 를 계산한다.

$(\eta 0.85 \times f_{ck} \times b \times h + A_s f_y + A'_s \times f_y) d'' = A'_s f_y \times (d - d') + \eta 0.85 f_{ck} \times b \times h \left(\frac{h}{2} - d' \right)$로부터 계산하면

$$d'' = (A'_s f_y (d - d') + \eta 0.85 f_{ck} \times b \times h (\frac{h}{2} - d')) / (\eta 0.85 f_{ck} \times b \times h + A_s f_y + A'_s f_y)$$

$$\therefore d'' = 185\ mm$$

균형모멘트 M_b는 단면의 소성중심에 대하여 모멘트를 취함으로서 다음과 같이 계산된다.

$$M_b = C_c\left(d-d'' - \frac{a_b}{2}\right) + C_s(d - d'' - d') + Td''$$

$$= 1,281,184\left(435-185 - \frac{239.3}{2}\right) + 448,167(435-185-65) + 476,520 \times 185$$

$$= 338,101,438 \text{ N.mm}$$

$$\therefore \phi M_b = 0.65 \times 338,101,438 = 219,765,934 \text{ N.mm}$$

따라서 균형편심은

$$\therefore e_b = \frac{M_b}{P_b} = \frac{338,101,438}{1,252,831} = 269.9 \text{ mm}$$

(3) 압축파괴시 중립축의 위치 c가 $c > c_b$ 이거나 $e < e_b$ 이면 압축파괴로 된다.

1) Whitney 근사식 : 편심 e가 주어질 때 $e = 238 \text{ mm} < e_b = 269.9 \text{ mm}$

$$P_n = \frac{f_y A_s'}{\frac{e}{d-d''}+0.5} = \frac{b \times h \times f_{ck}}{\frac{3h \times e}{d^2}+1.18} = 1,443,996 \text{ N}$$

2) P－M 상관도를 직선으로 가정한 근사식 : $e = 238 \text{ mm} < e_b = 269.9 \text{ mm}$

$$P_n = \frac{P_0}{1+\frac{e}{e_b}\left(\frac{P_0}{P_b}-1\right)} = 1,356,899 \text{ N}$$

3) 중립축까지의 거리 c가 주어질 때 : $c = 300 \text{ mm} > c_b = 299.1 \text{ mm}$

$$a = \beta_1 \times c = 0.8 \times 300 = 240 \text{ mm}$$

압축철근의 변형률 ϵ'_s을 구하려면 $c : \epsilon_{cu} = (c-d') : \epsilon'_s$를 이용하면 된다.

$$\epsilon'_s = \epsilon_{cu} \times (c-d')/c = 0.002585$$

압축철근의 응력은 다음과 같이 계산한다.

$$f'_s = E_s \times \epsilon'_s = 517 \text{ MPa} > f_y = 300 \text{ MPa}$$

$$\therefore f'_s = 300 \text{ MPa}$$

인장철근의 변형률 ϵ_s을 구하려면 $c : \epsilon_{cu} = (d-c) : \epsilon_s$를 이용하면 된다.

$$\epsilon_s = \epsilon_{cu} \times (d-c)/c = 0.001485$$

인장철근의 응력은 인장철근의 변형률에 탄성계수를 곱하여 다음과 같이 계산한다.

$$f_s = E_s \times \epsilon_s = 297 \text{ MPa} < f_y = 300 \text{ MPa}$$

기둥 각 부분이 저항할 수 있는 힘을 계산하면 다음과 같다.

콘크리트의 압축력 $C_c = \eta 0.85 f_{ck} \times a \times b = 1,285,200 \text{ N}$

압축철근의 압축력 $C_s = (f_s' - \eta 0.85 f_{ck}) A'_s = 448,167 \text{ N}$

인장철근의 인장력 $T = A_s f_s = 471,755 \text{ N}$

축하중 P_n계산을 위해 평형 방정식 $\sum V = P_n + T - C_c - C_s = 0$을 사용하면

$P_n = C_c + C_s - T = 1{,}261{,}612\ N$

$\therefore P_d = \phi \times P_n = 0.65 \times 1{,}261{,}612 = 820{,}048\ N$

소성 중심에 대해 $\sum M = 0$을 적용하여 균형모멘트 M_d를 계산하라

$M_n = C_c\left(d - d'' - \dfrac{a}{2}\right) + C_s(d - d'' - d') + T \times d'' = 337{,}261{,}544\ N.mm$

$\therefore M_d = \phi M_n = 0.65 \times 337{,}261{,}544 = 219{,}220{,}004\ N.mm$

소성중심에 대한 균형편심 e를 계산하면

$e = \dfrac{M_n}{P_n} = \dfrac{M_d}{P_d} = 267.3\ mm$

(4) 중립축의 위치 c가 $c < c_b$ 이거나 $e > e_b$이면 인장파괴로 된다.

중립축까지의 거리 c가 주어질 때 $c = 150\ mm < c_b = 299.1\ mm$

$a = \beta_1 \times c = 0.8 \times 150 = 120\ mm$

압축 철근의 변형률 ϵ'_s을 구하기 위해 $(d-c) : \epsilon_y = (c-d') : \epsilon'_s$를 이용하면

$\epsilon'_s = \epsilon_y(c-d')/(d-c) = 0.00187$

압축철근의 응력은 다음과 같이 계산할 수 있다.

$f'_s = E_s \times \epsilon'_s = 374\ MPa > f_y = 300\ MPa$

$\therefore f'_s = 300\ MPa$

인장파괴가 일어나는 경우 이므로 인장철근의 변형률은 항복변형률이 되며 인장철근의 응력은 항복응력이 된다.

$\epsilon_s = \epsilon_y = \dfrac{f_y}{E_s} = 0.0015, \qquad f_s = f_y = 300\ MPa$

기둥 각 부분이 저항할 수 있는 힘을 계산하면

콘크리트의 압축력 $C_c = \eta 0.85 f_{ck} \times a \times b = 642{,}600\ N$

압축철근의 압축력 $C_s = (f'_s - \eta 0.85 f_{ck})A'_s = 448{,}167\ N$

인장철근의 인장력 $T = A_s f_y = 476{,}520\ N$

축하중 P_n 계산을 위해 평형 방정식 $\sum V = P_n + T - C_c - C_s = 0$을 사용하면

$P_n = C_c + C_s - T = 642{,}600 + 448{,}167 - 476{,}520 = 614{,}247\ N$

$\therefore P_d = \phi \times P_n = 0.65 \times 614{,}247 = 399{,}261\ N$

이러한 인장파괴 시 축하중 강도 P_u가 $0.1 f_{ck} A_g$보다 작고 최외단철근의 변형률이 변화구간에 있을 경우 강도감소계수를 보정해야 한다. 따라서 $0.1 f_{ck} A_g$를 계산한다.

$$0.1\,f_{ck}A_g = 0.1\times21\times300\times500 = 315,000\text{ N} < P_u = \phi\times P_n = 399,261\text{ N}$$

이 경우 $P_u > 0.1\,f_{ck}A_g$이므로 강도감소계수의 보정없이 0.65로 한다.

$$\therefore P_d = 399,261\text{ N}$$

소성중심에 대해 $\sum M = 0$을 적용하여 균형 모멘트 M_d를 계산한다.

$$M_n = C_c\left(d - d'' - \frac{a}{2}\right) + C_s(d - d'' - d') + T\times d'' = 293,161,106\text{ N.mm}$$

$$\therefore \phi M_n = 0.65\times293,161,106 = 190,554,719\text{ N.mm}$$

따라서 편심 e는 다음과 같다.

$$\therefore e = \frac{M_n}{P_n} = \frac{M_d}{P_d} = 477.3\text{ mm}$$

(5) 이 단면에 축방향력 P는 작용하지 않고 휨모멘트 M만 작용하는 보로 보고 그 휨강도를 계산해 본다. 압축철근 A'_s는 없고, 인장철근 A_s(1,588.4 mm^2)만 배근된 단철근보로 보고 철근비를 검토해보자.

$$\rho = \frac{1,588.4}{300\times500} = 0.01217$$

$$\rho_{max} = \eta0.85\beta_1\frac{f_{ck}}{f_y}\frac{\epsilon_{cu}}{\epsilon_{cu}+\epsilon_t}\frac{d_t}{d} = 1.0\times0.85\times0.8\times\frac{21}{300}\times\frac{0.0033}{0.0033+0.004}\times1 = 0.02152$$

$$\rho_{t(\text{인장})} = \eta0.85\beta_1\frac{f_{ck}}{f_y}\frac{\epsilon_{cu}}{\epsilon_{cu}+\epsilon_t}\frac{d_t}{d} = 1.0\times0.85\times0.8\times\frac{21}{300}\times\frac{0.0033}{0.0033+0.005}\times1 = 0.018925$$

즉, $\rho < \rho_{max}$이므로 압축철근 A'_s를 무시하고 휨강도를 계산하며 $\rho < \rho_{t(\text{인장})}$이므로 인장지배단면이다. 따라서 강도감소계수 $\phi = 0.85$ 이다.

$\rho < \rho_{t(\text{인장})}$이므로 인장 연성파괴가 발생한다. 따라서 콘크리트의 응력 사각형의 깊이 a를 먼저 계산하여 휨강도를 계산한다.

$$a = \frac{A_s f_y}{\eta0.85\,f_{ck}b} = \frac{1,588.4\times300}{1.0\times0.85\times21\times300} = 89\text{ mm}$$

따라서 이 단면의 휨강도는

$$M_0 = M_n = A_s f_y\left(d - \frac{a}{2}\right) = 1,588.4\times300\times\left(435 - \frac{89}{2}\right)$$

$$= 186,084,396\text{ N.mm}$$

$$\therefore \phi M_0 = \phi M_n = M_D = 0.85\times186,084,396 = 158,171,736\text{ N.mm}$$

앞의 (1)~(5)에서 계산한 결과를 도시하면 기둥상관도를 아래 그림 8.9와 같이 얻을 수 있다.

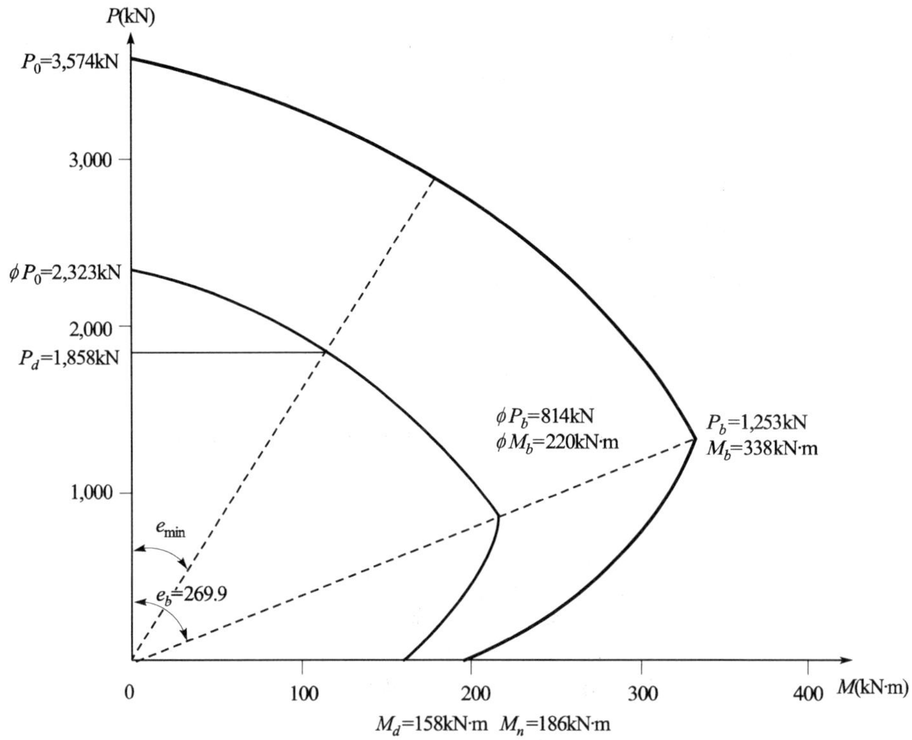

그림 8.9 예제 8.4 풀이 결과

(1) 압축이 지배하는 원형단면 기둥의 강도

원형단면에 대한 균형 축하중과 균형 모멘트는 직사각형 단면의 경우와 같이 균형 방정식으로 구할 수 있다. 압축강도가 지배하는 경우는 편심 $e < e_b$, 축하중 $P_n > P_b$로 된다. 이 경우 원형단면을 직사각형 단면으로 환산 한 그림 8.10과 같은 등가단면을 해석할 수 있다. 다음과 같은 가정에서 총 철근을 단면의 양측에 배치하고, 지름 D의 원형단면을 직사각형 bt 단면으로 환산한다.

$$A_s = A'_s = \frac{A_{st}}{2} \qquad d - d' = \frac{2}{3} D_s$$

$$t = 0.8D, \ d = 0.4D + \frac{D_s}{3}, \ bt = A_g, \ b = \frac{A_g}{0.8D}$$

이상과 같은 가정 아래, 압축이 지배하는 원형단면에 대한 Whitney 근사식의 공칭 축하중 강도 P_n은 다음과 같다.

$$P_n = \frac{A_{st} f_y}{\frac{3e}{D_s} + 1} + \frac{A_g f_{ck}}{\frac{9.6 D_e}{(0.8D + 0.67 D_s)^2} + 1.18} \qquad (8.36)$$

여기서, A_g : 총 단면적,

D : 원형단면의 외부 지름

t : 편심방향의 단면 폭

A_{st}: 총 축방향 철근의 단면적

e : 소성중심에서 편심 거리

D_s : 축철근의 중심선이 그리는 원의 지름

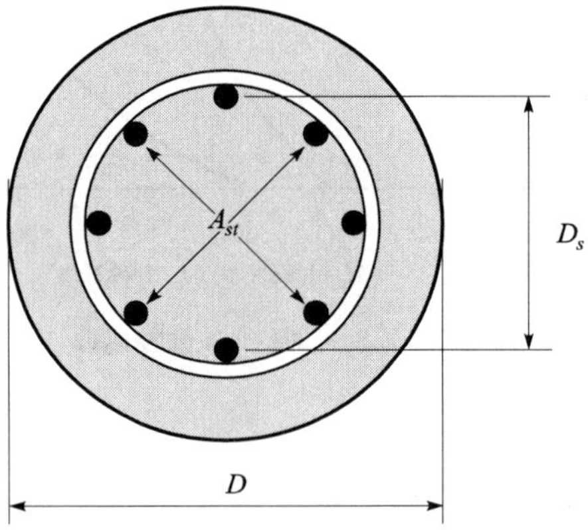

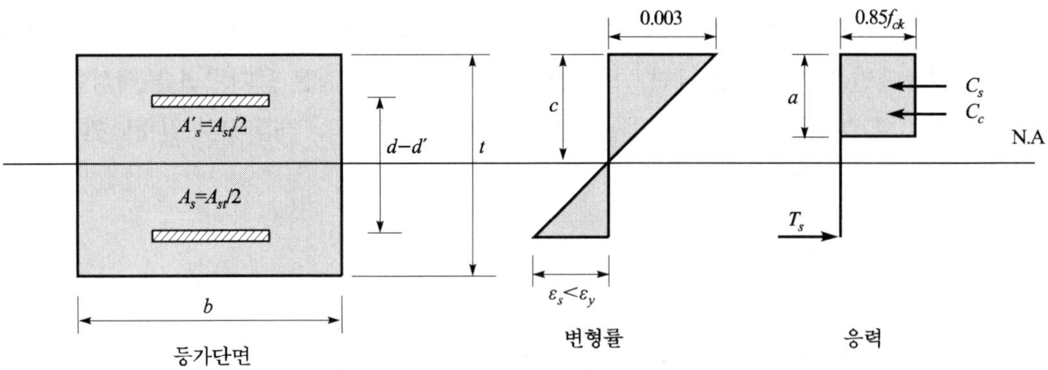

그림 8.10 압축파괴의 등가 직사각형 단면

(2) 인장이 지배하는 원형단면 기둥의 강도

인장강도가 지배하는 경우, 편심 $e > e_b$, 축하중 $P_n < P_b$로 된다. 이 경우 모멘트가 크기 때문에 인장철근과 압축철근의 응력은 모두 항복응력 f_y에 달하게 된다.

그림 8.11과 같이 $A_s = A'_s = 0.4A_{st}$로 보고, 또 A_s와 A_s' 사이의 거리를 $0.75D_s$로 본다. 그리고 단면의 압축부분에는 $0.85\,f_{ck}$가 고르게 작용한다고 가정하면, $\sum V = 0$에 의하여 원형단면의 공칭 축하중 P_n을 구할 수 있다. 이상과 같은 가정 아래 만들어진 다음의 Whitney의 공칭 축하중 강도에 대한 근사식이 사용된다.

$$P_n = 0.85\,f_{ck}\,D^2\left\{\sqrt{\left(\frac{0.85\,e}{D} - 0.38\right)^2 + \frac{\rho_g\,m\,D_s}{2.5\,D}} - \left(\frac{0.85\,e}{D} - 0.38\right)\right\} \quad (8.37)$$

여기서, 전체 철근비(ρ_g) $= \dfrac{A_{st}}{A_g}$

$m = \dfrac{f_y}{0.85\,f_{ck}}$

A_g : 총 단면적

D : 원형단면의 외부 지름

D_s : 축철근의 중심선이 그리는 원의 지름

A_{st} : 총 축방향 철근의 단면적

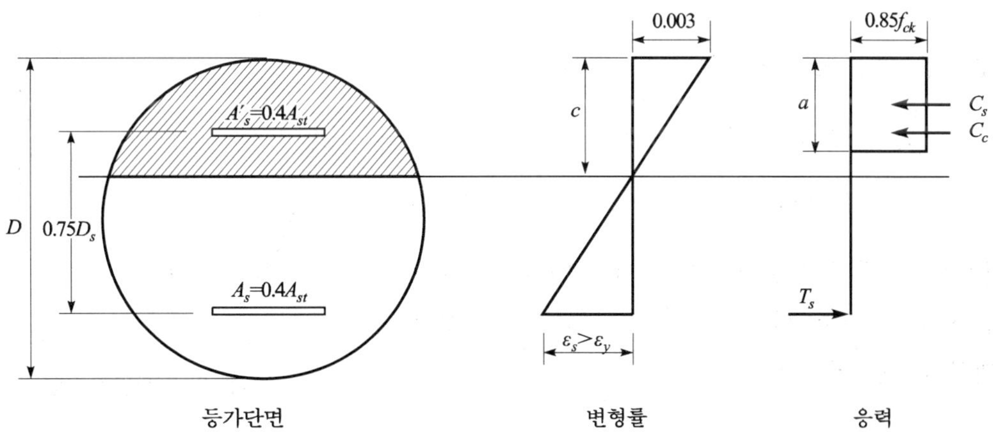

그림 8.11 인장파괴의 등가단면

8.5 장주설계

지금까지 설명한 단주의 해석과 설계에 있어서 좌굴, 탄성변형, 횡방향 처짐에 의한 2차 모멘트는 기둥의 극한강도에 거의 영향을 미치지 않으므로 이러한 영향은 설계과정에 포함되지 않았다. 그러나 기둥이 길 때 즉 장주일 때 이 영향은 고려되어야 한다. 장주인 경우 기둥의 유효높이, 단면의 세장비 그리고 기둥단부의 조건에 따라서 기둥의 강도를 감소시킨다.

따라서 기둥은 단주와 장주의 구분에 의하여 다음과 같은 특징을 갖는다.

① 세장비가 비교적 작은 약간의 강도감소를 가져오는 단주

② 기둥의 강도감소를 가져오는 비교적 중간치의 세장비 값을 지닌 장주 : 이 경우는 횡브레이싱이 필요치 않다.

③ 비교적 큰 세장비 값을 지닌 장주 : 이 경우는 횡브레이싱이나 전단벽이 필요하다.

8.5.1 기둥 길이의 영향

중심 축하중을 받는 장주의 좌굴에 대한 기둥의 좌굴응력(임계응력)은 Euler의 공식으로 다음과 같이 유도된다. 부재가 축방향 압축력을 받아 좌굴이 발생하는 순간에 휨모멘트와 곡률의 관계는 다음과 같다.

$$\delta'' = -\frac{M}{EI} = -\frac{P\delta}{EI} \tag{8.38}$$

윗 식을 좌변으로 이항하면 $\delta'' + \frac{P\delta}{EI} = 0$이고 여기서 $k^2 = \frac{P}{EI}$로 놓으면 다음과 같다.

$$\delta'' + k^2\delta = 0 \tag{8.39}$$

$\delta = e^{\lambda x}$을 해로 가정하여 상기 식에 대입하여 정리하면 $\lambda^2 + k^2 = 0$이 되며 이 경우 $0^2 - 4k^2 < 0$이므로 아래의 공식을 이용할 수 있다.

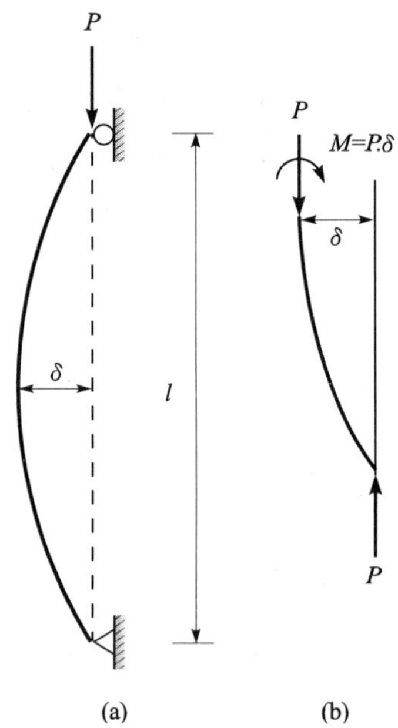

그림 8.12 오일러 좌굴

$y'' + ay' + by = 0 \Rightarrow \lambda^2 + a\lambda + b = 0$ 에서 $a^2 - 4b < 0$ 이면
$y = e^{\alpha x}(c_1 \sin\beta x + c_2 \cos\beta x)$
여기서 $\alpha = -\frac{a}{2}$, $\beta = \frac{\sqrt{4b-a}}{2}$

$\alpha = -\frac{0}{2} = 0$ 이고 $\beta = \frac{\sqrt{4k^2 - 0}}{2} = k$ 이므로 좌굴에 의한 횡방향 변위 δ는 다음과 같이 쓸 수 있다.

$$\delta = c_1 \sin kx + c_2 \cos kx \tag{8.40}$$

여기서 경계조건에 의해 $\delta(0) = \delta(\ell) = 0$이므로 이것을 윗 식에 대입하면 $\delta(0) = c_2 = 0$이고 $\delta(\ell) = c_1 \sin k\ell = 0$이므로 $c_1 = 0$이거나 $\sin k\ell = 0$이다. 만약 $c_1 = 0$이면 $\delta = 0$이므로 아무 의미가 없다. 따라서 $\sin k\ell = 0$이며 이때 $k\ell = 0, \pi, 2\pi, 3\pi........$이다.

$k\ell = 0$ 이면 $\sqrt{\frac{P}{EI}}\,\ell = 0$에서 탄성계수 E, 단면2차모멘트 I 그리고 기둥의 길이 ℓ은 0이 아니므로 $P = 0$이다. 이것은 의미없는 해 이므로 $k\ell = n\pi$ 이고 $n = 1,2,3,4........$ 따라서

$$k^2 = \left(\frac{n\pi}{l}\right)^2 \tag{8.41}$$

$\frac{P}{EI} = k^2$ 으로부터 $P = EIk^2 = \frac{n^2\pi^2 EI}{l^2}$이고 $n = 1$일 때 P_{min}이므로 이 값이 임계좌굴하중 $P_{critical}$이 된다. $P_{cr} = \frac{\pi^2 EI}{\ell^2}$이며 기둥의 경계조건에 따른 유효좌굴길이 계수 k와 비지지 길이 ℓ_u를 고려한 임계좌굴 하중은 다음과 같다.

$$P_{cr} = \frac{\pi^2 EI}{(k\ell_u)^2} \tag{8.42}$$

회전반경 $r = \sqrt{\frac{I}{A}}$ 이므로 양변을 제곱하여 정리하면 $I = Ar^2$이고 이것을 식 (8.42)에 대입하고 단면적으로 나누면 암계좌굴강도는 다음과 같다.

$$f_{cr} = \frac{P_{cr}}{A} = \frac{\pi^2 E}{\left(\frac{kl_u}{r}\right)^2} \tag{8.43}$$

여기서, ℓ_u는 기둥의 비지지 길이, ℓ_u / r는 세장비이다. $k\ell_u$를 유효길이, k를 유효길이

계수라고 한다.

비지지 길이 ℓ_u는 두 바닥 사이의 지지되지 않은 순수한 기둥길이를 의미한다. 유효길이 계수 k는 기둥에서 모멘트가 0인 두 점 사이의 거리를 기둥의 비지지 길이로 나눈 값으로 나타낸 것이다. 만약, 기둥의 양단이 고정되어 있고, 모멘트가 0인 변곡점이 $\ell_u/4$ 지점에 있다면 $k = 0.5\ell_u/\ell_u = 0.5$가 된다.

또, 기둥의 유효 길이 계수 k는 기둥 양단의 지지조건과 가로방향 상대변위에 따라서도 달라지는데, 그림 8.13에서 보여 주는 것과 같이 0.5 ~ 2.0 사이에서 변한다.

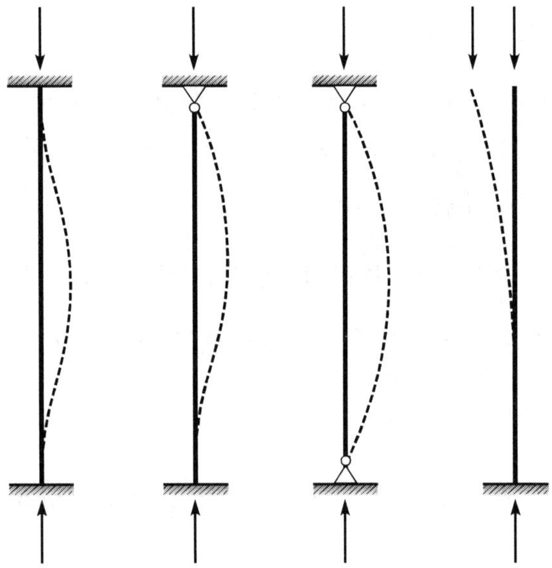

그림 8.13 지점조건에 따른 기둥 유효길이계수

세장비(細長比)란 기둥의 길이 ℓ의 회전반경 r에 대한 비를 말한다. 여기서 회전반경 $r = \sqrt{I/A}$, I는 단면의 관성모멘트, A는 단면적이다.

폭이 b이고 높이가 h인 직사각형 단면에서 단면적 $A = bh$이며 x축에 대한 관성모멘트 $I_x = bh^3/12$이고 회전반지름 $r_x = \sqrt{I/A} = 0.288h$ (근사치 $r_x = 0.3h$)이다. y축에 대한 관성모멘트 $I_y = hb^3/12$ 이고 회전반지름 $r_y = 0.288b$ (근사치 $r_y = 0.3b$)이다. 직경이 D인 원형기둥일 경우 $I_x = I_y = \pi D^4/64$이고 $A = \pi D^2/4$이므로 $r_x = r_y = 0.25D$ 이다.

8.5.2 세장비의 한계

콘크리트 구조설계기준에서는 횡구속 골조 구조물에서 단주와 장주의 한계를 다음과 같이 제시하고 있다.

(1) 횡방향 상대변위가 구속되어 있는 경우 : 아래의 식을 만족할 때 세장비의 영향은 무시되고 기둥은 단주로 설계될 수 있다.

$$\frac{k\ell_u}{r} < 34 - 12\left(\frac{M_1}{M_2}\right) \leq 40 \tag{8.44}$$

여기서,

① M_1 와 M_2 는 기둥에서 단부 계수모멘트이고 M_2 는 M_1 보다 절대값이 크다

② M_1/M_2 의 부호는 부재가 하나의 곡률로 굽어질 때는 (+)이고 두 개의 곡률로 굽어질 때는 (−)이다 (그림 8.14). 여기서 $[34-12(M_1/M_2)]$는 40을 초과할 수 없다.

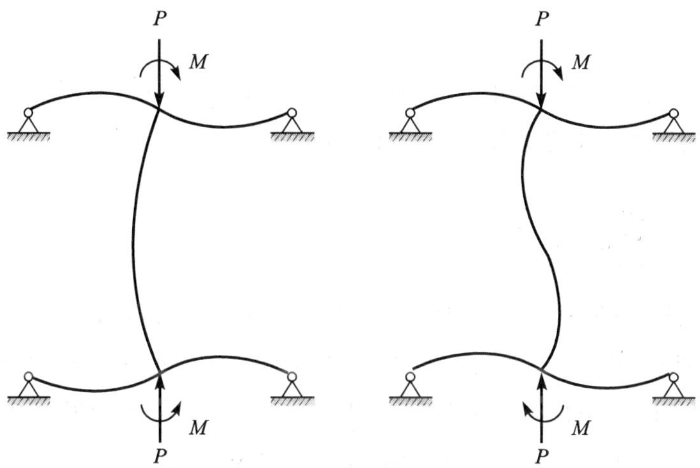

(a) 하나의 곡률 (b) 두 개의 곡률

그림 8.14 하나의 곡률과 두 개의 곡률

③ 만약 부재가 기둥의 길이 내에서 지점의 모멘트보다 더 큰 모멘트를 발생시키는 횡하중을 받는다면 M_1/M_2 는 1로서 간주될 수 있다. 결과적으로 모멘트 확대계수 $C_m = 1.0$ 이다

④ 기둥의 지점에 모멘트가 작용하지 않을 때는 M_1/M_2 는 1이고 모멘트 확대계수 $C_m = 1.0$ 이다.

⑤ 만약 하중계수를 곱한 모멘트가 0이거나 $e = M_u / P_u < e_{min}$일 때는 M_2값은 콘크리트 설계기준에 따라 각 주축에 대해 다음과 같이 최소 편심을 사용하여 계산하여야 한다.

$$e_{min} = (15 + 0.03h)$$

그러므로

$$M_u = M_{2,min} = P_u(15 + 0.03h) \tag{8.45}$$

(2) 횡방향 상대변위가 지지되지 않은 경우 : 기둥에서 세장비의 영향은 콘크리트 구조설계기준에 따라 다음 식을 만족할 때 무시할 수 있다.

$$\frac{k\ell_u}{r} \leq 22 \tag{8.46}$$

8.5.3 직선연결도표

기둥이 유효길이는 그림 8.15에서 보여주는 직선연결도표(aligmment chart)를 이용하여 구할 수도 있다.

유효길이계수 K를 구하기 위하여 첫째로 기둥의 윗 지점에서 강성비(restraint factor) Ψ_A 와 기둥 밑 지점에서의 강성비 Ψ_B 를 계산하여야 한다. 여기서

$$\Psi = \frac{\sum EI/L(기둥)}{\sum EI/L(보)} \tag{8.47}$$

한쪽 지점의 인자 Ψ은 조인트 부분에서 접합하는 모든 기둥과 보의 조건을 포함하고 있다. 힌지지점에 대해서는 Ψ 값은 무한한데 보통 10으로 가정한다. 고정지점에 있어서 Ψ은 0인데 1로 가정한다. 이러한 가정치들은 철근콘크리트 구조물에 있어서 완전히 마찰이 없는 힌지와 완전히 고정된 지점이란 있을 수 없기 때문에 사용될 수 있다. K 를 구하는 과정은 먼저 기둥의 윗 지점에서의 Ψ_A 와 기둥의 밑 지점에서의 Ψ_B 를 계산하여 계산 도표에 표시한 다음 두 점을 연결했을 때 중간의 K선과 교차점의 값이다. 계산도표에는 두 개의 도표가 있는데, 하나는 횡구속골조에 대한 것이고, 하나는 비횡구속골조에 관한 것이다.

이 직선 연결도표의 적용은 다음의 가정에 기초를 두고 있다.

- 구조물은 대칭형의 직사각형 골조로 구성되어 있다.
- 절점에서의 거더의 모멘트는 상대강성에 따라서 기둥에 전달된다.
- 모든 기둥은 동시에 파괴하중에 도달한다.

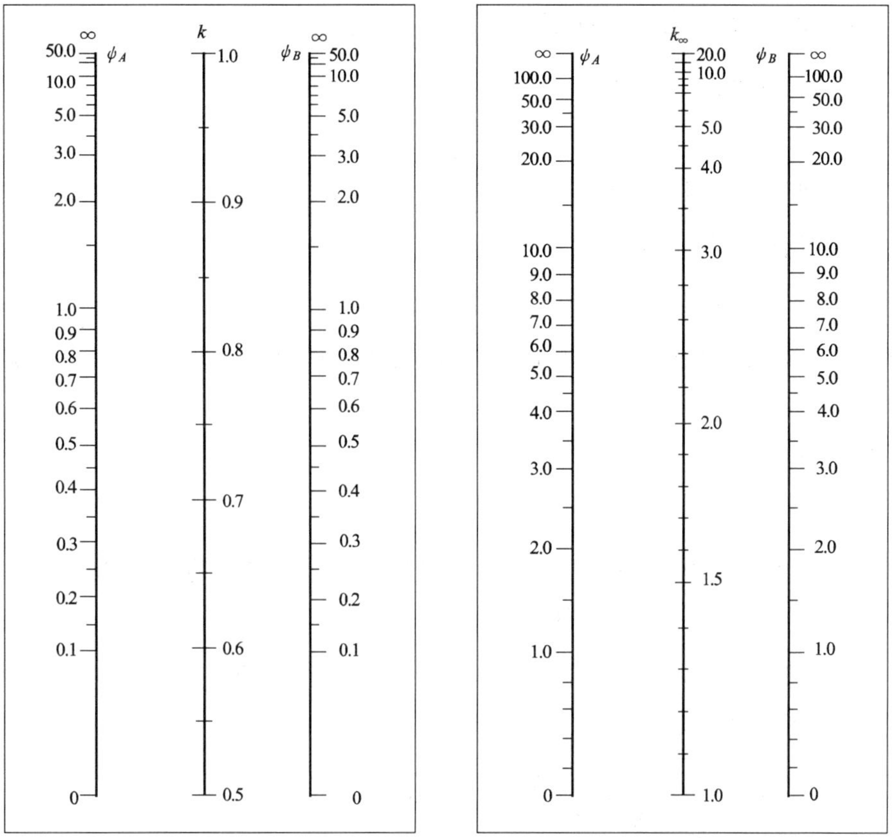

$$\Psi = \frac{\Sigma EI/L(\text{기둥})}{\Sigma EI/L(\text{보})}$$

(a) 횡구속 골조

$$\Psi = \frac{\Sigma EI/L(\text{기둥})}{\Sigma EI/L(\text{보})}$$

(b) 비횡구속 골조

그림 8.15 유효길이계수 직선연결표

8.5.4 탄성2차 해석

축하중의 영향, 부재 전길이에 걸친 균열구역의 존재, 하중의 지속효과 등을 고려해 계수 축하중 P_u, 기둥단부의 계수모멘트 M_1, M_2, 층간 기둥의 상대변위 Δ_0를 얻는다. 이때 구조부재의 휨강성 E_cI가 필요하며, 기둥부재 단부의 강성도 비 φ를 계산하는 데도 필요하다. 이러한 목적을 위해 단면의 부재 특성값으로 다음 값을 사용한다.

(1) 탄성계수 E_c

철근콘크리트 부재의 탄성계수 E_c는 구조설계기준에 따라 2장에서 설명된 값으로 한다.

(2) 단면 2차 모멘트(I)를 다음으로 취한다.

보 : $0.35\,I_g$

기둥 : $0.70\,I_g$

비균열 벽체 : $0.70\,I_g$

균열 벽체 : $0.35\,I_g$

플랫 플레이트 및 플랫 슬래브 : $0.25\,I_g$

여기서 I_g는 철근을 무시한 도심축에 대한 콘크리트 전단면의 단면 2차 모멘트이다.

(3) 단면적 $1.0\ A_g$

여기서 A_g : 기둥의 전 단면적이다.

다만, 횡방향 지속하중이 작용할 경우와 안정성을 검토할 경우에 크리프를 고려하여 단면 2차 모멘트를 $(1+\beta_{ds})$로 나누어야 한다.

여기서 β_{ds}는 1개 층 전체의 최대 계수전단력에 대한 최대 계수지속전단력의 비로서 1.0 이하의 값을 사용하여야 한다.

$$\beta_{ds} = \frac{\text{최대 계수지속전단력}}{\text{최대 계수전단력}} \leq 1.0 \tag{8.48}$$

(4) 단면의 회전 반지름 r을 근사값으로 하면 직사각형 압축부재의 경우 좌굴안정성이 고려되는 방향으로 단면치수의 0.3배, 원형 압축부재의 경우 지름의 0.25배를 사용할 수 있다.

8.5.5 모멘트 확대법

일반적으로 압축부재는 2차 모멘트를 발생시키는 횡방향처짐을 받을 수도 있다. 만약 2차 모멘트 M'가 기둥에 원래 작용하고 있던 모멘트 M_a에 더해진다면, 총 모멘트 $M = M_a + M'$이다.

총 모멘트 M을 계산하기 위한 근사적인 방법은 작용되고 있는 모멘트 M_a에 모멘트 확대계수 δ를 곱하는 방법이다. 여기서 δ는 1.0보다 크거나 같아야 한다. 즉, $M_{max} = \delta M_a$이고 $\delta \geq 1.0$이다. 또한, 모멘트 M_a는 하중계수를 곱한 하중을 사용하여 탄성구조 해석으로부터 얻어지고 양단부에서의 최대 모멘트 혹은 횡하중이 존재할 때는 기둥 내에 작용하는 최대 모멘트이다.

(1) 횡구속 골조 압축부재의 확대휨모멘트

① 뼈대가 횡방향 변위에 대해서 지지된 것으로 취급할 것인가를 결정하고 비지지 길이 ℓ_u 와 유효길이 계수 k 를 구한다. 다음 조건을 이용하여 횡구속 장주로 해석할지를 확인한다.

$$\frac{k\ell_u}{r} > 34 - 12\left(\frac{M_1}{M_2}\right) \leq 40 \tag{8.44}$$

② 압축부재의 계수축력 P_u와 부재의 곡률 영향을 고려한 확대 계수휨모멘트 M_c를 다음과 같이 계산한다.

$$M_c = \delta_{ns} M_2 \tag{8.49}$$

여기서, δ_{ns} : 횡구속 골조의 휨모멘트 확대계수

M_2 : 탄성 1차 해석에 의한 압축부재의 단부 계수휨모멘트 중 큰 값

③ 횡구속 골조의 휨모멘트 확대계수 δ_{ns}를 계산한다.

$$\delta_{ns} = \frac{C_m}{1 - \dfrac{P_u}{0.75P_c}} \geq 1.0 \tag{8.50}$$

여기서, C_m : 등가 휨모멘트 보정계수

P_u : 계수축하중(kN)

P_c : 임계좌굴하중, $P_c = \pi^2 EI/(k\ell_u)^2$ (kN)

k : 탄성2차 해석에서 단면2차 모멘트(기둥의 경우 $I = 0.7I_g$)를 사용하지 않는다면 $k = 1.0$ 으로 본다.

ℓ_u : 기둥의 비지지 길이(mm)

임계좌굴하중 P_c의 EI는 다음 식에 따라 계산할 수 있다. 아래의 두 방정식을 이용하여 얻은 값 중 큰 값을 사용하여 부재의 강성계수 EI를 계산한다.

$$EI = \frac{0.2E_c I_g + E_s I_{se}}{1 + \beta_{dns}} \tag{8.51}$$

$$EI = \frac{0.4E_c I_g}{1 + \beta_{dns}} \tag{8.52}$$

여기서, E_c : 콘크리트의 탄성계수(MPa)

I_g : 기둥 전체 단면에 대한 단면2차 모멘트(mm^4)

E_s : 철근의 탄성계수(MPa)

I_{se} : 부재단면의 도심축에 대한 철근의 단면2차 모멘트(mm^4)

β_{dns} : 횡구속 골조에서 (최대 계수지속축하중)/(전체 계수축하중)

$$= \frac{1.2D}{1.2D + 1.6L} \leq 1.0$$

④ 모멘트 확대계수 공식 내에서 사용될 C_m을 계산한다. 횡하중이 없는 지지된 부재에 있어서

$$C_m = 0.6 + 0.4\frac{M_1}{M_2} \geq 0.4, \quad \text{그리고 } |M_1| < |M_2| \tag{8.53}$$

여기서 M_1와 M_2는 단부의 모멘트이다. 앞서 언급한 바와 같이 기둥 양단 사이에 횡하중이 있는 경우에는 $C_m = 1.0$으로 취하여야 한다.

⑤ 식(8.49)의 계수휨모멘트 M_2는 각 주축에 대하여 다음 값 이상으로 한다.

$$M_{2,min} = P_u e_{min} \tag{8.54}$$

$$e_{min} = 15 + 0.03h \tag{8.55}$$

여기서, h는 mm단위이고 e_{min}은 기둥에서 연직하중에 대한 편심의 영향을 고려한 것으로 기둥과 축방향 철근이 완벽하게 수직으로 배치되지 않는 것을 고려한 것이다. 그러나 $M_{2,min}$이 M_2보다 큰 부재에 대해서는 C_m값은 1.0으로 취하거나 계산된 단부 휨모멘트 M_1과 M_2의 비를 이용하여 구하여야 한다.

(1) 비횡구속 골조 압축부재의 확대휨모멘트

① 뼈대가 횡방향 변위에 대해서 지지된 것으로 취급할 것인가를 결정하고 비지지 길이 ℓ_u와 유효길이 계수 k를 구한다. 다음 조건을 이용하여 횡구속 장주로 해석할지를 확인한다.

$$\frac{k\ell_u}{r} > 22 \tag{8.56}$$

② 양단 휨모멘트 M_1과 M_2는 다음과 같다.

$$M_1 = M_{1ns} + \delta_s M_{1s}$$
$$M_2 = M_{2ns} + \delta_s M_{2s} \quad (8.57)$$

여기서, δ_s : 비횡구속 골조의 휨모멘트 확대계수

M_1 : 탄성 1차 해석에 의한 압축부재의 단부 계수휨모멘트 중 작은 값

M_2 : 탄성 1차 해석에 의한 압축부재의 단부 계수휨모멘트 중 큰 값

M_{1ns} : M_1이 작용하는 단부에서 횡방향 변위를 일으키지 않는 하중에 대하여 탄성 1차 해석에 의한 압축부재의 단부 계수휨모멘트

M_{2ns} : M_2이 작용하는 단부에서 횡방향 변위를 일으키지 않는 하중에 대하여 탄성 1차 해석에 의한 압축부재의 단부 계수휨모멘트

M_{1s} : M_1이 작용하는 단부에서 횡방향 변위를 일으키는 하중에 대하여 탄성 1차 해석에 의한 압축부재의 단부 계수휨모멘트

M_{2s} : M_2이 작용하는 단부에서 횡방향 변위를 일으키는 하중에 대하여 탄성 1차 해석에 의한 압축부재의 단부 계수휨모멘트

③ 비횡구속 골조의 휨모멘트 확대계수 δ_s를 계산한다.

$$\delta_s = \frac{1}{1-Q} \geq 1.0 \quad (8.58)$$

여기서, Q : 층 안정성 지수 $= \dfrac{\Delta_0(\Sigma P_u)}{V_u \ell_c} > 0.05$

ΣP_u : 해당 층의 전체 수직 계수축하중(kN)

V_u : 해당 층의 전체 수직 계수전단력(kN)

Δ_0 : V_u로 인한 해당 층의 상단과 하단 사이의 탄성1차 해석에 의한 상대변위

만약, $\delta_s > 1.5$이면 δ_s는 탄성2차 해석이나 다음의 식으로 계산하여야 한다.

$$\delta_s = \frac{1}{1-\dfrac{\Sigma P_u}{0.75\Sigma P_c}} \geq 1.0 \quad (8.59)$$

여기서, ΣP_u : 해당 층의 전체 수직 계수축하중(kN)

ΣP_c : 횡방향 변위에 저항하는 모든 기둥의 임계좌굴하중,

$P_c = \pi^2 EI/(k\ell_u)^2$ (kN)

k : 탄성2차 해석에서 단면2차 모멘트(기둥의 경우 $I = 0.7I_g$)를 사용하지 않는다면 $k = 1.0$ 으로 본다.

ℓ_u : 기둥의 비지지 길이(mm)

임계좌굴하중 P_c의 EI는 다음 식에 따라 계산할 수 있다. 아래의 두 방정식을 이용하여 얻은 값 중 큰 값을 사용하여 부재의 강성계수 EI를 계산한다.

$$EI = \frac{0.2 E_c I_g + E_s I_{se}}{1 + \beta_{ds}} \quad (8.51)$$

$$EI = \frac{0.4 E_c I_g}{1 + \beta_{ds}} \quad (8.52)$$

여기서, E_c : 콘크리트의 탄성계수(MPa)

I_g : 기둥 전체 단면에 대한 단면2차 모멘트(mm^4)

E_s : 철근의 탄성계수(MPa)

I_{se} : 부재단면의 도심축에 대한 철근의 단면2차 모멘트(mm^4)

β_{ds} : 비횡구속 골조에서 1개 층 전체의 (최대 계수지속전단력)/(최대 계수전단력)

연습문제

8.1 단면이 400 mm × 400 mm인 띠철근 압축부재에 4 − D29의 축방향 철근이 소정간격의 띠철근으로 둘러싸여 배근되어 있다. 이 압축부재에 사용 고정하중 800 kN과 사용 활하중 600 kN이 부재 도심에 작용하고 있다. 이 압축부재의 안전을 검토하시오. $f_{ck} = 24$ MPa이고 SD400 철근이 사용되었다.

8.2 직경 D = 300 mm인 원형단면의 나선철근 압축부재에 8 − D25의 축방향 철근이 소정간격의 나선철근으로 둘러싸여 배근되어 있다.
콘크리트 설계기준강도 $f_{ck} = 28$ MPa이고 SD350 철근을 사용할 경우 축하중 강도를 계산하시오.

8.3 단면이 500 mm × 400 mm의 띠철근 직사각형 기둥에 축방향 철근 6 − D32를 배근하였다. 콘크리트 설계기준강도 $f_{ck} = 25$ MPa이고 SD400 철근을 사용하였다. 다음을 구하시오.

(1) 편심이 0일 때의 축하중 강도를 구하시오.

(2) 균형하중 P_b와 균형모멘트 M_b 그리고 균형편심 e_b를 계산하시오.

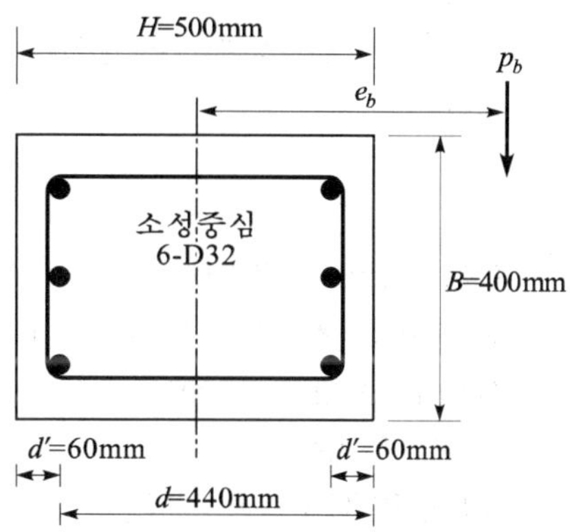

8.4 다음 그림과 같은 철근콘크리트 기둥의 y축 (h = 550 mm)에 대하여 주어진 조건의 각 편심에 대한 P_n, M_n을 산정한 후 P − M 곡선을 개략적으로 그려라.

단, 콘크리트 설계기준강도 f_{ck} = 28 MPa이고 SD350 철근을 사용한다.

(1) e = 0 (P_0)

(2) e = 0.4h

(3) e = e_b

(4) P_n = 0.6P_0

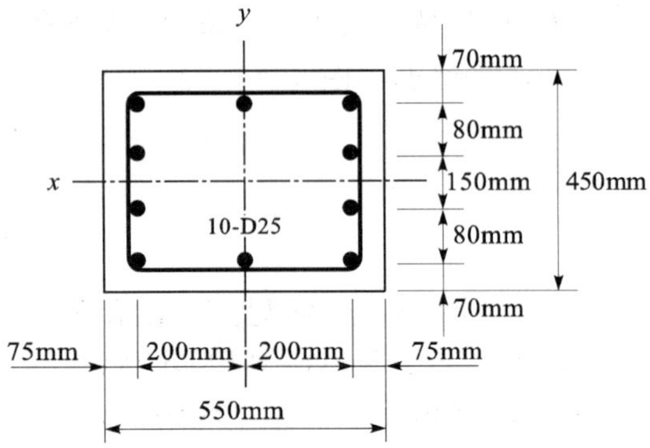

8.5 한변이 600 mm인 정사각형 단면에 축방향철근 16 − D32를 단면의 네변에 등간격으로 배치하고, D10을 띠철근으로 사용한 단주가 있다. 이 기둥에 계수 축하중 P_u = 3,000 kN 이 단면의 주축에 대하여 편심거리 e_x = e_y = 1,850 mm의 복편심으로 작용하고 있다. 이 기둥의 안전을 검사하여라. 단, 콘크리트 설계기준강도 f_{ck} = 28 MPa이고 SD400 철근을 사용한다.

8.6 아래의 그림과 같은 단면의 단주에 대하여 다음 것들을 계산하여라.

단, 콘크리트 설계기준강도 f_{ck} = 21 MPa 이고 SD350 철근을 사용한다.

(1) 이 기둥의 중심축방향 압축강도를 계산하여라.

(2) 이 기둥에 허용될 수 있는 최대 축하중을 구하여라.

(3) 균형하중 P_n 및 M_n을 계산하여라.

(4) 이 기둥의 P − M상관도를 작성하여라.

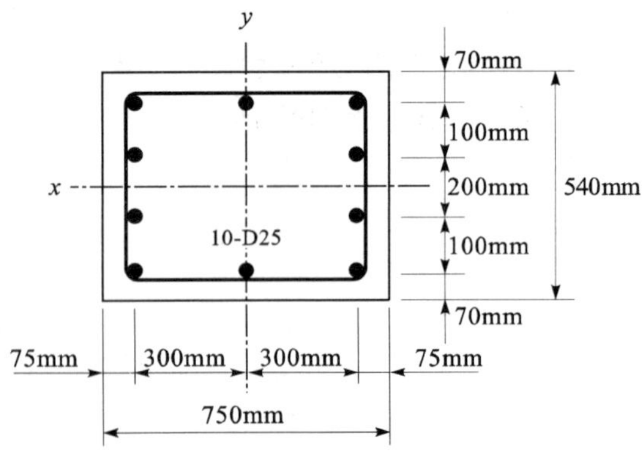

CHAPTER

09 슬래브

CHAPTER

09 슬래브

9.1 개요

슬래브(slab)란 판 두께의 치수가 그것에 직각인 방향의 치수에 대하여 대단히 작은 평면상의 물체로 정의된다. 슬래브(또는 판)에 횡하중이나 휨모멘트가 가해지면 곡면상으로 변형하여 그 내부에는 응력장이 발생한다. 그때의 판의 휨이나 응력분포를 해석하는 문제를 판의 휨 문제라 한다. 판은 각종의 박육(薄肉)구조물의 구성요소로서 이용되는 기본적인 부재나 판의 휨요소나 평면응력요소와 합성하는 것으로부터 쉘(shell)의 해석을 위해서도 이용 된다

판구조에 대해 Kirchhoff와 Love가 발전시킨 미소처짐 이론의 기본적인 가정 사항은 다음과 같다.

① 판의 재료는 탄성, 균질, 등방성이다.
② 판의 초기형상은 편평하다.
③ 판의 두께는 다른 치수에 비하여 작다.
④ 처짐은 판의 두께에 비하여 작다.
⑤ 전단에 의한 처짐은 작다.
⑥ 판의 처짐은 중립면의 수직변위로 나타낸다.
⑦ 중립면에 수직인 응력은 무시한다.
⑧ 중립면에서의 변형은 굽힘에 의한 것과 비교할 때 무시한다.

9.1.1 슬래브의 정의 및 종류

두께에 비하여 길이나 폭이 큰 구조물을 슬래브(slab)라 하며, 건물의 바닥과 지붕, 교량 등의 구조물에 있어서 일반적으로 수평방향으로 편평한 면을 제공하기 위하여 사용된다. 철근 콘크리트 슬래브는 구조적으로 다음과 같이 분류된다(그림 9.1).

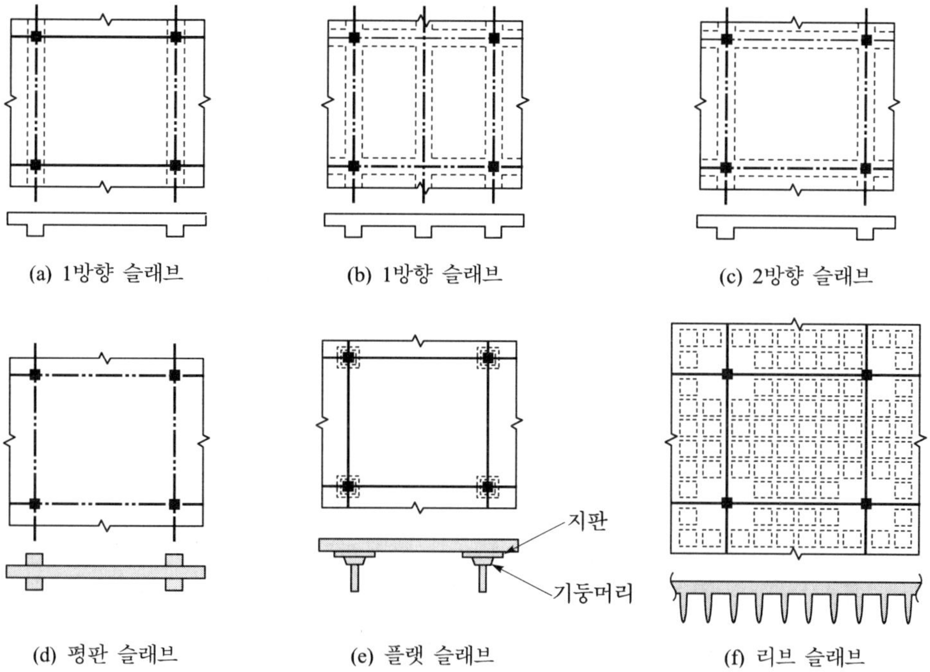

그림 9.1 슬래브의 종류

(1) 1 방향 슬래브 (one-way slab)

1방향 슬래브란 마주보는 두 변에 의해서만 지지되는 경우(그림 9.1(a))와 4변이 지지되나 긴 변의 길이가 짧은 변 길이의 2배 이상이 되는 경우(그림 9.1(b))를 말한다. 하중은 짧은 변의 처짐방향으로 슬래브에 의해서 전달되므로, 주철근은 짧은 변의 경간방향으로 1방향으로만 배치된다.

(2) 2 방향 슬래브 (two-way slab)

2방향 슬래브란 슬래브가 네 변으로 지지되며 긴 변의 길이가 짧은 변 길이의 2배 이하인 경우로, 하중이 양방향으로 배분되기 때문에 2 방향으로 주철근을 배치한다(그림 9.1(c)).

(3) 평 슬래브 (flat slab)

보를 갖지 않고 두 방향으로 보강된 2 방향 슬래브로서 하중은 직접적으로 지지기둥에 전달된다. 기둥둘레의 전단력과 부모멘트를 감소시키는 방안으로 지판(drop panel)과 기둥머리(column capital)를 사용한다(그림 9.1(d)).

(4) 평판 슬래브 (flat plate slab)

보나 기둥머리를 갖지 않고 기둥 위에 직접 거치함으로서 균일한 두께를 가지는 2 방향 슬래브 구조이다. 주로 하중이 크지 않거나 경간이 짧은 경우에 사용된다(그림 9.1(e)).

(5) 리브 슬래브 (ribbed slab)

1 방향 장선구조(joist floor slab)로써 기둥주위에는 격자(grid)형태를 하지 않아 두꺼운 슬래브 형태를 취하여 지판과 같은 효과를 얻는다(그림 9.1(f)).

9.1.2 슬래브의 설계개념

슬래브는 판 이론에 의해 해석하는 것이 원칙이나 매우 복잡한 과정을 수행하여야 하므로 일반적으로 근사적인 방법에 의해 설계한다. 현행 콘크리트 구조설계기준에는 1 방향 슬래브의 경우에는 단위 폭을 가지는 보(beam)로 취급하여 설계하고, 2 방향 슬래브의 설계에 있어서는 다음과 같은 두 가지 방법을 규정하고 있다.

(1) 직접설계법 (direct design method, 콘크리트 구조설계기준 10.4)

2 방향 슬래브의 근사적인 해석 및 설계방법으로서, 등분포 하중을 받고 경간의 길이가 거의 동일한 연속 슬래브에 한정한다. 이 방법에서는 위험단면에서의 설계 모멘트를 결정하기 위해 계수를 사용한다. 콘크리트 구조설계기준 10.4.1의 제한사항을 벗어나는 슬래브는 더욱 정확한 방법에 의해 설계되어야 한다.

(2) 등가골조법 (equivalent frame method, 콘크리트 구조설계기준 10.5)

3 차원 건물을 기둥 사이의 중앙선을 따라 절단하므로 2 차원 등가골조로 분할하는 방법이다. 골조의 절단은 건물의 종방향과 횡방향으로 분리하여 실시한다.

이 두 가지 방법은 극한 하중을 사용한 전체 구조물의 탄성해석 결과를 토대로 한다. 설계기준에서 규정한 방법 외에도, 슬래브의 해석과 설계에 사용되는 몇 가지 다른 방법들이 있는데 각각의 방법에 따라 계산된 철근량에 약간의 차이는 있을 수 있다.

9.2 1 방향 슬래브

9.2.1 설계원칙 및 설계경간

1 방향 슬래브는 마주보는 두 변에 의해서만 지지되는 경우와 4변에 의해 지지되나 긴 변의 길이가 짧은 변 길이의 2배 이상이 되는 경우를 의미하며, 하중이 주로 짧은 변 방향으로 전달된다. 따라서 이 경우 일반적으로 슬래브의 짧은 변의 방향을 경간으로 하여 폭이 1 m인 직사각형단면의 보로 취급하여 설계한다.

1방향 슬래브 설계시 사용하는 경간의 규정은 다음과 같다. 받침부와 일체로 되어있지 않은 부재에서는 순경간에 보나 슬래브의 두께를 더한 값을 경간으로 하나, 그 값이 받침부의 중심간 거리를 넘을 수는 없다. 연속슬래브의 경우에 휨모멘트를 구할 때는 받침부의 중심간 거리를 경간으로 하되, 받침부와 일체로 시공된 보에 대해서는 받침부 내면에서의 모멘트로 설계하여도 좋다. 그림 9.2(a)와 같이 받침부와 일체로 된 3.0 m 이하의 순경간을 갖는 슬래브에서는 그 지지보의 폭을 무시하고 순경간을 경간으로 하는 연속보(그림 9.2(b))로 해석한다.

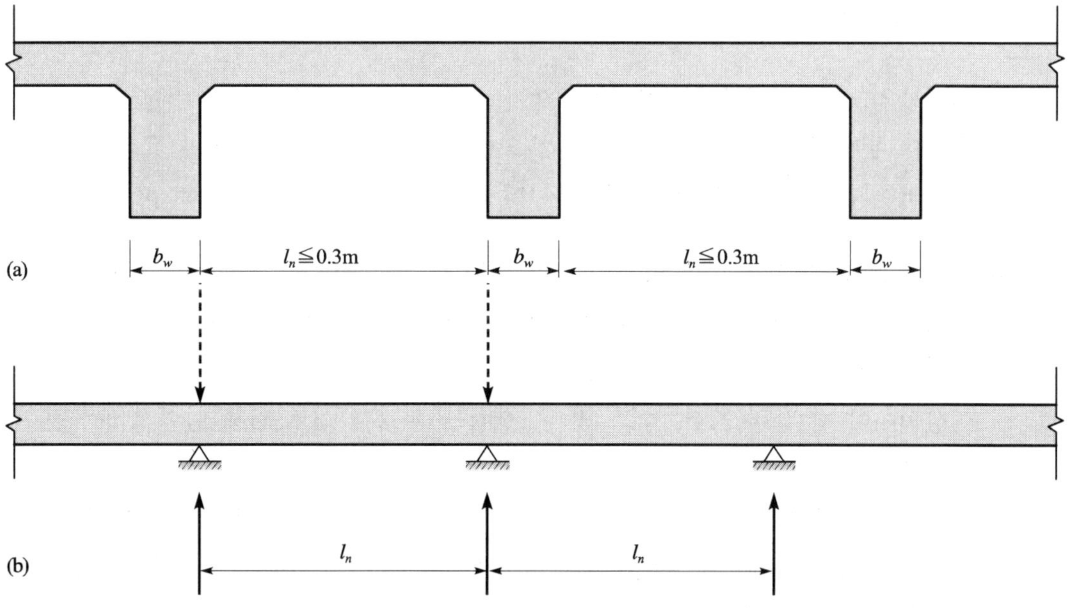

그림 9.2 1방향 슬래브의 경간

9.2.2 구조세목

① 1 방향 슬래브의 두께는 최소 100mm 이상으로 하여야 한다. 또한, 처짐계산을 하지 않는 경우의 휨 부재의 최소두께는 표 9.1과 같다.

표 9.1 처짐계산을 하지 않는 경우의 휨 부재의 최소두께 (ℓ : 경간)

부 재	최소두께 또는 높이 t			
	단순지지	일단연속	양단연속	캔틸레버
1 방향 슬래브	ℓ / 20	ℓ / 24	ℓ / 28	ℓ / 10
보	ℓ / 16	ℓ / 18.5	ℓ / 21	ℓ / 8

표 9.1은 보통콘크리트($w_c = 2{,}300\ \mathrm{kg/m^3}$)와 항복강도 $f_y = 400\,\mathrm{MPa}$인 철근을 기준으로 하여 만든 것이기 때문에 다른 조건에 대해서는 다음과 같이 수정해야 한다. 첫째, $1{,}500 \sim 2{,}000\,\mathrm{kg/m^3}$ 범위의 단위질량을 갖는 구조용 경량콘크리트에 대해서는 표의 값에 $1.65 - 0.00031\,w_c \geq 1.09$를 곱한다. 여기서 w_c는 콘크리트 단위질량 ($\mathrm{kg/m^3}$)이다. 둘째, 철근의 항복강도가 $f_y = 400\,\mathrm{MPa}$이 아닌 경우에는 표 9.1의 값에 $(0.43 + f_y/700)$를 곱한다.

② 슬래브의 정철근 및 부철근의 중심 간격은 최대휨모멘트가 일어나는 위험단면에서는 슬래브 두께의 2 배 이하이어야 하고, 또한 300 mm 이하로 하여야 한다. 기타의 단면에서는 슬래브 두께의 3 배 이하이어야 하고, 또한 450 mm 이하로 하여야 한다.

③ 1 방향 슬래브에서는 수축 및 온도변화에 따른 균열의 방지를 위하여, 정철근 및 부철근의 직각방향으로 배력철근을 배치하여야 한다. 수축 및 온도철근으로 배치되는 이형철근 및 용접철망은 다음의 철근비 이상으로 하여야 하나, 어떤 경우에도 0.0014 이상이어야 한다. 여기서, 수축 및 온도철근비는 콘크리트 전체 단면적에 대한 수축 및 온도철근 단면적의 비로 한다.

가) 설계기준항복강도가 400 MPa 이하인 이형철근을 사용한 슬래브 : 0.002

나) 설계기준항복강도가 400 MPa를 초과하는 이형철근 또는 용접철망을 사용한 슬래브 : $0.002 \times 400/f_y$

이때의 수축 및 온도철근의 간격은 슬래브 두께의 5 배 이하, 또한 450 mm 이하이어야 하며, 설계기준항복강도 f_y를 발휘할 수 있도록 정착되어야 한다.

④ 슬래브 끝의 단순지지부에서도 부모멘트가 일어난다고 생각되는 경우에는 이에 대하여 배근하여야 한다.

⑤ 슬래브의 장변방향과 직교하는 보의 상부에 부모멘트로 인해 발생하는 균열을 방지하기 위하여 슬래브의 장변방향 상부에 철근을 배치하여야 한다.

9.2.3 1 방향 슬래브의 모멘트강도와 전단강도

철근콘크리트 보와 일체로 만든 연속슬래브의 휨모멘트 및 전단력을 구하기 위해서는 단순받침 위에 놓인 연속보에 대한 근사적인 계산방법을 사용한다. 근사해법의 적용범위와 근사 모멘트와 전단력계수는 다음과 같다.

(1) 근사해법의 적용범위

1 방향 슬래브에서 근사해법을 사용할 수 있는 적용범위는 다음과 같다. 하중은 등분포하여야 한다. 2경간 이상이어야 한다. 인접 2경간의 차이가 짧은 경간의 20% 이상 차이가 나지 않아야 한다. 활하중이 고정하중의 3배를 넘지 않아야 한다. 부재의 단면 크기가 일정여야 한다. 이러한 조건이 만족하지 않을 경우에는 정확한 구조해석 결과를 이용하여 설계하여야 한다.

(2) 근사 모멘트와 전단력계수

근사해법이 적용 가능한 경우의 1 방향 슬래브에 대해서는 다음과 같은 근사 모멘트계수와 전단력계수를 사용하여 설계한다.

① 정모멘트

(가) 최외측 경간

불연속 단부가 구속되지 않은 경우 : $(+)\frac{1}{11}w_u \ell_n^2$ (9.1)

불연속 단부가 받침부와 일체로 된 경우 : $(+)\frac{1}{14}w_u \ell_n^2$ (9.2)

(나) 내부경간 : $(+)\frac{1}{16}w_u \ell_n^2$ (9.3)

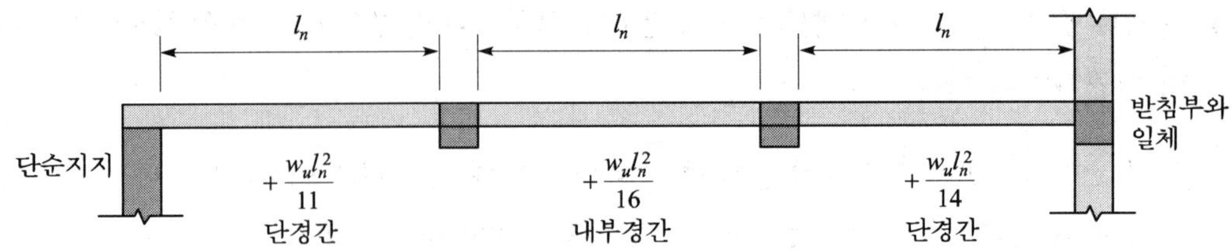

(a) 정모멘트 계수(모든 경우)

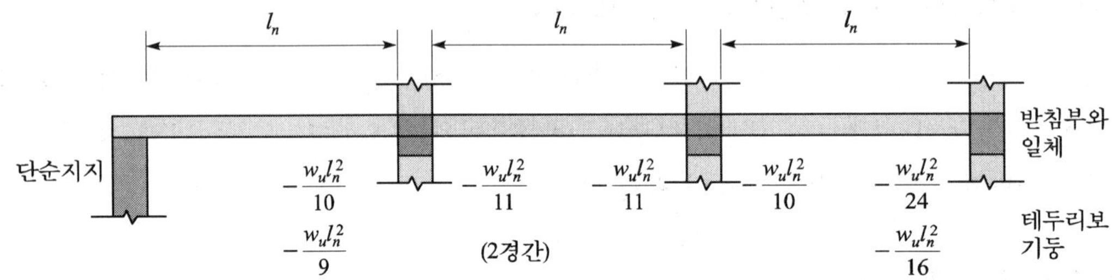

(b) 부모멘트 계수(보와 슬래브)

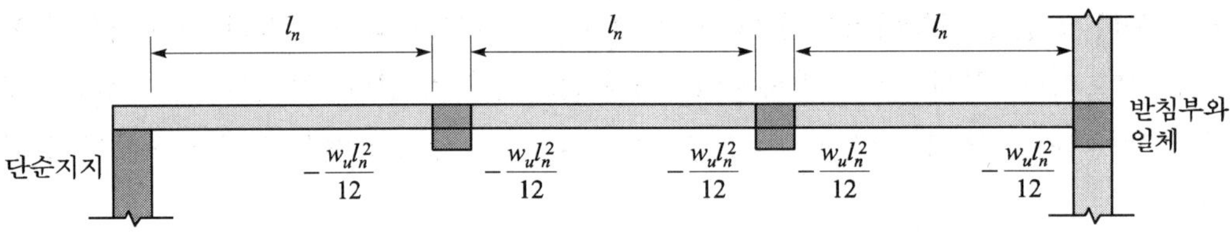

(c) 부모멘트 계수(슬래브 경간이 ≤ 3m일 경우)

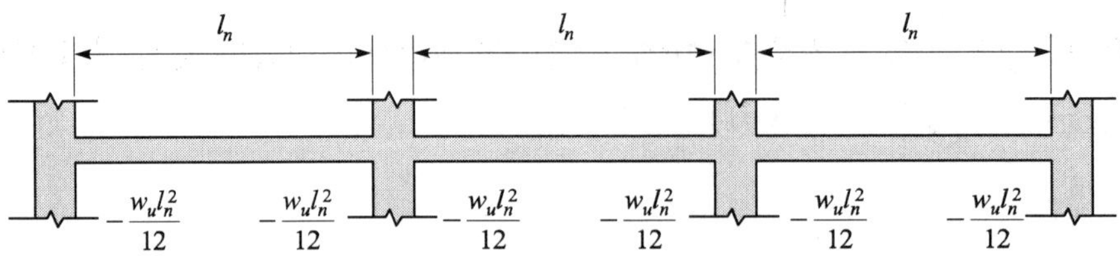

(d) 부모멘트 계수($\Sigma K_c > 8\Sigma K_b$일 경우)

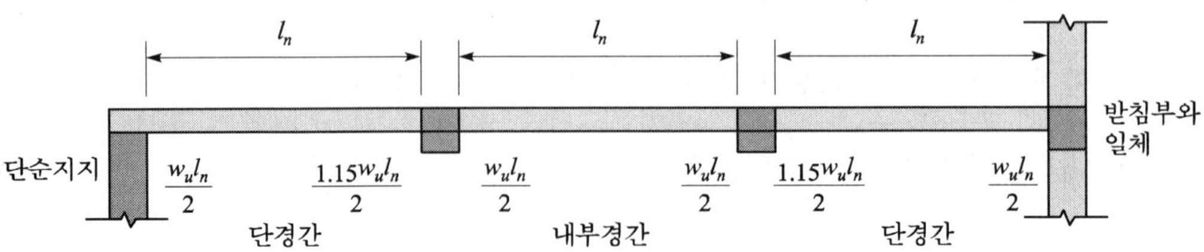

(e) 전단력 계수(모든 경우)

그림 9.3 모멘트 계수와 전단 계수

② 부모멘트

(가) 첫 내부 받침부 외면에서의 부모멘트

ⓐ 2경간 일 때 : $(-)\frac{1}{9}w_u \ell_n^2$ (9.4)

ⓑ 3경간 이상의 경간일 때 : $(-)\frac{1}{10}w_u \ell_n^2$ (9.5)

(나) 일반 내부받침부 내외면에서의 부모멘트 : $(-)\frac{1}{11}w_u \ell_n^2$ (9.6)

(다) 경간이 3 m 이하인 슬래브의 받침부 내외면에서의 부모멘트 : $(-)\frac{1}{12}w_u \ell_n^2$ (9.7)

(라) 경간의 각 단에서의 기둥강성의 합이 보의 강성의 8배를 넘는 경우

($\sum K_c > 8\sum K_b$) 의 보의 받침부 내외면에서의 부모멘트 : $(-)\frac{1}{12}w_u \ell_n^2$ (9.8)

(마) 받침부와 일체로 된 부재의 최외단받침부 내면에서의 부모멘트

ⓐ 받침부가 테두리보인 경우 : $(-)\frac{1}{24}w_u \ell_n^2$ (9.9)

ⓑ 받침부가 기둥인 경우 : $(-)\frac{1}{16}w_u \ell_n^2$ (9.10)

③ 전단력

(가) 첫 번째 내부받침부 외측면에서 전단력 : $1.15\frac{w_u \ell_n}{2}$ (9.11)

(나) 일반 받침부 내외면에서 전단력 : $\frac{w_u \ell_n}{2}$ (9.12)

(3) 휨모멘트의 수정

위와 같이 산정되는 휨모멘트는 다음과 같이 수정하여 설계한다.

① 활하중에 의한 경간중앙의 부모멘트는 산정된 값의 1/2만 취한다. 그림 9.4와 같이 하중이 작용하는 경우에 C점에 부모멘트가 생기는데, 슬래브와 일체성을 생각하면 그 일체성을 무시하고 연속보의 내부지점으로 생각할 때보다 부모멘트의 크기가 크게 감소할 것이다. 그래서 이때 C점의 모멘트를 위의 가정에서 구한 값의 절반만 취하는 것이다.

② 경간중앙의 정모멘트는 양단고정보로 보고 계산한 값 이상으로 취하여야 한다. 슬래

브와 보가 일체로 된 구조물을 단순지지 된 연속보로 보고 슬래브의 모멘트를 계산하면, 지점 부모멘트가 양단고정으로 본 것보다도 커져 경간 중앙부의 정모멘트가 매우 작아지는 경우가 있다. 그러나 강성이 큰 보에서는 그 부모멘트가 고정단으로 본 것보다 더 크게 나올 수 없다. 그래서 이 경우의 안전을 위하여 경간 중앙부의 정모멘트는 이 슬래브의 양단이 고정되었을 경우(이때 경간길이는 지지보 또는 기둥의 중심간 거리로 한다)의 값보다 작게 취해서는 안 된다.

③ 순경간이 3.0 m를 초과할 때 순경간 내면에서의 휨모멘트를 사용할 수 있다. 그러나 이 값들이 순경간을 경간으로 하여 계산한 고정단 휨모멘트 이상으로 하여야 한다. 연속보의 내부지점을 가진 슬래브에서는 받침부 위의 슬래브 상면에 균열이 생기게 되므로 접합부 내면에서의 휨모멘트를 설계모멘트로 취하도록 되어 있다. 그러나 이 값들은 받침보와 슬래브가 일체로 되어 있으므로 접합부 내면에서의 휨모멘트는 (−) $\frac{1}{12}W_u \ell_n^2$ 이상이어야 한다.

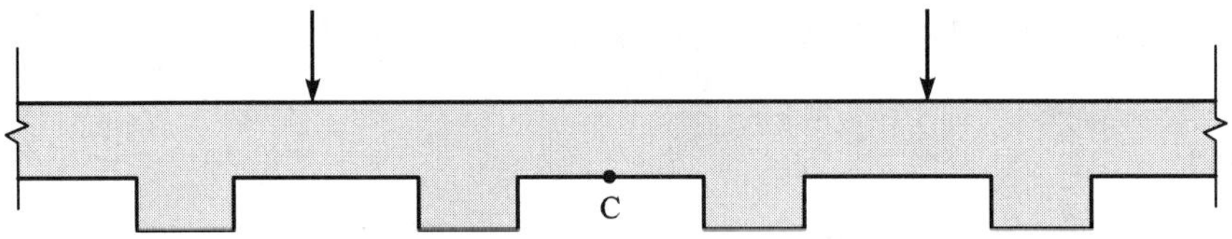

그림 9.4 보와 일체로 된 연속 슬래브

9.2.4 철근의 배근상세

연속 1방향 슬래브에서 주철근의 면적은 모든 위험단면, 경간의 중앙부 및 지지점에서 계산된다. 철근직경과 배근의 상세는 주로 소요철근량, 철근간격에 대한 제한사항 그리고 정착길이에 따라 결정된다. 철근의 배근방법에는 다음과 같은 두 가지가 있다. 우선 철근이 모든 경간에서의 상부철근과 하부철근으로 사용된다. 이 방법은 두께가 약 150 mm 혹은 그 이하의 작은 두께를 갖는 슬래브에 주로 사용된다. 직선철근을 사용하므로 절곡 철근을 만드는데 소요되는 시간을 줄일 수 있다. 절곡철근 혹은 트러스 형상의 철근을 사용하는 배근방법에서는 직선철근과 절곡철근을 슬래브에 번갈아 배근한다. 철근의 절곡위치는 휨, 전단, 정착길이의 요구조건 등에 따라 검토되어야 한다. 일반 건물에 있어서 1방향 슬래브의 내측 및 외측경간에서의 배근상세는 일반적으로 그림 9.5와 같다.

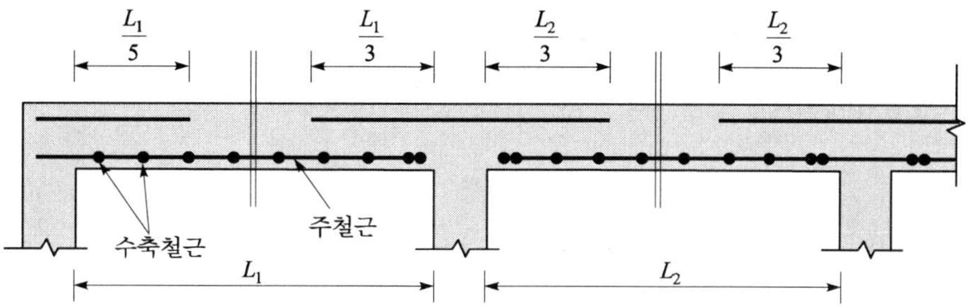

(a)

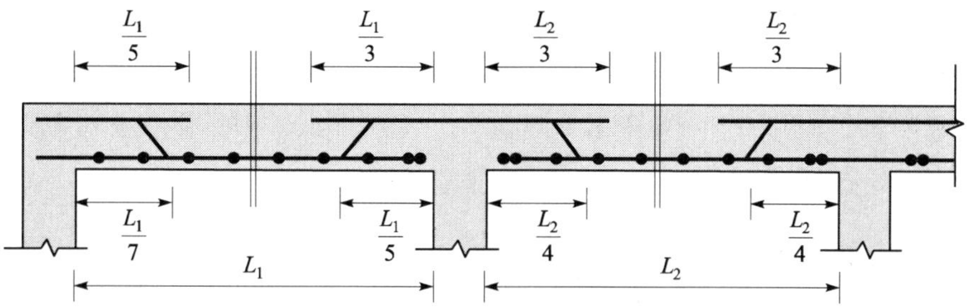

(b)

그림 9.5 연속 1방향 슬래브에서의 배근 상태

예제 9.1

다음 그림과 같은 1 방향 연속 슬래브를 설계하고자 한다. 슬래브에 고정하중 $w_d = 8\ kN/m^2$(자중포함)과 활하중 $w_\ell = 5\ kN/m^2$이 작용할 때 연속 슬래브를 설계하시오. 단, 콘크리트의 설계기준강도 $f_{ck} = 28\ MPa$이고 SD350 철근을 사용하였다.

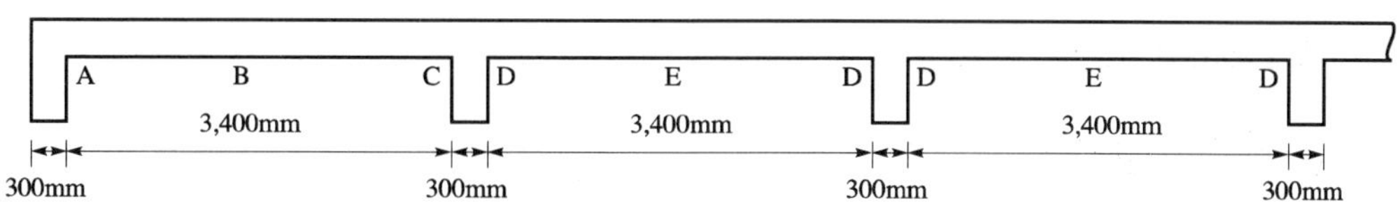

그림 9.6

▸ **풀이**

(1) 슬래브의 두께 가정

1방향 연속 슬래브이므로 폭 1 m인 연속보로 계산한다.

슬래브 최소두께의 가정하기 위하여

$$t_{min} = \frac{\ell}{28} = \frac{3,400}{28} = 121.4\,\text{mm}$$

$f_y = 350$ MPa이므로 수정하면

$$t_{min} = \frac{3,400}{28} \times (0.43 + \frac{350}{700}) = 112.9\,\text{mm}$$

이에 대하여 슬래브 두께를 120 mm로 가정한다.

(2) 설계하중 모멘트의 계산 (단위폭 당)

- 슬래브 순 경간

ℓ_n = 3,400 mm = 3.4 m

※ 활하중이 고정하중의 3배를 넘지 않으므로 「근사해법(모멘트 계수」를 사용한다.

계수등분포하중: $w_u = 1.2\,w_d + 1.6\,w_\ell = 1.2 \times 8 + 1.6 \times 5 = 17.6$ kN/m

모멘트 계수를 사용하여

① A : 최외단 받침부 내면의 부모멘트

$$M_u = -\frac{1}{24}\omega_u \ell_n^2 = -\frac{17.6 \times 3.4^2}{24} = -8.477\,\text{kN.m}$$

② B : 최외측 경간 중앙의 정모멘트

$$M_u = +\frac{1}{14}\omega_u \ell_n^2 = \frac{17.6 \times 3.4^2}{14} = 14.63\,\text{kN.m}$$

③ C : 첫 번째 내부 받침부 외측면의 부모멘트

$$M_u = -\frac{1}{10}\omega_u \ell_n^2 = -20.35\,\text{kN.m}$$

④ D : 일반 내부 받침부의 부모멘트

$$M_u = -\frac{1}{11}\omega_u \ell_n^2 = -18.5\,\text{kN.m}$$

⑤ E : 내부 경간 중앙의 정모멘트

$$M_u = +\frac{1}{16}\omega_u \ell_n^2 = 12.72\,\text{kN.m}$$

(3) 철근량 및 슬래브의 두께 결정

슬래브 두께와 유효깊이의 산정하고자 철근비를 인장지배단면으로 가정하면(슬래브의 유효깊이는 절대값 최대의 모멘트가 일어나는 단면에서 결정된다.)

$$\rho_{t(\text{인장})} = \eta \times 0.85 \times \beta_1 \times \frac{f_{ck}}{f_y} \times \frac{0.003}{0.003 + \epsilon_t}\frac{d_t}{d}$$

여기서 $f_y \le 400\,\text{MPa}$일 때 $\epsilon_t = 0.005$이므로

$$\rho_{t(인장)} = 1.0 \times 0.85 \times 0.8 \times \frac{28}{350} \times \frac{0.003}{0.003+0.005}\frac{d_t}{d} = 0.0204\frac{d_t}{d}$$

주철근을 1단으로 배근한다면 $\frac{d_t}{d} = 1$ 이므로 철근비는 인장지배단면 철근비보다 작게 배근한다. 따라서 여기서는 철근비를 $\rho = 0.02$로 결정한다.

$M_d = \phi M_n = \phi\rho f_y bd^2(1-0.59\rho\frac{f_y}{\eta f_{ck}})$이고 강도설계법의 기본개념은 $M_d \ge M_u$ 이므로

$$d^2 = \frac{M_u}{\phi\rho f_y b(1-0.59\rho\frac{f_y}{\eta f_{ck}})}$$

$$= \frac{20.35 \times 10^6}{0.85 \times 0.02 \times 350 \times 1{,}000 \times (1-0.59 \times 0.02 \times \frac{350}{1.0 \times 28})} = 5{,}016\,\text{mm}^2$$

따라서, $d = \sqrt{5{,}016} = 70.82\,\text{mm}$

$A_s = \rho bd = 1{,}416.4\,\text{mm}^2$

주철근의 간격은 부재두께의 2배 이하, 300 mm 이하이므로

부재두께의 2배 $= 2 \times 120 = 240\,\text{mm}$

따라서 주철근의 간격을 200 mm로 결정하면 폭 1 m에 5개의 철근이 요구되므로 철근표로부터

$\therefore$ D19@200(5−D19 $= 1{,}433\,\text{mm}^2$) $> 1{,}416.4\,\text{mm}^2$

가정한 슬래브 두께 검토하면

$t = d + \frac{1}{2}d_b +$ 피복두께 $= 70.82 + 19.1/2 + 20 = 100.4\,\text{mm} < 120\,\text{mm}$

따라서 가정한 슬래브의 두께 120 mm는 충분하다.

유효깊이 $d = 70.82\,\text{mm}$일 때 각 단면에서 필요철근량을 계산하면 다음과 같다.

$M_u \le M_d = \phi M_n = \phi\rho f_y bd^2(1-0.59\rho\frac{f_y}{\eta f_{ck}})$에서 철근비 ρ에 대하여 정리하면

$$(0.59\frac{f_y}{\eta f_{ck}}\phi f_y bd^2)\rho^2 - (\phi f_y bd^2)\rho + M_u \ge 0$$

각 단면에 작용하는 계수모멘트 M_u에 따라 필요 철근비와 철근량을 계산한다.

A 단면 : $M_u = -8{,}477{,}000\,\text{N.mm}$, $\rho = 0.005942$, $A_s = 420.8\,\text{mm}^2$

B 단면 : $M_u = 14{,}630{,}000\,\text{N.mm}$, $\rho = 0.01064$, $A_s = 753.5\,\text{mm}^2$

C 단면 : $M_u = -20{,}350{,}000$ N.mm, $\rho = 0.01538$, $A_s = 1{,}089.5\ mm^2$

D 단면 : $M_u = -18{,}500{,}000$ N.mm, $\rho = 0.0138$, $A_s = 977.6\ mm^2$

E 단면 : $M_u = 12{,}720{,}000$ N.mm, $\rho = 0.009141$, $A_s = 647.4\ mm^2$

수축 및 온도철근의 최소량은 $f_y = 350\ MPa < 400\ MPa$이므로

$$0.002 \times 단면적 = 0.002 \times 1{,}000 \times 120 = 240\ mm^2$$

위에서 계산한 철근량 이상을 부재두께의 5배 이하, 450 mm이하의 간격으로 주철근에 직각방향으로 배근하여야 한다.

부재두께의 5배 = $5 \times 120 = 600$ mm

수축 및 온도철근의 간격을 시공성을 고려하여 250 mm로 정하면 단위길이당 4개의 철근이 요구되므로 철근표로부터

$$\therefore \ D10@250(4 - D10 = 285.2\ mm^2) > 240\ mm^2$$

(4) 전단검토

전단에 대한 검토를 위하여 위험단면(내부 받침부 전면으로부터 d만큼 떨어진 곳)에서의 최대 전단력은

$$V_u = 1.15 \times \frac{\omega_u \ell_n}{2} - \omega_u d = 1.15 \times 17.6 \times 3{,}400/2 - 17.6 \times 70.82 = 33{,}161\ N$$

1방향 슬래브 콘크리트가 부담할 수 있는 전단강도는

$$V_c = \frac{1}{6}\lambda \sqrt{f_{ck}}\, b_w d = \frac{1}{6} \times 1.0 \times \sqrt{28} \times 1{,}000 \times 70.82 = 62{,}457\ N$$

$$\phi V_c = 0.75 V_c = 46{,}843\ N > V_u = 33{,}161\ N$$

$$\frac{1}{2}\phi V_c = 23{,}421\ N < V_u$$

즉, $\frac{1}{2}\phi V_c < V_u < \phi V_c$ 이므로 최소 전단철근량을 배근해야 하는 범위에 있지만, 슬래브에서는 이 조건을 적용하지 않으므로 전단보강을 할 필요가 없다. 따라서 전단에 대해서는 안전하다.

9.3 2 방향 슬래브

9.3.1 설계개요

2 방향 슬래브는 그림 9.7(a)와 같이 4변에서 지지되어 서로 직교하는 2 방향으로 주철근을 배치한 슬래브이다. 따라서 하중이 슬래브에 작용할 때 변형은 양 방향의 접시모양으로 휘게 되고, 이것은 슬래브의 어느 점에서나 휨모멘트가 생긴다는 것을 뜻하고 이때 휨모멘트는 곡선에 비례하게 된다. 이와 같은 모멘트에 저항하기 위해서는 철근을 직각이 되는 2 방향으로 배근해야 한다.

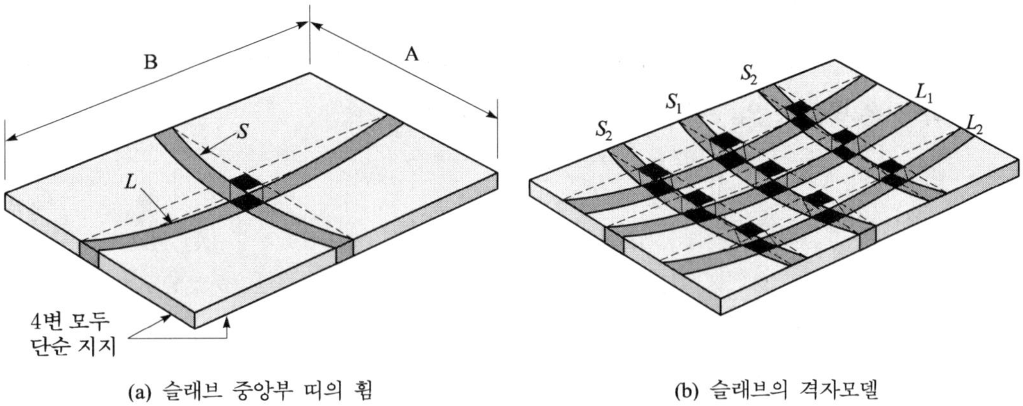

그림 9.7 4주변 단순지지의 2 방향 슬래브

슬래브는 각 방향으로 하중배분이 되도록 설계되어야 하는데, 가장 간단한 경우는 직사각형 콘크리트 슬래브가 4변이 모두 단순지지 된 경우로서 그림 9.7(a)에 표시되어 있다. 이와 같은 슬래브의 휨 작용을 잘 나타내기 위해서는 2 방향으로 서로 교차하는 2폭의 띠로 이루어졌다고 생각하면 편리하다. 이때 하중은 양 띠로 분담되어 양변 지점으로 전달된다고 본다.

그림 9.7(a)는 단변이 A, 장변이 B인 직사각형 슬래브 중에서 중앙부 띠를 나타낸 것으로 1 m^2당 슬래브에 w 인 등분포하중이 작용하면 2개의 띠는 거의 각각 w 에서 분담되는 등분포하중을 받는 단순보처럼 작용한다. 이 가상의 띠들은 실제로는 일체로 된 슬래브의 부분이므로 교차점에서의 처짐량은 같아야 한다. 단변 띠와 장변 띠의 중앙부 처짐은 같으므로

$$\frac{5w_S A^4}{384EI} = \frac{5w_L B^4}{384EI} \tag{9.13}$$

여기서, w_S 는 단변방향으로 전달되는 w 의 분담하중이고, w_L 은 장변방향으로 전달되는 w 의 분담하중이다. 따라서 $w_S A^4 = w_L B^4$ 이므로

$$\frac{w_s}{w_L} = \frac{B^4}{A^4} \tag{9.14}$$

$w_S + w_L = w$ 이므로 이를 식 (9.14)에 대입하면

$$w_S = \frac{B^4}{B^4 + A^4} \cdot w \tag{9.15a}$$

$$w_L = \frac{A^4}{B^4 + A^4} \cdot w \tag{9.15b}$$

또, 집중하중 P가 그림 9.7(a)의 중앙에 작용할 때 단변 및 장변에 분담되는 하중 P_S 및 P_L는 위와 같은 방법에 의하여 다음 식으로 표시된다.

$$\frac{P_S A^3}{48EI} = \frac{P_L B^3}{48EI} \tag{9.16a}$$

$$P_S = \frac{B^3}{B^3 + A^3} \cdot P \tag{9.16b}$$

$$P_L = \frac{A^3}{B^3 + A^3} \cdot P \tag{9.16c}$$

즉, 등분포하중 w 에 대하여

$B = 1.5A$ 일 때 $w_S = 0.835w$ 이고 $w_L = 0.165w$ 이다.

$B = 2.0A$ 일 때 $w_S = 0.941w$ 이고 $w_L = 0.059w$ 이다.

또 집중하중 P 에 대해서는

$B = 1.5A$ 일 때 $P_S = 0.771P$이고 $P_L = 0.229P$이다.

$B = 2.0A$ 일 때 $P_S = 0.886P$이고 $P_L = 0.111P$이다.

위와 같이 $B = 2.0A$ 일 때는 짧은 경간이 대부분의 하중을 분담하게 됨을 알 수 있다. 즉 장변이 단변의 두 배가 되므로, 슬래브에 작용되는 분포하중의 94.1%를 단변방향의 슬래브 띠가 받게 되고, 장변 방향의 슬래브 띠가 단지 5.9%의 하중을 받는다. 따라서 장변과 단변의 비가 2를 넘으면 1 방향 슬래브의 거동을 하므로, 단경간을 경간으로 하는 1 방향슬래

브로 설계하여야 한다. 즉, 단경간(A)과 장경간(B)의 비가 다음과 같은 범위에 있을 때만 2 방향 슬래브로 되는 것이다.

$$1 < A/B \leq 2 \tag{9.17}$$

9.3.2 주열대와 중간대

주열대(column strip)는 기둥 중심선을 기준으로 양쪽으로 $0.25\ell_2$와 $0.25\ell_1$ 중 작은 값을 한 쪽의 폭으로 하는 슬래브의 영역을 가리키며 보를 포함한다 (그림 9.8). 여기서 ℓ_1은 모멘트가 결정되는 방향의 받침부 중심간의 길이이고, ℓ_2는 ℓ_1과 직각방향의 받침부 중심간의 길이이다.

중간대(middle strip)는 두 주열대 사이의 슬래브 영역을 가리킨다. 패널(pannel)은 그 주변이 기둥이나 보 또는 벽체의 중심선으로 구분되는 슬래브 부분을 말한다.

보가 슬래브와 일체로 되거나 완전한 합성구조로 되어 있을 때, 보의 단면은 보가 슬래브의 위 또는 아래로 내민 깊이 중, 큰 깊이만큼을 보의 양측으로 연장한 슬래브 부분을 포함한 것으로서, 보의 한 측으로 연장되는 거리는 슬래브 두께의 4배 이하로 하여야 한다.

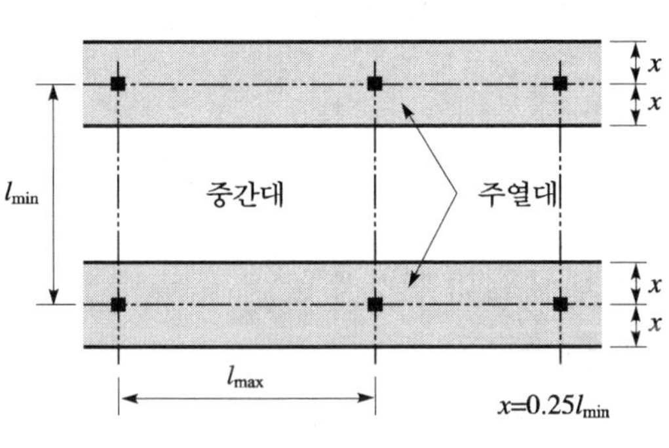

(a) 장방향의 패늘

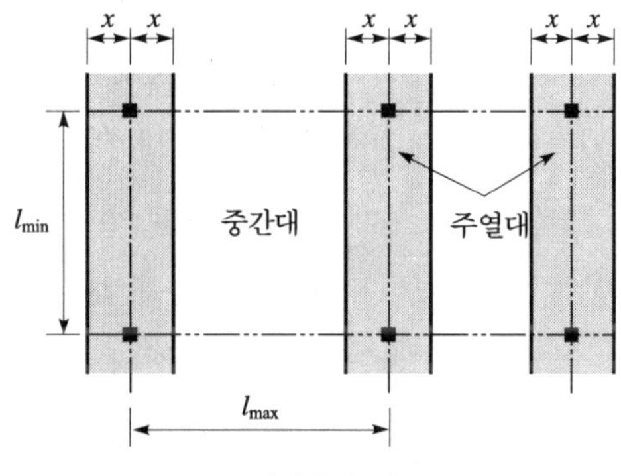

(b) 단방향의 패늘

그림 9.8 주열대와 중간대

9.3.3 2방향 슬래브의 최소두께

2 방향 슬래브의 처짐을 조절하기 위하여 콘크리트 구조설계기준에는 최소슬래브 두께를 제시하고 있다. 2방향 슬래브는 처짐 계산이 복잡하고, 또한 과도한 처짐을 피하기 때문에, 실험연구에 근거한 다음 식들을 제시하여 제한하고 있다.

① 테두리보를 제외하고 슬래브 주변에 보가 없거나 보의 강성비 $\alpha_m \le 0.2$인 경우로서, 표 9.2의 값을 만족하고, 또한 다음 값 이상으로 하여야 한다.

ⓐ 지판(drop panels)이 없는 슬래브: 120 mm

ⓑ 지판(drop panels)이 있는 슬래브: 100 mm

표 9.2 내부에 보가 없는 슬래브의 최소 두께

설계기준 항복강도 f_y(MPa)	지판이 없는 경우			지판이 있는 경우		
	외부 슬래브		내부 슬래브	외부 슬래브		내부 슬래브
	테두리 보가 없는 경우	테두리 보가 있는 경우		테두리 보가 없는 경우	테두리 보가 있는 경우	
300	$\ell_n/32$	$\ell_n/35$	$\ell_n/35$	$\ell_n/35$	$\ell_n/39$	$\ell_n/39$
350	$\ell_n/31$	$\ell_n/34$	$\ell_n/34$	$\ell_n/34$	$\ell_n/37.5$	$\ell_n/37.5$
400	$\ell_n/30$	$\ell_n/33$	$\ell_n/33$	$\ell_n/33$	$\ell_n/36$	$\ell_n/36$
500	$\ell_n/28$	$\ell_n/31$	$\ell_n/31$	$\ell_n/31$	$\ell_n/33$	$\ell_n/33$
600	$\ell_n/26$	$\ell_n/29$	$\ell_n/29$	$\ell_n/29$	$\ell_n/31$	$\ell_n/31$

② 보로 지지 된 슬래브 $0.2 \le \alpha_m \le 2.0$: 보통 강성을 갖는 보로 지지 된 경우이며 다음 식 (9.18)의 값 이상으로 하되 120 mm 이상이어야 한다.

$$t = \frac{\ell_n(800 + f_y/1.4)}{36{,}000 + 5{,}000\beta(\alpha_m - 0.2)} \tag{9.18}$$

여기서, ℓ_n : 2방향 슬래브의 장변의 순경간

$\alpha = E_{cb}I_b/E_{cs}I_s$: 슬래브 휨강성에 대한 보의 휨강성 비

E_{cb} : 보에서의 콘크리트 탄성계수

E_{cs} : 슬래브에서의 콘크리트 탄성계수

I_b : 도심축에 대한 보의 단면의 총 단면 2차모멘트

I_s : 슬래브 총 단면의 2차모멘트

α_m : 한 슬래브 주변의 모든 보의 α의 평균값

β : 단변 방향에 대한 장변 방향의 순경간 비

③ 보로 지지 된 슬래브 $\alpha_m > 2.0$: 매우 큰 강성의 보로 지지 된 경우로 식(9.19)의 값 이상으로 하되 90 mm 이상으로 하여야 한다.

$$t = \frac{\ell_n(800 + f_y/1.4)}{36{,}000 + 9{,}000\beta} \tag{9.19}$$

④ 불연속단을 갖는 슬래브에 대해서는 강성비 α의 값이 0.8 이상을 갖는 테두리보를 설치하거나 위 식으로 계산한 소요두께를 적어도 10%이상 증대시켜야 한다.

9.3.4 2 방향 슬래브의 전단강도

2 방향 슬래브에서 슬래브는 휨모멘트와 전단력에 저항하기 위해 적당한 두께를 가져야 한다. 2 방향 슬래브의 전단강도를 결정하기 위해서는 다음의 각 경우가 고려되어야 한다.

(1) 전단강도 산정

보가 없는 2 방향 슬래브에서는 다음 두 종류의 전단응력이 조사되어야 하는데, 첫째는 1 방향 전단 혹은 보의 전단이다. 위험단면은 기둥내면에서 거리 d 인 점에 위치하고, 슬래브는 보의 경우와 같이 지지점 사이를 경간으로 하는 폭이 넓은 보로 간주된다. 콘크리트 단면의 전단강도는 $\phi V_c = \phi(1/6\lambda\sqrt{f_{ck}}bd)$이다. 두 번째는 2 방향 전단 혹은 펀칭전단이다. 파괴는 기둥주위를 따라 원추형 혹은 피라미드형으로 발생한다. 위험단면은 기둥면, 기둥머리 혹은 드롭패널(그림 9.9)로부터 거리 d/2점에 위치한다.

철근콘크리트 슬래브와 기초판에 대한 공칭전단강도 V_c는 다음 식 (9.20)에 의해 계산한다.

$$V_c = v_c b_o d \tag{9.20}$$

$$v_c = \lambda \kappa_s \kappa_{b0} f_{te} \cot\psi (c_u/d) \tag{9.21}$$

여기서, 각 계수 값은 다음과 같이 정의된다.

v_c : 콘크리트 재료의 공칭전단응력강도

b_0 : 위험단면의 둘레길이

λ : 경량콘크리트계수

κ_s : 슬래브의 두께계수

κ_{b0} : 위험단면 둘레길이의 영향계수

f_{te} : 압축대 콘크리트의 인장강도

ψ : 슬래브 휨 압축대의 균열각도

c_u : 압축철근의 영향을 무시하고 계산된 슬래브 위험단면 압축대 깊이의의 평균값

f_{cc} : 위험단면의 압축대에 작용하는 평균 압축응력

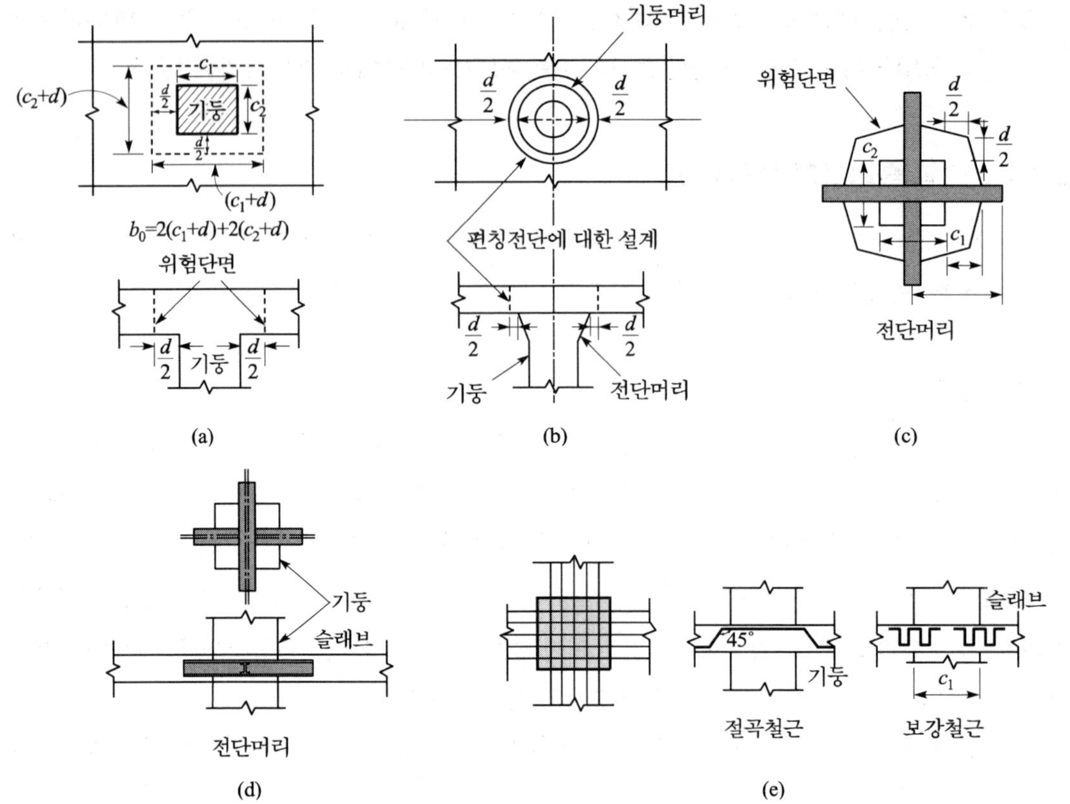

그림 9.9 편칭전단에 대한 위험단면

식 (9.21)의 각 계수들은 아래 식으로 계산된다.

$$\kappa_s = (300/\mathrm{d})^{0.25} \le 1.1 \tag{9.22a}$$

$$\kappa_{b0} = 4/\sqrt{\alpha_s(\mathrm{b_0/d})} \le 1.25 \tag{9.22b}$$

$$\mathrm{f_{te}} = 0.2\sqrt{\mathrm{f_{ck}}} \tag{9.22c}$$

$$\cot\psi = \sqrt{\mathrm{f_{te}}(\mathrm{f_{te}}+\mathrm{f_{cc}})}/\mathrm{f_{te}} \tag{9.22d}$$

$$\mathrm{f_{cc}} = (2/3)\mathrm{f_{ck}}$$

$$\mathrm{c_u} = \mathrm{d}[25\sqrt{\rho/\mathrm{f_{ck}}} - 300(\rho/\mathrm{f_{ck}})] \tag{9.22e}$$

식 (9.22a,b)에서 d의 단위는 mm이며, κ_s의 하한값은 0.75이다. $\alpha_s = 1.0$(내부기둥),

$\alpha_s = 1.33$(외부기둥) 그리고 $\alpha_s = 2.0$(모서리 기둥)이다. 식 (9.22e)에서 ρ는 설계위험단면에서 양방향으로 각각 h만큼 떨어진 폭의 슬래브에 대한 평균주인장철근비이며, $\rho \leq 0.03$의 범위에서 사용할 수 있고 ρ가 0.005 이하인 경우 0.005를 사용할 수 있다. 이때 주인장철근은 설계위험단면에서 최소 $(h = l_d)$만큼 연장하여 슬래브에 정착해야 한다. 여기서 l_d는 인장이형철근의 정착길이이다.

(2) 전단철근

평 슬래브 및 평판슬래브에서 선택된 슬래브의 두께가 작용 전단응력에 저항하지 못할 수도 있다. 이 경우 슬래브의 두께를 증가시키거나 전단철근이 보강되어야 한다. 콘크리트 구조설계기준에서는 슬래브의 전단보강 방법으로서 전단머리와 전단철근을 사용하는 방법을 규정하고 있다.

철근이나 철선으로 구성되는 전단철근과 한 가닥 또는 여러 가닥의 스터럽은 다음의 규정에 따라 d가 150 mm 이상이고 전단철근의 지름의 16배 이상인 슬래브와 기초판에 적용될 수 있다.

① 공칭전단강도 $V_n = V_c + V_s$로 계산하여야 하며, 콘크리트에 의한 공칭전단강도 V_c는 식 (9.20)으로 구하며, 전단철근에 의한 공칭전단강도 V_s는 식 (9.23)에 따라 구하여야 한다. 즉,

$$V_n = V_c + V_s = v_c b_o d + \frac{0.5 A_v f_{yt} d}{s} \leq 0.58 f_{ck} b_o c_u \tag{9.23}$$

여기서, A_v는 전단위험단면에 따라 간격 s내의 배치된 모든 전단철근의 단면적이며 f_{yt}는 400 MPa를 초과할 수 없다.

② 공칭전단강도 V_n은 $0.58 f_{ck} b_o c_u$ 이하이어야 한다. 여기서, b_0은 기둥면으로부터 거리 d/2에 위치한 2 방향 전단의 위험단면의 둘레길이이다.

③ 기둥면과 기둥 주위를 감싸는 첫 번째 열 스터럽 사이의 간격은 d/2 이하이어야 한다. 첫 번째 열에서 기둥면의 평행방향의 스터럽 다리 사이의 간격은 2d 이하이어야 한다. 스터럽 열 사이의 간격은 기둥면에 직각방향으로 d/2 이하이어야 한다.

④ 슬래브 전단철근은 단면 상·하에서 충분히 정착되어야 한다. 스터럽은 정착 요건을 만족시켜야 하며 길이방향 휨철근을 둘러싸야 한다.

(3) 전단머리 보강 설계

전단머리는 I형강 또는 ㄷ형강을 십자형으로 용접하여 기둥 위의 슬래브 속에 둔다(그림 9.9 (c), (d)). 전단머리의 설계는 상당히 큰 비틀림 모멘트와 휨모멘트가 슬래브와 기둥 사이에 전달되어야 하는 외부기둥에는 적용되지 않는다. 콘크리트 구조설계기준에서는 위험단면에서의 공칭전단강도 V_n 은 $(\lambda\sqrt{f_{ck}}/3)b_o d$ 이하이어야 하며, 전단머리가 사용된 경우의 V_n 은 $0.59\lambda\sqrt{f_{ck}}\,b_o d$ 이하이어야 한다고 규정하고 있다. 전단머리의 크기를 정하기 위해서 시방서는 다음의 한계조건을 제시하고 있다.

① 전단머리는 길이가 같고 서로 직각이 되게 확실하게 완전 용입 용접하여 조립된 구조용 강재로 구성하여야 한다. 전단머리 부재는 기둥단면 내에서 중단되지 않도록 하여야 한다.

② 전단머리의 높이는 구조용 강재의 복부 두께의 70배 이하로 하여야 한다.

③ 각 전단머리의 부재 끝은 수평과 30° 이상의 각으로 절단할 수 있으나 이때는 가늘어진 단면에서 소성휨모멘트가 해당 전단머리의 부재에 할당된 전단력을 저항하는 데 충분하여야 한다.

④ 구조용 강재의 압축플랜지는 모두 슬래브 압축면의 0.3d 이내에 위치시켜야 한다.

⑤ 각 전단머리의 부재 강성과 그에 인접한 폭 (c_2+d)의 합성균열슬래브 단면에 대한 강성의 비 α_v를 0.15 이상으로 하여야 한다.

⑥ 전단머리의 각 부재에 필요한 소성휨모멘트 M_p는 다음 식 (9.24)로 계산하여야 한다.

$$M_p = \frac{V_u}{2\phi\eta}\left[h_v + \alpha_v\left(l_v - \frac{c_1}{2}\right)\right] \qquad (9.24)$$

여기서, ϕ는 인장지배단면에 대한 강도감소계수(0.85)이고, V_u는 기둥면 주변의 계수 전단력, η는 전단머리의 부재 수, h_v는 전단머리의 두께, ℓ_v는 기둥중심선으로부터 측정된 전단머리 길이이다.

⑦ 그림 9.9(c)에 나타난 바와 같이 전단에 대한 슬래브의 위험단면은 슬래브의 평면에 직각이어야 하고, 기둥의 면에서 전단머리의 부재 끝까지 거리 $[\ell_v-(c_1/2)]$의 3/4 위치에서 각 전단머리와 교차하여야 한다. 위험단면은 그 둘레길이 b_0가 최소가 되도록 위치시켜야 하지만 기둥의 둘레에 d/2보다 가까이 위치시킬 필요는 없다.

⑧ 전단머리는 다음 식으로 구하는 휨모멘트 M_v만큼 슬래브의 각 주열대에 기여한다고 가정할 수 있다.

$$M_v = \frac{\phi \alpha_v V_u}{2\eta}\left(l_v - \frac{c_1}{2}\right) \tag{9.25}$$

여기서, ϕ는 인장지배단면에 대한 강도감소계수, η는 전단머리의 부재 수, ℓ_v는 실제 사용되는 각 전단머리의 부재 길이이다. 그러나 M_v는 다음 값 중에서 작은 값 이하이어야 한다.

가) 각 슬래브의 주열대에 필요한 전체 계수휨모멘트의 30%

나) 길이 ℓ_v상에서 주열대 휨모멘트의 변화량

다) 식 (9.24)로 구한 M_p의 값

⑨ 불균형휨모멘트를 고려하는 경우 M_p를 기둥에 전달하기 위해 전단머리를 적절하게 정착시켜야 한다.

9.3.5 직접설계법에 의한 2방향 슬래브의 설계

직접설계법은 등분포하중을 받는 2 방향 슬래브의 설계모멘트를 결정하기 위한 근사적인 방법이다.

(1) 직접설계법의 제한사항

직접설계법을 사용하여 슬래브 구조를 설계하려면 다음 사항을 만족하여야 한다.

① 각 방향으로 3경간 이상이 연속되어야 한다.

② 슬래브판들은 단변 경간에 대한 장변 경간의 비가 2 이하인 직사각형이어야 한다.

③ 각 방향으로 연속한 받침부 중심간 경간 길이의 차이는 긴 경간의 1/3 이하이어야 한다.

④ 연속한 기둥의 중심선으로부터 기둥의 이탈은 이탈방향 경간의 최대 10%까지 허용할 수 있다.

⑤ 모든 하중은 연직하중으로서 슬래브판 전체에 등분포되어야 한다. 활하중은 고정하중의 2배 이하이어야 한다.

⑥ 보가 모든 변에서 슬래브판을 지지할 경우, 직교하는 두 방향에서 $(\alpha_1 \ell_2^2)/(\alpha_2 \ell_1^2)$에 해당하는 보의 상대강성은 0.2 이상 5.0 이하이어야 한다. 여기서,

α_1 : ℓ_1 방향으로의 α(휨강성비, $\alpha_1 = \frac{E_{cb} I_{b1}}{E_{cs} I_{s1}}$)

α_2 : ℓ_2 방향으로의 α(휨강성비, $\alpha_2 = \frac{E_{cb} I_{b2}}{E_{cs} I_{s2}}$)

⑦ 직접설계법으로 설계된 슬래브 시스템은『연속 휨부재의 부모멘트 재분배』에서 허용한 휨모멘트 재분배를 적용할 수 없다.

(2) 전체 정적 계수휨모멘트

① 어느 한 경간의 전체 정적 계수휨모멘트는 받침부를 잇는 중심선의 양측에 있는 슬래브판 중심선에 의해 구분되는 설계대에서 결정하여야 한다.

② 정계수휨모멘트와 평균 부계수휨모멘트의 절대값의 합은 어느 방향에서나 다음 값 이상으로 하여야 한다.

$$M_0 = \frac{w_u \ell_2 \ell_n^2}{8} \tag{9.26}$$

여기서, w_u : 단위 면적당 계수하중(N/m^2)

ℓ_n : 2방향 슬래브에서 장변의 순경간(m)

ℓ_2 : 2방향 슬래브에서 장변의 수직한 방향의 받침부 중심사이의 간격(m)

등분포하중(w)을 받는 단순지지보의 최대 휨모멘트는 $w\ell^2/8$이고, 이는 경간의 중앙에서 발생한다. 그리고, 양단 고정보이거나 양단에서 같은 크기의 부 모멘트를 받는 연속보의 경우에는 그림 9.10과 같이 총모멘트가 경간의 중앙에서의 정모멘트와 지지점에서의 부모멘트의 합인 $w\ell_n^2/8$이다. 또한, AB보가 ℓ_1에 수직한 폭이 ℓ_2인 슬래브로부터 하중 W를 받는다면, $W = w_u \ell_2$이고 총모멘트는 $(w_u\ell_2)\ell_1^2/8$이 된다. 이때 실제 모멘트의 크기는 ℓ_1이 지지점 A와 B 사이인 순경간인 경우이다. 순경간을 ℓ_n으로 표시하면 정적모멘트는 식 (9.26)과 같이 나타낼 수 있다.

여기서, M_0는 정계수모멘트이고, w_u는 단위면적당 극한하중, ℓ_n은 모멘트가 결정되는 방향의 받침부 내면간의 순경간이다.

로 다른 경우, 식 (9.26)의 ℓ_2는 횡방향 두 경간의 평균값으로 하여야 한다.)

④ 단부에 인접하고 이 단부에 평행한 경간을 고려할 경우, 식 (9.26)의 ℓ_2는 단부로부터 슬래브판 중심선까지의 거리로 하여야 한다.

⑤ 순경간 ℓ_n은 기둥, 기둥머리, 브래킷 또는 벽체의 내면 사이의 거리이다. 식 (9.26)에서 사용되는 ℓ_n 값은 $0.65\,\ell_1$ 이상으로 하여야 한다. 원형이나 정다각형의 받침부는 똑같은 단면적을 갖는 정사각형 받침부로 환산하여 취급하여야 한다.

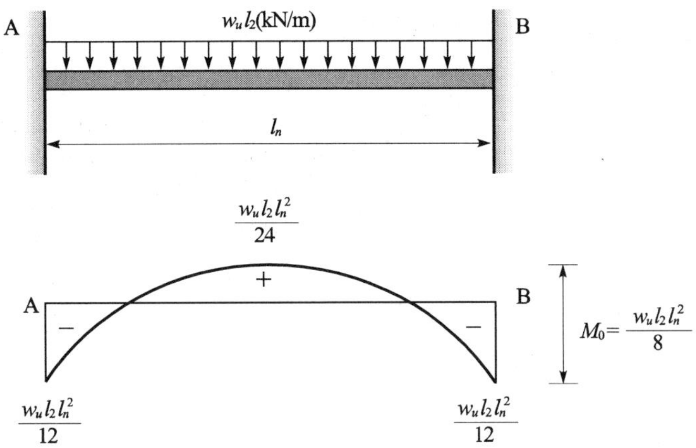

그림 9.10 양단 고정보의 휨모멘트

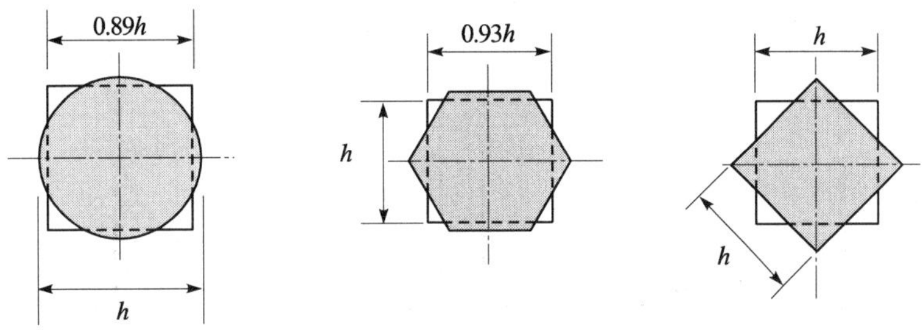

그림 9.11 등가 4각형단면의 해

(3) 정 및 부계수휨모멘트

① 부계수휨모멘트는 직사각형 받침부의 전면(face)에 위치하여야 한다. 원형이나 정다각형받침부는 같은 단면적의 정사각형 받침부로 환산하여 취급하여야 한다.

② 내부 경간에서는 전체 정적 계수휨모멘트 M_0를 다음과 같은 비율로 분배하여야 한다.

부계수휨모멘트 0.65

정계수휨모멘트 0.35

③ 단부 경간에서는 전체 정적 계수휨모멘트 M_0를 단부의 구속상태에 따라 표 9.3과 같이 분배하여야 한다. 그림 9.12는 총 정적 모멘트의 정 및 부 모멘트의 분포를 나타낸 것이다.

④ 만약 불균형 모멘트를 인접한 부재의 강성에 따라 분배되도록 해석하지 않는다면, 부모멘트 단면은 받침부의 양쪽 경간에서 결정된 두 개의 부계수휨모멘트 중 큰 휨모멘트에 견디도록 설계하여야 한다.

표 9.3 단부 경간에서의 정 및 부 계수 휨모멘트의 분배율

구분	(1)	(2)	(3)	(4)	(5)
	구속되지 않은 외부 받침부	모든 받침부 사이에 보가 있는 슬래브	내부 받침부 사이에 보가 없는 슬래브		완전 구속된 외부 받침부
			테두리보가 없는 경우	테두리보가 있는 경우	
내부 받침부의 부계수휨모멘트	0.75	0.70	0.70	0.70	0.65
정계수휨모멘트	0.63	0.57	0.52	0.50	0.35
외부 받침부의 부계수휨모멘트	0	0.16	0.26	0.30	0.65

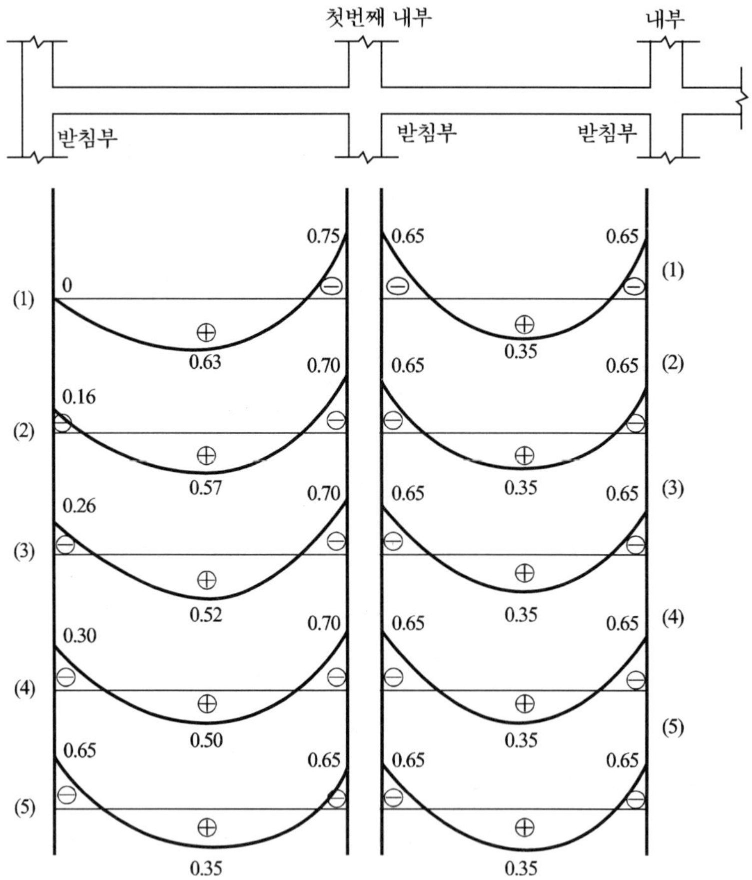

(1) 구속되지 않은 외부 받침부
(2) 모든 받침부 사이에 보가 있는 슬래브
(3) 내부 받침부 사이에 보가 없고 테두리보가 없는 경우
(4) 내부 받침부 사이에 보가 없고 테두리보만 있는 경우
(5) 완전 구속된 외부 받침부

그림 9.12 직접설계법에 의한 모멘트 계수

⑤ 슬래브의 단부 또는 테두리보는 외부 받침부의 부계수휨모멘트가 분배되는 만큼의 비틀림에 견디도록 설계하여야 한다.

⑥ 슬래브와 외부 기둥 사이에 전달되는 연직하중에 대한 휨모멘트는 $0.3M_0$로 하여야 한다.

(4) 주열대의 계수휨모멘트

① 주열대는 내부 받침부의 부계수휨모멘트가 표 9.4에 따른 비율로 분배되는 휨모멘트에 견디도록 설계하여야 한다.

표 9.4 주열대 내부 받침부의 분배백분율(%)

ℓ_2/ℓ_1	0.5	1.0	2.0
$(\alpha_1\ell_2/\ell_1)=0$	75	75	75
$(\alpha_1\ell_2/\ell_1)\geq 1.0$	90	75	45

위의 값 사이에는 직선보간법을 적용한다.

② 주열대는 외부 받침부의 부계수휨모멘트가 표 9.5에 따른 비율로 분배되는 휨모멘트에 견디도록 설계하여야 한다.

표 9.5 외단 부모멘트에 대한 주열대의 분담율

ℓ_2/ℓ_1		0.5	1.0	2.0
$(\alpha_1\ell_2/\ell_1)=0$	$\beta_t=0$	100	100	100
	$\beta_t\geq 2.5$	75	75	75
$(\alpha_1\ell_2/\ell_1)\geq 1.0$	$\beta_t=0$	100	100	100
	$\beta_t\geq 2.5$	90	75	45

위의 값 사이에는 직선보간법을 적용한다.

$$\beta_t = \frac{E_{cb}C}{2E_{cs}I_s} \tag{9.27}$$

여기서, E_{cb} : 보 콘크리트의 탄성계수

E_{cs} : 슬래브콘크리트의 탄성계수

C : 비틀림 특성을 정의하는 단면상수. $(C=\Sigma\left((1-0.63\frac{x}{y}\right)\frac{x^3y}{3})$, x는 직사

각형 단면의 단변이고 y는 직사각형 단면의 장변이다. T형 또는 L형 단면의 C값은 단면을 여러 개의 분리된 직사각형 영역으로 나눈 후 각 부분의 C값을 더하여 산정한다.

I_s : 슬래브 총 단면의 중심축에 대한 단면 2차 모멘트

③ M_0 계산에 이용된 경간 ℓ_2의 3/4 이상이 기둥이나 벽체로 길게 지지되어 있는 경우, 부모멘트는 전체 ℓ_2를 따라 균등하게 분포된다고 볼 수 있다.

④ 주열대는 정계수휨모멘트가 표 9.6에 따른 비율로 분배되는 휨모멘트에 견디도록 설계하여야 한다.

표 9.6 주열대 중앙부의 분배백분율(%)

ℓ_2/ℓ_1	0.5	1.0	2.0
$(\alpha_1\ell_2/\ell_1)=0$	60	60	60
$(\alpha_1\ell_2/\ell_1)\geq 1.0$	90	75	45

위의 값 사이에는 직선보간법을 적용한다.

⑤ 받침부 사이에 보가 있는 슬래브의 경우에는 주열대의 슬래브 부분은 보가 부담하지 않는 주열대 휨모멘트에 견디도록 설계하여야 한다.

(5) 보의 계수휨모멘트

① $(\alpha_1\ell_2/\ell_1)$의 값이 1.0 이상인 경우, 받침부 사이의 보는 주열대 휨모멘트의 85 %를 견디도록 설계하여야 한다.

② $(\alpha_1\ell_2/\ell_1)$의 값이 1.0과 0 사이인 경우에는 보가 견딜 주열대 휨모멘트 분담율은 85 %와 0 % 사이를 직선보간법을 적용하여 구하여야 한다.

③ 등분포하중에 대하여 계산된 휨모멘트 이외에도, 슬래브의 상하로 내민 보 부분의 무게를 포함하여 보에 직접 작용하는 집중하중이나 선형하중에 의해 발생하는 휨모멘트에 견디도록 설계해야 한다.

(6) 중간대의 계수휨모멘트

① 주열대가 부담하지 않는 정 및 부계수휨모멘트의 분담분은 주열대 양쪽의 1/2 중간대에 비례하여 할당하여야 한다.

② 각 중간대는 2개의 1/2 중간대에 할당된 휨모멘트들의 합에 견디도록 설계하여야 한다.

③ 벽체에 의해 지지되는 단부에 인접하고, 그에 평행한 중간대는 첫 번째 내부 받침부의 1/2 중간대에 할당된 휨모멘트의 2배를 견디도록 설계하여야 한다.

(7) 계수휨모멘트의 수정

고려된 방향에서 슬래브판에 대한 전체 정적 계수휨모멘트가 식 (9.26)에 의해 요구된 휨모멘트보다 작지 않은 범위 내에서 정 및 부계수휨모멘트는 10%까지 수정할 수 있다.

(8) 보가 있는 슬래브의 계수전단력

① $(\alpha_1 \ell_2/\ell_1)$값이 1.0 이상인 보는 슬래브판의 네 모퉁이에서 변과 45°의 각을 이루는 선과 장변에 평행한 슬래브판 중심선이 만드는 재하면적에 작용하는 계수하중에 의한 전단력에 견디도록 설계하여야 한다.

② $(\alpha_1 \ell_2/\ell_1)$값이 1.0 미만일 때에는 $\alpha_1 = 0$인 경우 보가 하중을 받지 않는다고 가정하여 직선보간법을 적용하여 보가 분담하는 전단력을 구할 수 있다.

③ 보는 ①과 ②에 따라 산정된 전단력 이외에도 보에 직접 작용하는 계수하중에 의한 전단력에 견디도록 설계하여야 한다.

④ 슬래브의 전단강도는 하중이 ①과 ②에 따라 보에 분배된다는 가정하에 산정하여야 한다. 또한 슬래브는 슬래브판에 일어나는 전체 전단력에 견디도록 설계하여야 한다.

⑤ 전단강도는 구조설계기준의 『전단과 비틀림』의 규정을 만족하여야 한다.

(9) 기둥과 벽체의 계수휨모멘트

① 슬래브 시스템과 일체로 이루어진 기둥과 벽체들은 슬래브 시스템에 작용하는 계수하중으로부터 발생하는 휨모멘트에 견딜 수 있어야 한다.

② 전체적인 해석을 하지 않는 한, 내부 받침부에서 슬래브 상하의 받침부재는 상하부재의 강성에 직접 비례하여 다음 식에 규정된 휨모멘트를 견디도록 설계하여야 한다.

$$M_u = 0.07[(w_d + 0.5w_\ell)\ell_2\ell_n^2 - w_d{}'\ell_2{}'(\ell'_n)^2] \quad (9.28)$$

여기서, w_d와 w_ℓ은 긴 경간에서 계수고정하중과 계수활하중이고, $w_d{}'$, $\ell_2{}'$과 $\ell_n{}'$는 짧은 경간에 대한 값이다.

만약 계수고정하중이 같고 해석방향과 해석방향의 직각방향으로도 경간이 같을 경우, 즉 $w_d = w_d{}'$, $\ell_2 = \ell_2{}'$이고, $\ell_n = \ell_n{}'$일 때

$$M_u = 0.07(0.5w_\ell \ell_2 \ell_n^2) \quad (9.29)$$

9.3.6 등가 골조법에 의한 설계 및 해석

(1) 기본가정

① 등가 골조법에 의한 슬래브 시스템의 설계는 (2)부터 (6)까지의 기본가정을 바탕으로 하고, 이로부터 얻은 휨모멘트와 전단력에 견디도록 슬래브 및 받침부재의 모든 단면을 설계하여야 한다.

② 강재로 된 기둥머리를 사용하는 경우, 휨모멘트와 전단력에 대한 이들 기둥머리의 강성과 저항력을 고려할 수 있다.

③ 직접 응력에 의한 기둥과 슬래브의 길이 변화와 전단력에 의한 처짐은 무시할 수 있다.

(2) 등가골조

① 건물 전체는 가로 및 세로방향의 기둥선선에서 취한 등가골조들로 구성된다고 간주할 수 있다.

② 각 골조는 기둥이나 받침부의 중심선을 기준으로 한 좌우 슬래브판의 중심선에 의해서 구획된 일련의 기둥 또는 받침부와 슬래브-보 대로 구성하여야 한다.

③ 기둥이나 받침부는 비틀림 부재에 의해 슬래브-보 부재에 연결되어 있다고 가정한다. 이 비틀림 부재는 휨모멘트를 결정하는 경간방향에 직교하고 기둥 측면으로부터 등가골조로 구획된 양측 슬래브판 중심선까지 연장되는 것으로 가정할 수 있다.

④ 단부에 인접하고 그에 평행한 골조는 그 단부와 인접한 슬래브판의 중심선에 의해 구획되어야 한다.

⑤ 각 등가골조는 전체적으로 해석할 수도 있고, 연직하중에 대하여 해석할 경우에는 그 상하 기둥의 먼 단부가 고정된 것으로 하여 각 층별로 따로 해석할 수도 있다.

⑥ 슬래브-보를 층별로 따로 해석할 경우, 연속슬래브의 한 받침부에서의 휨모멘트는 슬래브-보가 그 받침부로부터 두 경간 떨어진 받침부가 고정되어 있다고 가정하여 결정할 수 있다.

(3) 슬래브-보

① 접합부나 기둥머리 바깥에 있는 단면에서 슬래브-보의 단면 2차모멘트는 콘크리트의 전체 면적을 기준으로 하여야 한다.

② 슬래브-보의 축을 따라서 변하는 단면 2차모멘트의 변화는 골조해석을 할 때 고려하여야 한다.

③ 기둥중심에서 기둥, 브래킷 및 기둥머리면까지의 슬래브-보의 단면2차모멘트는 기둥, 브래킷, 기둥머리면에서 슬래브-보 단면2차모멘트를 $(1-c_2/\ell_2)^2$ 으로 나눈 값과 같다고 가정하여야 한다. 여기서, c_2 와 ℓ_2 는 휨모멘트를 결정하는 경간에 직교방향으로 측정한 값들이다.

(4) 기둥

① 접합무나 기둥머리 바깥에 있는 단면에서 기둥의 단면2차모멘트는 콘크리트의 전에 면적을 기준으로 하여야 한다.

② 기둥의 축을 따라서 변하는 단면2차모멘트의 변화는 골조를 해석할 때 고려하여야 한다.

③ 접합부에서 슬래브-보의 상면과 하면 사이에 있는 기둥의 단면2차모멘트는 무한대로 가정하여야 한다.

(5) 비틀림 부재

① 비틀림 부재는 부내의 전체 길이에 걸쳐서 일정한 단면을 가지는 것으로 가정하고, 이 단면은 다음 중 큰 것으로 택하여야 한다.

ⓐ 휨모멘트를 결정하는 경간방향의 기둥, 브래킷 또는 기둥머리의 폭과 같은 폭의 슬래브 부분

ⓑ 일체식이거나 완전 합성구조물일 경우 앞의 ⓐ에서 규정된 슬래브 부분에 슬래브 상하의 횡방향 보를 더한 것

ⓒ 『보가 슬래브와 일체로 되거나 완전한 합성구조로 되어 있을 때, 보의 단면은 보가 슬래브의 위 또는 아래로 내민 깊이 중, 큰 깊이만큼을 보의 양측으로 연장한 슬래브 부분을 포함한 것으로서, 보의 한 측으로 연장되는 거리는 슬래브 두께의 4배 이하로 하여야 한다.』로 정의한 횡방향보

② 비틀림 부재의 강성 K_t 는 근사적으로 다음 식으로 계산할 수 있다.

$$K_t = \sum \frac{9E_{cs}C}{\ell_2\left(1-\frac{c_2}{\ell_2}\right)^3} \qquad (9.30)$$

여기서, c_2 와 ℓ_2 는 기둥 좌우에서 횡경간 방향으로 측정한 값들이다.

③ 식 (9.30)의 C는 비틀림 상수로서, 유효플랜지폭을 갖는 보에서는 단면을 여러 개의 직사각형으로 나누어 다음 식에 따라 구하여야 한다.

$$C = \sum\left(1 - 0.63\frac{x}{y}\right)\frac{x^3 y}{3} \tag{9.31}$$

여기서, x는 직사각형 단면의 짧은 변, y는 긴 변을 나타낸다.

④ 휨모멘트를 결정하는 경간방향으로 보가 기둥에 연결되어 있는 경우의 비틀림강성은 보가 없는 슬래브만의 단면2차모멘트에 대한 그 보를 포함한 슬래브 단면2차모멘트의 비를 곱하여 구하여야 한다.

(6) 활하중의 배치

① 정확한 재하 상태를 알고 있을 때 등가골조는 그 하중에 대하여 해석하여야 한다.

② 활하중이 변하지만 고정하중의 3/4 이하인 경우, 또는 활하중의 특성이 모든 슬래브판에 동시에 작용하는 것과 같을 경우에는, 전체 슬래브 시스템에 활하중이 작용했을 때 모든 단면에서 최대 계수휨모멘트가 발생하는 것으로 가정할 수 있다.

③ 위의 ②에서 정의된 것 이외의 하중조건인 경우, 슬래브판의 경간 중앙 부계수휨모멘트는 전체 계수활하중의 3/4이 그 슬래브판과 한 경간씩 건너 슬래브판에 작용할 때 일어난다고 가정할 수 있다. 또한, 받침부의 최대 부계수휨모멘트는 전체 계수활하중의 3/4이 그 받침부에 인접한 두 슬래브판들에만 작용할 때 발생한다고 가정할 수 있다.

④ 어느 경우에나 계수휨모멘트는 전체 계수활하중이 모든 슬래브판에 함께 작용할 때 발생하는 값 이상으로 취하여야 한다.

(7) 계수휨모멘트

① 내부받침부에서 부계수휨모멘트(주열대 및 중간대)에 대한 위험단면은 직사각형의지지 부재면에서 취하되, 기둥 중심에서부터 $0.175\ell_1$ 이내의 면에서 취하여야 한다.

② 브래킷이나 기둥머리가 있는 외부 받침부에서, 단부 모서리에 직교방향의 부계수휨모멘트에 대한 위험단면은 받침부재면에서부터 브래킷이나 기둥머리의 돌출길이의 1/2 이내에서 취하여야 한다.

③ 받침부재가 원형이나 정다각형일 경우, 부계수휨모멘트에 대한 위험단면은 동일한 면적을 갖는 정사각형 받침부재로 취급해서 구한다.

④ 직접설계법의 제한조건을 만족하는 슬래브 시스템을 등가골조법으로 해석한 경우, 계산 결과 얻은 휨모멘트는 설계에 사용하는 정모멘트와 평균 부모멘트의 절대값의 합이 식(9.26)의 값을 초과할 필요가 없다는 사실을 근거로 그에 상응하게 감소시킬 수 있다.

⑤ 각 골조의 슬래브－보 대의 위험단면의 휨모멘트는 직접설계법의 제한사항 중 ⑥항의 제한조건을 만족시킨다면, 『주열대의 계수휨모멘트, 보의 계수휨모멘트 및 중간대의 계수휨모멘트』의 규정에 따라 주열대, 보 및 중간대에 분배할 수 있다.

9.3.7 철근의 배근상세

2 방향 슬래브 시스템의 각 방향의 철근 단면적은 위험단면에서의 휨모멘트에 의해 결정되며 최소철근량 이상이어야 한다. 위험단면에서 철근의 간격은 슬래브 두께의 2배 이하 또한 300 mm 이하로 하여야 한다. 다만 와플구조나 리브(rib)구조로 된 부분은 예외로 한다.

(1) 철근의 정착 및 배근

철근의 정착 및 배근은 콘크리트구조설계기준에서 규정한 다음사항을 따라야 한다.

① 불연속 단부 모서리에 직각방향의 정모멘트에 대한 철근은 슬래브의 끝까지 연장하고 직선 또는 갈고리를 150 mm 이상 테두리보, 기둥 또는 벽체 속에 묻어야 한다.
② 불연속 단부 모서리에 직각방향의 부모멘트에 대한 철근은 받침면에 정착되도록 테두리보, 기둥 또는 벽체 속으로 구부리거나 갈고리로 하거나 그렇지 못하면 적절히 정착시켜야 한다.
③ 불연속 단부에서 슬래브가 테두리보나 벽체로 지지되어 있지 않은 경우, 또는 슬래브가 받침부를 지나 캔틸레버로 되어 있는 경우에는 철근을 슬래브 내부에서 정착시킬 수 있다.

(2) 외부 모퉁이의 보강 철근

① 받침부 사이에 α값이 1.0보다 큰 보가 있는 슬래브의 경우, 다음의 ②와 ④의 규정에 따라 외부 모퉁이 부분의 슬래브에 특별한 상부 및 하부 보강철근을 배치하여야 한다.
② 슬래브 상하에 두는 이 특별 보강철근은 슬래브 단위폭당 최대 정모멘트와 같은 크기의 휨모멘트에 견딜 만큼 충분하여야 한다.
③ 이 휨모멘트가 작용하는 방향은 슬래브 상부에서는 모퉁이로부터 그은 대각선에 직각인 축에 대하여, 슬래브 하부에서는 이 대각선에 평행한 축에 대하여 작용하는 것으로 가정할 수 있다.
④ 특별 보강철근은 모퉁이로부터 긴 경간의 1/5 길이만큼 각 방향에 배치하여야 한다.

⑤ 특별 보강철근은 슬래브 상부에서 대각선에 평행한 방향으로 배치하고, 슬래브 하부의 경우 대각선에 직각방향으로 배치하여야 한다. 또는 특별 보강철근은 슬래브 상부와 하부에서 각각 슬래브 각 모서리에 평행하게 두 층으로 배치할 수 있다.

(3) 보가 없는 슬래브의 철근 상세

① 보가 없는 슬래브의 철근은 『2방향 슬래브의 배근상세』에서 규정된 모든 요구조건 외에 그림과 같이 최소량의 연장길이를 가져야 한다.

② 인접한 경간의 길이가 다를 경우, 받침부에서부터 부모멘트에 대한 철근의 최소연장은 그림 9.13에 보인 바와 같이 하되 그 기준은 긴 경간으로 하여야 한다.

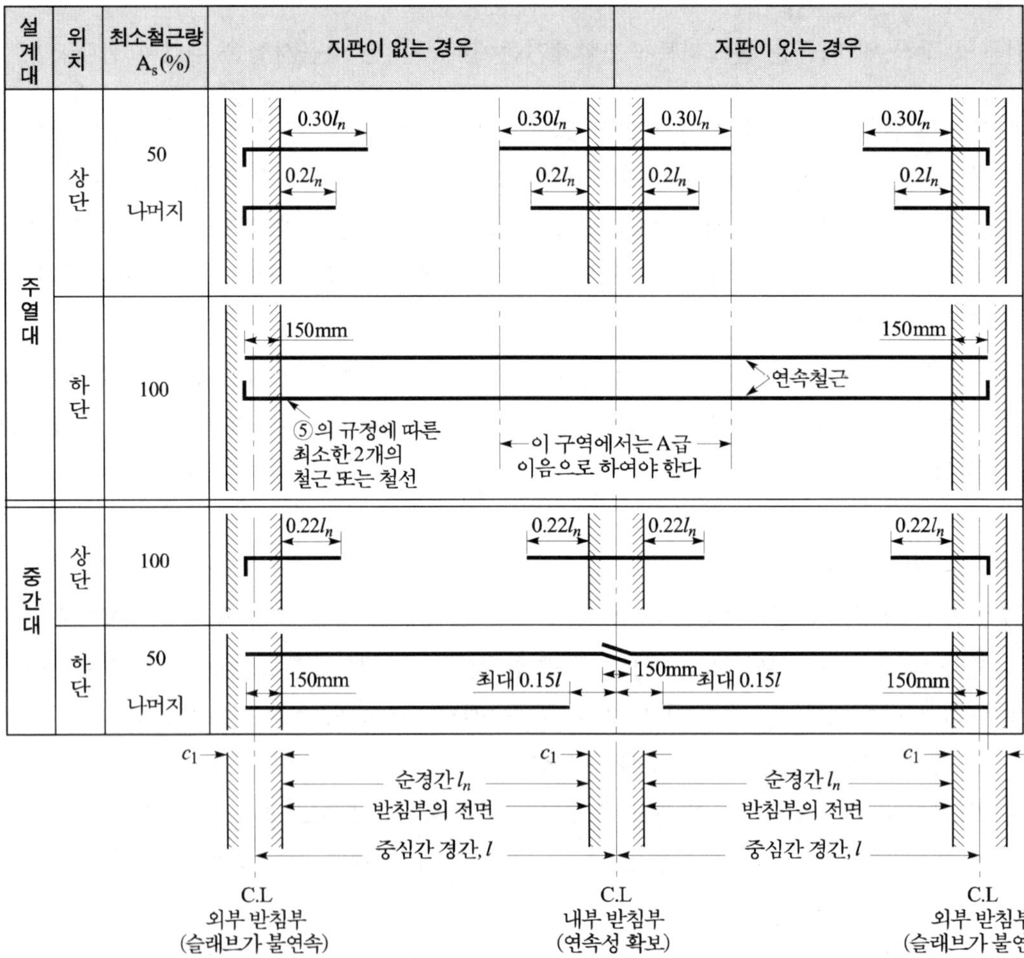

그림 9.13 보가 없는 슬래브에서 철근의 최소 정착길이

③ 2방향 슬래브에서 굽힘철근은 슬래브 두께와 경간의 비가 굽힘철근의 굽힘각도가 45° 이하가 될 수 있는 경우에만 사용하여야 한다.

④ 횡력을 부담하여야 하는 골조의 슬래브에 대해서는 구조해석 결과에 의하여 철근의 길이를 결정하여야 하지만 그림 9.13에 규정된 길이 이상으로 하여야 한다.

⑤ 각 방향의 주열대 내의 모든 하부 철근이나 철선이 연속이거나 그림 9.13에 위치한 것과 같은 A급 겹침이음으로 이어야 한다. 각 방향으로 적어도 2개의 주열대 하부 철근이나 철선이 기둥 위를 지나야 하며 외부 받침부에 정착하여야 한다.

⑥ 전단머리가 있는 슬래브나 리프트-슬래브의 시공에서는 적어도 각 방향으로 2개의 부착된 하부 철근이나 철선이 가능한 한 기둥에 근접하게 전단머리나 리프팅칼라를 지나도록 하여야 하며, 연속이거나 A급 겹침이음으로 이어야 한다. 외부 기둥에서는 이 철근을 전단머리나 리프팅 칼라에 정착시켜야 한다.

예제 9.2

보와 일체로 된 2 방향 슬래브가 $500\ \text{mm} \times 500\ \text{mm}$ 정사각형 기둥에 아래 그림과 같이 지지되어 있다. 2 방향 슬래브의 최소 슬래브 두께를 결정하여라. 단, 콘크리트설계기준강도 $f_{ck} = 21\ \text{MPa}$이고 철근은 SD400을 사용한다.

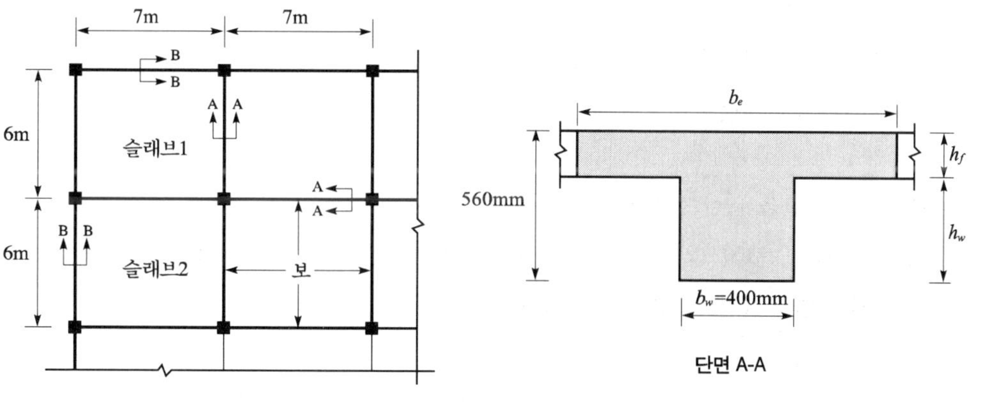

(a) (b)

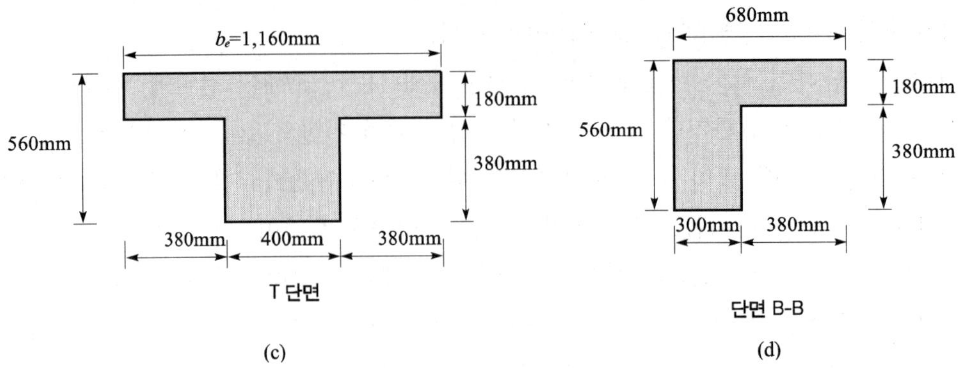

그림 9.14

▸ **풀이**

직접설계법은 각 방향으로 3경간 이상 연속이고 긴 경간이 짧은 경간의 2배 이하인 직사각형 슬래브로서, 활하중이 고정하중의 3배 이하이어야 하는 등의 조건하에서만 적용되는 설계법이다.

슬래브 두께를 가정한다. 단, 보의 높이가 슬래브 두께의 4배 이하가 되도록 한다.

$h_f = 180$ mm로 가정하면

플랜지의 유효폭 b_e 는 다음과 같다.

1) 테두리보의 I_b 계산 : $b_e = b_w + h_w \le b_w + 4h_f$
2) 테두리보의 I_s 계산 : $b_e = (\ell_1 + b_w)/2$
3) 내부보의 I_b 계산 : $b_e = b_w + 2h_w \le b_w + 8h_f$
4) 내부보의 I_s 계산 : $b_e = (\ell_1 + \ell_2)/2$

내부보의 I_b 계산을 위한 플랜지의 유효폭 b_e 를 다음과 같이 계산한다.

$b_e = b_w + 2h_w = 400 + 2 \times 380 = 1{,}160\ \text{mm} \le 400 + 8 \times 180 = 1{,}840\ \text{mm}$

플랜지의 면적 $A_f = 1{,}160 \times 180 = 208{,}800\ \text{mm}^2$

복부의 면적 $A_b = 400 \times 380 = 152{,}000\ \text{mm}^2$

T형 단면의 도심을 구하기 위하여 플랜지의 상단에 모멘트를 취한다.

$A_f \times 180/2 + A_b \times (180 + 380/2) = (A_f + A_b) \times \bar{y}$

$208{,}800 \times 90 + 152{,}000 \times 370 = 360{,}800 \times \bar{y}$

$\therefore\ \bar{y} = 208\ \text{mm}$

장경간 슬래브의 단면2차 모멘트는

$$I_\ell = \frac{6,000 \times 180^3}{12} = 2,916,000,000\ \mathrm{mm}^4$$

단경간 슬래브의 단면2차모멘트는

$$I_s = \frac{7,000 \times 180^3}{12} = 3,402,000,000\ \mathrm{mm}^4$$

복합된 T형단면의 단면2차모멘트 I_b를 평행축 정리를 이용하여 계산한다.

$$I_b = [\frac{1,160 \times 180^3}{12} + 208,800 \times (208 - 180/2)^2]$$
$$+ [\frac{400 \times 380^3}{12} + 152,000 \times \{380/2 - (208 - 180)\}^2] = 9,289,245,867\ mm^4$$

슬래브 휨강성에 대한 보의 휨강성 비 α를 계산하면

장변방향 : $\alpha_\ell = \frac{E_{cb} I_b}{E_{cs} I_s}$, 여기서 $E_{cb} = E_{cs}$ 이므로 $\alpha_\ell = \frac{I_b}{I_s} = \frac{9,289,245,867}{2,916,000,000} = 3.19$

단변방향 : $\alpha_s = \frac{E_{cb} I_b}{E_{cs} I_s}$, 여기서 $E_{cb} = E_{cs}$ 이므로 $\alpha_s = \frac{I_b}{I_s} = \frac{9,289,245,867}{3,402,000,000} = 2.73$

한 슬래브 주변의 모든 보의 α의 평균 값 α_m을 계산하면

$$\alpha_m = \frac{\alpha_\ell + \alpha_s}{2} = \frac{3.19 + 2.73}{2} = 2.96 = 2.96$$

단변 방향에 대한 장변 방향의 순경간 비 β를 계산하면

$$\beta = \frac{6,500}{5,500} = 1.182$$

슬래브의 최소두께 $h_{f,min}$을 결정하기 위하여

$\alpha_m > 2.0$이므로 $t_{min} = \dfrac{\ell_n (800 + \frac{f_y}{1.4})}{36,000 + 9,000\beta}$ 또는 90mm 이상으로 해야한다.

$$\therefore h_{f,min} = \frac{6,500 \times (800 + \frac{400}{1.4})}{36,000 + 9,000 \times 1.182} = 151.3\ \mathrm{mm} > 90\ \mathrm{mm}$$

불연속단을 갖는 슬래브에 대해서는 강성비 α의 값이 0.8 이상을 갖는 테두리보를 설치하거나 위 식으로 계산한 소요두께를 적어도 10%이상 증대시켜야 한다. 따라서 계산된 최소 소요두께를 최소한 10% 증대시켜야 하므로

$$h_{f,min} = 151.3 \times 1.1 = 168.4\ \mathrm{mm}$$

따라서 가정된 슬래브 콘크리트의 두께 180 mm는 적당하다.

예제 9.3

그림과 같은 평판 슬래브의 내부 패널을 직접설계법으로 설계하시오. 슬래브는 각 방향으로 7,000 mm × 6,000 mm 인 4개의 패널로 구성되어 있고 모든 패널은 단면이 500 mm × 500 mm 이고 길이가 3 m 인 기둥으로 지지되었다. 슬래브는 등분포 활하중 3.0 kN/m^2과 자중을 제외한 등분포 고정하중 1.2 kN/m^2을 받고 있다. 단, 콘크리트설계기준강도 $f_{ck} = 28$ MPa이고 철근은 SD400을 사용한다. 슬래브의 사용 주철근비 $\rho = 0.00424$, $\lambda = 1.0$(보통중량 콘크리트)이다.

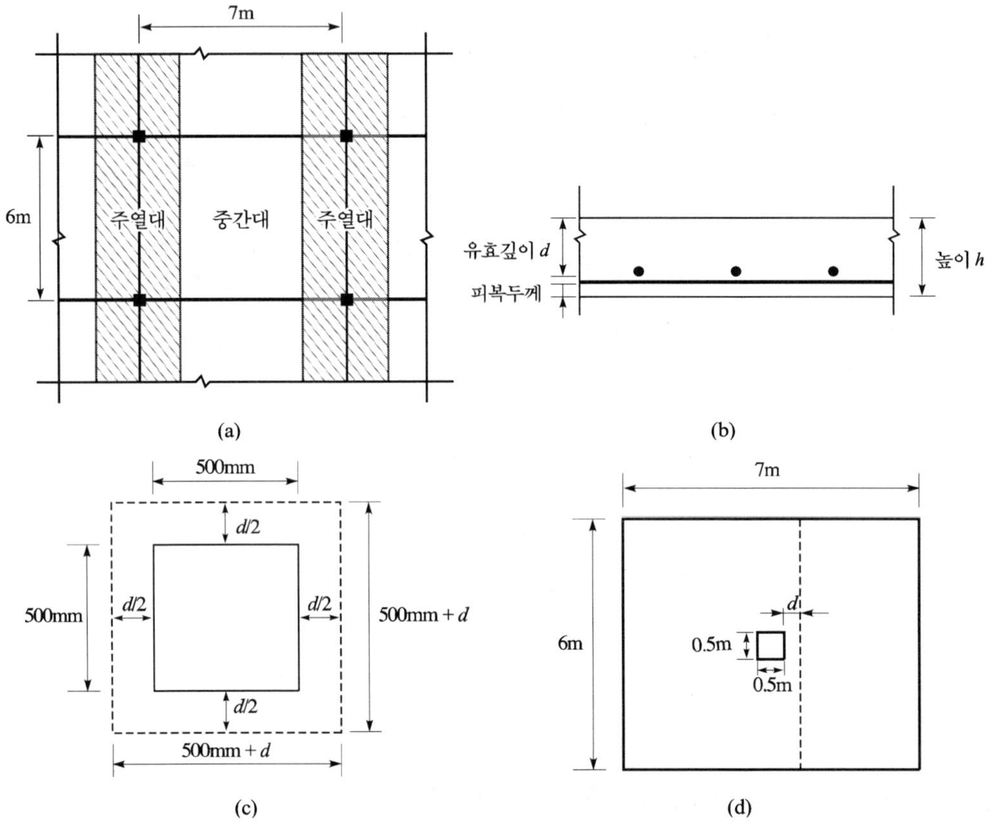

그림 9.15 2방향 슬래브

▸ **풀이**

(1) 최소 슬래브 두께

보가 사용되지 않을 경우 $\alpha_m = 0$이다.

장경간의 순경간 $\ell_n = 7{,}000 - 500 = 6{,}500$ mm

단경간의 순경간 $\ell_n = 6{,}000 - 500 = 5{,}500$ mm

표 9.2로부터 지판이 없는 경우이며 $f_y = 400$ MPa인 내부슬래브의 최소두께는 $\ell_n/33$이다. 따라서

최소 슬래브 두께 $h_{min} = \dfrac{\ell_n}{33} = \dfrac{6,500}{33} = 197$ mm

슬래브 두께를 h = 200 mm로 결정한다. 따라서 유효깊이 d는 다음과 같이 계산한다.
철근의 직경 D는 대략 D29정도로 예측한다.

$d = h - 피복두께 - D/2 = 200 - 20 - 30/2 = 165$ mm

(2) 계수하중

슬래브의 자중 = 단위질량 × 슬래브 두께

$w_{자중} = 2,500 \text{ kg/m}^3 \times 0.2 \text{ m} = 500 \text{ kg/m}^2 = 5 \text{ kN/m}^2$

계수하중 $w_u = 1.2 \times w_d + 1.6 \times w_\ell = 1.2 \times (5 + 1.2) + 1.6 \times 3.0 = 12.24 \text{ kN/m}^2$

(3) 2방향 전단에 대한 검토

기둥면에서 d/2떨어진 곳이 위험단면이므로 여기서 펀칭전단을 검토한다.
먼저 계수전단력을 계산한다.

$V_u = 12.24 \times \{6 \times 7 - (0.5 + 0.165)^2\} = 508.7$ kN

콘크리트가 저항하는 전단강도 V_c를 계산한다.

$V_c = v_c b_0 d$

$v_c = \lambda \kappa_s \kappa_{b0} f_{te} \cot\psi (c_u/d)$

여기서, 위험단면의 둘레길이 $b_o = 4 \times (500 + 165) = 2,660$ mm

경량콘크리트계수 $\lambda = 1.0$: 보통중량 콘크리트

슬래브의 두께계수 $\kappa_s = (300/d)^{0.25} = (300/165)^{0.25} = 1.16 > 1.1$이므로

$\kappa_s = 1.1$

위험단면 둘레길이의 영향계수 : 내부기둥이므로 $\alpha_s = 1.0$

$\kappa_{b0} = 4/\sqrt{\alpha_s (b_0/d)} = 4/\sqrt{1.0 \times (2,660/165)} = 0.9962 \leq 1.25$이므로

$\kappa_{b0} = 0.9962$

압축대 콘크리트의 인장강도 $f_{te} = 0.2\sqrt{f_{ck}} = 0.2 \times \sqrt{28} = 1.0583$

슬래브 휨 압축대의 균열각도 : $f_{cc} = (2/3) f_{ck} = 2/3 \times 28 = 18.67$이므로

$\cot\psi = \sqrt{f_{te}(f_{te} + f_{cc})}/f_{te} = \sqrt{(1.0583 \times (1.0583 + 18.67)}/1.0583 = 4.317$

압축철근의 영향을 무시하고 계산된 슬래브 위험단면 압축대 깊이의의 평균값 : 슬래브의

사용 주철근비 $\rho = 0.00424 < 0.005$이므로 $\rho = 0.005$이다.

$$c_u = d[25\sqrt{\rho/f_{ck}} - 300(\rho/f_{ck})] = 165 \times (25 \times \sqrt{(0.005/28)} - 300 \times (0.005/28)) = 46.28$$

$$v_c = \lambda \kappa_s \kappa_{b0} f_{te} \cot\psi (c_u/d) = 1.0 \times 1.1 \times 0.9962 \times 1.0583 \times 4.321 \times (46.28/165) = 1.406$$

$$V_c = v_c b_0 d = 1.406 \times 2{,}660 \times 165 = 616{,}874 \text{ N}$$

$$V_d = \phi V_c = 0.75 \times 616{,}874 = 462{,}656 \text{ N} = 462.7 \text{ kN} < V_u = 508.7 \text{ kN} \quad \text{N.G.}$$

설계전단력 V_d가 계수전단력 V_u보다 작으므로 기둥단면의 크기를 증가시키거나 전단보강을 하여야 한다.

전단철근으로 보강하기 위해 유효깊이 d를 검토한다.

전단철근으로는 D10을 사용하고자 한다. D10의 단면적은 71.33 mm^2 이고 공칭지름은 9.53 mm이다. 유효깊이 d가 150 mm이상이고 전단철근 지름의 16배 이상인지 확인한다. $d = 165 \text{ mm} > 150 \text{ mm}$이고 $d = 165 \text{ mm} > 16 d_b = 152.5 \text{ mm}$이므로 설계기준을 만족한다.

식 (9.23)과 기본개념으로부터 다음과 같이 정리할 수 있다.

$$V_n = V_c + V_s = v_c b_0 d + \frac{0.5 A_v f_{yt} d}{s} \le 0.58 f_{ck} b_0 c_u \tag{9.23}$$

$0.58 f_{ck} b_0 c_u = 0.58 \times 28 \times 2{,}660 \times 46.28 = 1{,}999{,}222$이고 $V_u \le V_d = \phi V_n = \phi(V_c + V_s)$의 기본개념으로부터 $V_n = V_u/\phi = 508{,}700/0.75 = 678{,}267 \text{ N}$이다. 따라서 $V_n \le 0.58 f_{ck} b_0 c_u$인 위의 조건을 만족한다.

기본개념 $V_u \le V_d = \phi V_n = \phi(V_c + V_s)$에 $V_u = 508{,}700 \text{ N}$과 $V_c = 616{,}874 \text{ N}$을 대입하면 $508{,}700 \le 0.75 \times (616{,}874 + V_s)$로부터 $V_s = 61{,}393$이다. 이 값을 식 (9.23)과 연계하면 다음과 같다.

$$V_s = \frac{0.5 A_v f_{yt} d}{s} = 61{,}393 \text{ N}$$

여기에서 f_{yt}는 400 MPa를 초과할 수 없으며 전단철근의 간격 s는 d/2 이하여야 한다. 따라서 $d/2 = 165/2 = 82.5 \text{ mm}$이므로 $s = 80 \text{ mm} < d/2$로 결정한다.

$$A_v = \frac{61{,}393 \times s}{0.5 \times f_{yt} \times d} = \frac{61{,}393 \times 80}{0.5 \times 400 \times 165} = 148.8 \text{ mm}^2$$

여기서 A_v는 기둥 네 면에서 필요한 전단철근 단면적이므로 한 면에 필요한 전단철근량은 다음과 같다.

$$A_v/1\text{면} = \frac{148.8}{4} = 37.2 \text{ mm}^2$$

따라서 d/2이하인 80 mm간격의 D10철근을 폐합스터럽으로 보강하면 위험단면에서 2가닥이 교차하므로 배근 A_v는 $71.33 \times 2 = 142.7 \text{ mm}^2$가 되어 필요한 전단철근량을 초과하여 안전하다.

(4) 1방향 전단에 대한 검토

1방향 전단은 기둥으로부터 d만큼 떨어진 곳에서 폭 1 m에 대해 검토한다.

$V_u = 12.34 \times 1 \times (7/2 - 0.5/2 - 0.165) = 38.1\text{ kN}$

$V_c = 1/6\lambda\sqrt{f_{ck}}\,b_w\,d = 1/6 \times 1.0 \times \sqrt{28} \times 1{,}000 \times 165 = 137{,}500\text{ N} = 137.5\text{ kN}$

$\therefore \phi V_c = 0.75 \times 137.5 = 103\text{ kN} > V_u = 38.1\text{ kN}$

1방향 전단에 대하여 콘크리트만으로 저항할 수 있다.

(5) 전체정적계수휨모멘트와 정 및 부계수휨모멘트

장경간에 대한 전체정적계수휨모멘트 M_{OL}과 내부 경간일 경우에 대해 M_{OL}이 분배된 부계수휨모멘트 M_{ON}, 정계수휨모멘트 M_{OP}는 다음과 같다.

$$M_{OL} = \frac{w_u \ell_2 \ell_n^2}{8} = \frac{12.24 \times 6 \times 6.5^2}{8} = 387.9\text{ kN.m}$$

$M_{ON} = -0.65 \times M_{OL} = -0.65 \times 387.9 = -252.1\text{ kN.m}$

$M_{OP} = 0.35 \times M_{OL} = 0.35 \times 387.9 = 135.8\text{ kN.m}$

단경간에 대한 전체정적계수휨모멘트 M_{OS}과 내부 경간일 경우에 대해 M_{OS}이 분배된 부계수휨모멘트 M_{ON}, 정계수휨모멘트 M_{OP}는 다음과 같다.

$$M_{OL} = \frac{w_u \ell_2 \ell_n^2}{8} = \frac{12.24 \times 7 \times 5.5^2}{8} = 324\text{ kN.m}$$

$M_{ON} = -0.65 \times M_{OL} = -0.65 \times 324 = -210.6\text{ kN.m}$

$M_{OP} = 0.35 \times M_{OL} = 0.35 \times 324 = 113.4\text{ kN.m}$

(6) 소요 철근량 산정

장경간 방향으로 배치되는 철근을 단경간 방향으로 배치되는 철근의 아래에 두기로 하면, 장경간 방향에 대한 유효깊이 d_L과 단경간 방향에 대한 유효깊이 d_S는 다음과 같이 계산된다. 이때 철근은 여유있게 D29를 사용하는 것으로 가정하였다.

$d_L = 200 - 20 - 15/2 = 165\text{ mm}$

$d_S = 200 - 20 - 15 - 15/2 = 150\text{ mm}$

주열대는 기둥중심선을 기준으로 $0.25\ell_1$과 $0.25\ell_2$ 중 작은 값을 한 쪽의 폭으로 하는 슬래브 영역이므로

$0.25\ell_1 = 0.25 \times 7 = 1.75\text{ m}$

$0.25\ell_2 = 0.25 \times 6 = 1.5\text{ m}$

따라서 기둥 중심선을 기준으로 3 m폭이 주열대가 된다.

지금까지 계산된 값을 이용하여 철근량을 계산하여 다음 표에 정리하였다.

$$\rho_{t(인장)} = \eta \times 0.85 \times \beta_1 \times \frac{f_{ck}}{f_y} \times \frac{\epsilon_{cu}}{\epsilon_{cu}+\epsilon_t}\frac{d_t}{d}$$

여기서 $f_y \le 400$ MPa일 때 $\epsilon_t = 0.005$이고 $f_{ck} < 40$ MPa이므로 $\epsilon_{cu} = 0.0033$, $\eta = 1.0$, $\beta_1 = 0.8$이다.

$$\rho_{t(인장)} = 1.0 \times 0.85 \times 0.8 \times \frac{28}{400} \times \frac{0.0033}{0.0033+0.005}\frac{d_t}{d} = 0.01893\frac{d_t}{d}$$

주철근을 1단으로 배근한다면 $\frac{d_t}{d} = 1$ 이므로 인장지배단면 철근비는

$$\therefore \ \rho_{t(인장)} = 0.01893$$

$M_d = \phi M_n = \phi \rho f_y bd^2(1-0.59\rho\frac{f_y}{\eta f_{ck}})$이고 강도설계법의 기본개념은 $M_d \ge M_u$ 이므로

$$(0.59\phi bd^2\frac{f_y^2}{\eta f_{ck}})\rho^2 - (\phi bd^2 f_y)\rho + M_u \ge 0$$

윗 식으로부터 각 조건에 대해 철근비 ρ를 계산하고 $\rho \le \rho_{t(인장)}$인지 확인한다.

결정된 철근비를 이용하여 다음과 같이 철근량을 계산한다.

$$A_s = \rho bd$$

표 9.7 내부 슬래브판의 설계

	긴변 방향 $M_{ON} = -251.1$ kN.m $M_{OP} = 135.8$ kN.m				짧은 변 방향 $M_{ON} = -210.6$ kN.m $M_{OP} = 113.4$ kN.m			
	주열대		중간대		주열대		중간대	
	(−)	(+)	(−)	(+)	(−)	(+)	(−)	(+)
모멘트 분배(%)	75	60	25	40	75	60	25	40
M_u(kN·m)	−188.3	81.48	−62.8	54.32	158	68.04	−52.6	45.36
대의 폭 b (mm)	3,000	3,000	3,000	3,000	3,000	3,000	4,000	4,000
유효깊이 d (mm)	165	165	165	165	150	150	150	150
철근비 ρ	0.00722	0.003011	0.002306	0.001989	0.00734	0.003043	0.001745	0.001501
철근량 A_s(mm^2)	3,574	1,490.2	1,141.6	984.8	3,302.3	1,369.2	1,046.8	900.8
최소철근량 0.002bt(mm^2)	1,200	1,200	1,200	1,200	1,200	1,200	1,600	1,600
철근배근	30−D13	13−D13	10−D13	10−D13	27−D13	11−D13	13−D13	13−D13

연습문제

9.1　경간이 4 m인 1 방향 연속 슬래브가 있다. 슬래브 자중을 포함해서 w_u = 30 kPa가 작용한다. D19 철근을 150 mm 간격으로 배치하기로 한다면 두께는 얼마로 해야 하는가? 강도설계법으로 구하여라. 단, f_{ck} = 30 MPa이고 SD400 철근을 사용한다.

9.2　그림과 같이 보와 일체된 1 방향 슬래브가 있다. 이 슬래브에 활하중 w_ℓ = 8 kPa가 작용한다. 슬래브 자중을 포함시켜 강도설계법에 의해 1 방향 슬래브를 설계하여라. 단, f_{ck} = 28 MPa이고 SD400철근을 사용한다.

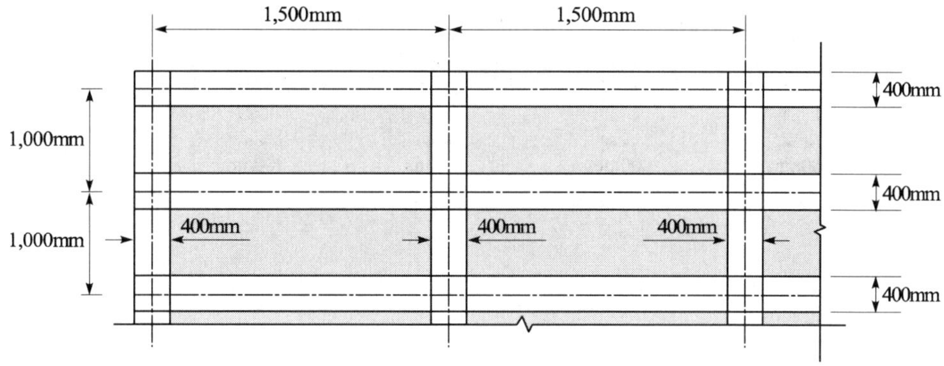

9.3　자중을 포함한 극한하중 w_u = 36 kPa을 받는 1 방향 단순 슬래브를 설계하여라. 이때 경간은 3.5 m이고, 콘크리트설계기준강도 f_{ck} = 27 MPa이고 SD400 철근을 사용한다.

9.4 두께가 360 mm인 1 방향 슬래브가 사용하중에 의한 모멘트 $M = 70$ kN.m을 받을 경우, 필요로 하는 철근량을 구하여라. 단, 콘크리트설계기준강도 $f_{ck} = 28$ MPa이고 SD400 철근을 사용한다.

9.5 중심간격이 4.4 m인 보와 일체로 된 그림과 같은 1 방향 슬래브를 강도설계법으로 설계하여라. 단, 슬래브 자중을 포함한 고정하중은 $w_d = 6$ kPa, 활하중은 $w_\ell = 8$ kPa 이다. 콘크리트설계기준강도 $f_{ck} = 27$ MPa이고 SD400 철근을 사용한다.

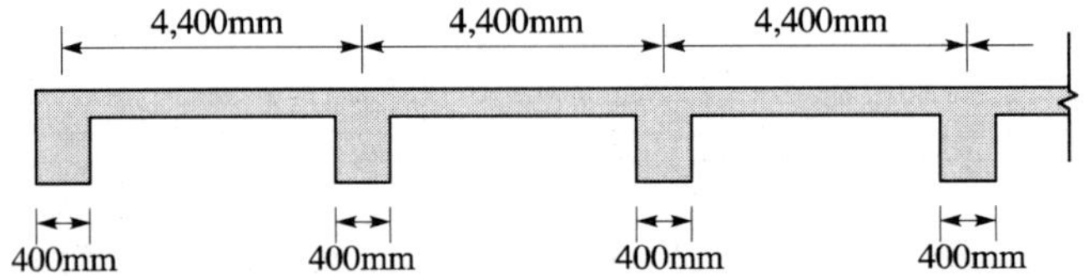

CHAPTER

10 기초판

CHAPTER

10 기초판

10.1 서론

빌딩, 교량, 기타 구조물에 의한 하중은 기초(foundation)를 통하여 지반에 전달되어야 한다. 지반이 지지할 수 있는 지지력은 기둥 및 벽의 압축응력보다 훨씬 작기 때문에, 기초는 지반의 파괴나 과도한 변형을 방지하기 위하여 지반에 직접적으로 가해지는 압력을 감소시키기 위하여 사용된다. 즉, 기초는 구조물이 침하되는 일이 없이 안전하게 지지될 수 있도록 상부구조물의 하중을 지반에 전달시키기 위하여 설치하는 구조물이다. 그러므로 상부구조물로부터 전달된 하중에 의하여 기초 저면에 발생되는 응력은 기초 지반의 허용지지력을 초과하지 말아야 하며 또한 과다한 침하나 부등침하, 전도, 활동 등이 발생되지 말아야 한다.

10.2 기초의 형태

기초 형태의 선택은 다음의 인자들에 의해 영향을 받는다.

a. 현장의 다양한 지반 층의 강도와 압축성
b. 전달되는 하중의 크기
c. 지하수위의 위치
d. 지하층의 필요성
e. 인접한 구조물 기초의 근입 깊이

기초의 형태는 대부분 그림 10.1에서와 같이 분류할 수 있다.

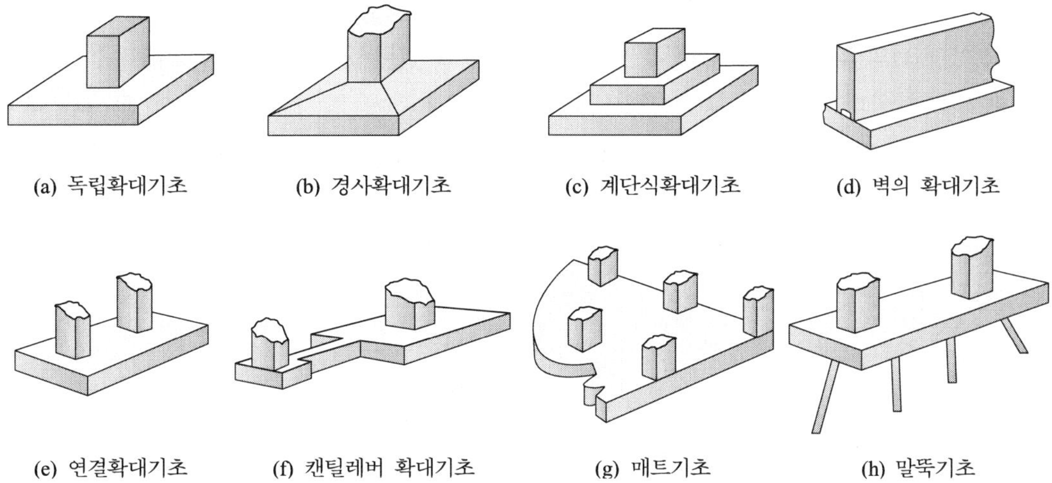

그림 10.1 기초의 종류

(1) 독립 확대기초 (isolated spreading footings)

그림 10.1(a)~(c)와 같이 하나의 기둥이나 받침을 지지하는 기초를 말하며 주로 정사각형 또는 직사각형으로 만들고 때로는 원형으로도 할 수 있다. 주로 기초 사이의 거리가 길 때 사용하면 경제적이다.

(2) 벽식 확대기초 (wall footings)

그림 10.1(d)와 같이 벽으로부터 전달되는 하중은 벽의 방향에 수직한 단일 곡률로 휘는 길고 좁은 기초로 지지된다. 따라서 벽의 확대기초는 벽의 길이에 따라 연속적으로 만들어진다. 벽의 확대기초는 휨이 1방향으로 일어나므로 폭이 1 m 인 1방향 슬래브로 보고 설계한다.

(3) 복합 또는 연결 확대기초 (combined footings)

그림 10.1(e)와 같이 2개 이상의 기둥을 지지하는 기초를 말한다. 이 기초는 인접 기둥 사이의 거리가 상대적으로 적어 두 기초가 겹칠 때 사용한다. 또는 토지의 경계선 또는 기타 제약으로 인하여 외측 기둥의 확대기초를 대칭으로 만들 수 없을 때 사용한다.

어떤 경우에서라도 연결 확대기초의 도심은 두 기중하중의 합력의 작용선에 일치해야 한다. 연결확대기초는 기둥하중으로 인한 기초 지반의 상향압력을 외력으로 하는 보로 보고 설계한다.

(4) 캔티레버 또는 스트랩기초 (cantilever or strap footings)

그림 10.1(f)와 같이 각각의 독립 확대기초를 보로 연결시킨 구조를 캔티레버기초 또는 스트랩기초라 한다. 이 기초도 연결확대기초의 일종이라 할 수 있다. 따라서 외부와 내부 기둥을 위한 기초가 독립적으로 만들어졌다는 것을 제외하고는 연결확대기초와 유사하다. 이 기초는 토지 경계선 부근에서는 이외의 다른 기초보다 경제적이다.

캔틸레버 확대기초는 2개의 독립 확대기초를 연결보로 연결한 것으로 보고 설계한다. 외측기초는 벽의 확대기초로 보고 설계하는데, 이는 외측기둥이 외측 기초의 끝에 위치함으로써 불균등분포의 기초저면의 압력을 연결보에 의하여 균등분포로 되게 하는 것이다. 내측기초는 독립 확대기초로 보고 설계한다. 연결보의 존재로 인하여 펀칭전단이 일어나지 않는 점이 일반 독립기초와 다른 점이다.

연결보는 외측기초의 벽의 확대기초로부터 전달되는 상향압력을 받는다. 따라서 연결보는 외측기둥 밑에서 상향의 지지력 분포하중을 받고, 각 기둥 중심선에서 하향반력을 받는 단순보로 보고 설계한다.

(5) 전면기초 (mat footings)

그림 10.1(g)와 같이 구조물의 모든 기둥을 하나의 넓고 연속적으로 지지하는 기초를 말한다. 이 기초는 지반의 상태가 약하지만 파일(pile)을 사용할 수 없을 때 사용된다.

(6) 말뚝기초 (pile footings or pile cap)

그림 10.1(h)와 같은 형태로서 상부 토질 층이 얕은 기초를 지지하기에 지지력이 부족할 때, 하중은 적당한 지지력을 갖는 재료의 층까지 전달되어야 한다. 적당한 지지층이 표면 아래에 멀리 위치할 때 기초는 종종 말뚝 위에서 지지된다. 이러한 기초를 말뚝기초라고 한다. 기둥의 모든 하중은 말뚝에 의해 적당한 지지층이 있는 지반에 전달된다.

10.3 토압분포

기초 저면 아래의 지지압력은 기초를 강성체로 기초 아래의 흙을 균질한 탄성재료로 취급함으로서 결정된다. 토압은 토질의 변형에 직접 비례되는 것으로 가정되기 때문에, 등분포 압력은 토질이 균일하게 압축되므로 축방향으로 재하되는 기초의 저면 아래에 분포하는 것으로 간주된다.(10.2(a))

실제적으로 기초 저면의 압력분포는 등분포가 아니라 점착력에 따라 변화한다. 이 변화는 기초의 휨성, 기초의 근입깊이, 토질 형태의 함수이다. 그림 10.2(b)와 (c)는 기초 아래의 흙의 점착력 유·무에 따라 상이한 토압 분포를 나타낸다.

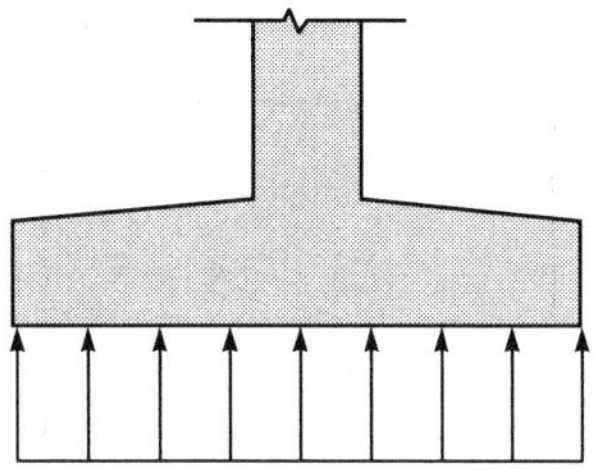

(a) 등분포 토압분포의 가정

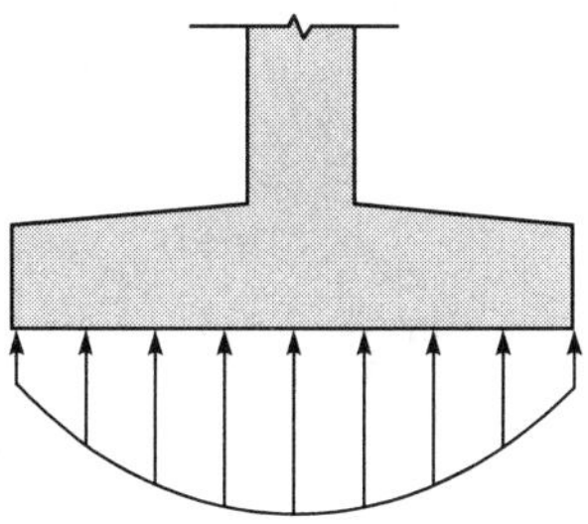

(b) 점착력 없는 흙의 토압분포(모래)

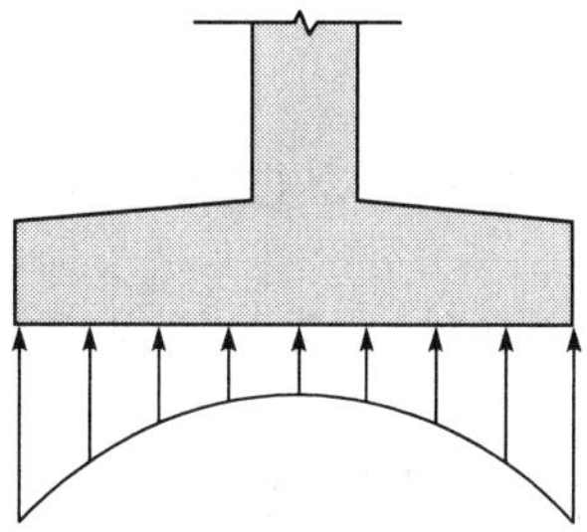

(c) 점착력 있는 흙의 토압분포(점토)

그림 10.2 토압의 분포

그러나 축방향으로 재하된 기초 저면 아래의 토압의 크기가 균일하지 않을지라도, 기초 설계에서는 토질의 종류에 관계없이 해석을 단순화하기 위하여 기초 저면 아래에서 등분포 압력으로 분포하는 것으로 간주한다.

10.3.1 편심하중

기초는 균등한 침하 및 토압을 최소화하기 위하여 하중이 축방향으로 재하되는 것이 바람직하지만, 대부분 기초의 설계는 축하중과 모멘트 모두에 대하여 설계된다. 모멘트는 바람 또는 지진으로 인한 수평력, 수평토압 등에 의하여 야기될 수 있다.

편심하중이 크고 인장 휨응력이 수직응력을 초과할 때, 기초의 한 면에서는 인장응력이 발생된다. 따라서 휨응력 분포는 편심하중의 크기에 따라 달라진다. 그림 10.3에서와 같이 세 가지 경우의 편심거리에 대하여 고려할 수 있다.

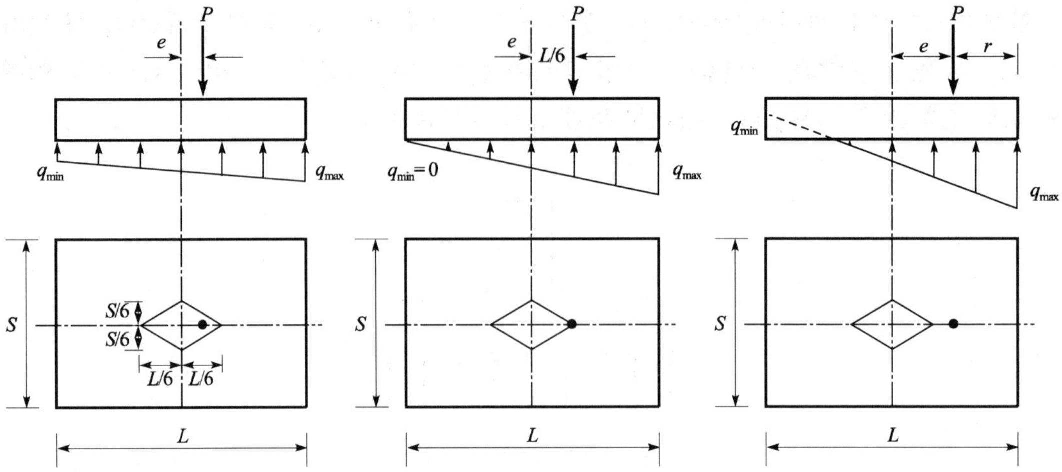

그림 10.3 편심하중을 받는 확대기초

(1) 편심거리 $e < \frac{L}{6}$ 인 경우 (그림 10.3a)

이 경우의 수직응력 P/A_f는 휨응력 $\frac{M}{I}y$ 보다 크다. 이때의 응력은

$$q_{max} = \frac{P}{A_f} + \frac{Pe}{I}y \tag{10.1a}$$

$$q_{min} = \frac{P}{A_f} - \frac{Pe}{I}y \tag{10.1b}$$

여기서, $A_f = SL$ 이고 $y = \frac{L}{2}$ 그리고 $I = \frac{SL^3}{12}$ 이다. 따라서

$$q_{max} = \frac{P}{SL} + \frac{Pe}{\frac{SL^3}{12}} \times \frac{L}{2} = \frac{P}{SL} + \frac{6Pe}{SL^2} = \frac{P}{SL}(1 + \frac{6e}{L}) \tag{10.1c}$$

$$q_{min} = \frac{P}{SL}(1 - \frac{6e}{L}) \tag{10.1d}$$

(2) 편심거리 $e_1 = \frac{L}{6}$ 의 경우 (그림 10.3b)

이 경우의 수직응력 P/A_f는 휨응력 $\frac{M}{I}y$와 같다. 이때의 응력은

$$q_{max} = \frac{P}{SL}(1 + \frac{6e}{L}) \tag{10.2a}$$

$$q_{min} = \frac{P}{SL}(1 - \frac{6e}{L}) = 0 \tag{10.2b}$$

식 (10.2b)를 e에 대해서 정리하면 $e = \frac{L}{6}$ 이다. 즉, 인장응력의 발생을 피하기 위한 범위는 기초에서 편심하중이 중앙 L/3안에 하중이 존재해야 한다.

(3) 편심거리 $e > \frac{L}{6}$ 의 경우 (그림 10.3c)

이 경우의 수직응력 P/A_f는 휨응력 $\frac{M}{I}y$ 보다 작다. 그림 10.3(c)에 나타난 것과 같이 하중이 중앙 1/3의 바깥쪽에 작용하면 기초의 왼쪽 측에 인장응력이 발생한다. 그러나 기초판과 지반 사이에는 인장응력이 발생하지 않고 압축력만 작용하는 것으로 본다. 재하하중에 의해 생긴 최대 지지력 q_{max} 가 흙의 허용지지력을 초과하지 않는다면, 기초 왼쪽 끝단이 들려 올라가는 일은 발생하지 않을 것이고 그림 10.3(c)에서 하중 작용점과 흙의 삼각형 지지력 분포의 무게 중심이 일치하게 된다.

기초의 가장자리 끝단에서 하중 P까지의 거리는 $r = (L/2) - e$ 은 삼각형 지지응력분포의 맨 우측으로부터 도심까지의 거리이다.

따라서 삼각형 지지응력의 폭은 $3r = 3[L/2 - e]$ 이 된다. 그러므로 최대 압축 지압응력은

$$q_{max} = \frac{P}{\frac{3r \times S}{2}} = \frac{2P}{3S\left(\frac{L}{2} - e\right)} \tag{10.3}$$

(4) 복편심(2축 편심)의 경우 (그림 10.4)

기초의 장·단변 양방향으로 편심하중이 작용하는 경우의 응력은 다음과 같다.

$$q = \frac{P}{A_f} \pm \frac{P\,e_x}{I_y}x \pm \frac{P\,e_y}{I_x}y \tag{10.4}$$

여기서, $x = L/2$, $y = S/2$, $I_x = LS^3/12$, $I_y = SL^3/12$ 이다.

+항과 -항을 조합하여 확대기초의 네 모퉁이 응력을 계산할 수 있다.

$$q_A = \frac{P}{A_f} + \frac{P\,e_x}{I_y}x + \frac{P\,e_y}{I_x}y \tag{10.5a}$$

$$q_B = \frac{P}{A_f} - \frac{P\,e_x}{I_y}x + \frac{P\,e_y}{I_x}y \tag{10.5b}$$

$$q_C = \frac{P}{A_f} - \frac{P\,e_x}{I_y}x - \frac{P\,e_y}{I_x}y \tag{10.5c}$$

$$q_D = \frac{P}{A_f} + \frac{P\,e_x}{I_y}x - \frac{P\,e_y}{I_x}y \tag{10.5d}$$

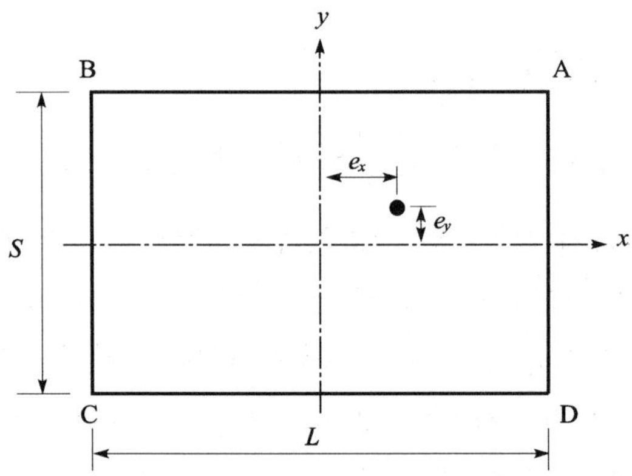

그림 10.4 2축 편심을 받는 확대기초

예제 10.1

그림과 같이 1.8 m × 1.3 m의 확대기초가 P = 900 kN의 하중을 받고 있다. 하중이 다음과 같은 편심을 가지고 작용할 때 기초 저면에서의 토압을 계산하여라.

(1) e = 0.15 m일 때

(2) e = 0.3 m일 때

(3) e = 0.4 m일 때

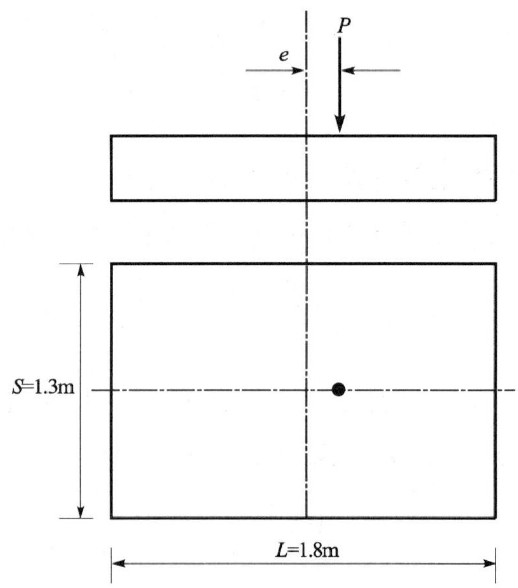

그림 10.5

► **풀이**

(1) $e = 0.15\,m < L/6 = 0.3$이므로 핵 안에 하중이 작용하고 있다. 따라서

$$q_{max} = \frac{P}{A} + \frac{Pe}{I}y = \frac{900}{2.34} + \frac{900 \times 0.15}{\frac{1.3 \times 1.8^3}{12}} \times 0.9 = 384.6 + 192.3 = 576.9\,kPa$$

$$q_{min} = 384.6 - 192.3 = 192.3\,kPa$$

(2) $e = 0.3\,m = L/6 = 0.3$이므로 하중이 핵의 경계에 작용한다. 따라서

$$q_{max} = \frac{P}{A} + \frac{Pe}{I}y = \frac{900}{2.34} + \frac{900 \times 0.3}{\frac{1.3 \times 1.8^3}{12}} \times 0.9 = 384.6 + 384.6 = 769.2\,kPa$$

$$q_{min} = 384.6 - 384.6 = 0\,kPa$$

(3) $e = 0.4\,m > L/6 = 0.3$이므로 하중이 핵을 벗어나 작용한다. 따라서
응력은 길이 $3r$에 걸쳐 작용한다.

$$q_{max} = \frac{2P}{3rS} = \frac{2 \times 900}{3 \times 0.5 \times 1.3} = 923.1\,kPa$$

여기서, $r = \frac{L}{2} - e = \frac{1.8}{2} - 0.4 = 0.5\,m$

10.4 설계일반

기초의 설계를 단순화하기 위해서 기초는 강성체이며 지반에 의해 탄성지지된 것으로 간주한다. 순 토압은 휨모멘트와 전단력을 계산할 때 사용된다.

큰 집중하중이 작용할 때는 휨보다 전단에 의해 대부분의 기초설계를 하게 된다. 기초판의 전단 파괴 메커니즘은 지지된 바닥슬래브와 유사하다. 그러나 전단용량(shear capacity)은 보의 경우보다 상당히 크다. 많은 경우의 기초가 이중으로 굽어있기 때문에 기초 설계시 휨과 전단은 반드시 고려되어야 한다. 기초 내에 있는 임의의 요소의 응력 상태는 휨, 전단과 축력의 조합 결과에 따라 달라진다.

기초판은 작용하는 계수하중과 이로 인한 지반반력을 견딜 수 있도록 설계되어야 하며, 이 때 지반반력이란 기초의 저면 또는 말뚝의 상단에서 저항하여야 할 축력, 휨모멘트, 전단력을 의미한다.

허용지내력 또는 말뚝의 허용내력이 일반 설계기준 및 토질역학의 이론에 의해 결정된

다음, 기초판의 저면적, 말뚝의 개수 및 배열은 사용하중(D, L, W, E 등)을 기준으로 설계하여야 하며, 이 때 모든 하중조항을 고려하되 하중계수를 적용하지 않아야 한다.

응력해석 결과, 기둥 또는 받침대 저면의 단부 휨모멘트만이 기초판에 전달되도록 한다. 즉, 세장효과를 고려한 최소 휨모멘트에 관한 사항은 기초에 전달되는 휨과 휨모멘트에 대해서는 고려할 필요가 없다.

말뚝기초의 기초판 설계에서 말뚝의 반력은 각 말뚝의 중심에 집중된다고 가정하여 휨모멘트와 전단력을 계산할 수 있다.

말뚝기초의 기초판 설계에서 말뚝의 반력은 각 말뚝의 반력은 각 말뚝의 중심에 집중된다고 가정하여 휨모멘트와 전단력을 계산할 수 있다.

기초판에서 휨모멘트, 전단력 및 철근정착에 대한 위험단면의 위치를 정할 경우, 원형 또는 정다각형인 콘크리트 기둥이나 받침대는 같은 면적의 정사각형 부재로 취급할 수 있다.

기초판 상단에서부터 하단 철근까지의 깊이는 흙에 놓이는 기초의 경우는 150 mm 이상, 말뚝기초의 경우는 300 mm 이상으로 한다.

강도설계법에 의해 기초판 또는 말뚝 캡을 설계할 경우, 계수하중을 적용하여 지반반력 또는 말뚝의 반력을 결정하여야 한다. 중심축력을 받는 기초판에서 계수하중에 의한 지반반력 q_s는 $q_s = P_u/A_f$와 같이 된다. 여기서 P_u는 기초판이 지지해야 할 계수 중심축력이고, A_f는 계수를 곱하지 않은 사용하중과 허용지내력에 근거하여 구한 기초판의 저면적이다.

10.5 기초판 설계

10.5.1 휨모멘트에 대한 설계

① 기초판 각 단면에서의 휨모멘트는 기초판을 자른 수직면에서 그 수직면의 한 쪽 전체 면적에 작용하는 힘에 대해 계산하여야 한다.

② 기초판의 최대 계수휨모멘트를 계산할 때, 그 위험단면은 다음에 따라 구하여야 한다.

ⓐ 콘크리트 기둥, 받침대 또는 벽체를 지지하는 기초판은 기둥 및 받침대 또는 벽체의 외면(그림 10.6(a))

ⓑ 조적조 벽체를 지지하는 기초판은 벽체 중심과 벽체면과의 중간(그림 10.6(b))

ⓒ 강재 베이스 플레이트를 갖는 기둥을 지지하는 기초판은 기둥 외면과 강재 베이스 플레이트 단부와의 중간(그림 10.6(c))

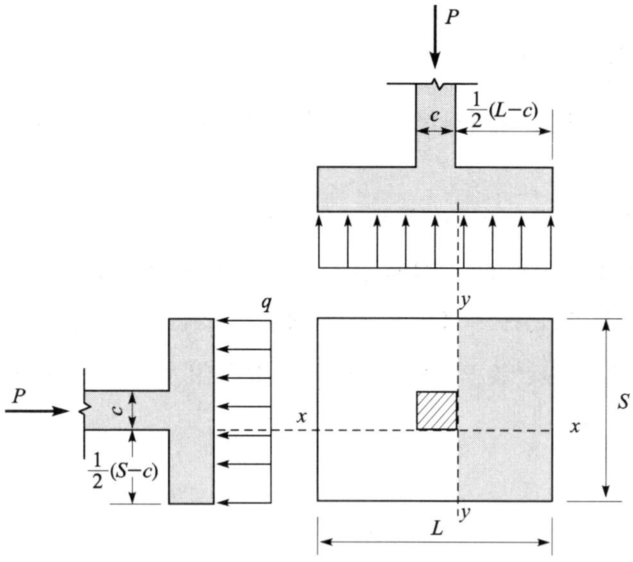

(a) 콘크리트 기둥, 받침대, 벽체를 지지하는 확대기초

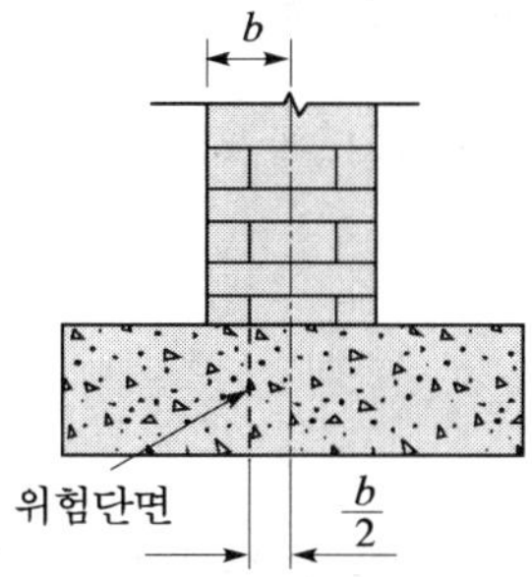

(b) 석공벽을 지지하는 확대기초

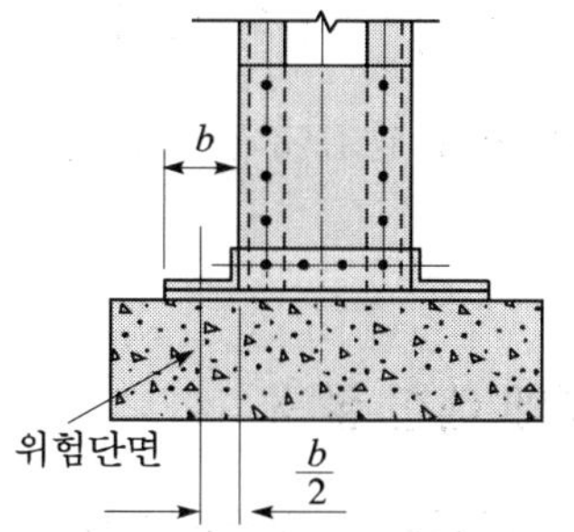

(c) 강제기둥을 지지하는 확대기초

그림 10.6 휨모멘트에 대한 위험단면

기초의 두께는 휨모멘트에 의한 값보다 전단에 의한 값이 클 경우가 많다. 따라서, 전단강도가 단면의 두께를 결정하는 것이 일반적이며, 이 단면에 대한 철근량을 구한다. 휨모멘트는 두 방향으로 기둥 전면에서 구하고, 각 방향의 위험단면에 대한 철근량을 계산해야 한다.

그림 10.6(a)에서 위험단면 y－y 의 극한 휨모멘트는

$$M_y = q_u \times \frac{1}{2}(L-c) \times S \times \frac{1}{4}(L-c) = \frac{1}{8} q_u S (L-c)^2 \tag{10.6}$$

위험단면 x－x 의 극한 휨모멘트는

$$M_x = \frac{1}{8} q_u L (S - c)^2 \tag{10.7}$$

1방향 기초판 또는 2방향 정사각형 기초판에서 철근은 기초판 전체 폭에 걸쳐 균등하게 배치하여야 한다.

2방향 직사각형 확대기초의 각 방향 철근 배치는 다음 규정을 따라야 한다.

① 장변 방향으로의 철근은 폭 전체에 걸쳐 균등히 배치시킨다.

② 단변 방향으로의 철근은 식 (10.8)에서 계산된 철근량 A_{sc}를 유효폭 내에 균등하게 배치한 후, 나머지 철근을 이 유효폭 이외의 부분에 균등히 배치시킨다.

$$A_{sc} = \frac{2}{\beta + 1} \cdot A_{ss} \tag{10.8}$$

여기서, A_{sc} : 유효폭 내에 배치되는 철근량

A_{ss} : 단변 방향의 전체 철근량

$\beta = \frac{L}{S}$ (기초판에서 단변에 대한 장변의 비) ≥ 1

유효폭은 기둥이나 받침대의 중심선이 유효폭 중심이 되도록 하며, 기초판의 단변 폭 길이로 취한다.

10.5.2 전단력에 대한 설계

확대기초의 전단거동은 집중하중을 받는 2방향 슬래브와 유사하다. 따라서 부재가 휨강도에 도달하기 전에 전단파괴가 일어나지 않도록 설계하여야 한다. 집중하중이나 반력 부근에서 기초판의 전단설계는 다음의 두 경우 중 불리한 경우에 대하여 검토하여야 한다.

(1) 1방향 전단(Beam Action)

기초판이 폭이 넓은 보와 같이 휨거동을 할 때, 즉 1방향 거동을 할 때, 전단에 대한 위험단면은 휨모멘트설계의 위험단면에서 d만큼 떨어진 곳에 위치한다. 위험단면에서 전단력은 다음과 같다.

$$V_u = q\left(\frac{L - c}{2} - d\right)S \tag{10.9}$$

전단력과 휨모멘트만 받는 경우 상세한 계산을 하지 않는 경우 콘크리트에 의한 전단강도는 식 (10.10)에 의해 계산할 수 있다.

$$V_c = \frac{1}{6}\lambda\sqrt{f_{ck}}\,b_w d \tag{10.10}$$

또한 상세한 계산에 의한 경우 콘크리트에 의한 전단강도는 식 (10.11)에 의해 계산할 수 있다.

$$V_c = (0.16\lambda\sqrt{f_{ck}} + 17.6\rho_w \frac{V_u d}{M_u})\,b_w d \tag{10.11}$$

그러나 V_c의 값은 $0.29\lambda\sqrt{f_{ck}}\,b_w d$를 초과할 수 없으며, M_u는 전단을 고려하는 단면에서 V_u와 동시에 발생하는 계수휨모멘트로서 식 (10.11)에서 $V_u d/M_u$의 값은 1.0 이하로 취하여야 한다.

여기서, f_{ck}는 콘크리트의 설계기준강도(MPa), $\rho_w = \frac{A_s}{b_w d}$, b_w 는 기초의 폭(mm), d는 종방향 인장철근의 중심에서 압축측 연단까지의 거리이다. V_c는 전단 보강을 하지 않는 한 항상 공칭전단력 $V_n = V_u/\phi$보다 커야 된다.

1방향 전단거동을 하는 기초판에서 전단 철근으로 보강할 때 보에서와 같이 극한 전단강도는 $V_u \leq \phi V_n$ 를 만족해야 하고, 여기서 $V_n = V_c + V_s$ 가 되며, V_s 는 전단 철근이 부담하는 전단강도로서 다음과 같다.

수직스터럽을 사용할 경우 : $V_s = \dfrac{f_{yt} A_s d}{s}$

경사스터럽을 사용할 경우 : $V_s = \dfrac{f_{yt} A_s (\sin\alpha + \cos\alpha) d}{s}$

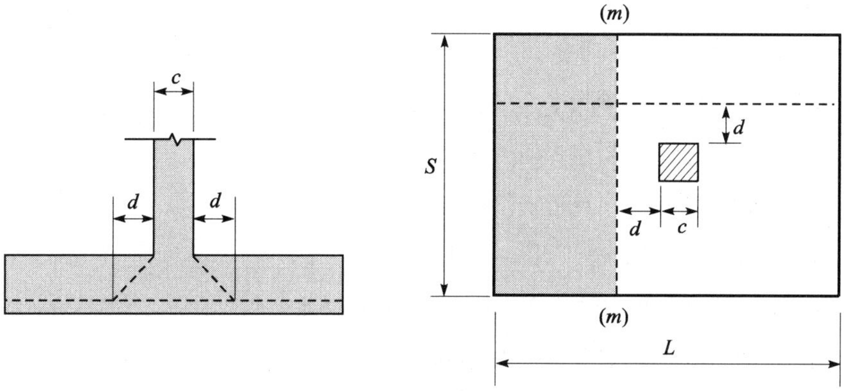

그림 10.7 1방향 전단의 위험단면

(2) 2방향 전단(two-way Action)

2방향으로 휨을 받는 기초판에서의 전단에 대한 위험단면은 집중하중의 주위로부터 $\frac{d}{2}$ 거리에서 발생하고, 위험단면에서 전단력은 다음과 같다.

$$V_u = q_u(SL - (c+d)^2) \tag{10.12}$$

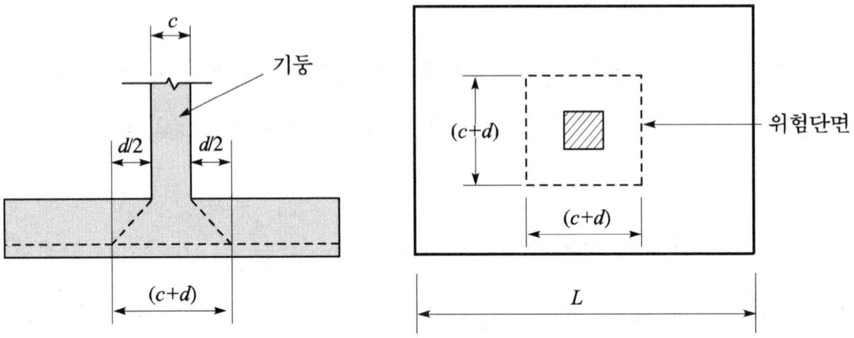

그림 10.8 2방향 전단 위험단면

철근콘크리트 슬래브와 기초판에 대한 공칭전단강도 V_c는 다음 식 (9.20)에 의해 계산한다.

$$V_c = v_c\, b_o\, d \tag{9.20}$$

$$v_c = \lambda \kappa_s \kappa_{b0}\, f_{te} \cot\psi (c_u/d) \tag{9.21}$$

여기서, 각 계수 값은 다음과 같이 정의된다.

v_c : 콘크리트 재료의 공칭전단응력강도

b_0 : 위험단면의 둘레길이

λ : 경량콘크리트계수

κ_s : 슬래브의 두께계수

κ_{b0} : 위험단면 둘레길이의 영향계수

f_{te} : 압축대 콘크리트의 인장강도

ψ : 슬래브 휨 압축대의 균열각도

c_u : 압축철근의 영향을 무시하고 계산된 슬래브 위험단면 압축대 깊이의 평균값

f_{cc} : 위험단면의 압축대에 작용하는 평균 압축응력

식 (9.21)의 각 계수들은 아래 식으로 계산된다.

$$\kappa_s = (300/d)^{0.25} \le 1.1 \tag{9.22a}$$

$$\kappa_{b0} = 4/\sqrt{\alpha_s(b_0/d)} \le 1.25 \tag{9.22b}$$

$$f_{te} = 0.2\sqrt{f_{ck}} \tag{9.22c}$$

$$\cot\psi = \sqrt{f_{te}(f_{te} + f_{cc})}/f_{te} \tag{9.22d}$$

$$f_{cc} = (2/3)f_{ck}$$

$$c_u = d[25\sqrt{\rho/f_{ck}} - 300(\rho/f_{ck})] \tag{9.22e}$$

식 (9.22a,b)에서 d의 단위는 mm이며, κ_s의 하한값은 0.75이다. $\alpha_s = 1.0$(내부기둥), $\alpha_s = 1.33$(외부기둥) 그리고 $\alpha_s = 2.0$(모서리 기둥)이다. 식 (9.22e)에서 ρ는 설계위험단면에서 양방향으로 각각 h만큼 떨어진 폭의 슬래브에 대한 평균주인장철근비이며, $\rho \le 0.03$의 범위에서 사용할 수 있고 ρ가 0.005 이하인 경우 0.005를 사용할 수 있다. 이때 주인장철근은 설계위험단면에서 최소 $(h = l_d)$만큼 연장하여 슬래브에 정착해야 한다. 여기서 l_d는 인장이형철근의 정착길이이다.

2방향 전단의 경우에도 $V_u \le \phi V_n$를 만족해야 하고, 여기서 $V_n = V_c + V_s$가 되며, V_s는 전단 철근이 부담하는 전단강도로서 다음과 같다.

철근이나 철선으로 구성되는 전단철근과 한 가닥 또는 여러 가닥의 스터럽은 다음의 규정에 따라 d가 150 mm 이상이고 전단철근의 지름의 16배 이상인 슬래브와 기초판에 적용될 수 있다.

① 공칭전단강도 $V_n = V_c + V_s$로 계산하여야 하며, 콘크리트에 의한 공칭전단강도 V_c는 식 (9.20)으로 구하며, 전단철근에 의한 공칭전단강도 V_s는 식 (9.23)에 따라 구하여야 한다. 즉,

$$V_n = V_c + V_s = v_c b_o d + \frac{0.5A_v f_{yt} d}{s} \le 0.58 f_{ck} b_o c_u \tag{9.23}$$

여기서, A_v는 전단위험단면에 따라 간격 s내의 배치된 모든 전단철근의 단면적이며 f_{yt}는 400 MPa를 초과할 수 없다.

② 공칭전단강도 V_n은 $0.58 f_{ck} b_o c_u$ 이하이어야 한다. 여기서, b_0은 기둥면으로부터 거리

d/2에 위치한 2 방향 전단의 위험단면의 둘레길이이다.

③ 기둥면과 기둥 주위를 감싸는 첫 번째 열 스터럽 사이의 간격은 d/2 이하이어야 한다. 첫 번째 열에서 기둥면의 평행방향의 스터럽 다리 사이의 간격은 2d 이하이어야 한다. 스터럽 열 사이의 간격은 기둥면에 직각방향으로 d/2 이하이어야 한다.

④ 슬래브 전단철근은 단면 상·하에서 충분히 정착되어야 한다. 스터럽은 정착 요건을 만족시켜야 하며 길이방향 휨철근을 둘러싸야 한다.

그러나 2방향 전단거동을 하는 대부분의 확대기초의 기초판의 경우는 얇은 기초판의 경우로서 전단 철근의 고정이 어려운 실무적인 문제 때문에 2방향 슬래브처럼 전단 철근을 잘 사용하지 않는 것에 유의할 필요가 있다.

10.6 기둥, 벽체 또는 받침대 저면에서의 힘의 전달

10.6.1 기둥저면의 지압강도

기둥, 벽체 또는 받침대 저면에서 힘과 모멘트는 콘크리트의 지압과 철근, 다웰 및 기계적인 연결장치에 의해 지지받침대 또는 기초판에 전달된다. 압축력은 콘크리트의 지압력에 의하여 받침부재인 주각 또는 기초판에 전달된다.

콘크리트의 설계지압강도는 $\phi(0.85\ f_{ck}\ A_1)$을 초과할 수 없다. 이때 허용지압응력은 다음과 같다.

$$f_b = \phi(0.85\ f_{ck}) \tag{10.15}$$

여기서, $\phi = 0.65$: 콘크리트의 지압에 대한 강도감소계수

A_1 : 기둥의 지압면적

그러나 지지표면이 하중이 가해지는 면적보다 넓을 때, 주변의 콘크리트는 지압면을 횡구속하므로 지압강도는 결과적으로 증가된다.

이때 재하면의 설계지압강도는 $\phi(0.85 f_{ck}\sqrt{A_2/A_1})A_1$까지 증가시킬 수 있다. 다만, $\sqrt{A_2/A_1}$ 값은 2.0 이하로 하여야 한다. 여기서 A_1은 재하면적이고, A_2는 그림 10.9처럼 계산한 계산확대기초의 면적이다.

받침부의 상부가 경사지거나 계단식으로 되어있을 때도 받침부재의 경사각이 너무 크지 않다면 받침면적이 하중재하면적보다 더 크다는 이점을 취하게 된다. 그림 10.9는 A_2를 구

하기 위한 절두체의 적용방법을 설명한다.

받침부재와 지지되고 있는 부재와의 사이에 있는 철근, 다웰 철근 또는 기계적 연결장치는 어느 한 쪽 부재의 콘크리트 지압강도를 초과하는 모든 압축력과 접촉면 사이의 인장력과 같은 힘들이 충분히 전달되어야 한다.

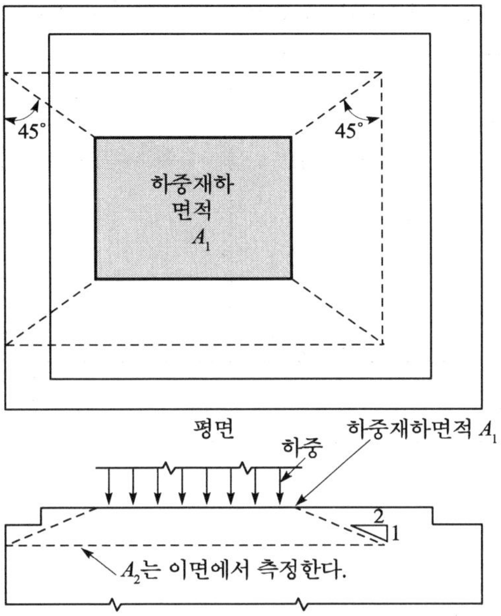

그림 10.9 계단식 또는 경사받침부에서의 A_2값의 계산

10.6.2 현장치기 시공에서 힘 전달

현장치기 시공에서 힘의 전달장치를 만족시키는 보강방법으로서 종방향 주철근을 받침부재인 주각 또는 기초판까지 연장시키거나 다웰 철근으로 연결시켜야 한다.

현장치기 기둥과 주각의 경우 양 부재 접촉면 사이의 철근 단면적은 지지되는 부재 단면적의 0.005배 이상이어야 한다.

현장치기 벽체의 경우, 양 부재 접촉면 사이의 철근 단면적은 벽체에 대한 최소 수직철근량 이상을 배근하여야 한다.

기초에서 압축력만을 받는 D41과 D51인 주철근은 힘전달 철근으로서 다웰 철근과 겹침이음을 할 수 있다. 다웰 철근은 D35이하이어야 하며, 지지되는 부재 속에 묻혀야 한다. 이때 묻힘길이는 D41 또는 D51의 정착길이나 다웰 철근의 겹침이음길이 중 큰 값보다 커야 하며, 기초판 속으로 묻히는 묻힘 길이는 다웰 철근의 정착길이 이상이어야 한다.

예제 10.2

벽의 단위길이(m) 당 자중을 포함한 고정하중 $P_d = 400\ kN$ 과 활하중 $P_\ell = 200\ kN$ 을 받는 너비 $400\ mm$의 콘크리트 벽을 지지하기 위한 철근 콘크리트 기초를 설계하여라. 기초의 바닥은 지표면 아래 $1\ m$에 있다.

콘크리트의 설계기준강도 $f_{ck} = 24\ MPa$이고 철근은 SD400을 사용하였으며 지반의 허용지지력은 $250\ kN/m^2$, 흙의 단위질량은 $1,700\ kg/m^3$이다.

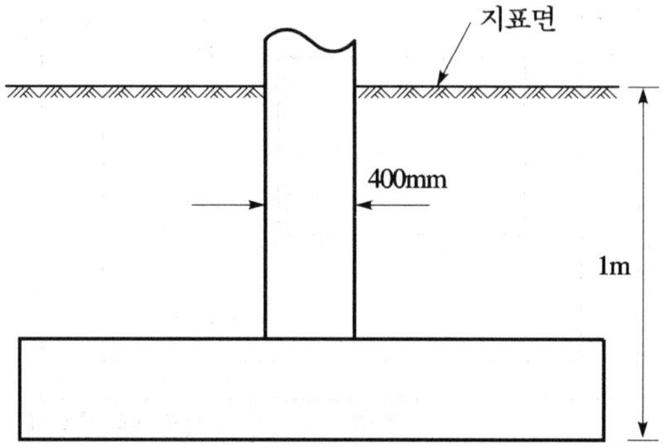

그림 10.10

▸ **풀이**

확대기초의 넓이를 결정하기 위하여 확대기초의 두께를 500 mm로 가정한다.

확대기초의 중량은 $2,500\ kg/m^3 \times 0.5\ m = 1,250\ kg/m^2 = 12,500\ N/m^2$

복토의 중량은 $1,700\ kg/m^3 \times (1-0.5)\ m = 850\ kg/m^2 = 8,500\ N/m^2$

기초아래의 유효지지력은 $250-(12.5+8.5) = 229\ kN/m^2$

1방향 기초판이므로 단위 폭 $S = 1\ m$로 가정하면

기초의 면적= 총하중 / 유효지지력

$$1 \times L = \frac{400+200}{229} = 2.62\ m^2 \qquad \therefore L = 2.7\ m$$

철근 콘크리트 기초를 설계하기 위하여 계수하중을 사용해야 하므로

$$P_u = 1.2P_d + 1.6P_\ell = 1.2 \times 400 + 1.6 \times 200 = 800\ kN$$

따라서 기초지반에 일어나는 순 상향압력은

$$q_u = \frac{P_u}{A} = \frac{800}{2.7 \times 1} = 296.3\ kN/m^2$$

확대기초의 두께는 대부분 전단에 의해서 결정되며, 전단철근을 사용하지 않고 콘크리트만으로 전단에 견디도록 확대기초의 두께를 결정하는 것이 보통이다. 1방향 전단에서 위험단면은

벽면에서 유효깊이 d 만큼 떨어진 곳이다.

기초에서 피복두께를 75 mm로 결정하고 주철근직경의 반(D/2)을 20 mm로 가정하면 유효깊이 $d = 500 - 75 - 20 = 405$ mm이다.

먼저 전단에 대해 검토하면 다음과 같다.

$$V_u = q_u\left(\frac{L-c}{2} - d\right)S = 296.3 \times \left(\frac{2.7-0.4}{2} - 0.405\right) \times 1 = 220.7 \text{ kN}$$

$$V_c = \frac{1}{6}\lambda\sqrt{f_{ck}}\,b_w d = \frac{1}{6} \times 1.0 \times \sqrt{24} \times 1{,}000 \times 405 = 330{,}681 \text{ N} = 331 \text{ kN}$$

$$\phi V_c = 0.75 \times 331 = 248 \text{ kN} > V_u \qquad \therefore \text{ 전단철근이 필요없다.}$$

다음 휨에 대해 검토한다.

위험단면은 벽의 전면에 있으므로 계수휨모멘트는 다음과 같다.

$$M_u = \frac{1}{8}q_u S(L-c)^2 = 195.9 \text{ kN.m}$$

a를 29 mm로 가정하여 철근량을 계산하면

$$A_s = \frac{M_u}{\phi f_y\left(d - \frac{a}{2}\right)} = 1{,}476 \text{ mm}^2$$

$$a = \frac{A_s f_y}{\eta\, 0.85 f_{ck} S} = 28.9 \text{ mm}$$

가정한 a 값과 검토한 a 값이 거의 동일하므로 철근량을 검토한다.

최대철근비를 검토한다.

$$\rho = \frac{A_s}{b_w d} = \frac{1{,}476}{1{,}000 \times 405} = 0.003644$$

$$\rho_{t(\text{인장})} = \eta 0.85\beta_1 \frac{f_{ck}}{f_y}\frac{\epsilon_{cu}}{\epsilon_{cu}+\epsilon_t}\frac{d_t}{d} = 1.0 \times 0.85 \times 0.8 \times \frac{24}{400} \times \frac{0.0033}{0.0033+0.005} \times \frac{405}{405} = 0.01622$$

$f_y = 400$ MPa이므로 $\epsilon_t = 0.005$이다.

$$\therefore \rho < \rho_{t(\text{인장})}$$

최소철근량을 검토한다.

$$f_r = 0.63\lambda\sqrt{f_{ck}} = 0.63 \times 1.0 \times \sqrt{24} = 3.086 \text{ MPa}$$

$$I_g = \frac{bh^3}{12} = \frac{1{,}000 \times 500^3}{12} = 10{,}416{,}666{,}667 \text{ mm}^4,\quad y_t = \frac{h}{2} = \frac{500}{2} = 250 \text{ mm}$$

$$M_{cr} = \frac{f_r I_g}{y_t} = 128{,}598{,}211 \text{ N.mm},\quad 1.2M_{cr} = 154{,}317{,}854 \text{ N.mm}$$

$M_u = \phi M_n = 195{,}925{,}926$ N.mm $> 1.2M_{cr} = 154{,}317{,}854$ N.mm이므로 최소 철근량 규정을 만족한다.

주철근의 간격(s)은 최대휨모멘트가 일어나는 단면에서 기초판의 두께의 2배 이하, 300 mm 이하 이다.

기초판의 두께 $\times 2 = 500 \times 2 = 1{,}000$ mm > 300 mm이므로 간격을 250 mm로 결정하면

∴ 4－D22(1,548 mm^2)를 250 mm 간격으로 배근한다.

휨 철근의 정착길이를 검토하기 위하여

인장철근의 기본 정착길이 $l_{db} = \dfrac{0.6 d_b f_y}{\lambda \sqrt{f_{ck}}} = \dfrac{0.6 \times 22.2 \times 400}{1.0 \times \sqrt{24}} = 1{,}088$ mm

보정계수 $\alpha\beta\lambda = 1.0 \times 1.0 \times 1.0 = 1.0$이고

$$\frac{소요A_s}{배근A_s} = \frac{1{,}476}{1{,}548} = 0.9535$$

소요정착길이 $\ell_d = 1{,}088 \times 1.0 \times 0.9535 = 1{,}037$ mm

정착에 대한 위험단면은 휨에 대한 위험단면이므로 실제적으로 정착에 이용될 수 있는 길이는 다음과 같다.

ℓ_d = (L−2×피복두께−벽체두께)$\times\dfrac{1}{2}$ = (2,700−2×50−400)/2 = 1,100 mm > 1,037 mm

∴ 정착 길이가 충분히 확보된다.

종방향 수축 및 온도철근 보강을 위하여 콘크리트 설계기준에 따라

$f_y = 400$MPa 이므로 A_s = 0.0020×1,000×500 = 1,000 mm^2

수축 및 온도철근의 간격은 기초두께의 5배 이하, 450 mm이하로 해야하므로

$500 \times 5 = 2{,}500$ mm > 450 mm 이므로 간격을 250 mm로 결정하면

∴ 4－D19(1,146 mm^2 > 1,000 mm^2)를 250 mm 간격으로 배근한다.

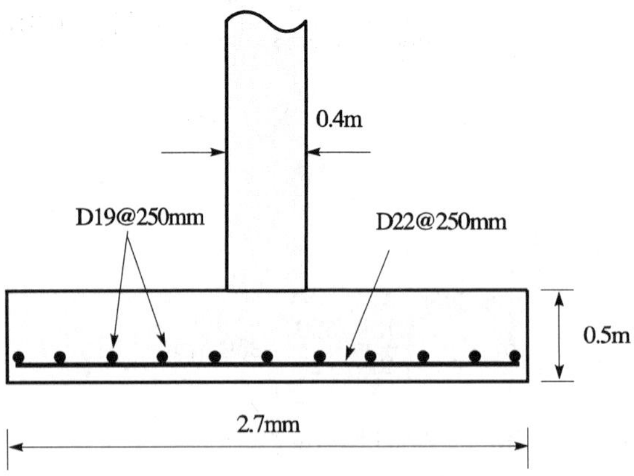

벽식기초 철근배근도

예제 10.3

사용 고정하중 600 kN, 사용 활하중 400 kN을 받고 있는 띠철근 기둥이 있다. 기둥의 단면은 400 mm × 400 mm의 정사각형이고, 축방향 철근은 D25를 사용하였다. 아래 그림과 같은 조건하에서 이 기둥을 지지할 정사각형의 확대기초를 설계하시오. 지반의 허용 지지력은 240 kN/m^2이고 되메움 흙의 단위질량은 1,800 kg/m^3이다. 콘크리트의 설계기준 강도는 기둥이 26 MPa, 확대기초는 21 MPa이고 철근은 SD300을 사용하였다.

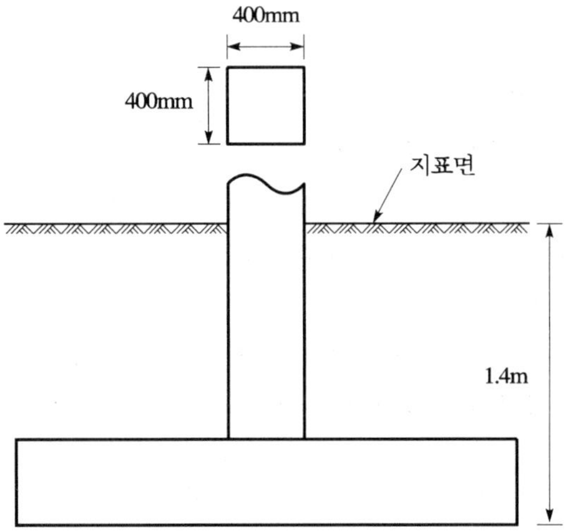

그림 10.11

► **풀이**

(1) 확대기초 넓이의 결정

확대기초의 두께를 490 mm로 가정하면 확대기초의 중량은

$2{,}500(kg/m^3) \times 0.49(m) = 1{,}225\ kg/m^2 = 12.25\ kN/m^2$

흙으로 확대기초 상면을 되메운다면 그 흙(복토)의 중량은

$18(kN/m^3) \times (1.4 - 0.49)(m) = 16.38\ kN/m^2$

따라서 기초저면에 있어서 기초 지반의 실제의 허용 지지력은

$240 - (12.25 + 16.38) = 211.4\ kN/m^2$

확대기초의 면적은 사용하중과 지반의 허용 지지력에 의하여 결정해야 하므로, 확대 기초의 소요면적 A는 다음과 같이 된다.

$$A = \frac{600 + 400}{211.4} = 4.73\ m^2$$

그러면 1변의 길이 L은 $\sqrt{4.73}=2.175\ \mathrm{m}$이므로 $2.2\ \mathrm{m}\times 2.2\ \mathrm{m}$인 정사각형 확대기초를 채택하면 충분하다. 즉

$2.2\times 2.2=4.84\ \mathrm{m}^2>4.73\ \mathrm{m}^2$

확대기초 단면설계는 강도설계법으로 진행하며 계수하중 P_u를 사용해야 한다. 따라서

$P_u=1.2\times 600+1.6\times 400=1{,}360\ \mathrm{kN}$

따라서 기초지반에 일어나는 압력 q_u는 다음과 같다.

$$q_u=\frac{P_u}{A}=\frac{1{,}360}{2.2\times 2.2}=281\ \mathrm{kN/m^2}$$

(2) 확대기초의 두께의 결정

확대기초의 두께는 대개의 경우 전단에 의해 결정된다. 그리고 전단철근을 사용하지 않고 콘크리트만으로 전단에 견디도록 확대기초의 두께를 정하는 것이 보통이다. 지금 확대기초의 두께를 490 mm로 가정하고, 주철근으로 D22를 가로 세로 두 방향으로 배치한다면 유효깊이 d는 다음과 같이 된다.

$d=490-75-22.2-22.2/2=381.7\ \mathrm{mm}\qquad \therefore d=380\ \mathrm{mm}$

이 유효 높이는 두 방향 철근에 대해 작은 유효 깊이이며, 이것을 계산에 사용한다.

(3) 전단설계

확대기초의 전단강도는 다음 두 조건 중 더 위험한 것에 의해 좌우된다. 즉, 1방향 작용에 의한 보로서의 전단과 2방향 작용에 의한 펀칭전단이다. 두 경우의 위험단면이 아래 그림에 나타나 있다.

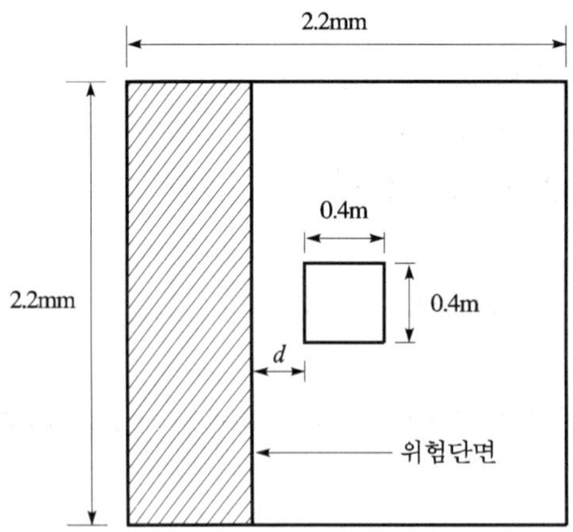

(a) 1방향 전단

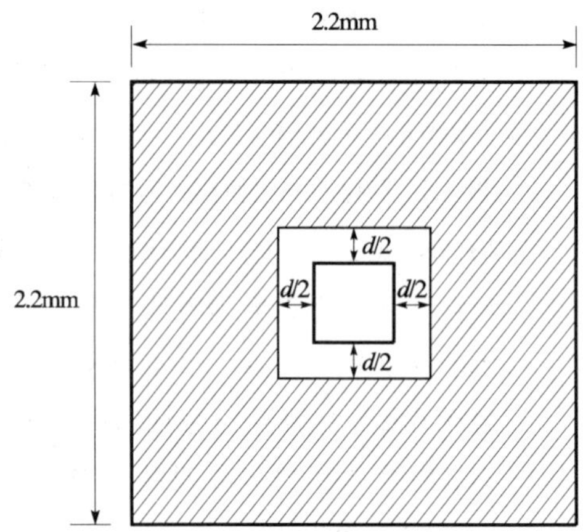

(b) 2방향 전단

① 1방향 전단의 경우 : 이 경우의 위험단면은 기둥전면에서 d만큼 떨어진 곳이므로 그림 (a)로부터 위험단면에 작용하는 계수전단력 V_u는

$$V_u = q_u\left(\frac{L-c}{2} - d\right)S = 321.5\ \text{kN}$$

여기서 c는 기둥의 폭을 나타낸다.

콘크리트가 부담할 수 있는 전단강도 V_c는 다음과 같다.

$$V_c = \frac{1}{6}\lambda\sqrt{f_{ck}}\,bd = \frac{1}{6}\times 1.0\times\sqrt{21}\times 2200\times 360 = 638{,}506\ \text{N} = 638.5\ \text{kN}$$

$$\phi V_c = 0.75\times 638.5 = 478.9\ \text{kN} > 321.5\ \text{kN} = V_u$$

즉, $\phi V_c > V_u$이므로 1방향 전단의 경우 전단에 대하여 안전하다.

② 2방향 전단의 경우 : 이 경우의 위험단면은 기둥전면에서 $\frac{d}{2}$만큼 떨어진 곳이므로, 그림 (b)로부터 위험단면을 고려한다.

위험단면의 한 변의 길이는

$$c(\text{기둥의 폭}) + \frac{d}{2}\times 2 = 400 + 380 = 780\ \text{mm} = 0.78\ \text{m}$$

위험단면 둘레에 작용하는 전단력 V_u는 다음과 같다.

$$V_u = q_u(SL - (c+d)^2) = 281\times(2.2^2 - 0.78^2) = 1{,}189\ \text{kN}$$

콘크리트가 저항하는 전단강도를 계산하기 위해 관련 변수를 계산한다.

$$V_c = v_c b_0 d$$

$$v_c = \lambda\kappa_s\kappa_{b0}\,f_{te}\cot\psi(c_u/d)$$

여기서, 위험단면의 둘레길이 $b_o = 4\times(400+380) = 3{,}120\ \text{mm}$

경량콘크리트계수 $\lambda = 1.0$: 보통중량 콘크리트

슬래브의 두께계수 $\kappa_s = (300/d)^{0.25} = (300/380)^{0.25} = 0.9426 < 1.1$이므로

$$\kappa_s = 0.943$$

위험단면 둘레길이의 영향계수 : 내부기둥이므로 $\alpha_s = 1.0$

$$\kappa_{b0} = 4/\sqrt{\alpha_s(b_0/d)} = 4/\sqrt{1.0\times(3{,}120/380)} = 1.396 > 1.25\text{이므로}$$

$$\kappa_{b0} = 1.25$$

압축대 콘크리트의 인장강도 $f_{te} = 0.2\sqrt{f_{ck}} = 0.2\times\sqrt{21} = 0.9165$

슬래브 휨 압축대의 균열각도 : $f_{cc} = (2/3)f_{ck} = 2/3\times 21 = 14$이므로

$$\cot\psi = \sqrt{f_{te}(f_{te}+f_{cc})}/f_{te} = \sqrt{(0.9165\times(0.9165+14)}/0.9165 = 4.034$$

압축철근의 영향을 무시하고 계산된 슬래브 위험단면 압축대 깊이의의 평균값 : 슬래브

의 사용 주철근비 $\rho < 0.005$로 가정하여 $\rho = 0.005$이다.

$$c_u = d[25\sqrt{\rho/f_{ck}} - 300(\rho/f_{ck})] = 380 \times (25 \times \sqrt{(0.005/21)} - 300 \times (0.005/21)) = 119.45$$

$$v_c = \lambda \kappa_s \kappa_{b0}\, f_{te} \cot\psi (c_u/d) = 1.0 \times 0.943 \times 1.25 \times 0.9165 \times 4.034 \times (119.45/380) = 1.369$$

$$V_c = v_c b_0 d = 1.369 \times 3{,}120 \times 380 = 1{,}623{,}573\ \mathrm{N}$$

$$V_d = \phi V_c = 0.75 \times 1{,}623{,}573 = 1{,}217{,}679\ \mathrm{N} = 1{,}218\ \mathrm{kN} > V_u = 1{,}189\ \mathrm{kN}$$

설계전단력 V_d가 계수전단력 V_u보다 크므로 2방향 전단(펀칭전단)에 대해 안전하다. 이상의 어느 경우에도 전단철근은 필요하지 않다. 따라서 가정한 확대기초의 두께 490 mm는 적당하다.

(4) 휨설계

휨에 대한 위험단면이 아래 그림에 나타나 있다.

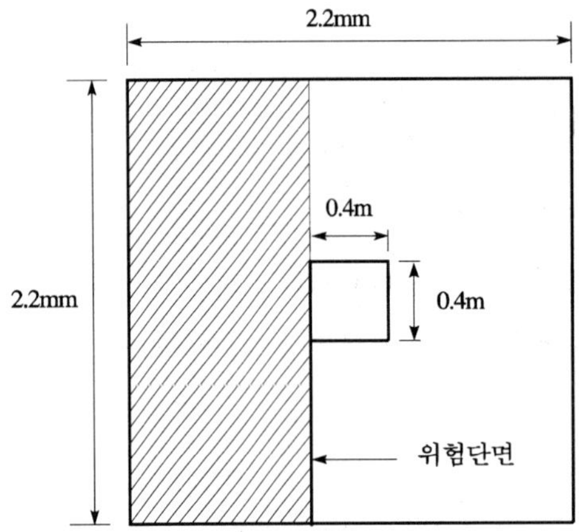

휨에 대한 위험단면

$$M_u = \frac{1}{8} q_u S(L-c)^2 = 281 \times 2.2(2.2-0.4)^2/8 = 250.4\ \mathrm{kN{\cdot}m}$$

확대기초에서는 전단에서 요구되는 유효 깊이가 휨에서 요구되는 유효 깊이보다 큰 것이 보통이다. 강도설계법의 기본개념으로부터 다음과 같이 계산한다.

$$M_u \le M_d = \phi M_n = \phi A_s f_y (d - \frac{a}{2}) = \phi \rho b d^2 f_y (1 - 0.59\rho \frac{f_y}{\eta f_{ck}})$$

$$M_u/\phi = 294{,}545{,}455\ \mathrm{N} = \rho b d^2 f_y (1 - 0.59\rho \frac{f_y}{\eta f_{ck}})$$

$M_u = 250{,}400{,}000\ \mathrm{N{\cdot}mm}$, $\phi = 0.85$, $b = 2{,}200\ \mathrm{mm}$, $d = 380\ \mathrm{mm}$, $f_y = 300\ \mathrm{MPa}$, $f_{ck} = 21\ \mathrm{MPa}$를 대입하여 ρ에 대한 2차방정식을 풀면 다음과 같다.

$$(8.033\times10^{11})\rho^2-(9.53\times10^{10})\rho+(2.945\times10^{8})=0$$

$$\rho=0.1155,\ 0.003176$$

위의 두 값 중 작은 값이므로 $\therefore \rho=0.003176$이다.

따라서 이것에 대한 철근비를 검토한다.

$$\rho_{t(인장)}=\eta 0.85\beta_1\frac{f_{ck}}{f_y}\frac{\epsilon_{cu}}{\epsilon_{cu}+\epsilon_t}\frac{d_t}{d}=1.0\times0.85\times0.8\times\frac{21}{300}\times\frac{0.0033}{0.0033+0.005}\times\frac{360}{360}=0.01893$$

$f_y=300\ \mathrm{MPa}$이므로 $\epsilon_t=0.005$이다.

$\therefore \rho=0.00318<\rho_{t(인장)}=0.01893$ 이므로 인장지배단면이다.

필요 철근량 $A_s=\rho bd=0.003176\times2{,}200\times380=2{,}655\ \mathrm{mm}^2$

주철근의 간격(s)은 최대휨모멘트가 일어나는 단면에서 기초판의 두께의 2배 이하, 300 mm 이하 이다.

기초판의 두께 $\times2=480\times2=960\ \mathrm{mm}>300\ \mathrm{mm}$이므로 간격 s를 300 mm 이하로 결정하면 된다. 따라서 $\therefore s=200\ \mathrm{mm}$로 결정하면 기초판의 길이가 2,200 mm이므로 12개의 철근을 배근하면 된다. D19철근을 선택하면

$$\therefore 12-\mathrm{D19}=3{,}438\ \mathrm{mm}^2>A_s=2{,}655\ \mathrm{mm}^2$$

D19를 확대기초의 가로 세로 두 방향에 대해 200 mm 간격으로 배근한다.

휨에 대하여 검산해 보자

$$a=\frac{A_s f_y}{\eta 0.85 f_{ck} b}=\frac{3{,}438\times300}{1.0\times0.85\times21\times2{,}200}=26.26\ \mathrm{mm}$$

$$C=\eta 0.85 f_{ck}ab=1.0\times0.85\times21\times26.26\times2{,}200=1{,}031{,}230\ \mathrm{N}$$

$$T=A_s f_y=3{,}438\times300=1{,}031{,}400\ \mathrm{N}$$

$$\therefore \phi M_n=\phi A_s f_y\left(d-\frac{a}{2}\right)=0.85\times3{,}438\times300\times\left(380-\frac{26.26}{2}\right)=321{,}631{,}260\ \mathrm{N.mm}$$

$$M_d=\phi M_n=321.6\ \mathrm{kN.m}>M_u=250.4\ \mathrm{kN.m}$$

즉, $M_u<\phi M_n$이므로 휨에 대하여도 안전하다.

최소철근량을 검토한다.

$$f_r=0.63\lambda\sqrt{f_{ck}}=0.63\times1.0\times\sqrt{21}=2.887\ \mathrm{MPa}$$

$$I_g=\frac{bh^3}{12}=\frac{2{,}200\times490^3}{12}=21{,}568{,}983{,}333\ \mathrm{mm}^4,\quad y_t=\frac{h}{2}=\frac{490}{2}=245\ \mathrm{mm}$$

$$M_{cr}=\frac{f_r I_g}{y_t}=254{,}163{,}854\ \mathrm{N.mm},\quad 1.2M_{cr}=304{,}996{,}625\ \mathrm{N.mm}$$

$M_u=\phi M_n=321{,}631{,}260\ \mathrm{N.mm}>1.2M_{cr}=304{,}996{,}625\ \mathrm{N.mm}$이므로 최소 철근량 규정을 만족한다.

(5) 휨철근의 정착 길이 검사

휨 인장철근 D19의 기본정착 길이는 다음과 같다.

$$\ell_{db}=\frac{0.6d_bf_y}{\lambda\sqrt{f_{ck}}}=\frac{0.6\times19.1\times300}{1.0\times\sqrt{21}}=750.2\text{ mm}$$

철근의 순간격은 $200-19.1=180.9\,mm$이고 $2d_b=2\times19.1=38.2\,mm$이므로 순간격 및 피복두께가 6장의 표 6.1의 첫 번째 조건에 해당되고, 철근이 D19 이하에 해당되므로 $0.8\alpha\beta$를 적용한다.

또 보통의 콘크리트에 보통철근 D19를 기초 하면에 배근하므로 보정계수는 $0.8\alpha\beta\lambda=0.8\times1.0\times1.0\times1.0=0.8$이다. 또 소요량 이상의 철근을 배근하므로

$$\frac{\text{소요 }A_s}{\text{배근 }A_s}=\frac{2{,}655}{3{,}438}=0.772$$

따라서 필요한 정착길이는

$$\ell_d=750.2\times0.8\times0.772=463.4\text{ mm}$$

그런데 정착에 대한 위험단면은 휨에 대한 위험단면과 같으므로, 이 예제에서 휨에 대한 위험단면은 기둥 전면(前面)이고, 따라서 정착에 이용될 수 있는 실제의 길이는 기초판의 길이에서 측면의 피복두께를 고려하여 계산한다.

$$(2{,}200-2\times50-400)\times\frac{1}{2}=850\text{ mm}>463.4\text{ mm}$$

따라서 정착 길이는 충분히 확보될 수 있다.

(6) 기둥 저부(底部)에서의 지압강도 검토

기둥저부에서의 계수 지압하중은

$$P_u=1.2\times600+1.6\times400=1{,}360\text{ kN}$$

그런데 지지면적(확대기초)이 재하면(기둥)보다 크므로 확대기초의 설계 지압강도는 다음의 값만큼 증가시킬 수 있다. 이때 가로와 세로의 비율 2:1의 경사로 사선을 그리면 확대기초의 측면과 만나므로 A_2의 면적은 확대기초의 면적과 동일하다. 따라서

$$\sqrt{\frac{A_2}{A_1}}=\sqrt{\frac{2.2^2}{0.4^2}}=5.5>2$$

$\sqrt{\frac{A_2}{A_1}}\leq2$이라야 하므로 $\sqrt{\frac{A_2}{A_1}}=2$로 결정한다.

확대기초의 설계 지압강도는

$$B_{df}=\phi(0.85f_{ck}A_1)\sqrt{\frac{A_2}{A_1}}$$

$$=0.65\times(0.85\times21\times400^2)\times2=3{,}712{,}800\text{ N}=3{,}713\text{ kN}>P_u=1{,}360\text{ kN}$$

즉, 기둥하중을 확대기초에 전달하는 데 있어서 확대기초는 그 콘크리트의 지압강도 만으로 충분하다. 현장타설 시공에서는 힘의 전달을 만족시키기 위해 종방향 주철근을 기초판까지 연장시키거나 연결철근(dowel)으로 연결해야 한다.

연결철근(dowel)으로 연결할 경우 철근 단면적은 지지되는 부재 단면적의 0.005배 이상이어야 한다. 따라서

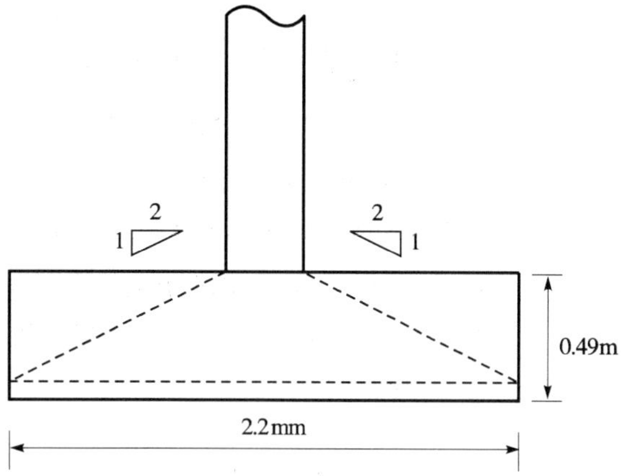

지압강도 증가 면적 A_2

$$A_s = \text{기둥단면적의}\, 0.5\% = 0.005\,A_g = 0.005 \times 400^2 = 800\,\text{mm}^2$$

따라서 4 − D19(1,146 mm^2)가 연결철근으로 적당하다.

연결철근은 기둥의 축방향 철근과 겹침이음 하여 기둥의 네 모서리에서 기둥과 확대기초 속에 묻어 넣는다.

(7) 연결철근의 묻힘길이 검사

기둥철근과 겹침이음을 해서 기둥과 확대기초 속에 묻어 넣어야할 연결철근의 묻힘길이는 압축철근의 묻힘길이를 계산하여 적용한다. 다음 세 값 중에서 가장 큰 값 이상이라야 한다.

① 기둥철근의 정착길이

기둥철근 (D25)은 압축을 받으므로 정착길이는 200 mm이상이어야 한다.

$$\ell_{db} = \frac{0.25 d_b f_y}{\lambda \sqrt{f_{ck}}} = \frac{0.25 \times 25.4 \times 300}{1.0 \times \sqrt{26}} = 373.6\,\text{mm}$$

$$0.043 d_b f_y = 0.043 \times 25.4 \times 300 = 327.7\,\text{mm} < 373.6\,\text{mm}$$

이 기본정착길이 373.6 mm는 보정계수로 수정해야 하므로 기둥철근의 정착길이는 373.6 mm 이하로 된다.

② 연결철근의 겹침이음 길이

서로 다른 크기의 철근을 압축부에서 겹침이음하는 경우, 이음길이는 크기가 큰 철근의 정착길이와 크기가 작은 철근의 겹침이음길이 중 큰 값 이상이어야 한다.

압축철근인 크기가 작은 연결철근(D19)의 겹이음길이 ℓ_s는

$$\ell_s = \left(\frac{1.4 f_y}{\lambda \sqrt{f_{ck}}} - 52\right) d_b = \left(\frac{1.4 \times 300}{1.0 \times \sqrt{26}} - 52\right) \times 19.1 = 580 \text{ mm}$$

연결철근 (D19)은 압축을 받으므로 그 겹침이음 길이는 $f_y \le 400$ MPa인 경우 $0.072 d_b f_y$ 이상, 300 mm 이상 이어야 한다.

$$0.072 d_b f_y = 0.072 \times 19.1 \times 300 = 412.6 \text{ mm} > 300 \text{ mm}$$

따라서 크기가 작은 D19 압축철근의 겹침이음길이는 580 mm이다.

크기가 큰 D25 압축철근의 정착길이가 373.6 mm이므로 연결철근의 겹침이음길이는 큰 값인 580 mm이다.

③ 연결철근의 정착길이

연결철근의 기본정착길이는 다음과 같이 계산한다.

$$\ell_{db} = \frac{0.25 d_b f_y}{\lambda \sqrt{f_{ck}}} = \frac{0.25 \times 19.1 \times 300}{1.0 \times \sqrt{21}} = 313 \text{ mm}$$

$$0.043 d_b f_y = 0.043 \times 19.1 \times 300 = 246.4 \text{ mm} < 313 \text{ mm}$$

연결철근의 기본정착길이는 313 mm이며 연결철근을 필요량 이상 사용하므로 기본정착길이는 다음과 같이 보정되어야 한다.

$$\text{수정계수} = \frac{\text{소요 } A_s}{\text{배근 } A_s} = \frac{800}{1,146} = 0.698$$

따라서 연결철근의 필요한 정착 길이 ℓ_d는

$$\ell_d = 313 \times 0.698 = 218.5 \text{mm}$$

연결철근의 확대기초 내에 묻힘길이는 219 mm 이상이라야 한다.

따라서 확대기초의 가로 및 세로에 배치되는 휨 철근 중, 위쪽에 배치되는 철근(D19)의 중심으로부터 확대기초 상면까지의 깊이는 219 mm를 확보할 수 있어야 하고, 아래쪽에 배치되는 철근의 피복두께는 75 mm 이상이라야 한다. 확대기초의 유효깊이 d = 380 mm이므로 묻힘길이를 충분하게 확보하고 있다.

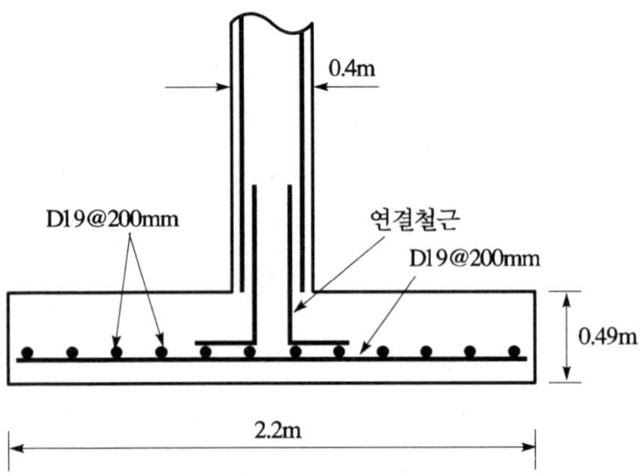

철근 배근도

연습문제

10.1 고정하중 1,000 kN, 활하중 800 kN을 받고 있는 기둥을 지지할 정사각형의 독립확대기초를 강도설계법으로 설계하여라. 기둥의 단면은 500 mm × 500 mm 정사각형이고 기초 지반의 허용지지력 $q_a = 250\ kN/m^2$ 이다. 확대기초의 콘크리트 설계기준강도 $f_{ck} = 25\ MPa$ 이며 철근은 SD400을 사용한다. 확대기초 저면과 흙의 표면까지 거리는 1.5 m이고 되메움하는 흙의 단위질량은 $1,700\ kg/m^3$ 이다.

10.2 단위길이 당 고정하중 1,000 kN과 활하중 800 kN을 받고 있는 벽의 확대기초를 강도설계법으로 설계하시오. 벽의 폭은 400 mm이며 벽의 확대기초 지반의 허용지지력 $q_a = 240\ kN/m^2$ 이다. 확대기초의 콘크리트 설계기준강도 $f_{ck} = 21\ MPa$이며 철근은 SD350을 사용한다. 확대기초 저면과 흙의 표면까지 거리는 1.2 m이고 되메움하는 흙의 단위질량은 $1,800\ kg/m^3$ 이다.

10.3 단면이 400 mm × 400 mm인 정사각형 단면의 기둥이 고정하중 1,200 kN과 활하중 700 kN을 기초로 전달하고 있다. 기초 위에 단위중량이 $18\ kN/m^3$인 흙이 800 mm의 두께로 덮여 있을 때 이 하중을 지탱할 수 있는 정사각형 독립기초를 설계하여라. 단, 기초 하부 지반의 허용지지력은 $q_a = 300\ kN/m^2$이고 확대기초의 콘크리트 설계기준강도 $f_{ck} = 28\ MPa$이며 철근은 SD300을 사용한다.

10.4 고정하중 1,000 kN, 활하중 800 kN을 받고 있는 기둥을 지지할 독립확대기초를 강도설계법으로 설계하여라. 기둥의 단면은 400 mm × 400 mm 정사각형이고 기초 지반의 허용지지력 $q_a = 240\ \mathrm{kN/m^2}$이다. 확대기초의 콘크리트 설계기준강도 $f_{ck} = 23\ \mathrm{MPa}$이며 철근은 SD300을 사용한다. 확대기초 저면과 흙의 표면까지 거리는 1.4 m이고 되메움하는 흙의 단위질량은 $1{,}800\ \mathrm{kg/m^3}$이다.
단, 확대기초 한 변의 길이가 1.6 m이어야 한다.

10.5 500 mm × 500 mm의 단면을 가진 외부기둥에 고정하중 800 kN과 활하중 600 kN의 하중이 재하되고 있다. 또한 500 mm × 500 mm의 단면을 가진 내부기둥에 고정하중 1,600 kN과 활하중 1,000 kN의 하중이 재하되고 있다. 이들 두 기둥의 기초를 연결확대 기초로 설계하여라. 기둥 중심간격은 6 m이고 외부기둥은 대지 경계선이 있다. 기초와 복토하중은 $40\ \mathrm{kN/m^2}$으로 간주하고 지반의 허용지지력은 $q_a = 280\ \mathrm{kN/m^2}$이다. 확대기초 콘크리트 설계기준강도 $f_{ck} = 22\ \mathrm{MPa}$이며 철근은 SD400을 사용한다.

CHAPTER

11 옹벽

CHAPTER

11 옹벽

11.1 서론

옹벽(retaining wall)은 흙깍기 흙쌓기로 자연사면을 유지할 수 없을 경우에 자연사면을 안식각 이상의 급한 경사로 유지하고, 붕괴를 방지할 목적으로 석재, 콘크리트 또는 기타 보강재를 사용하여 지반에 설치되는 구조물이다.

이러한 목적으로 축조되는 옹벽은 앞, 뒷면에서 흙의 높이가 다르다. 따라서 높은 곳에서 구속된 흙은 옹벽에 전도나 파괴를 유발하는 외력을 발생시킨다. 이와 같은 옹벽은 교량에서 교대로 사용되고 건물에서 내력벽으로 사용되며 제방으로도 사용된다.

11.2 옹벽의 종류

옹벽은 그 설계방법에 따라 다음과 같은 여러 가지 종류가 있다.

(1) 중력식 옹벽(gravity wall)

그림 11.1(a)와 같이 주로 무근 콘크리트 또는 석축 등으로 이루어지며, 지지될 흙의 높이가 작을 때, 3~4m 정도에 사용된다. 옹벽에 작용하는 토압에 대한 안정은 구조물의 자중으로 유지한다. 벽체와 저판 사이에 발생하는 인장응력을 무근콘크리트의 허용인장응력으로 저항하기 때문에 토압이 큰 사면에는 설치하지 않는 것이 좋으며, 또한 저판부에 매우 큰 압력이 작용하기 때문에 지반이 약한 곳에는 적용이 곤란하다.

(2) 캔틸레버식 옹벽(cantilever retaining wall)

옹벽의 높이가 3m~7.5m까지에 사용되는 철근콘크리트 옹벽(그림 11.1(b))으로, 경제성과 시공의 단순성 때문에 많이 사용되며 역T형 옹벽이라고도 하며 벽체와 가상배면 사이의 흙을 자중으로 이용한다. 이 옹벽은 저판을 앞판(toe)과 뒷판(heel)으로 하여 수직벽체(stem)와 연결된 3개의 캔틸레버 보로써 구성한다.

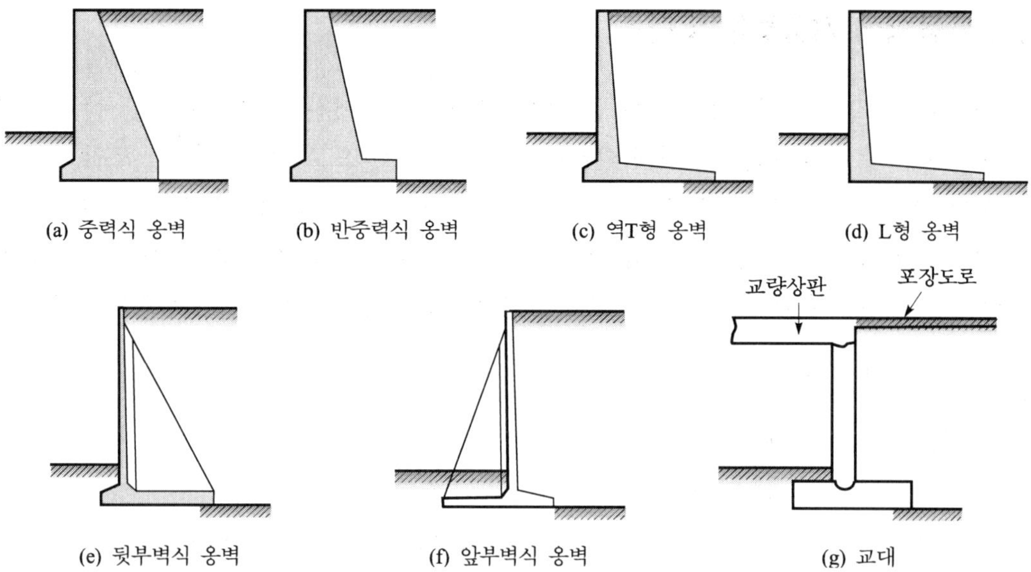

그림 11.1 옹벽의 종류

(3) 부벽식 옹벽(butteressed retaining wall)

옹벽의 높이가 7m이상으로 높게 될 경우 옹벽에 토압이 과대하게 작용되어 벽체의 밑면에 상당히 큰 휨모멘트를 발생시켜 캔틸레버 옹벽이 비경제적인 설계로 만든다. 이 경우 하나의 해결 방법은 저판과 연직벽을 잇는 횡벽(부벽)을 설치하는 것이다(그림 11.1(e),(f)).

그림 11.1(e)는 뒷부벽식 옹벽으로서 벽체의 배면에 설치하는 형식으로서, 이때 부벽은 벽체를 지지하는 인장띠로서 작용되어 T형보로 보고 설계한다. 또한 벽체와 저판은 뒷부벽 사이를 받침부로 하는 2방향 연속 슬래브를 설계한다.

앞부벽식은 그림 11.1(f)와 같이 부벽을 앞판과 연결하여 노출면에 설계한다. 이 형식은 지형상 제약으로 옹벽 배면에 터파기가 불가능할 경우에 사용된다. 이 때 부벽은 직사각형보로 설계하며, 앞축 스트럽으로 작용된다. 그러나 수직벽체의 이용할 수 있는 적면공간을 부벽이 차지하므로 뒷부벽 보다 많이 사용되지는 않는다.

(4) 교대

교량의 양단에 설치되어 도로와 교량을 접속하고 상부구조로부터 전달되는 하중과 배면성토(뒷채움 흙)의 토압 및 지표 재하중 들을 지지하고 이들 하중과 교대 자중을 기초지반에 전달하는 특수한 옹벽 구조물이다. 이 수직벽체는 저부가 고정되어 있고, 상부는 단순지지 또는 부분적으로 구속된 보로 보고 설계한다.

11.3 옹벽에 작용하는 외력

토압은 대체로 토질역학 또는 기초공학의 과정에서 다루어진다. 따라서 여기서는 옹벽설계에 필요한 주요 항목만을 간단히 다룬다. 옹벽은 일반적으로 옹벽의 자중, 토압, 상재하중을 받는다. 옹벽에 작용하는 토압의 크기가 복잡하더라도 일반적으로 선형압력분포로 가정한다. 토압의 크기는 깊이에 따라 선형적으로 증가하고 그 값은 옹벽의 높이, 흙의 중량, 흙의 종류 등의 함수이다. 지표면 아래 h인 점에서 압력의 크기 P는 다음과 같다.

$$P = K w_s h \tag{11.1}$$

여기서, K : 토압계수

w_s : 흙의 단위중량

토압계수 K는 모래와 같이 사질토에서 0.3, 함수량이 많은 점성토에서 1.0으로 흙의 성질에 따라 변한다. 일반적으로 옹벽의 뒷면에는 주동토압이 발생하지만 옹벽이 활동한다면 옹벽의 앞면에 수동토압이 발생할 수 있다. 토압의 계산을 위해 사용되는 이론은 Coulomb과 Rankine의 토압이론이 있다.

11.3.1 주동토압

일반적으로 그림 11.2와 같이 옹벽에 작용하는 총 주동토압 H_a는 다음 식(11.2)로 계산하며, 이 힘은 토압분포의 도심인 밑면에서 $\frac{h}{3}$ 점에 작용한다.

$$H_a = \frac{1}{2} K_a w_s h^2 \tag{11.2}$$

여기서, K_a : 주동토압계수

w_s : 뒷채움 흙의 단위중량

h : 옹벽의 높이

옹벽의 뒷채움 흙이 그림 11.3과 같이 δ의 경사각을 이룰 때 주동토압계수는 다음 식(11.3)과 같으며, 표 11.1에서 구할 수 있다.

$$K_a = \cos\delta \left(\frac{\cos\delta - \sqrt{\cos^2\delta - \cos^2\phi}}{\cos\delta + \sqrt{\cos^2\delta - \cos^2\phi}} \right) \tag{11.3}$$

여기서 ϕ는 흙의 내부 마찰각이다.

옹벽 배후의 지표면이 수평일 때($\delta = 0$일 때) 주동토압계수는 다음 식과 같이 간단하게 된다.

$$K_a = \frac{1 - \sin\phi}{1 + \sin\phi} \tag{11.4}$$

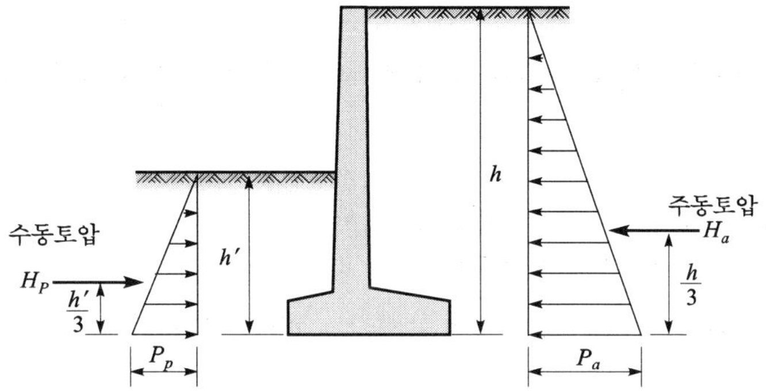

그림 11.2 주동토압과 수동토압

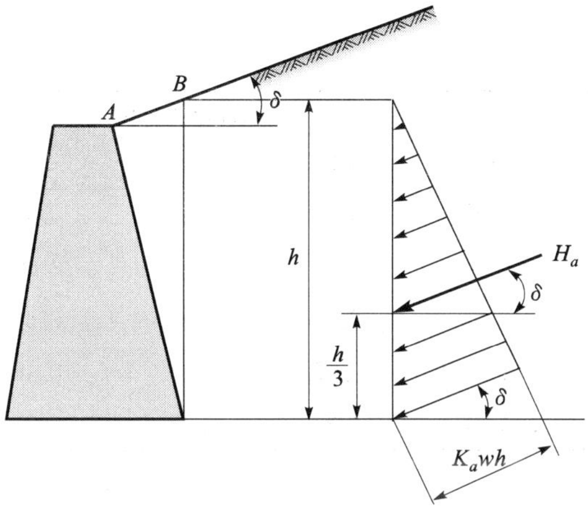

그림 11.3 지표면 경사의 주동토압

표 11.1 주동토압계수 K_a

δ (경사각)	ϕ (내부 마찰각)						
	28°	30°	32°	34°	36°	38°	40°
0°	0.361	0.333	0.307	0.283	0.260	0.238	0.217
10°	0.380	0.350	0.321	0.294	0.270	0.246	0.225
20°	0.461	0.414	0.374	0.338	0.306	0.277	0.250
25°	0.573	0.494	0.434	0.385	0.343	0.307	0.275
30°	0	0.866	0.574	0.478	0.411	0.358	0.315

11.3.2 수동토압

옹벽의 활동으로 발생하는 총 수동토압 H_p는

$$H_p = \frac{1}{2} K_p w h^2 \tag{11.5}$$

지표면이 δ의 경사를 이룰 때의 수동토압계수는 다음과 같으며, δ와 ϕ에 의해 표 11.2에서 구할 수 있다.

$$K_p = \cos\delta \left(\frac{\cos\delta + \sqrt{\cos^2\delta - \cos^2\phi}}{\cos\delta - \sqrt{\cos^2\delta - \cos^2\phi}} \right) \tag{11.6}$$

지표면이 수평일 때($\delta = 0$일 때) 수동토압계수는 식(11.7)과 같다.

$$K_p = \frac{1 + \sin\phi}{1 - \sin\phi} \tag{11.7}$$

표 11.2 수동토압계수 K_p

δ (경사각)	ϕ (내부 마찰각)						
	28°	30°	32°	34°	36°	38°	40°
0°	2.77	3.00	3.25	3.54	3.85	4.20	4.60
10°	2.55	2.78	3.02	3.30	3.60	3.94	4.32
20°	1.92	2.13	2.36	2.61	2.89	3.19	3.53
25°	1.43	1.66	1.90	2.14	2.40	2.68	3.00
30°	0	0.87	1.31	1.57	1.83	2.10	2.38

11.3.3 지진시의 토압

지진시의 토압 계산은 Mononobe-Okabe의 의사 정적 해석방법을 사용한다. 토압계산은 상시와 같이 벽체위의 흙을 강체로 간주하되 흙쐐기의 자중에 수평 및 수직지지계수를 곱한 지지력을 포함하여 힘의 평형에 대하여 계산한다. 토압의 작용점은 정적 분력일 때 토압작용면 높이의 1/3이고, 동적 분력일 때 토압작용면 높이의 0.6배 위치에 작용하는 것으로 본다. 또한 토압작용각은 정적 분력일 때 상시와 동일하고, 동적 분력일 때 수평으로 작용하는 것으로 본다.

(1) 지진속도계수

지진시의 옹벽은 경제적은 구조물이 되도록 변위를 허용하여 설계한다. 옹벽의 변위식은 다음과 같다.

$$d = 0.087\frac{v^2}{A \cdot g}[\frac{N}{A}]^{-4} \tag{10.8}$$

여기서, d : 변위량

A : 가속도계수

g : 중력속도

v : 최대속도

N : 최대저항계수

가속도계수 (K_h) 결정 방법으로 Richards와 Elms은 최대 허용변위량 d를 결정하고 변위식을 이용하여 지진가속도계수를 다음 식으로 정의 하였다.

$$K_h = A \cdot \left(\frac{5.15Av^2}{A \cdot d}\right)^{1/4} \tag{10.9}$$

지진가속도계수 적용은 직접기초로 설계된 옹벽에 대해서는 Elms와 Martin의 연구 결과를 준용한다.

$$K_h = \frac{A}{2} \tag{10.10}$$

지진시의 안정성검토시에는 구조물 및 뒷판 상면 흙의 관성력을 고려하고 벽체단면 설계시에는 벽체 자중의 관성력을 무시한다.

11.3.4 상재하중

옹벽의 뒷채움 흙 상부 가까이는 차량 또는 건물과 같은 고정하중 등 여러 가지 하중이 있을수 있으며, 이러한 하중들은 옹벽에 횡방향 압력을 증가 시킨다. 고정하중은 건물의 중량을 옹벽의 뒤채움 흙의 중량으로 환산하여 그 만큼 흙이 있는 것을 보고 토압을 계산한다. 그러나 도로의 경우 DB－24의 경우 $10kN/m^2$, DB－18D의 경우 $7kN/m^2$를 재하하중으로 보고 설계하는 것이 일반적이다. 이와 같이 그림 11.4와 같이 단위면적에 작용하는 하중을 상재하중(surcharge load)이라고한다.

상재하중 q를 뒷채움 흙의 단위중량 w_s 로 나눈 흙의 높이만큼 뒷채움 흙의 높이 h_s 가 더 높은 것으로 보고, 이 높이의 토압이 옹벽 배면에 더 작용하는 것으로 설계한다. 상재하중에 의한 토압은 옹벽의 전체 높이에 일정하게 작용한다.

$$h_s = \frac{q}{w_s} \tag{10.11}$$

여기서, h_s : 흙의 등가높이(m), q : 상재하중(kN/m^2), w_s : 흙의 단위중량(kN/m^3)

그림 11.4는 이러한 관계를 설명한 그림이다. 상재하중으로 인한 지표면에서 토압은 $K_a h_s w_s$ 와 같다. 상재하중이 옹벽에서 얼마간 떨어진 곳에 작용할 경우, 오직 상재하중의 부분만이 벽에 영향을 미친다. 부분 상재하중에 의한 압력의 유효높이는 그림 11.4(b)에서와 같이 B점에서 옹벽의 밑면까지 측정된 h′이다. 이때 선분 AB가 수평선에서 40°를 이룬다고 본다.

그러나 도로교 설계기준에서는 q에 토압계수를 곱한 값만큼, 즉 $K_a q$ 만큼, 더 토압이 작용하는 것으로 되어있다.

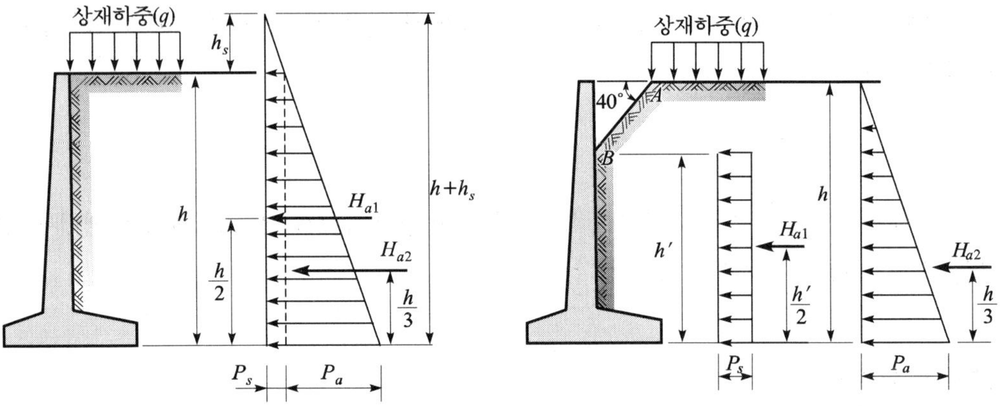

그림 11.4 등분포 상재하중과 부분 등분포 상재하중

11.4 옹벽의 안정

옹벽의 단면은 외력의 작용에 대한 안정을 위하여 다음 세 가지 조건을 만족해야 한다. 즉, 전도(overturning), 활동(sliding), 침하(settlement) 등에 대해 안전하게 설계되어야 한다. 이와 같은 안정 검토는 강도설계법의 하중계수를 고려하지 않는 사용하중에 의하여 검토해야 한다. 옹벽과 같이 동일한 단면이 연속되는 구조물은 종방향으로 단위길이 1 m를 고려하여 검토한다.

11.4.1 전도에 대한 안정

전도는 토압에 의해 옹벽 앞굽의 밑면을 중심으로 회전하는 현상이다. 이러한 현상은 옹벽의 전면공간을 사용하는데 있어 가장 위험한 결과를 초래할 수 있다. 이때 옹벽에 작용하는 토압 등 모든 수평력의 합계를 ΣH, 옹벽의 자중, 뒷채움 흙의 무게, 상재하중 등 모든 수직력의 합계를 ΣW 그리고 옹벽 앞굽의 밑면에 대해 작용하는 모든 힘에 대한 모멘트의 합계를 ΣM이라고 하자.

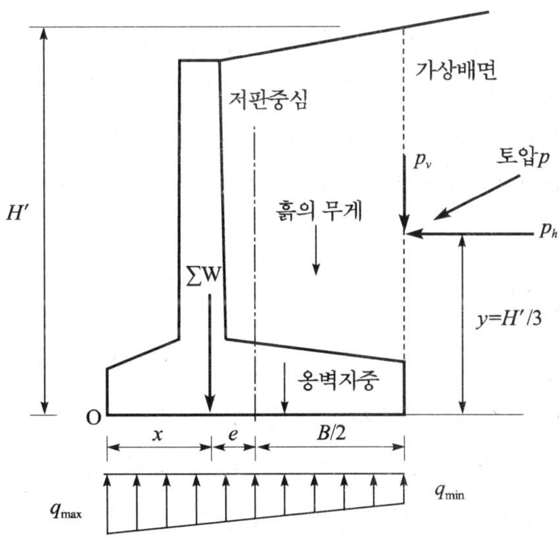

그림 11.5 옹벽에 작용하는 하중

전도모멘트 M_o(Overturning Moment)는 토압에 의해 옹벽 앞굽의 밑면을 중심으로 회전하려는 모멘트이며 저항모멘트 M_r(Resisting Moment)은 반대방향으로 회전하려는 모멘트로 다음과 같다.

$$M_o = y(\Sigma H) \tag{11.12a}$$

$$M_r = x(\Sigma W) \tag{11.12b}$$

여기서, x와 y는 각각 모멘트의 팔길이가 된다.

따라서 전도에 대한 안전율은 다음 식(11.12c)와 같으며, 안전율은 콘크리트 구조설계 기준에서 2.0배 이상으로 규정하고 있다.

$$FS = \frac{\text{저항모멘트}}{\text{전도모멘트}} = \frac{M_r}{M_o} \geq 2.0 \tag{11.12c}$$

옹벽 앞굽의 밑면에서부터 수직합력 ΣW의 작용점까지의 거리 x와 옹벽 중심으로부터 합력의 작용점까지의 거리 e는 다음과 같다.

$$x = \frac{\Sigma M}{\Sigma W} \tag{11.12d}$$

$$e = \frac{B}{2} - x \tag{11.12e}$$

옹벽의 연직하중과 수평하중의 합력 작용점이 저판 중심에서 떨어져서 형성되는 편심(e)이 지나치게 크면 지반의 부등침하로 인해 옹벽이 경사져서 전도가 일어나기 쉽다. 따라서 이에 대한 옹벽의 안정을 위해서는 합력의 작용점이 기초 저판의 핵에 해당하는 중앙 1/3 안에 위치하는 것이 바람직하다. 이렇게 하는 것이 일반적으로 경제적인 옹벽의 설계를 제공하지만 절대적으로 합력의 작용점이 반드시 중앙 1/3안에 들어와야 한다는 것은 아니다.

11.4.2 활동에 대한 안정

옹벽에 작용하는 모든 외력의 수평분력 ΣH는 옹벽을 기초저면에서 활동시키려고 한다. 이 활동에 저항하는 힘은 저판저면에서의 마찰력과 앞판 전면의 수동토압이다. 그러나 수동토압은 고려하지 않는 경우가 많고, 실제로 활동에 저항하는 힘은 마찰력뿐이다. 저판저면에서의 마찰력은 수직분력 ΣW에 마찰계수를 곱하여 다음 식과 같다.

$$\mu(\Sigma W) \tag{11.13a}$$

여기서, μ는 저판저면의 마찰계수이다.

따라서, 활동에 대한 안전율은 다음의 식(11.13)과 같으며, 구조설계기준에서는 1.5 이상으로 규정하고 있다.

$$FS = \frac{\mu(\Sigma W)}{\Sigma H} \geq 1.5 \tag{11.13b}$$

앞굽판의 저면의 지반을 흐트러지지 않게 시공한다면, 활동에 대한 수동토압의 저항을 고려해야 하지만 실제공사에서 어렵기 때문에 이를 무시하는 경우가 많다.

활동에 대한 안전율이 1.5를 만족하지 못할 경우에는 활동방지벽(shear key)을 설치하는 경우도 있다. 활동방지벽에 작용하는 수동토압은 전면에 균등하게 분포된다고 가정한다. 그리고 저판의 마찰면은 활동방지벽의 저면의 수평선으로 이동한다. 따라서 마찰력은 흙의 내부 마찰력에 의해 결정된다.

표 11.3 콘크리트와 흙 사이의 마찰계수

기초지반의 토질	마찰계수 μ
실트(silt)	0.35
실트가 섞인 모래나 자갈	0.45
실트가 섞이지 않은 모래나 자갈	0.55
암반	0.60

그림 11.6과 같이 수동토압에 의한 활동방지벽이 저항할 수 있는 저항모멘트는 다음의 식과 같이 된다.

$$M_p = \frac{P_p h_o^2}{2} \tag{11.14}$$

여기서, h_o는 활동방지벽의 깊이이다.

활동방지벽은 그림 11.6과 같이 보통 옹벽의 벽체의 아래에 두는 것이 일반적이다. 이때 활동방지벽의 길이 h_o는 다음 식을 만족하도록 도로교 시방서에 요구하고 있다.

$$0.1 \leq \frac{h_o}{B} \leq 0.15 \tag{11.15}$$

여기서, B : 옹벽 저판의 폭

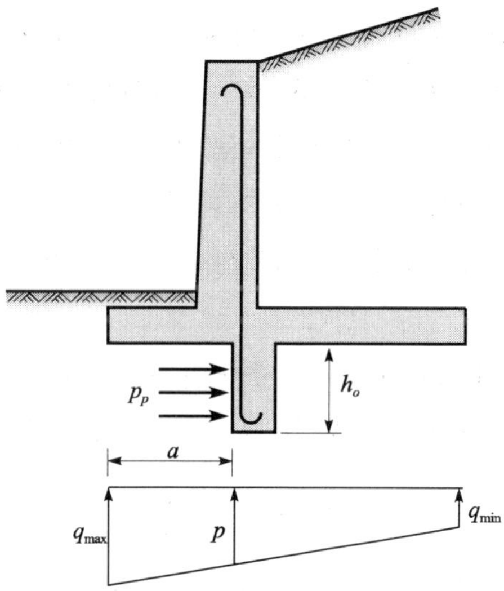

그림 11.6 활동방지벽의 수동토압

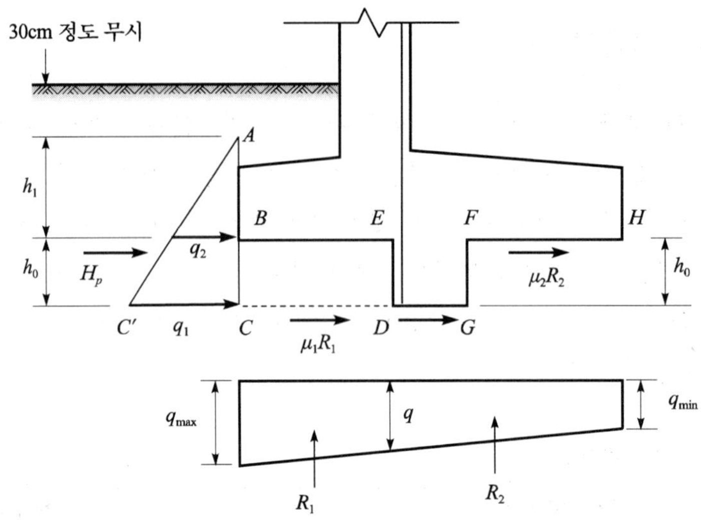

그림 11.7 활동방지벽에 작용하는 수동토압과 마찰저항력

그러나 CRSI Design Handbook(1996)에서는 저판의 두께에 따라서 $h_o = 300\text{ mm} \sim 500\text{ mm}$를 사용하고 있다. 이는 참고 및 권장사항이며 현장 여건에 따라 조절할 수 있다.

활동방지벽의 마찰저항에 관한 이론은 여러 가지로 소개되고 있으나 Fisher와 Mains이 제시한 흙의 inter-block 개념을 이용한 수동토압의 계산 방법이 안전측으로 계산되는 것으로 알려져 있다. 이 방법에서 그림 11.7의 BCDE 부분(흙의 inter-block)이 존재하도록 활동방지벽이 저판 아래로 깊게 연장되어야 한다. 이때 깊이 BC에서만 수동저항(passive resistance)이 있도록 대체로 C'CDGFH로 파괴면(failure plane)을 갖는 것으로 가정한다. 수동저항력의 결정에서 보통 지표면에서 300 mm 정도의 흙의 깊이는 그림 11.7의 h_1 계산에서 무시한다.

Inter-block 개념을 이용한 수동토압 H_p는 그림 11.7의 BC 거리 내에 작용하는 빗금친 사다리꼴의 하중이다. 이 경우 수평저항력 H_r은 다음과 같다.

$$H_r = H_p + F \tag{11.16}$$

여기서, 수동토압 H_p는 다음과 같다.

$$H_p = \left(\frac{q_1 + q_2}{2}\right) \times h_o \times \ell \tag{11.17}$$

여기서, $q_1 = K_p w(h_1 + h_2)$, $q_2 = K_p w h_1$

h_o : 활동방지벽(shear key)의 깊이

ℓ : 옹벽의 길이

또한, 마찰저항력 F는 다음과 같다.

$$F = \mu_1 R_1 + \mu_2 R_2 \tag{11.18}$$

여기서, R_1 : 저판 BE 거리 내에 작용하는 지압력

R_2 : 저판 EFH 거리 내에 작용하는 지압력

μ_1 : CD 구역의 흙의 내부마찰계수(=tanϕ)

μ_2 : DG, FH 구역의 콘크리트와 흙의 마찰계수(=μ)

따라서 활동방지벽이 존재할 경우 활동에 대한 안전율(FS)은 다음으로 계산할 수 있다.

$$FS = \frac{H_r}{\Sigma H} = \frac{H_p + F}{\Sigma H} \geqq 1.5 \tag{11.19}$$

11.4.3 침하에 대한 안정

그림 11.7에서 자중을 포함해서 옹벽에 작용하는 모든 외력의 합력을 R, 그 수직분력을 ΣW로 하고, 1 방향 슬래브의 경우와 마찬가지로 단위폭에 대해 설계하므로 옹벽의 정면을 향하여 단위 폭 1 m에 대해 설계한다. ΣW가 저판 중앙에서 편심 e에 작용한다면 저판 밑에 일어나는 압력은 다음 식과 같이 된다.

$$\begin{pmatrix} q_{max} \\ q_{min} \end{pmatrix} = \frac{P}{A} \pm \frac{M}{I} y = \frac{(\Sigma W)}{B \times 1} \pm \frac{(\Sigma W) \cdot e}{\frac{1 \times B^3}{12}} \times \frac{B}{2} \tag{11.20}$$

$$= \frac{(\Sigma W)}{B} \pm \frac{6e(\Sigma W)}{B^2} = \frac{(\Sigma W)}{B}\left(1 \pm \frac{6e}{B}\right)$$

여기서 B는 옹벽저판의 폭이다.

① $e < \frac{B}{6}$일 때 : 이 때는 합력이 저판 폭 B의 중앙 $\frac{1}{3}$ 안에 있는 경우이며, 압력 분포는 그림 11.8(a)와 같이 사다리꼴이 된다. 이 경우의 압력은 앞의 식으로 구할 수 있다.

② $e = \frac{B}{6}$일 때 : 이 때는 합력이 핵의 경계에 작용하는 경우이며, 압력분포는 그림 11.8(b)와 같이 삼각형이 된다. 이 경우의 최대압력은 앞의 식(11.20)에 $e = \frac{B}{6}$를 대입하여 다음 식을 얻는다.

$$q = 2\frac{\Sigma W}{B} \tag{11.21}$$

③ $e > \frac{B}{6}$일 때 : 이 경우는 $a < \frac{B}{3}$이며, 이 때 기초저면에 발생하는 압력은 식(11.20)으로 계산할 수 없다. 콘크리트 저판과 지반 사이에 인장응력이 작용할 수 없으므로, 압력분포는 그림 11.8(c)와 같이 된다. 이 때 압력분포 삼각형의 합력 크기는 모든 외력의 수직분력과 같고, 그 작용선은 동일 직선상에 있어야 한다. 이 경우에는 $\Sigma V = 0$에 의하여 다음의 관계가 성립한다.

$$\Sigma V = \left(q \times 3a \times \frac{1}{2}\right) \times 1 = \Sigma W \tag{11.22}$$

$$\therefore q = \frac{2(\Sigma W)}{3a}$$

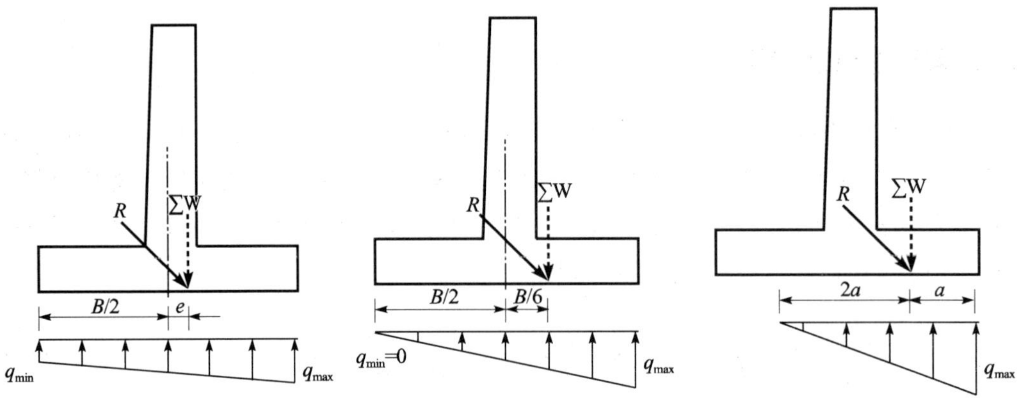

(a) (b) (c)

그림 11.8 옹벽 저판의 지지력분포

이상과 같이 계산된 저판저면의 최대압력이 기초지반의 허용 지지력을 넘지 않아야 옹벽이 침하하지 않는다. 지반의 허용 지지력은 원칙적으로는 시험에 의하여 구하여야 하지만 중요치 않은 구조물에서는 표 11.4와 같다.

표 11.4 지반의 허용 지지력

기초지반의 종류	허용 지지력(kN / m²)
경암반(화강암)	4,000~5,000
중간 암반	1,000~2,000
암반상의 경반(hard pan)	1,000
치밀한 자갈, 전석	1,000
연암, 풍화암	800
다져지지 않은 자갈, 풍화토(마사)	300~500
다져진 모래, 매우 굳고 수분없는 점토	500
잘 다져진 점토섞인 모래	300
비교적 굳은 점토	150
다져지지 않은 토사	기초로서 부적당

예제 11.1

아래 그림과 같은 반중력식 무근 콘크리트 옹벽의 안정성을 검토하시오. 뒷채움 흙의 단위질량 $w_s = 1{,}800\ \mathrm{kg/m^3}$, 내부 마찰각 $\phi = 35°$, 콘크리트의 단위질량 $w_c = 2{,}350\ \mathrm{kg/m^3}$, 콘크리트와 흙의 마찰계수 $\mu = 0.5$, 지반의 허용지지력은 $q_a = 140\ \mathrm{kN/m^2}$, 콘크리트 설계기준 강도 $f_{ck} = 24\ \mathrm{MPa}$이다.

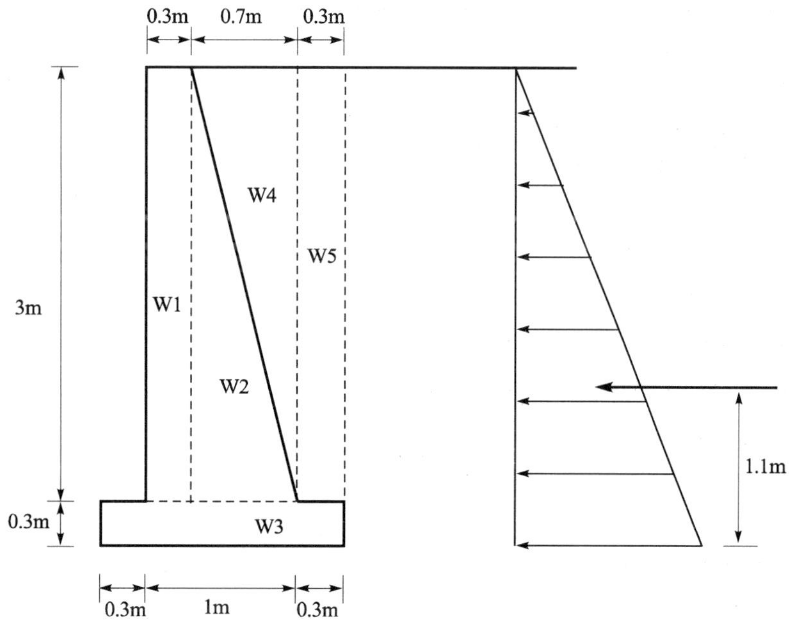

그림 11.9 반중력식 옹벽

▸ **풀이**

(1) 토압계산

주동토압계수 $K_a = \dfrac{1-\sin\phi}{1+\sin\phi} = \dfrac{1-\sin 35^o}{1+\sin 35^o} = \dfrac{0.4264}{1.5736} = 0.271$

주동토압은 $H_a = \dfrac{1}{2}K_a w_s h^2 = \dfrac{1}{2} \times 0.271 \times 18 \times 3.3^2 = 26.56\ kN$

여기서 H_a는 밑면에서부터 높이 3.3/3 = 1.1m 의 위치에 작용한다.

H_a로 인한 전도모멘트 $M_o = 26.56 \times 1.1 = 29.216\ kN.m$

옹벽이 발휘하는 앞굽판 끝점에 대한 저항모멘트를 계산한다.

중량(kN)	팔길이(m)	모멘트(kN.m)
$w_1 = 0.3 \times 3 \times 1 \times 23.5 = 21.15\ kN$	$0.3 + 0.15 = 0.45$	$21.15 \times 0.45 = 9.52$
$w_2 = \dfrac{1}{2} \times 0.7 \times 3 \times 1 \times 23.5 = 24.68\ kN$	$0.3 + 0.3 + 0.7/3 = 0.833$	$24.68 \times 0.833 = 20.56$
$w_3 = 0.3 \times 1.6 \times 1 \times 23.5 = 11.28\ kN$	$1.6/2 = 0.8$	$11.28 \times 0.8 = 9.024$
$w_4 = \dfrac{1}{2} \times 0.7 \times 3 \times 1 \times 23.5 = 24.68\ kN$	$0.3 + 0.3 + 0.7 \times 2/3 = 1.067$	$24.68 \times 1.067 = 26.33$
$w_5 = 0.3 \times 3 \times 1 \times 23.5 = 21.15\ kN$	$1.3 + 0.3/2 = 1.45$	$21.15 \times 1.45 = 30.67$
$\Sigma w = 102.94\ kN$		$M_r = \Sigma M = 96.104\ kN.m$

(2) 전도에 대한 안전율

$FS = \dfrac{\text{저항모멘트}}{\text{전도모멘트}} = \dfrac{96.1}{29.2} = 3.29 > 2.0$ ∴ O.K

(3) 활동에 대한 안전율

활동에 저항하는 힘

$F = \mu \times R = 0.5 \times 102.94 = 51.47\ kN$

활동을 유발하는 주동토압 H_a를 비교하면

$FS = \dfrac{\text{활동에 저항하는 힘}}{\text{주동토압}} = \dfrac{51.47}{26.56} = 1.94 > 1.5$ ∴ O.K

(4) 침하에 대한 안전율

저판 아래 토압의 작용점을 계산하면

$x = \dfrac{M_r - M_o}{\Sigma w} = \dfrac{96.104 - 29.216}{102.94} = 0.65\ m$

$$e = \frac{B}{2} - x = \frac{1.6}{2} - 0.65 = 0.15\ \text{m} < \frac{B}{6} = 0.267\ \text{m}$$

따라서 합력 R은 밑면 중앙 $\frac{1}{3}$의 바로 안깥에 작용하고 편심 e는 밑면 중앙에서 e = 0.267 m를 갖는다. 식(11.20)에 의해 지지반력을 계산하면 다음과 같다.

$$\begin{pmatrix} q_{max} \\ q_{min} \end{pmatrix} = \frac{(\Sigma W)}{B}\left(1 \pm \frac{6e}{B}\right) = \frac{102.94}{1.6}\left(1 \pm \frac{6 \times 0.15}{1.6}\right) = 64.34(1 \pm 0.9)$$

$q_{max} = 122.2\ \text{kN/m}^2 < q_a = 140\ \text{kN/m}^2$　　$q_{min} = 6.43\ \text{kN/m}^2$　　∴O.K

11.5 구조상세

옹벽의 연직벽의 전면(前面)은 1 : 0.02 이상으로 뒤로 기울어지게 하여 시공오차나 지반 침하로 인하여 벽이 앞으로 기울어지지 않게 해야 한다.

① 부벽식 옹벽은 전면벽과 저판에 의해서 부벽에 전달되는 응력을 지탱할 수 있도록 필요한 철근을 부벽에 정착해야 한다. 또 전면벽과 저판에는 인장철근의 20% 이상의 배력철근을 두어야 한다.

② 활동에 대한 효과적인 저항을 위하여 저판의 하면에 활동방지벽을 설치하는 경우 활동방지벽과 저판을 일체로 만들어야 한다.

③ 피복두께는 벽의 노출면에서는 철근의 지름에 따라 다른데 D19 이상에서는 50 mm, D16 이하에서는 40 mm 이상으로 규정하고 있으며, 콘크리트가 흙에 접하는 면에서는 75 mm 이상으로 해야 한다.

④ 콘크리트의 수화열, 온도변화, 건조수축 등 부피변화에 대한 별도의 구조해석이 없는 경우 신축이음을 20 m를 넘지 않는 간격으로 설치해야 한다. 신축이음은 완전히 끊어서 온도변화와 지반의 부등침하에 대비해야 한다. 신축이음에서는 철근도 끊어야 한다. 그런 부피변화에 대한 구조해석을 수행한 경우는 신축이음을 두지 않고 종방향 철근을 연속적으로 배치할 수 있다.

⑤ 옹벽 연직벽의 표면에는 연직방향으로 V형 홈의 수축이음을 두어야 한다. 그 간격은 9 m 이하이다. 수축이음에서는 철근을 끊어서는 안된다.

⑥ 수축 및 온도변화에 의한 균열을 방지하기 위하여 벽의 노출면에 가깝게 수평 수직 두 방향으로 철근을 배치해야 한다. 이 철근은 다음의 철근비 이상으로 해야 하나, 어

떤 경우에도 0.00140 이상이어야 한다. 여기서 수축·온도 철근비는 콘크리트 전체 단면적에 대한 수축·온도철근 단면적의 비이다.

- 설계기준항복강도가 400 MPa 이하인 이형철근 ······································· 0.0020
- 설계기준항복강도가 400 MPa를 초과하는 경우 ································ $0.0020 \times \frac{400}{f_y}$

⑦ 수축 · 온도철근의 간격은 벽체 두께의 5배 이하 또는 450 mm 이하 중 작은 값으로 해야 한다.

⑧ 벽체에서 휨 주철근의 간격은 벽체 두께의 3배 이하나 450 mm 이하 중 작은 값을 초과하지 않는 것으로 하여야 한다.

⑨ 옹벽의 전면벽에는 지름 65 mm 이상의 배수구멍을 최소한 4.5 m 간격으로 두어야 하며, 뒷부벽의 경우에는 각 부벽 사이에 한 개 이상의 배수구멍을 만들어야 한다. 또, 뒤채움 속에는 배수구멍으로 물이 잘 모이도록 두께 300 mm 이상의 배수층을 만들어야 한다.

11.6 캔틸레버 옹벽의 설계

옹벽의 설계는 1방향 슬래브의 경우와 같이 단위 폭에 대하여 설계한다. 따라서 설계는 우선 단면을 가정해야 한다. 이 가정된 단면은 안전성과 구조적 적합성에 대해 검토된다. 캔틸레버 옹벽의 가정 단면의 크기 결정은 일반적으로 다음과 같은 범위로 하여 참고하면 설계에 편리하다.

(1) 벽체의 두께

압력의 크기는 벽체의 깊이에 따라 증가하고 맨 밑면에서 최대값에 도달한다. 결과적으로 벽체에서 최대 휨모멘트와 전단은 밑면에서 발생한다.

벽체 하부의 두께는 옹벽 높이의 10~20% 또는 저판 폭의 12~26%의 범위이고 벽체 상부의 두께는 250~300mm 이상으로 한다.

(2) 기초 저판의 길이

저판의 길이는 옹벽 높이의 1/2에서 2/3의 범위로 가정한다. 그러나 수평토압에 의한 활동에 저항할 수 있는 안전을 고려한 길이로 결정해야 한다.

(3) 기초 저판의 두께

저판의 두께는 옹벽 높이의 7~10%의 범위이다. 저판은 일반적으로 전단강도에 의해 지배되고, 전단철근은 사용하지 않는다.

(4) 앞판의 길이

앞판의 길이는 저판 길이의 1/4~1/3 을 취한다. 앞판의 두께는 경사를 주어 필요한 크기의 단면으로 감소시킬 수 있다.

예제 11.2

그림과 같은 캔틸레버 옹벽의 안정성을 검토하시오. 옹벽 배면의 지표면은 수평이고 상재하중 $q = 5.0\ kN/m^2$ 이 작용하고 있다. 흙의 단위질량은 $w_s = 1{,}800\ kg/m^3$ 이고 내부마찰각 $\phi = 35°$ 이다. 콘크리트와 지반 사이의 마찰계수 $\mu = 0.5$ 이고 콘크리트의 설계기준강도 $f_{ck} = 24\ MPa$, 철근콘크리트의 단위질량 $w_c = 2{,}500\ kg/m^3$이며, 철근은 SD300을 사용한다. 기초 지반의 허용 지지력 $q_a = 240\ kN/m^2$이다. 지진은 발생하지 않는 것으로 본다.

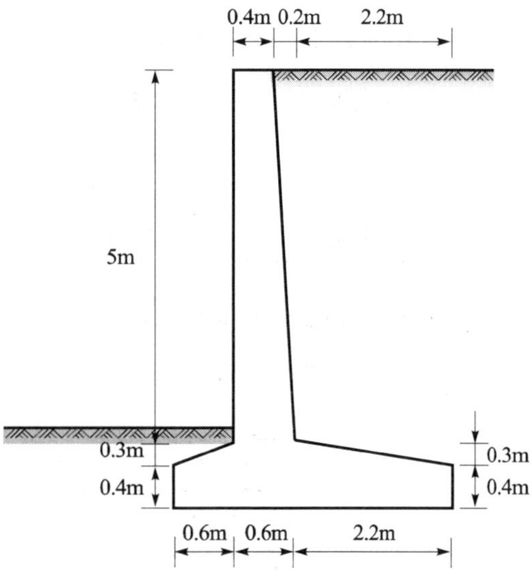

그림 11.10 역T형 옹벽

► **풀이**

1. 토압계산

1) 옹벽에 작용하는 횡토압 계산

$$\text{주동토압계수 } K_a = \frac{1-\sin\phi}{1+\sin\phi} = \frac{1-\sin 35°}{1+\sin 35°} = 0.271$$

$$\text{옹벽에 작용하는 횡토압 } H_{a1} = \frac{1}{2}K_a w_s H^2 = \frac{1}{2} \times 0.271 \times 18 \times 5.7^2 = 79.24\ kN$$

$$\text{작용 높이 } y = \frac{H}{3} = \frac{5.7}{3} = 1.9\ m$$

2) 상재하중

상재하중을 흙의 높이로 환산하면 $h_s = \frac{q}{w_s} = \frac{5}{18} = 0.278\,\text{m}$

상재하중에 의한 토압강도 $P_s = K_a w_s h_s = 0.271 \times 18 \times 0.278 = 1.356\,\text{kN/m}^2$

상재하중에 의한 횡토압 $H_{a2} = P_s h = 1.356 \times 5.7 = 7.73\,\text{kN}$

작용위치 $H/2 = 5.7/2 = 2.85$

상재하중 연직력 $= 5 \times (0.2 + 2.2) = 12\,\text{kN}$

작용위치 $= 0.6 + 0.4 + (0.2 + 2.2)/2 = 2.2\,\text{m}$

상재하중 연직력으로 인한 저항모멘트 $= 12 \times 2.2 = 26.4\,\text{kN·m}$

2. 전도에 의한 안정 검토

1) 횡토압에 의한 전도 모멘트

수평력	크기(kN)	팔길이(m)	M_0(kN · m)
H_{a1}	79.24	1.9	150.6
H_{a2}	7.73	2.85	22.03
합 계	$\Sigma H = 86.97$		$\Sigma M_0 = 172.63$

2) 자중 및 뒷채움흙 하중 계산

우선 그림 예제 11.2 분할단면처럼 옹벽 단면을 분할한다.

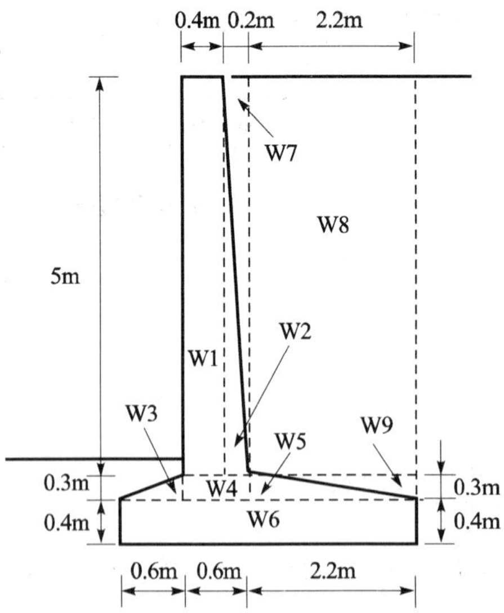

역T형 옹벽의 분할

3) 콘크리트 및 배면 흙의 하중 계산 및 저항 모멘트

연직력	단면적(m^2)	단위질량(kN/m^3)	크기(kN)	팔길이(m)	M_r(kN.m)
W_1	2	25	50	0.8	40
W_2	0.5	25	12.5	1.07	13.34
W_3	0.09	25	2.25	0.4	0.9
W_4	0.18	25	4.5	0.9	4.05
W_5	0.33	25	8.25	1.93	15.95
W_6	1.36	25	34	1.7	57.8
W_7	0.5	18	9	1.13	10.2
W_8	11	18	198	2.3	455.4
W_9	0.33	18	5.94	2.67	15.84
합 계	16.29		$\Sigma W = 324.44$		$\Sigma M_r = 613.48$

따라서 전도에 대한 안전율은

$$FS = \frac{M_r}{M_0} = \frac{(26.4 + 613.48)}{172.63} = 3.71 > 2.0, \qquad \therefore O.K$$

3. 활동에 대한 안정 검토

활동에 대한 저항력은 $\mu \Sigma W = 0.5 \times (12 + 324.44) = 168.22$ kN

활동에 대한 안전율은 $FS = \dfrac{\mu \Sigma W}{\Sigma H} = \dfrac{168.22}{86.97} = 1.934 > 1.5$ $\qquad \therefore O.K$

4. 침하에 대한 검토

옹벽에 작용하는 모든 외력의 합력 R의 작용선이 기초 저면과 만나는 점을 먼저 구해야 한다. 따라서 회전원점으로부터 합력작용선까지의 거리 x는

$$x = \frac{\Sigma M_r - \Sigma M_0}{\Sigma W} = \frac{639.9 - 172.63}{336.4} = 1.389 \text{ m}$$

저판 중심에 대한 편심 거리는

$$e = \frac{B}{2} - x = \frac{3.4}{2} - 1.389 = 0.311 \text{ m} < \frac{B}{6} = 0.567 \text{ m}$$

따라서 합력의 작용선은 기초 저판의 중앙 $\frac{1}{3}$ 안에 있다. 그러므로 저판에 일어나는 지반반력의 압력분포는 사다리꼴 분포가 되고, 압력은 식(11.20)에 의하여

$$\begin{pmatrix} q_{max} \\ q_{min} \end{pmatrix} = \frac{(\Sigma W)}{B}\left(1 \pm \frac{6e}{B}\right) = \frac{336.4}{3.4}\left(1 \pm \frac{6 \times 0.311}{3.4}\right) = 98.94(1 \pm 0.5488)$$

$q_{max} = 153 \text{ kN/m}^2 < q_a = 240 \text{ kN/m}^2$ $\qquad q_{min} = 44.64 \text{ kN/m}^2$ $\qquad \therefore O.K$

즉 최대지지반력이 지반의 허용 지지력을 넘지 않으므로 옹벽은 침하에 안정하다.

11.7 부벽식 옹벽설계

옹벽의 높이가 7 m 이상이 되면 캔틸레버 옹벽은 벽체 단면이 두꺼워져서 부벽식 옹벽으로 설계하는 것이 경제적으로 된다. 옹벽의 뒷부벽이나 앞부벽은 저판을 고정지점으로 하는 캔틸레버로 설계한다. 따라서 앞부벽은 직사각형 단면의 캔틸레버로 되고, 뒷부벽은 전면벽을 플랜지로 하고 부벽을 복부로 하는 T형 단면의 보로 된다. 공간의 활용측면에서 뒷부벽식이 많이 사용된다. 이 때 뒷부벽식 옹벽은 인장력을 받으므로 충분한 양의 인장철근을 배근하는 동시에 전면벽과 저판의 연결을 확실하게 해야 한다.

다음은 부벽식 옹벽 설계에 대하여 요약하였다.

① 옹벽 높이가 7 m 이상이면 옹벽 높이의 1/2~1/3의 간격으로 부벽을 보강하는 것이 경제적이다. 앞부벽은 직사각형 단면의 보, 뒷부벽은 T형 단면의 캔틸레버보로 설계한다.

② 뒷부벽은 저판에 고정된 캔틸레버로써 벽체에 작용하는 휨모멘트에 대한 T형보로 설계한다. 이 때 벽체는 플랜지, 뒷부벽은 복부역할을 한다.

③ 벽체나 뒷판은 뒷부벽을 경간으로 하는 연속 슬래브로 설계한다. 벽체의 하부는 2방향 연속 슬래브로 작용하는 동시에 저판의 캔틸레버로서도 작용하므로 연직방향으로 충분한 철근보강을 해야 한다.

④ 벽체나 뒷판의 수평방향 설계는 부벽을 경간으로 하는 2방향 연속 슬래브 설계로 ACI 모멘트계수를 사용할 수 있다.

⑤ 벽체의 수직방향 설계를 고려하면, 기초부근의 벽체에 대한 수평방향 휨모멘트는 감소시킬 수 있다.

⑥ 뒷부벽식 옹벽의 앞판은 캔틸레버보로 설계한다.

⑦ 부벽설계는 전면벽 중심선간에 작용하는 모든 외력에 의한 휨모멘트 M_n를 부벽의 저항모멘트 M_r로 충분히 부담할 수 있어야 한다.

$$M_n = P_a \times \frac{h}{3} \leq M_r = T \times z$$

여기서 P_a는 생각하는 깊이 h 단면에 작용하는 모든 외력의 합력이며, z는 옹벽 깊이 h에서의 모멘트 팔 길이로서 부벽사면의 인장철근 중심에서 벽체단면 중심까지의 연직거리이다.

$$\text{부벽의 인장 철근량은 } A_s = \frac{M_n}{f_y z}$$

부벽에 작용하는 모든 외력의 합력은 $P_a = \frac{K_a w_s h^2}{2} \times s$

여기서 K_a : 토압계수, w_s : 흙의 단위중량, s : 부벽 중심 간격이다.

부벽에는 스터럽 역할을 하는 연직철근과 수평철근을 충분히 배치해야 한다.

⑧ 뒷부벽식 옹벽의 벽체와 저판에서 부벽에 전달되는 응력을 견디게 하기 위해 필요한 철근을 부벽에 충분히 정착시켜야 한다. 또, 벽체와 저판에는 인장철근의 20% 이상의 배력 철근을 두어야 한다.

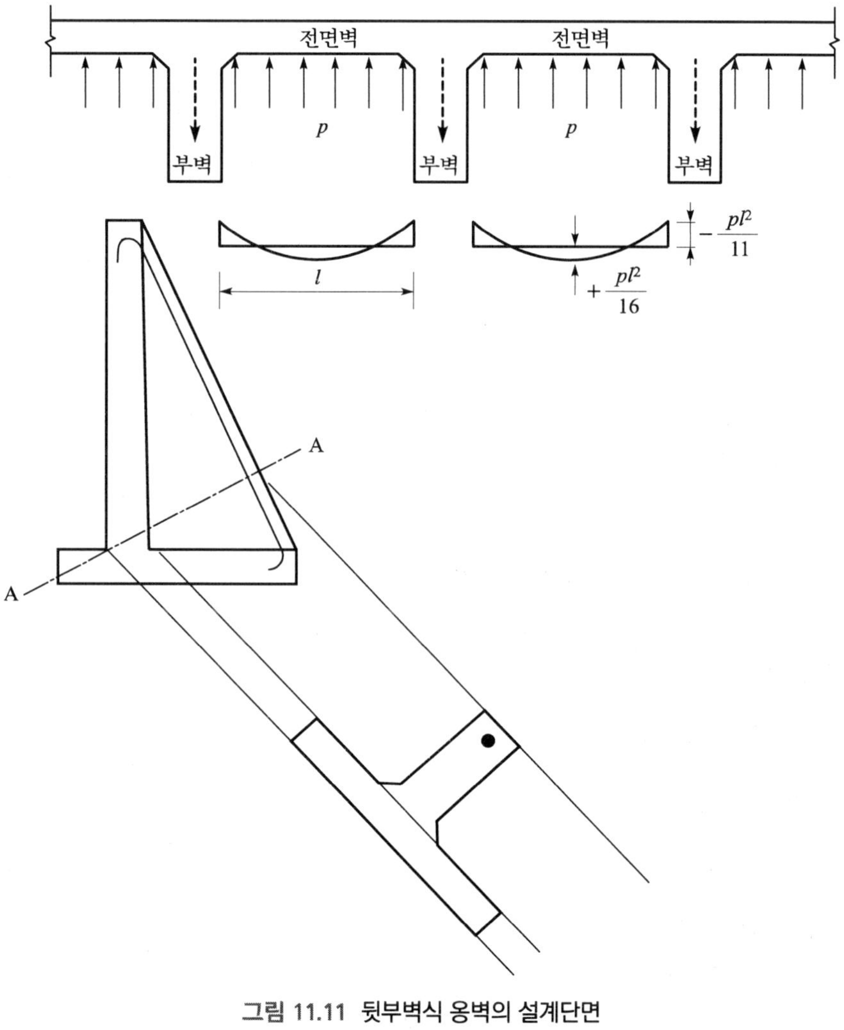

그림 11.11 뒷부벽식 옹벽의 설계단면

예제 11.3

지표면이 수평이고 높이 h = 8 m의 뒷부벽식 옹벽에서 부벽의 간격 s = 4 m인 뒷부벽의 주인장 철근을 구하시오. 뒷채움 흙의 단위질량 w_s = 16 kN/m^3, 내부마찰각 $\phi = 30°$, 주동토압계수 $K_a = 0.33$이다. 콘크리트 설계기준강도 $f_{ck} = 21$ MPa이고 철근은 SD300을 사용한다.

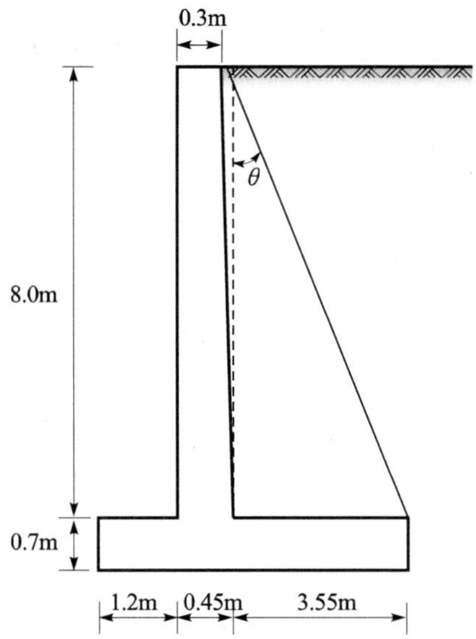

그림 11.12 뒷부벽식 옹벽

► **풀이**

전면벽과 저판은 부벽을 지점으로 하는 1방향 슬래브로 보고 뒷부벽은 T형보로 보고 설계한다. 여기서는 부벽만을 설계한다.

부벽에 작용하는 하중은 부벽 간격 4.0m에 작용하는 토압이 된다. 하중계수는 1.6이다.

- 지표면 아래 h인 점에서의 압력의 크기

  $P = K_a w_s h = 0.33 \times 16 \times h = 5.28h$

- 부벽에 작용하는 외력의 합력

  $$P_a = \frac{K_a w_s h^2 s}{2} = 10.56h^2$$

- 부벽에에 작용하는 외력모멘트

  $$M = \frac{K_a w_s h^2 s}{2} \cdot \frac{h}{3} = 3.52h^3$$

- 높이 8m 단면에서의 소요 철근량

  높이 8m의 극한모멘트

  $M_u = 1.6 \times 3.52 \times 8^3 = 2{,}884$ kN.m $= 2{,}884{,}000{,}000$ N·mm

  모멘트 팔길이

$$z = (\text{저판뒷판길이} + \frac{\text{벽체하면두께}}{2} - \text{피복두께})\cos\theta$$

$$= (355 + 45/2 - 8) \times \frac{8}{\sqrt{8^2 + 3.55^2}} = 337.7\ \text{cm} = 3{,}377\ \text{mm}$$

소요철근

$$A_s = \frac{M_u}{\phi f_y z} = \frac{2{,}884{,}000{,}000}{0.85 \times 300 \times 3{,}377} = 3{,}349\ \text{mm}^2$$

따라서 10－D22($A_s = 3{,}871\ \text{mm}^2$)를 배치한다.

- 저판 상면에서부터 $\frac{2h}{3}$의 소요 철근량

저판 상면에서부터 $\frac{2h}{3}$에서 극한모멘트 : $M_u = 1.6 \times 3.52 \times (2 \times 8/3)^3$

$$= 854.4\ \text{kN·m} = 854{,}400{,}000\ \text{N·mm}$$

모멘트 팔길이 : $z = (355 \times 2/3 + 40/2 - 8) \times \frac{8}{\sqrt{8^2 + 3.55^2}} = 227.3\ \text{cm} = 2{,}273\ \text{mm}$

소요철근 : $A_s = \frac{854{,}400{,}000}{0.85 \times 300 \times 2{,}273} = 1{,}474\ \text{mm}^2$

5－D22($A_s = 1{,}935\ \text{mm}^2$)를 배근한다.

연습문제

11.1 그림과 같이 지면에서 3.0 m 높이의 제방을 1.2 m 묻힌 중력식 옹벽으로 설계할 때, 안정조건을 만족하는지 검토하여라. 제방에는 상재하중 $q = 21\ kN/m^2$ 이 작용하며 설계조건은 다음과 같다.

(1) 흙의 단위중량 $w_s = 17\ kN/m^3$, 콘크리트 단위질량 $w_c = 2{,}400\ kg/m^3$

(2) 흙의 내부마찰각 $\phi = 30°$, 점착력 $c = 0$

(3) 허용지지력 $q_a = 210\ kN/m^2$, 흙과 콘크리트의 마찰계수 $\mu = 0.7$

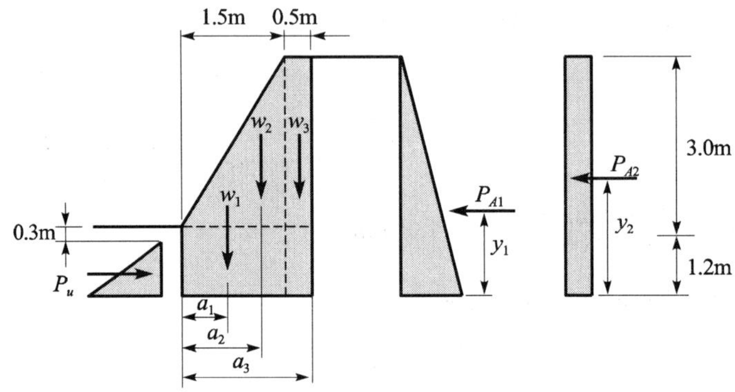

11.2 그림과 같은 옹벽의 안정을 검토하여라. 흙의 단위중량은 $w_s = 17\ \mathrm{kN/m^3}$, 콘크리트 단위중량 $w_c = 2{,}400\ \mathrm{kg/m^3}$, 상재하중은 $q = 10\ \mathrm{kN/m^2}$, 흙의 내부마찰각은 $\phi = 30°$, 지반의 허용지지력은 $q_a = 180\ \mathrm{kN/m^2}$ 이고, 콘크리트와 기초 지반 사이의 마찰계수는 $f = 0.5$ 이다.

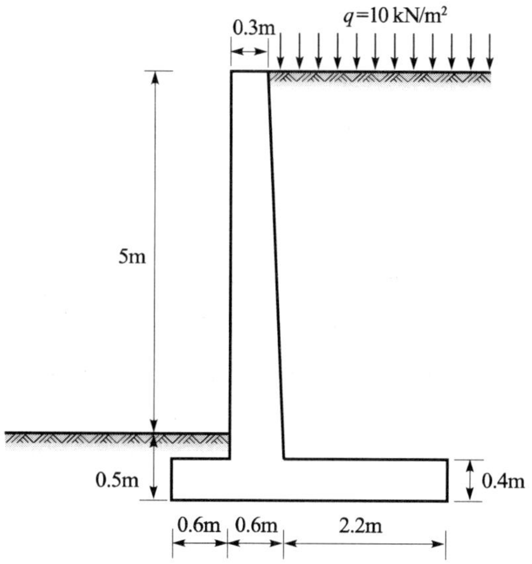

11.3 6.0 m높이로 성토된 흙을 지지하기 위한 옹벽을 설계하여라. 이때 상재하중은 $18\ \mathrm{kN/m^2}$, 뒤채움 흙의 단위질량 $w_s = 1{,}700\ \mathrm{kg/m^3}$, 흙의 내부마찰각 $\phi = 30°$, 콘크리트와 흙의 마찰계수 $\mu = 0.4$, 허용지반지지력 $q_a = 180\ \mathrm{kN/m^2}$, 콘크리트설계기준강도 $f_{ck} = 28\ \mathrm{MPa}$, 철근은 SD400 이다.

11.4 옹벽높이 $h = 6.0\ \text{m}$, 옹벽배후의 토사는 수평이고, 상재하중은 $q = 12\ \text{kN/m}^2$ 인 역T형 옹벽을 강도설계법으로 설계하여라. 단, 흙의 단위질량은 $w_s = 1{,}700\ \text{kg/m}^3$, 콘트리트의 단위질량 $w_c = 2{,}500\ \text{kg/m}^3$, 흙의 내부마찰각 $\phi = 30^\circ$, 콘크리트와 기초지반 사이의 마찰계수 $\mu = 0.5$, 허용지반지지력 $q_a = 210\ \text{kN/m}^2$, 콘크리트설계기준강도 $f_{ck} = 27\ \text{MPa}$, 철근은 SD350 이다.

11.5 다음과 같은 조건의 옹벽을 설계하여라. 옹벽의 높이는 $h = 6.0\ \text{m}$, 옹벽배후의 토사는 수평이고, 상재하중은 $q = 12\ \text{kN/m}^2$, 흙의 단위질량은 $w_s = 1{,}700\ \text{kg/m}^3$, 내부마찰각은 $\phi = 30^\circ$, 마찰계수는 $\mu = 0.5$, 지반의 허용지지력은 $q_a = 200\ \text{kN/m}^2$ 이고, 콘크리트설계기준강도 $f_{ck} = 27\ \text{MPa}$, 철근은 SD350 이다. 뒤채움 흙은 사질토이고, 그 전단저항각은 $\phi = 30^\circ$ 이고, 벽배면과 흙 사이의 벽면 마찰각은 $\phi/3$, 벽배면과 연직면이 이루는 각은 0° 이다.

12 프리스트레스트 콘크리트

CHAPTER

12 프리스트레스트 콘크리트

12.1 프리스트레스트 콘크리트

크리트는 본질적으로 압축강도가 우수한 재료이지만 콘크리트의 인장강도 및 휨인장강도는 압축강도에 비해 상당히 낮다. 그래서 콘크리트 보의 인장측에 철근을 넣어 인장응력에 저항하기 위해 보강하는데 이것이 철근콘크리트 보이다. 즉, 압축응력에 대하여 콘크리트가 저항하고, 인장응력에 대하여 철근이 저항하게 한 것이다. 그러나 인장측에 발생하는 균열은 막을 수 없다. 실질적으로, 철근콘크리트 보에서 인장철근의 응력이 400 MPa 정도가 야기되면 인장측의 콘크리트에 균열이 발생한다.

철근콘크리트에 발생된 균열이 더욱 증가하여 물의 침투를 허용하면 철근을 부식시키고 결국 내구성을 저하시킨다. 이러한 철근콘크리트의 결점을 제거하거나 완화하기 위해서는 사용하중 하에서 철근콘크리트에 발생하는 인장응력을 상쇄할 수 있도록 미리 콘크리트에 압축응력을 주면 될 것이다.

프리스트레스트 콘크리트의 기본 원리는 그림 12.1(a)에 나타낸 바와 같이 콘크리트만으로 제작된 부재를 견고하고 편편한 지상에 놓고 부재의 양단에서 부재의 대칭축에 따라 편심 e의 위치에서 압축력 P를 작용시키면, 부재의 단면에서는 그림 12.1(b)의 세 그림 중 어느 하나의 응력분포를 보일 것이고, 이 때 부재의 하면에는 큰 압축응력이 작용할 것이다. 이 부재를 그림 12.1(c)와 같이 단순지점 위에 올려놓고 압축력 P를 고려하지 않는다면, 자중과 활하중에 의하여 부재의 중앙 단면은 그림 12.1(d)와 같은 휨응력이 일어날 것이다. 여기서 압축은 정(+), 인장은 부(−)로 약속한다.

다음은 이 부재를 그림 12.1(e)와 같이 단순지점에 올려놓고 압축력 P를 고려한다면, 부재의 중앙 단면에는 그림 12.1(f) 중 어느 하나의 응력분포를 보일 것이다. 즉, 그림 12.1(f)와 같이, 부재의 하면에 인장응력이 발생하지 않거나 매우 작다면 부재에는 균열이 발생하지 않는다. 결국 이것은 인장측의 콘크리트를 무시할 필요가 없다는 것을 의미한다.

이와 같이 사용하중(외력)에 의하여 콘크리트에 발생하는 인장응력을 상쇄할 수 있도록 미리 인위적으로 그 응력분포와 크기를 정하여 압축응력(내력)을 준 콘크리트를 프리스트레스트 콘크리트라고 하며 보통 PS 콘크리트, PSC, PC 등으로 약칭하여 사용한다(이에 반해 철근콘크리트는 RC로 약칭한다). 이는 포도주나 술 등을 담그는 오크(Oak) 통의 원리와도 같은 것이다.

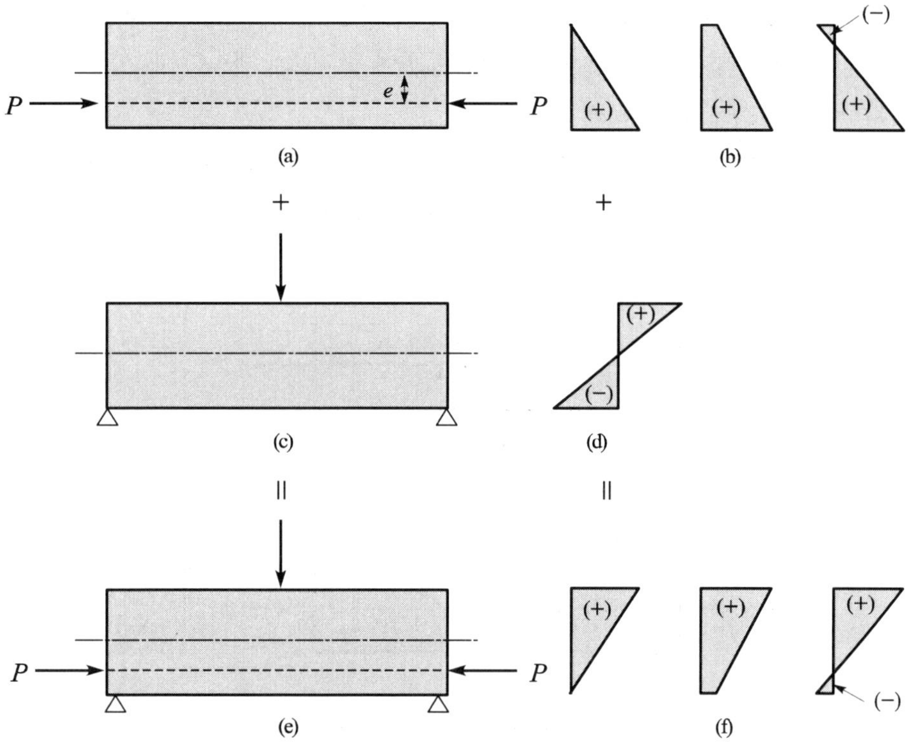

그림 12.1 프리스트레스트 콘크리트 보

12.2 프리스트레싱 방법

콘크리트에 프리스트레스를 주기 위해서는 그림 12.1과 같이 부재의 양단에서 콘크리트에 압축력(P)을 인위적으로 주어야 한다. 콘크리트에 인위적으로 압축력을 주는 일, 즉, 프리스트레스를 주는 일을 프리스트레싱(prestressing)이라고 하며, 프리스트레싱에 의하여 부재 단면에 작용하는 힘을 프리스트레스 힘(prestressing force)이라고 한다.

프리스트레싱 방법에는 여러 가지 방법이 있으나 보통은 고강도 강재를 이용하는 방법이 주로 이용된다. 즉, 고강도 강재에 인장력을 주어 긴장시킨 채로 그 끝을 콘크리트 부재의 양단에 정착시키는 것이다. 이렇게 하면 고강도 강재는 인장력을 받게 되고, 콘크리트는 그 반력으로 압축력을 받게 된다(그림 12.2).

이러한 목적으로 사용하는 고강도 강재를 PS 강재(prestressing steel) 또는 PC강재라고 하며, PS 강재를 1개 또는 여러 개를 다발로 하여 프리스트레싱할 수 있는 상태로 한 것을 긴장재(prestressing tendon)라고 한다.

프리스트레싱 방법은 PS 강재를 인장하는 시기에 따라 프리텐션 방식(pre-tensioning system)과 포스트텐션 방식(post-tensioning system)으로 구분된다.

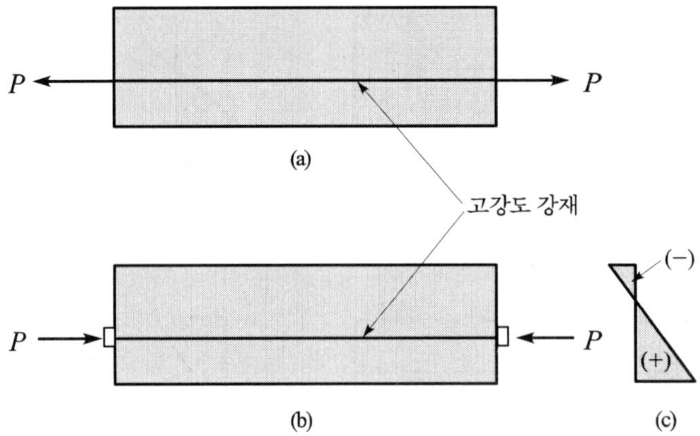

그림 12.2 프리스트레스트 콘크리트의 원리

12.2.1 프리텐션 방식

이 방식에 의한 부재의 제작순서는 인장대를 이용하여 다음과 같은 순서로 진행된다.

① 콘크리트를 치기 전에 PS 강재에 인장력을 주어 양쪽의 지주에 고정시키고,

② 콘크리트를 쳐서 PS 강재와 콘크리트가 완전히 부착되도록 경화시킨 후,

③ PS 강재에 주어진 인장력을 서서히 풀어서 콘크리트에 프리스트레스를 도입

이 때 PS 강재는 줄어들려고 하는 경향이 있지만 콘크리트와의 부착으로 인해 줄어들지 않는다. 따라서, 이 방식에 의한 프리스트레스는 콘크리트와 PS 강재의 부착력에 의해서 주어진다. 그림 12.3은 이 방식을 알기 쉽게 나타낸 것이다.

그림 12.3(a)는 긴장재를 직선 배치한 경우이고, 그림 12.3(b)는 긴장재를 절선상으로 배치한 경우이다. 그림 12.3(c)는 여러 개의 거푸집을 인장대 사이에 직렬로 배치하고 동시에 프리스트레스를 도입하는 방식으로서 1회에 여러 개의 부재를 제조할 수 방법을 롱 라인 방법(long line method) 또는 연속식이라고도 한다. 거푸집 자체를 인장대로 하고 긴장재의 반력을 거푸집이 받게 하여 PC 부재를 제작하는 방법을 단일 몰드 방법(individual mould method) 또는 단독식이라고도 하며 1회의 프리스트레싱으로 1개의 부재밖에 제작하지 못한다.

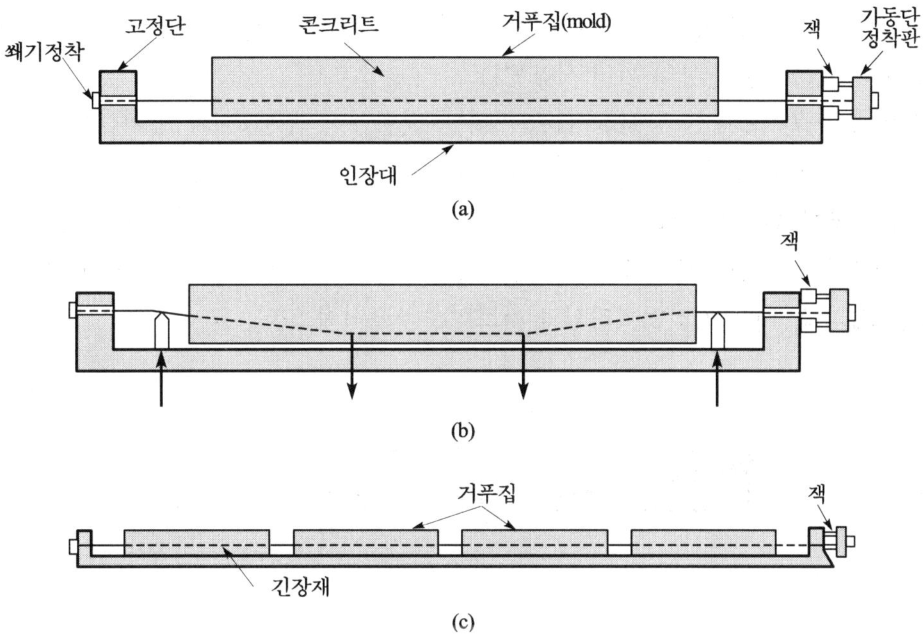

그림 12.3 프리텐션 방식

프리텐션 방식의 장점은 설비가 좋은 공장에서 제조되므로 제품의 품질에 대한 신뢰도가 높으며, 동일한 형상과 치수의 프리캐스트 부재를 대량으로 제조할 수 있고, 쉬스 및 정착장치 등이 필요하지 않다는 것이다. 단점은 긴장재의 곡선 배치가 어려워서 대형부재의 제작에는 적합치 않으며, 또한 부재의 단부에는 소정의 프리스트레스가 도입되지 않기 때문에 설계에 주의를 요한다.

12.2.2 포스트텐션 방식

이 방식은 콘크리트가 경화한 후 PS 강재에 인장력을 주어 긴장하고 그 끝을 콘크리트에 정착함으로써 프리스트레스를 주는 방법이다. 이 방식의 제작순서는 다음과 같다.

① 거푸집 조립, 쉬스 배치, 콘크리트 치기와 양생

② 경화된 콘크리트 부재 양단을 받침으로 PS 강재를 인장하여 정착

④ 부착시킨 부재에서는 PS 강재와 콘크리트와의 부착을 위한 그라우팅 작업

이 방식은 그림 12.4(a)와 같이 콘크리트 부재 속에 긴장재를 배치할 구멍(덕트 : duct)을 미리 만들어 놓아야 한다. 이 덕트를 만들기 위하여 보통 쉬스(sheath)를 사용하는데 보통 얇은 금속박판으로 된 파상의 관이 사용된다.

그림 12.4는 포스트텐션 방식을 쉽게 나타낸 것이다. 그림 12.4와 같이 쉬스 안에 배치한 PS 강재를 긴장하는 방법으로는 잭(jack)을 사용하는 기계적 방법이 주로 쓰이며, 팽창 시멘트를 사용한 화학적 방법, PS 강재에 전류를 흘려서 하는 전기적 방법이 있다. PS 강재의 긴장작업이 끝나면 긴장재를 정착장치에 의하여 콘크리트 부재에 정착시킨다. 정착방법으로는 쐐기식, 지압식(리벳머리식과 너트식), 루프식이 있다.

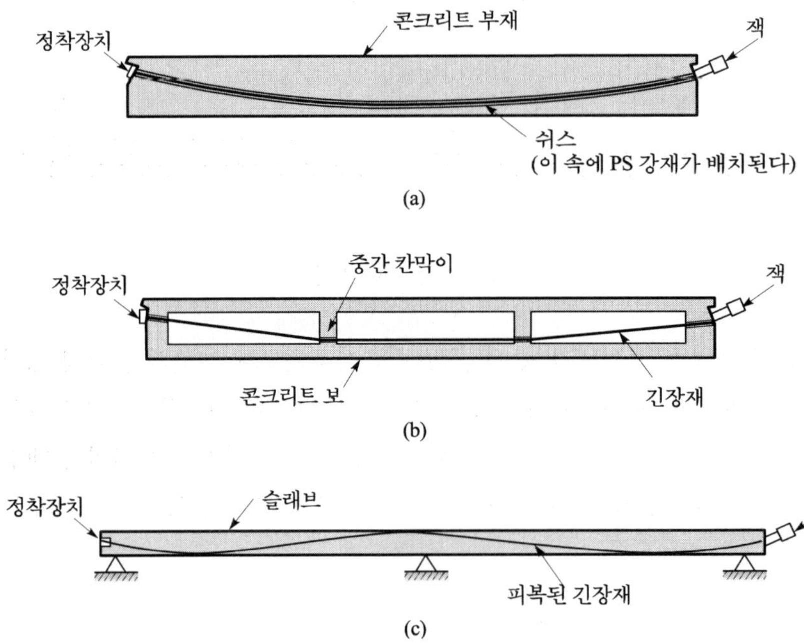

그림 12.4 포스트텐션 방식

포스트텐션 방식의 특징은 PS 강재를 곡선 배치할 수 있어 대형구조물에 적합하고, 콘크리트 부재를 직접 받침으로 하기 때문에 현장에서 쉽게 프리스트레스를 도입할 수 있다.

12.3 프리스트레스트 콘크리트 재료

12.3.1 콘크리트

프리스트레스트 콘크리트는 프리스트레싱에 의하여 큰 응력을 받기 때문에 압축강도가 높고, 건조수축과 크리프가 작아야 한다.

프리스트레스트 콘크리트에 있어서 콘크리트의 설계기준 강도 f_{ck}는 적어도 포스트텐션 방식의 경우 30 MPa 이상, 프리텐션 방식의 경우 35 MPa 이상으로 되게 해야 한다.

콘크리트의 건조수축과 크리프는 프리스트레스 손실의 원인 중 큰 부분을 차지하기 때문에, 이러한 손실을 줄이기 위해서는 건조수축과 크리프가 적게 일어나는 콘크리트를 사용해야 한다.

따라서 압축강도가 높고 건조수축 및 크리프가 적은 양질의 콘크리트를 만들기 위해서는 첫째, 배합설계에 있어서 물-시멘트비는 작게 하며, 단위 시멘트량은 소요 범위에서 최소로 하며, 시공이 가능한 내에서 사용수량을 적게 하고 적당한 입도를 갖는 양질의 골재를 사용해야 한다. 둘째, 시공에 있어서 밀도가 높은 콘크리트를 만들어야 하며, 품질관리 및 시공관리를 엄격히 하여 균일한 콘크리트를 만들어야 하고 국부적인 건조수축이 발생하지 않도록 하여야 한다.

콘크리트 구조설계기준에서는 프리스트레싱을 할 수 있는 콘크리트의 허용강도를 표 12.1과 같이 규정하고 있다.

표 12.1 콘크리트의 허용응력(콘크리트 구조설계기준)

(1) 프리스트레스 도입 직후 시간에 따른 프리스트레스 손실이 일어나기 전

① 휨압축응력 : $0.60f_{ci}$

② 휨인장응력 : $0.25\sqrt{f_{ci}}$

③ 단부지지 부재 단부에서의 인장응력 : $0.50\sqrt{f_{ci}}$

(2) 모든 프리스트레스 손실 이후 사용하중 작용시

① 휨압축응력 : $0.40f_{ck}$

② 휨인장응력

㉮ $0.5\sqrt{f_{ck}}$ (일반적인 경우, ㉯와 ㉰의 경우 제외)

㉯ $0.25\sqrt{f_{ck}}$ (심한 부식의 우려가 있는 경우)

㉰ $\sqrt{f_{ck}}$ (환산균열단면과 2개의 선형으로 이루어진 모멘트-변위 관계를 기초로 해석한 결과 순간 처짐과 장기처짐 및 콘크리트 피복두께가 프리스트레스트 콘크리트 구조의 규정을 만족하는 경우, 단 2방향 슬래브 구조는 제외)

(3) 부재 단부에 적절한 철근을 배치한 포스트텐션 부재의 정착장치에 의해 발생되는 콘크리트의 지압응력

① 긴장재 정착 직후 : $0.70f_{ci}\dfrac{\sqrt{A_b'}}{A_b} - 0.2 \leq 1.10f_{ci}$

② 프리스트레스 손실 발생 후 : $0.50f_{ck}\dfrac{\sqrt{A_b'}}{A_b} \leq 0.90f_{ck}$

※ 주 : f_{ci} = 프리스트레스 도입시의 콘크리트 압축 강도, MPa

12.3.2 PS 강재

PS 강재로는 PS 강선, 이형 PS 강선, PS 강연선(strand), PS 강봉, 이형 PS 강봉 등이 주로 사용된다. 프리스트레스트 콘크리트에서 PS 강재의 이완(relaxation), 콘크리트의 건조수축과 크리프 등으로 처음에 준 응력이 시간의 경과에 따라 감소한다. 초기 프리스트레스가 손실 후에도 PC를 성립시키기 위해서는 소요의 유효 프리스트레스를 유지하여야 한다. 이를 위하여 PS 강재를 높은 인장응력으로 긴장해야 한다. 따라서 PS 강재로 고강도 강재의 사용이 필요하다.

PS 강재는 연강의 2~4배 정도의 인장강도를 나타낸다. 예로서, PS 강선의 인장강도는 1,450 MPa ~ 1,950 MPa, 항복강도 1,250 MPa ~ 1,750 MPa 정도, PS 강봉의 인장강도는 950 MPa ~ 1,450 MPa, 항복강도 800 MPa ~ 1,300 MPa 정도를 요구하고 있다. 이것

은 항복비$\left(\dfrac{\text{항복점 강도}}{\text{인장강도}}\times 100\right)$로는 PS 강선이 85~90%, PS 강봉이 84~90% 정도이다.

PS 강재에 인장력을 주어 긴장한 채 그 길이를 일정하게 유지해 두면, 시간이 지남에 따라 PS 강재의 인장응력이 감소한다. 이러한 현상을 이완(relaxation)이라고 하며, PS 강재는 장시간에 걸쳐 릴랙세이션이 작아야 한다. PS 강선 및 PS 강연성의 릴랙세이션은 3% 이하, PS 강봉은 1.5% 이하를 요구하고 있다.

부재가 파괴될 때까지 높은 응력하에서 큰 변형에 견디는 재료의 성질을 인성(toughness)이라고 하며, 인성이 큰 재료는 연신율도 크다. PC 부재가 파괴 전에 어떤 크기의 변형이 일어나도록 하기 위해서는 PS 강재에 어느 정도의 연신율이 요구된다.

높은 응력을 받는 강재는 녹이 빠르게 진행되는 일이 있고, 또한 녹이 표면에 보이지 않더라도 조직이 취약해 지는 경우가 있다. 이러한 현상을 응력부식이라고 한다. PS 강재는 항상 높은 응력을 받고 있으므로 응력부식에 대한 저항성이 커야 한다. 콘크리트 구조설계기준에 규정된 PS 강재의 허용응력은 표 12.2와 같다.

표 12.2 PS 긴강재의 허용응력

(1) 긴장할 때 프리스트레싱 긴장재의 인장응력
$0.80f_{pu}$ 또는 $0.94f_{py}$ 중 작은 값
(2) 프리스트레스 도입 직후 프리스트레싱 긴장재의 인장응력
$0.70f_{pu}$ 또는 $0.82f_{py}$ 중 작은 값 (프리텐셔닝) $0.70f_{pu}$ (포스트텐셔닝)

f_{pu} : 프리스트레싱 긴장재의 설계기준인장강도, MPa
f_{py} : 프리스트레싱 긴장재의 설계기준항복강도, MPa

12.3.3 철근과 쉬스

PC 부재에서의 철근은 전단철근, 배력철근, 긴장재의 조립용 철근, 정착부 및 지압부의 보강철근 등 상당한 양이 필요로 한다.

프리텐션 방식에서는 PS 강재와 콘크리트가 직접 부착되므로 쉬스가 필요 없으나, 포스트텐션 방식에서는 긴장재를 수용하기 위한 쉬스가 필요하다. 그라우팅에 의해 부착되는 경우, 쉬스의 두께는 보통 0.2 ~ 0.4 mm 정도 또는 그 이상이고 길이는 보통 2 ~ 3 m인 얇은 강제의 쉬스가 사용된다. 부착시키지 않는 경우는 강제 쉬스 또는 플라스틱 쉬스를 사용한다. 쉬스는 취급 또는 콘크리트 타설시의 충격이나 진동기의 접촉 등에 쉽게 변형되거나 찌부러져서는 안된다.

포스트텐션 방식에서 PS 강재가 녹스는 것을 방지하고, 또 콘크리트에 부착시키기 위하여 쉬스 안에 시멘트풀이나 모르터를 주입한다. 이러한 목적으로 만든 시멘트풀이나 모르터를 그라우트(grout)라 하고, 그라우트를 주입하는 일을 그라우팅이라고 한다. 그라우트는 쉬스 안을 완전히 채워 PS 강재의 표면을 둘러싸게 하여 PS 강재가 부착에 의해 일체가 되게 해야 한다. 이를 위해서는 그라우트가 적당한 유동성과 팽창성이 있어야 한다.

12.4 PS의 기본개념

PS의 원리는 다음의 세 가지 다른 개념에 의하여 설명할 수 있다.

12.4.1 응력개념

인장에 약하고 압축에 강한 콘크리트가 프리스트레싱에 의하여 압축됨으로써 취성재료인 콘크리트가 인장응력에 견딜 수 있게 된다. 이것은 결국 콘크리트에 인장응력이 작용하지 않으므로 균열이 발생하지 않는다. 따라서 균질 탄성보와 같은 탄성해석을 할 수 있게 된다. 이것은 균등질 보의 개념이라고도 알려져 있으며, 가장 널리 통용되고 있는 PC의 기본개념이다.

콘크리트 직사각형보의 단면 도심 축에 PS 긴장재를 배치하여 프리스트레싱 힘 P로 인장하여 정착하면, 이로 인해 콘크리트 단면 A에 일어나는 압축응력은 균일한 분포로 다음과 같다.

$$f = \frac{P}{A} \tag{12.1}$$

또 외력(자중과 활하중)으로 인한 휨모멘트가 작용하여 다음과 같은 휨응력이 일어난다.

$$f = \pm \frac{M}{I} \cdot y \tag{12.2}$$

여기서, I : 단면 도심축에 대한 단면 2차모멘트

y : 단면 도심으로부터의 거리

따라서 프리스트레스를 준 부재의 단면에는 식(12.1)과 (12.2)를 합한 응력이 작용하게 된다.

$$f_c = \frac{P}{A} \pm \frac{M}{I} \cdot y \tag{12.3}$$

프리스트레스트 콘크리트에서는 압축응력을 (+), 인장응력을 (−)로 약속하고 계산하는 것이 보통이다. PS 강재가 콘크리트 단면 도심 축에서 편심(e)되어 배치될 때에 프리스트레싱에 의해 콘크리트에 발생하는 응력은 다음과 같다.

$$f = \frac{P}{A} \mp \frac{Pe}{I} \cdot y \tag{12.4}$$

또 외력으로 인한 휨모멘트 M에 의하여 부재 단면에는 식(12.2)와 같은 휨응력이 발생한다. 따라서 PS 긴장재가 편심되어 배치되었을 경우 콘크리트에 일어나는 휨응력은 다음과 같다.

$$f_c = \frac{P}{A} \mp \frac{Pe}{I} \cdot y \pm \frac{M}{I} \cdot y \tag{12.5}$$

여기서, e는 단면도심에서 PS 긴장재의 편심량이다.

그림 12.5는 위의 설명을 이해하기 쉽게 나타낸 것이다.

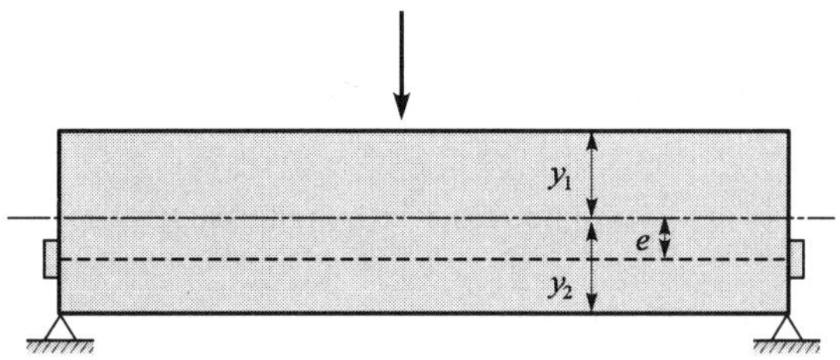

(a)

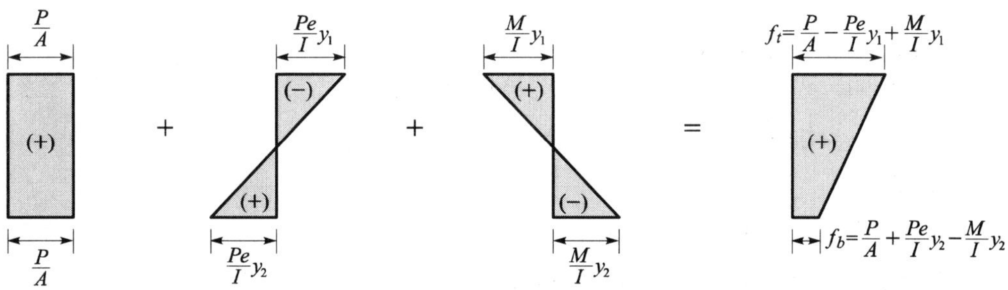

(b) (c)

그림 12.5 균등질 보의 개념

예제 12.1

아래의 그림 12.6과 같이 긴장재를 직선 배치한 경간중앙단면의 응력을 계산하여라. 다만 PS 긴장재의 인장력 $P = 3{,}750\ kN$, 편심량 $e = -300\ mm$로 한다.

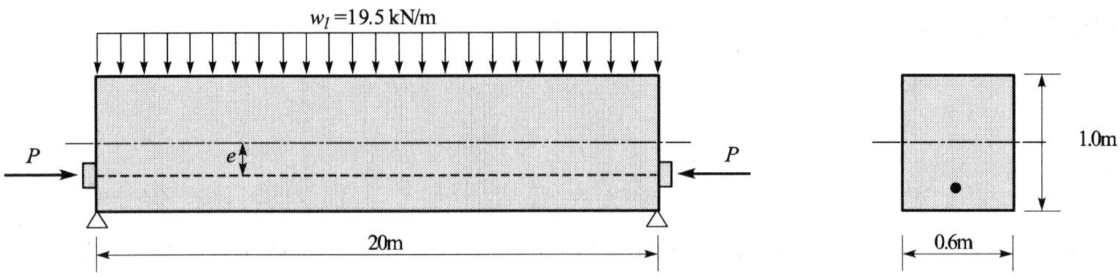

그림 12.6 PS 강재의 편심 배치

► **풀이**

보의 자중 $w_d = 0.6 \times 1.0 \times 25 = 15\ kN/m$

전체하중 $w = w_d + w_\ell = 15 + 19.5 = 34.5\ kN/m$

하중에 의한 휨모멘트는

$$M = \frac{w\ell^2}{8} = \frac{1}{8} \times 34.5 \times 20^2 = 1{,}725\ kN \cdot m = 1{,}725{,}000{,}000\ N \cdot mm$$

단면 2차모멘트 $I = \frac{bh^3}{12} = \frac{1}{12} \times 600 \times 1{,}000^3 = 50{,}000{,}000{,}000\ mm^4$

단면적 $A = 600 \times 1{,}000 = 600{,}000\ mm^2$

따라서, 경간의 중앙 단면의 응력은 식(12.5)로부터

$$f_c = \frac{P}{A} \mp \frac{Pe}{I} \cdot y \pm \frac{M}{I} \cdot y$$

$$= \frac{3{,}750{,}000}{600{,}000} \mp \frac{3{,}750{,}000 \times 300}{50{,}000{,}000{,}000} \times 500 \pm \frac{1{,}725{,}000{,}000}{50{,}000{,}000{,}000} \times 500$$

$$= 6.25 \mp 11.25 \pm 17.25$$

그러므로

∴ 상연응력 $f_t = 6.25 - 11.25 + 17.25 = 12.25\ MPa$

하연응력 $f_b = 6.25 + 11.25 - 17.25 = 0.25\ MPa$

12.4.2 내력 모멘트의 개념

이 개념은 PS를 RC와 같이 생각한 것이다(그림 12.7). RC와 다른 점은 고강도 강재를 사용하여 미리 긴장해 정착하면 원하는 응력과 변형률을 두 재료에 일어나게 할 수 있다는 것이다. 즉, 콘크리트는 압축력을 받고 긴장재는 인장력을 받게 하여 두 힘의 우력 모멘트로 외력에 의한 휨모멘트에 저항한다는 생각이며 강도개념 또는 저항모멘트 개념이라고도 한다.

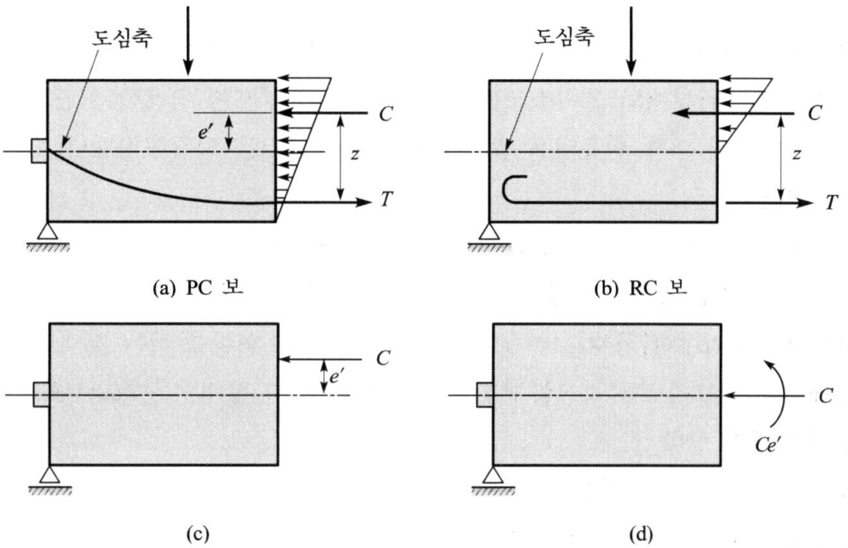

그림 12.7 내력 모멘트의 개념

전단면이 압축응력을 받으므로 RC에서 이룰 수 없었던 재료의 안전하고 경제적인 이용을 가능케 한다. 또한 이 개념은 PS 보의 극한강도를 결정하는데도 이용된다.

지금 하중에 의한 휨모멘트를 M, PS 긴장재에 작용하는 인장력을 P라 하면, 압축력 C의 작용점은 다음의 평형조건으로부터 쉽게 구할 수 있다.

$$C = T = P$$

$$M = Cz = Tz = Pz$$

$$z = M/P \tag{12.6}$$

$$e' = z - e \tag{12.7}$$

위의 식에서 프리스트레스 힘 P는 일정하므로, 하중에 의한 휨모멘트 M이 커짐에 따라

z가 커지고 따라서 e′도 커짐을 알 수 있다. 결국 이것은 PS 보 단면의 콘크리트 응력이 그림 12.7(c)와 같은 영향을 주고, 또한 이것은 그림 12.7(d)로 대처할 수 있다. 그러므로 프리스트레스 힘에 의한 콘크리트의 응력은 다음과 같다.

$$f_c = \frac{C}{A} \pm \frac{Ce'}{I} \cdot y = \frac{P}{A} \pm \frac{Pe'}{I} \cdot y \quad (12.8)$$

12.4.3 하중평형의 개념

이 개념은 부재에 작용하는 하중과 프리스트레싱에 의해 생기는 상향력과 평형이 되도록 하는 개념이다. 즉 긴장재의 프리스트레스 힘의 작용이 부재에 작용하는 연직하중과 비긴다면, 부재는 하중에 의한 휨응력을 받지 않게 된다. 이것을 하중평형개념 또는 등가하중 개념이라고 한다.

프리스트레스 힘으로 생긴 등가하중이 연직하중과 비기게 되면, 휨부재의 단면은 주어진 하중작용 하에서 휨응력을 받지 않게 된다. 결국 연직응력만을 받는 부재로 전환되어 해석이 단순화된다. 이 경우 긴장재는 현수교의 케이블과 같은 역할을 하는 것으로 본 것이다.

이 개념에서는 콘크리트를 자유물체도로 보아야 하고, 긴장재는 콘크리트에 작용하는 힘으로 바꾸어 놓아야 한다.

그림 12.8(a)와 같이 긴장재를 포물선으로 배치한 단순보를 예를 들어 보자.

긴장재의 양끝에 프리스트레스 힘 P로 긴장할 때, 그림 12.8(b)와 같이 긴장재가 콘크리트 속에서 포물선을 유지하려면 등분포의 하향력 u가 작용해야 한다. 긴장재의 양끝을 콘크리트에 정착하면 콘크리트에는 그림 12.8(c)와 같이 압축력 P와 상향력 u가 작용하게 된다. 이 때 콘크리트 보의 중앙단면에는 $u\ell^2/8$ 인 부(−)의 휨모멘트가 일어난다. 이것은 그림 12.8(d)의 자유물체도에 일어나는 부의 휨모멘트 Ph와 같은 성질의 것으로 다음과 같다.

$$\frac{u\ell^2}{8} = Ph$$

$$u = \frac{8Ph}{\ell^2} \quad (12.9)$$

이 부의 휨모멘트가 하중에 의한 정(+)의 휨모멘트와 비기면, 즉 식 (12.9)의 상향력 u가 등분포하중 w와 크기가 같으면 이 보는 휨을 받지 않고 축압축력 $P\cos\theta$ 만 받게 될 것이다. 그러나 등분포 상향력 u와 하중이 비기지 않을 경우에는 그 차(w − u)에 의한 휨모멘트($(w-u)^2/8$를 받게 되며, 이 경우의 콘크리트 응력은 다음의 식으로 계산할 수 있다.

$$f_c = \frac{P\cos\theta}{A} \pm \frac{M}{I}\cdot y \fallingdotseq \frac{P}{A} \pm \frac{M}{I}\cdot y \tag{12.10}$$

여기서, $M = \dfrac{(w-u)\ell^2}{8}$

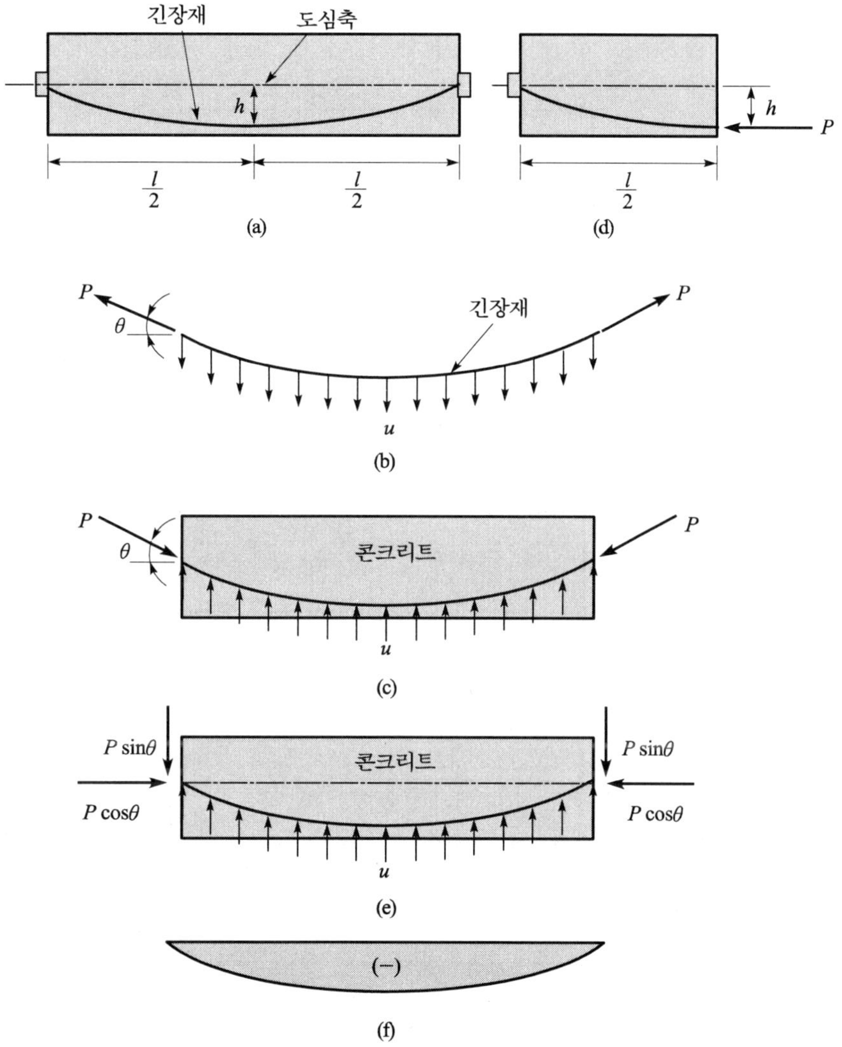

그림 12.8 하중평형의 개념(긴장재의 포물선 배치)

그림 12.9(a)와 같이 긴장재를 경간중앙에서 절곡하여 배치한 경우는 콘크리트에 압축력 P를 줄 뿐 아니라 경간중앙에 상향력 U를 주게 된다. 이 때 힘 P는 정역학적으로 쉽게 구할 수 있다. 즉 그림 12.9(b)와 같이 긴장재에 작용하는 세 힘이 비겨야 하므로, $\sum V = 0$을 적용하면 U는 다음과 같이 된다(그림 12.9(c) 참조).

$$U = 2P\sin\theta \qquad (12.10)$$

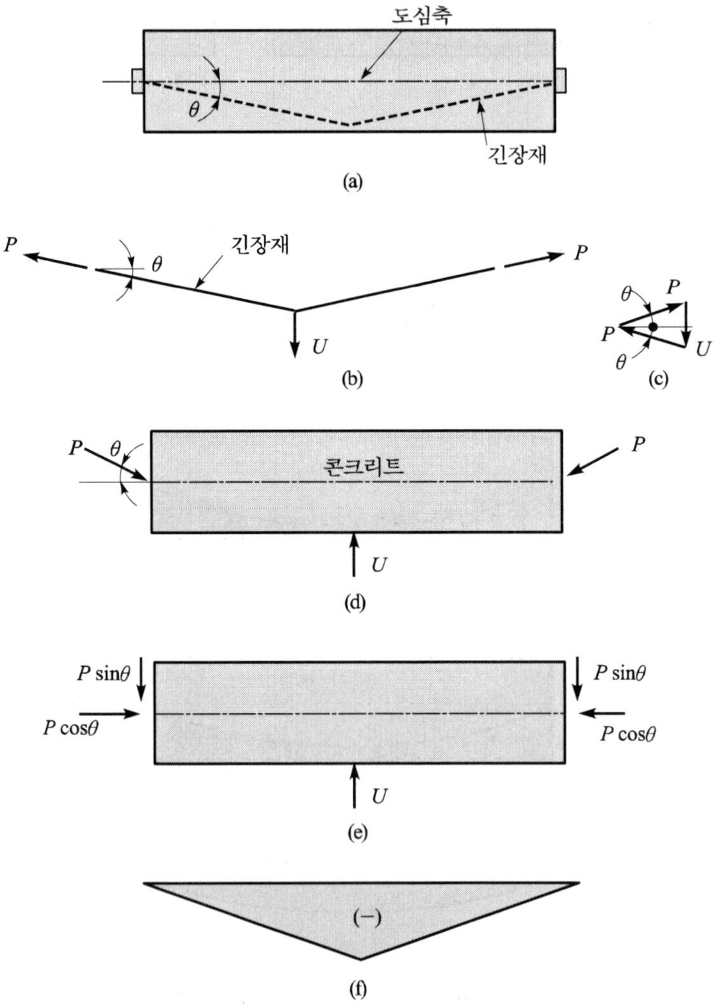

그림 12.9 하중평형의 개념(긴장재의 절곡 배치)

12.5 프리스트레스트 콘크리트의 특징

12.5.1 사용재료와 역학적 성질에 관한 PS와 RC의 비교

사용재료와 역학적 성질에 관하여 PS와 RC를 비교하면 다음과 같다.

① PS는 RC에 비하여 고강도의 콘크리트와 강재를 사용한다.

② 설계시 RC는 인장측 콘크리트를 무시하고 계산하는 반면에 PS는 전단면이 유효하다고 보고 계산한다.

③ 사용하중하에서 PS는 균열이 발생하지 않으며 초과하중이 작용하여 균열이 발생하더라도 그 하중을 제거하면 균열은 아문다.

④ 긴장재의 절곡 및 곡선 배치한 PS 보는 같은 크기의 전단력을 받는 RC 보에 비하여 복부의 폭을 얇게 할 수 있어 부재의 자중이 경감된다.

⑤ RC 보에서는 하중이 커짐에 따라 철근 및 콘크리트의 응력이 커져서 압축력과 인장력이 커지고 우력의 팔길이는 변하지 않지만 PS 보에서는 팔길이가 커지고 PS 긴장재의 응력은 매우 조금밖에 늘지 않는다.

⑥ 균열발생 후에는 보통 PS 강재비가 RC의 철근비보다 작기 때문에 PS가 중립축의 상승이 빠르고 균열 폭이 커진다.

12.5.2 사용성에 관한 PS와 RC의 비교

PS의 안전성, 사용성, 경제성 등에 대하여 RC와 비교해 보면 다음과 같다.

① PS는 균열이 발생하지 않도록 설계되므로 내구성과 수밀성이 우수하고 충격 및 반복하중에 대한 저항력도 RC보다 크다.

② 긴장재의 절곡 및 곡선 배치에 따른 전단력 감소에 의하여 복부의 폭을 얇게 할 수 있기 때문에 가벼운 구조물을 만들 수 있다. 따라서 장대교량이나 큰 하중을 받는 구조물에 적당하다. 또한 PS 구조물은 날씬하여 외관이 아름답다.

③ PS 부재의 처짐은 작다.

④ PS 구조는 프리스트레싱 작업할 때 안전하였다면 사용하중하에서도 충분히 안전하고 파괴의 전조가 뚜렷하다.

⑤ 포스트텐션 방식을 이용하면 프리캐스트 부재의 연결시공이 가능하다. 또한 현장치기 PS의 경우, 이어대기 시공이나 분할시공이 가능하여 캔틸레버식 시공이 교량 등에 많이 이용된다.

⑥ PS는 RC에 비하여 강성이 작아서 변형이 크고 진동하기 쉽다.

⑦ PS는 RC에 비하여 내화성에 불리하다.

⑧ PS는 RC에 비하여 응력이나 안전성의 검토 단계가 많을 뿐 아니라 하중의 크기나 방향에 민감하므로 설계, 제조, 운반, 가설에 세심한 주의가 필요하다.

⑨ PS는 RC보다 재료는 절약되지만 단가가 비싸고 부속재료 및 그라우팅의 비용이 추가된다.

12.6 프리스트레스의 손실

PS 부재의 프리스트레스는 초기에 PS 긴장재를 긴장할 때 긴장장치에서 측정된 인장응력과 같지 않다. 이것은 긴장작업 중이나 작업 후에 일어나는 여러 가지 원인에 의하여 감소한다. 이러한 현상을 프리스트레스의 감소(reduction of prestress) 또는 프리스트레스의 손실(loss of prestress)이라고 한다.

프리스트레스의 손실의 원인은 다음과 같다.

(1) 프리스트레스를 도입할 때 일어나는 손실(즉시손실)

① 장착장치의 활동

② PS 강재와 쉬스의 마찰

③ 콘크리트의 탄성변형(탄성단축)

(2) 프리스트레스 도입 후에 일어나는 손실(시간적 손실)

① 콘크리트의 건조수축

② 콘크리트의 크리프

③ PS 긴장재의 릴랙세이션

포스트텐션 방식은 위의 여섯 가지가 원인이 되어 프리스트레스가 손실하지만, 프리텐션 방식은 PS 긴장재와 쉬스 사이의 마찰은 해당되지 않는다.

즉시손실에 의하여 최초에 긴장한 인장력 P_j는 P_i로 감소한다. P_i를 초기 프리스트레스 힘이라 하고, 시간적 감소가 끝나서 최종적으로 긴장재에 작용하는 인장력을 유효 프리스트레스힘 P_e라고 한다. 유효 프리스트레스힘과 초기 프리스트레스힘과의 비를 유효율이라

하고, 감소량과 초기 프리스트레스힘과의 비를 유효율이라 한다.

유효율의 대략의 값은 프리텐션 방식에서 0.8, 포스트텐션 방식에서 0.85이다.

12.6.1 콘크리트의 탄성변형에 의한 프리스트레스 손실

프리텐션 방식에서 프리스트레스를 도입하기 위하여 긴장된 PS 긴장재를 풀어주면 PS 긴장재의 인장력이 콘크리트 부재의 압축력으로 변환되어 콘크리트는 탄성변형으로 단축되고, PS 긴장재도 완전히 부착되어 있기 때문에 동시에 단축되어 처음 가해진 인장력이 감소한다.

PS 긴장재 도심위치에서 콘크리트의 압축 변형률 ϵ_c와 PS 긴장재의 변형률 ϵ_p는 같아야 하므로

$$\epsilon_c = \epsilon_p$$

Hooke의 법칙에 의하여

$$\epsilon_c = \frac{f_{cs}}{E_c}, \quad \epsilon_p = \frac{\Delta f_{el}}{E_p}$$

따라서 PS 긴장재의 감소량 Δf_{el}은

$$\Delta f_{el} = E_p \epsilon_p = E_p \epsilon_c = E_p \frac{f_{cs}}{E_c} = n f_{cs} \tag{12.12}$$

여기서, f_{cs} : 프리스트레스 도입 직후 PS 강재 도심위치에서의 콘크리트 압축응력

Δf_{el} : 콘크리트의 탄성수축으로 인한 PS 강재의 인장응력 감소량

E_c : 프리스트레스 도입할 때의 콘크리트의 탄성계수

E_p : PS 긴장재의 탄성계수

PS 긴장재가 편심 e_p에 있을 경우는

$$\Delta f_{el} = n f_{cs} = n\left(\frac{P_i}{A_c} + \frac{P_i \cdot e_p}{I_c} \cdot e_p\right) \tag{12.13}$$

그러나 포스트텐션 방식의 경우는 프리텐션 방식의 경우와 아주 다르다. 포스트텐션 부재는 많은 수의 긴장재가 배치되어 미리 정해 놓은 긴장순서에 따라 긴장 정착하는 것이 보통이다. 이러한 경우 프리스트레스가 순차적으로 도입되므로 콘크리트의 탄성변형도 순차적으로 일어난다. 따라서 제일 먼저 정착한 긴장재는 그 시점에서의 프리스트레스 감소는

없지만, 두 번째 긴장재를 정착하면 이 탄성변형 때문에 첫 번째 긴장재의 프리스트레스가 감소한다. 또 세 번째의 긴장재를 정착하면 그 탄성변형의 영향을 받아 첫 번째와 두 번째 긴장재의 프리스트레스가 감소한다. 결국 제일 먼저 정착한 긴장재가 가장 많이 감소하고, 마지막으로 정착하는 긴장재의 프리스트레스 감소는 없다.

이와 같이 긴장재의 인장력 감소량을 정확하게 계산하는 것은 아주 복잡하다. 그래서 실용적으로는 제일 먼저 긴장한 긴장재의 감소량을 계산하여 그 값의 $\frac{1}{2}$를 모든 긴장재의 평균 감소량으로 하거나 또는 다음 식에 의하여 계산해도 좋다.

$$\Delta f_{el} = \frac{1}{2} n f_{cs} \frac{N-1}{N} \tag{12.14}$$

여기서 f_{cs} : 프리스트레스 도입 직후 PS 긴장재 도심위치에서의 콘크리트 압축응력

N : 긴장재의 긴장 횟수(긴장재의 케이블 수)

12.6.2 PS 긴장재와 쉬스의 마찰로 인한 손실

포스트텐션 방식에서는 PS 긴장재와 쉬스 사이의 마찰로 인해 PS 긴장재의 인장력이 감소되는데 긴장재의 각도 변화에 의한 곡률마찰 손실과 PS 긴장재의 길이의 영향에 의한 파상마찰 손실로 나누어 생각할 수 있다.

PS 긴장재의 인장단에서 인장력 P_o로 긴장할 때, 여기서 x 만큼 떨어진 단면에서의 PS 긴장재의 인장력 P_x는 다음 식과 같다.

$$P_x = P_o \cdot e^{-(\kappa\ell + \mu\alpha)} \tag{12.15}$$

여기서, α : 긴장단으로부터 임의점 x까지를 라디안으로 나타낸 긴장재의 전체 회전각 변화량

ℓ_x : 전착단으로부터 임의의 점 x까지의 프리스트레싱 긴장재의 길이(m)

μ : 곡선부에서의 곡률마찰계수

κ : PS 긴장재의 단위길이 1m당의 파상마찰계수

만일 $\kappa l + \mu\alpha \leq 0.3$ 경우, 시방서에서는 식 (12.15) 대신에 다음의 근사식을 사용하여 계산해도 좋다고 규정하고 있다.

$$P_x = P_o(1 - \kappa l - \mu\alpha) \tag{12.16}$$

12.6.3 정착장치의 활동으로 인한 손실

포스트텐션 부재에서 긴장한 PS 강재를 정착할 때 정착장치에서 PS 강재가 활동하거나 또는 정착장치가 변형되거나 하면 프리스트레스의 손실이 생긴다. 쐐기식의 정착장치를 사용할 때 보통 3~6mm 정도의 활동이 생기고, 너트식 정착장치를 사용할 때 1mm 정도의 변위가 생긴다.

프리텐션 방식의 경우에서도 긴장대에서 인장력을 잭으로부터 도입할 때 정착장치에 활동이 일어난다. 계산상으로 $\Delta\ell$의 변위량이 발생했을 경우 다음 식에 의하여 계산해도 좋다.

$$\Delta P = A_p E_p \frac{\Delta\ell}{\ell}, \quad \Delta f_{an} = E_p \frac{\Delta\ell}{\ell} \tag{12.17}$$

여기서 ΔP : 긴장재의 인장력 감소량

Δf_{an} : 긴장재 응력의 감소량 $\left(= \frac{\Delta P}{A_p}\right)$

12.6.4 콘크리트의 건조수축에 의한 손실

콘크리트의 건조수축에 의한 변형율이 ϵ_{sh}라 하면, 건조수축에 의한 긴장재의 프리스트레스 감소량은 다음 식과 같다.

$$\Delta f_{sh} = E_p \epsilon_{sh} \tag{12.18}$$

건조수축에 의한 콘크리트의 최종 변형률은 $(5 \sim 10) \times 10^{-4}$정도의 범위에 있다. 보, 슬래브 등의 설계에서 고려해야 할 건조수축의 변형률은 표 12.3과 같다.

표 12.3 콘크리트의 건조수축 변형률(도로교설계기준, 콘크리트 편)

프리스트레스를 도입할 때의 콘크리트 재령(일)	4~7	28	90	365
건조수축 변형률	27×10^{-5}	20×10^{-5}	14×10^{-5}	7×10^{-5}

12.6.5 콘크리트의 크리프로 인한 손실

콘크리트의 크리프에 의하여 긴장재의 인장력은 시간의 경과와 더불어 감소한다. 콘크리트의 크리프로 인한 변형률은 콘크리트의 탄성변형에 비례하며 다음 식과 같다.

$$\epsilon_c = C_u \, \epsilon_e$$

여기서 C_u는 크리프 계수이며, C_u 값은 저강도의 콘크리트일수록 큰 값을 나타내고 고강도일수록 작은 값을 보인다. 일반적으로 C_u는 1.6~3.2의 범위에 있다.

콘크리트의 크리프에 의한 프리스트레스의 감소량은 다음의 식과 같다.

$$\Delta f_{cp} = C_u \, n \, f_{cs} \tag{12.19}$$

12.6.6 PS 긴장재의 릴랙세이션에 의한 손실

PS 긴장재에 인장응력을 준 후 그 변형률을 일정하게 유지하면, PS 긴장재에 준 초기 인장응력은 시간의 경과와 더불어 점차로 감소하는데 이러한 현상을 PS 긴장재의 릴랙세이션에 의한 인장응력의 감소라고 한다.

이와 같은 현상은 강재의 종류, 주어진 인장응력의 크기 등에 따라 다르며, 강재의 겉보기 릴랙세이션에 의한 일반적인 프리스트레스의 감소율은 표 12.4와 같고, 표의 값을 이용한 릴랙세이션에 의한 응력 감소량은 다음 식으로 계산해도 좋다.

$$\Delta f_{re} = \gamma \, f_{pi} \tag{12.20}$$

여기서 γ : PS 긴장재의 겉보기 릴랙세이션 값

f_{pi} : 프리스트레스 도입 직후의 긴장재의 인장응력

표 12.4 긴장재의 겉보기 릴랙세이션

긴장재의 종류	겉보기 릴랙세이션율
PS 강선	5%
PS 강봉	3%
PS 강연선	5%

Appendix

부 록

- 부록A 허용응력설계법
- 부록B 설계보조자료
- 부록C SI 단위 및 단위의 환산표

부록 A 허용응력설계법

6장의 '사용성'에서 본 바와 같이 철근콘크리트 부재의 사용성은 사용하중(service load)에 의해 검토해야 한다. 따라서 부록 A에서는 사용하중하에서 보의 휨에 대한 해석 및 설계를 다룬다. 휨부재에 대한 허용응력설계법은 다음과 같은 가정을 기본으로 한 탄성이론에 의해 유도된 것이다.

(1) 철근과 콘크리트의 응력은 변형률에 비례한다 (Hook's law)
(2) 단면내의 어느 한 점의 응력은 중립축으로부터의 거리에 비례한다.
(3) 콘크리트의 인장응력은 무시한다. 인장응력은 모두 철근이 받는다.
(4) 하중을 받기 전에 평면인 단면은 하중을 받아 변형한 후에도 평면을 유지한다.

이러한 가정은 콘크리트에 일어나는 응력이 매우 작은 상태일 경우를 가정한 것으로, 콘크리트의 압축응력이 $0.5f_c'$ 이하일 경우와 철근의 응력이 항복응력 이하에서는 합리적이다. 이와 같은 가정하의 단면해석을 선탄성 이론(linear elastic theory)에 의한 해석이라 하며, 콘크리트와 철근의 계산된 응력이 허용응력 이하로 되도록 설계하는 것이 허용응력설계법이다.

우리나라 시방서에서 규정한 콘크리트 및 철근 의 허용응력(allowable stress)은 표 A.1과 같다.

표 A.1 콘크리트 및 철근의 허용응력

응력의 종류	부재		허용응력 (MPa)
콘크리트의 휨 압축응력	휨부재		$0.40f_{ck}$
콘크리트의 전단응력	보, 1방향슬래브 확대기초	전단보강철근이 없을 경우	$0.80\sqrt{f_{ck}}$
		전단보강철근이 있을 경우	$0.32\sqrt{f_{ck}}$
철근의 휨 인장응력	SD300 철근		150 MPa
	SD350 철근		175 MPa
	SD400 철근		180 MPa
	경간이 4m보다 작은 경우 1방향슬래브 D10 이하 철근		$0.5f_y < 200$ MPa

A.1 보의 휨설계

A.1.1 단철근 직사각형 보

(1) 응력계산

그림 A.1과 같은 직사각형 단면의 보가 사용하중에 의한 휨모멘트 M을 받으면 응력의 분포는 그림과 같이 된다. 단면의 유효깊이 d는 인장철근 도심에서 압축측 연단까지의 거리이다.

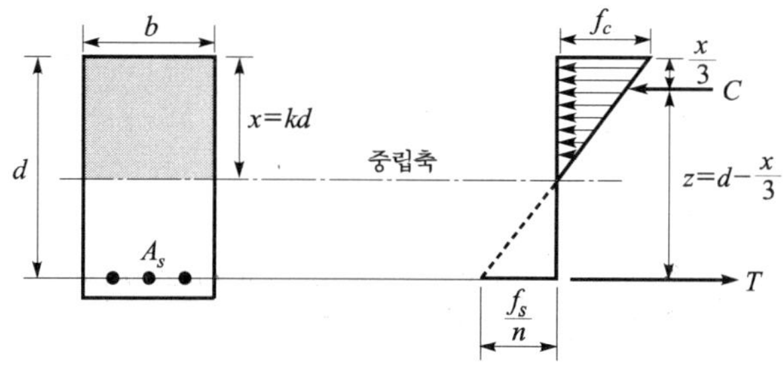

그림 A.1 단철근 직사각형 보

1) 중립축

단면의 중립축이 압축측 상단에서 x의 거리에 있다고 가정하자. 압축측 연단의 콘크리트 응력을 f_c, 철근의 인장응력을 f_s 라고 하면 압축측의 콘크리트의 총압축력 C 및 철근의 총 인장력 T는 각각 다음과 같이 된다.

$$C = \frac{1}{2} f_c bx \tag{A.1}$$

$$T = f_s A_s \tag{A.2}$$

단면이 평형을 유지하기 위해서는

$$C - T = 0 \tag{A.3}$$

이라야 한다. 즉, C와 T는 우력을 이룬다. 따라서 식 (A.3)은 다음과 같이 된다.

$$\frac{1}{2} f_c bx - f_s A_s = 0 \tag{A.4}$$

그림 A.1의 응력도에서 삼각형의 닮음비를 이용하면

$$f_s = n f_c \frac{d-x}{x} \tag{A.5}$$

여기서

$$n = \frac{E_s}{E_c} \tag{A.6}$$

식 (A.5)를 식 (A.4)에 대입하면

$$\frac{1}{2}bx - nA_s\frac{d-x}{x} = 0$$

$$\therefore \frac{1}{2}bx^2 - nA_s(d-x) = 0 \tag{A.7}$$

윗 식은 휨을 받는 단면의 중심축이 도심축과 일치하며, 도심축에 대한 단면 1차 모멘트는 0이라는 조건으로부터도 얻을 수 있다. 위의 식을 x에 관하여 풀면 중립축의 위치 x는 다음과 같이 된다.

$$x = -\frac{nA_s}{b} + \frac{nA_s}{b}\sqrt{1+\frac{2bd}{nA_s}} \tag{A.8}$$

$x = kd$, $\frac{A_s}{bd} = \rho$로 놓고 위의 식을 정리하면

$$k = -n\rho + \sqrt{(n\rho)^2 + 2n\rho} \tag{A.9}$$

k를 중립축비, ρ를 철근비라고 한다.

2) 응력

이 단면에 휨모멘트 M이 작용할 때 콘크리트와 철근에 일어나는 응력 f_c 및 f_s를 구해보자. 콘크리트의 총압축력 C의 작용선은 응력분포 삼각형의 도심을 지나야 하므로 우력 C와 T 사이의 거리 z는 다음과 같이 된다.

$$z = d - \frac{x}{3} \tag{A.10}$$

단면이 평형을 유지하기 위해서는 내력에 의한 우력 모멘트 C·z 또는 T·z가 외력에 의한 휨모멘트 M과 같아야 한다.

$$Cz = \frac{1}{2}f_c bx\left(d - \frac{x}{3}\right) = M \tag{A.11a}$$

$$Tz = f_s A_s\left(d - \frac{x}{3}\right) = M \tag{A.11b}$$

따라서

$$f_c = \frac{2M}{bx\left(d - \frac{x}{3}\right)} \quad \text{(A.12a)}$$

$$f_s = \frac{M}{A_s\left(d - \frac{x}{3}\right)} \quad \text{(A.12b)}$$

식 (A.11)은 다음과 같이 고쳐 쓰는 경우가 많다.

$$z = jd = d - \frac{kd}{3} = \left(1 - \frac{k}{3}\right)d$$

$$\therefore \ j = 1 - \frac{k}{3} \quad \text{(A.13)}$$

위의 관계와 $x = kd$, $A_s = \rho bd$ 를 식 (A.12)에 대입하면

$$f_c = \frac{2M}{kjbd^2} \quad \text{(A.14a)}$$

$$f_s = \frac{M}{\rho jbd^2} \quad \text{(A.14b)}$$

n과 ρ를 알면 식 (A.9)으로부터 k를 알 수 있고, 식 (A.13)으로부터 j를 알 수 있다. f_c와 f_s는 다음 식으로 계산해도 좋다.

$$f_c = \frac{M}{I_{cr}}x \quad \text{(A.15a)}$$

$$f_s = n\frac{M}{I_{cr}}(d - x) \quad \text{(A.15b)}$$

여기서 I_{cr}는 도심축에 대한 환산단면 2차 모멘트이며 다음과 같다.

$$I_{cr} = \frac{1}{3}bx^3 + nA_s(d - x)^2 \quad \text{(A.16)}$$

이것은 인장측 콘크리트에 균열이 발생했다고 보고 계산한 I로서, 이것을 균열 환산단면 2차 모멘트라고 한다.

예제 A.1

$b = 300\ mm$, $d = 500\ mm$, $A_s = 3 - D25 = 1{,}520.1\ mm^2$인 단철근 직사각형 단면의 보가 있다. 이 단면에 사용하중에 의한 휨모멘트 $M = 80{,}000\ N.m$이 작용할 때, 콘크리트 및 철근의 응력을 계산하여라. 콘크리트 설계기준강도 $f_{ck} = 21\ MPa$이고 철근은 SD 300을 사용한다.

▸ **풀이**

탄성계수비 n은 다음과 같이 계산한다.

$E_s = 200{,}000\ MPa$이고 $E_c = 8{,}500\sqrt[3]{f_{cm}}$이며 $f_{cm} = f_{ck} + \Delta f$이다. 여기서 $f_{ck} \le 40\ MPa$일 때 $\Delta f = 4$이고 $f_{ck} \ge 60\ MPa$일 때 $\Delta f = 6$이며 그 사이는 직선보간한다. 따라서

$$n = \frac{E_s}{E_c} = \frac{200{,}000}{8{,}500\sqrt[3]{25}} = 8.05 = 8$$

n은 가장 가까운 정수를 사용해야 하므로 $n = 8$ 이다. 철근비는

$$\rho = \frac{A_s}{bd} = \frac{1{,}520.1}{300 \times 500} = 0.01013$$

식(A.9)으로부터

$$k = -8 \times 0.01013 + \sqrt{(8 \times 0.01013)^2 + 2 \times 8 \times 0.01013} = 0.3297$$

$$\therefore\ x = kd = 0.3297 \times 500 = 164.9\ mm$$

식(A.13)으로부터

$$j = 1 - \frac{0.3297}{3} = 0.8901$$

구하고자 하는 콘크리트와 철근의 응력은 식(A.12)로부터

$$f_c = \frac{2 \times 80{,}000{,}000}{300 \times 164.9 \times \left(500 - \dfrac{164.9}{3}\right)} = 7.3\ MPa$$

$$f_s = \frac{80{,}000{,}000}{1{,}520 \times \left(500 - \dfrac{164.9}{3}\right)} = 118.3\ MPa$$

콘크리트의 허용 휨압축응력은 표 A-1로부터

$$f_{ca} = 0.40 f_{ck} = 0.40 \times 21 = 8.4\ MPa$$

철근의 허용 휨인장응력은 표 A-1로부터

$$f_{sa} = 150\ MPa$$

콘크리트와 철근의 응력이 각각 그 허용응력을 넘지 않으므로 휨에 대하여 안전하다.

(2) 저항 모멘트

저항 모멘트는 허용 모멘트라고도 하며, 허용응력설계법에서 단면이 지지할 수 있는 최대 모멘트를 말한다. 단면의 저항 모멘트가 외력에 의한 휨모멘트보다 크면 단면은 안전하다. 단면의 저항 모멘트는 다음의 내력 모멘트 중 작은 값이다.

$$M_{rc} = Cz = \frac{1}{2} f_{ca} bx\left(d - \frac{x}{3}\right) = \frac{1}{2} f_{ca} kj\, bd^2 \tag{A.17a}$$

$$M_{rs} = Tz = f_{sa} A_s \left(d - \frac{x}{3}\right) = f_{sa} \rho j\, bd^2 \tag{A.17b}$$

윗 식은 식 (A.11)에 f_c, f_s 대신 허용응력 f_{ca}, f_{sa}를 대입한 것이다. 윗 식 가운데 M_{rc}는 압축측 콘크리트의 모멘트 용량이고, M_{rs}는 인장철근의 모멘트 저항능력이다. 두 값 가운데서 작은 값이 단면의 저항 모멘트이다.

예제 A.2

앞의 예제 A.1의 단면에 대한 저항 모멘트를 계산하여라.

▸ **풀이**

콘크리트와 철근의 허용응력이 각각 8.4 MPa, 150 MPa이므로, 식 (A.17)로부터

$$M_{rc} = \frac{1}{2} f_{ca} bx\left(d - \frac{x}{3}\right) = \frac{1}{2} \times 8.4 \times 300 \times 164.9 \times \left(500 - \frac{164.9}{3}\right)$$

$$= 92{,}441{,}781 \text{ N·mm} = 92{,}442 \text{ N·m}$$

$$M_{rs} = f_{sa} A_s \left(d - \frac{x}{3}\right) = 150 \times 1{,}520.1 \times \left(500 - \frac{164.9}{3}\right)$$

$$= 101{,}478{,}076 \text{ N·mm} = 101{,}478 \text{ N·m} > 92{,}442 \text{ N·m}$$

그러므로 이 단면의 저항 모멘트는 92,442 N·m이다. 즉, 이 단면이 지지할 수 있는 최대 휨모멘트는 92,442 N·m 이다.

(3) 단면설계

압축측 연단의 콘크리트 응력과 인장철근의 응력이 사용하중하에서 동시에 그들의 허용응력 f_{ca}, f_{sa}에 도달하도록 단면치수를 정하는 것이 바람직하다. 이와 같이 콘크리트 응력과 철근응력이 최대 모멘트하에서 동시에 각각의 허용응력에 도달되는 단면을 균형단면

(balanced section)이라고 한다.

균형단면의 중립축의 위치 x는 그림 A.1의 응력도에서 $f_c = f_{ca}$, $f_s = f_{sa}$로 놓고 응력 삼각형의 닮음비를 이용하면 다음과 같이 된다.

$$x = \frac{n f_{ca}}{n f_{ca} + f_{sa}} d \tag{A.18a}$$

또는

$$k = \frac{n f_{ca}}{n f_{ca} + f_{sa}} \tag{A.18b}$$

이 때의 철근비를 ρ_o라고 하면 $A_s = \rho_o bd$이고, 또 C = T이어야 하므로

$$\frac{1}{2} f_{ca} bx = f_{sa} A_s = f_{sa} \rho_0 bd$$

$$\therefore \rho_o = \frac{k}{2} \frac{f_{ca}}{f_{sa}} \tag{A.19}$$

여기서

$$k = \frac{n f_{ca}}{n f_{ca} + f_{sa}}$$

직사각형 단면의 계산은 먼저 폭 b를 가정한 후, 균형단면이 되도록 유효 높이 d와 철근량 A_s를 구한다. 폭 b는 주로 철근의 배치 또는 전단응력에 의해 좌우된다.

단면의 저항 모멘트는 외력에 의한 휨모멘트 M보다 작아서는 안된다. 그러므로 식 (A.17a)의 M_{rc}대신 M을 대입하고 d에 관하여 정리하면 다음과 같이 된다.

$$d = C_1 \sqrt{\frac{M}{b}} \tag{A.20}$$

여기서

$$C_1 = \sqrt{\frac{2}{f_{ca} k\left(1 - \frac{k}{3}\right)}} = \frac{n f_{ca} + f_{sa}}{n f_{ca}} \sqrt{\frac{6n}{3 f_{sa} + 2n f_{ca}}}$$

C = T이어야 하므로

$$\frac{1}{2} f_{ca} bx = f_{sa} A_s$$

$$\therefore A_s = \frac{f_{ca}}{2f_{sa}} bx = \frac{f_{ca}}{2f_{sa}} bk \times C_1 \sqrt{\frac{M}{b}} = \frac{f_{ca}}{2f_{sa}} k \times C_1 \sqrt{Mb} = C_2 \sqrt{Mb}$$

그러므로

$$A_s = C_2 \sqrt{Mb} \tag{A.21}$$

여기서

$$C_2 = \frac{f_{ca}}{2f_{sa}} \sqrt{\frac{6n}{3f_{sa} + 2nf_{ca}}}$$

C_1 및 C_2의 비를 만들어 보면 식 (A.22)와 같은 결과를 얻는다.

$$\frac{C_2}{C_1} = \frac{k}{2} \frac{f_{ca}}{f_{sa}} = \rho_o \tag{A.22}$$

따라서, 철근량은 다음 식으로도 계산할 수 있다.

$$A_s = \rho_0 bd$$

또는 식 (A.17b)의 M_{rs} 대신 M을 대입하면 A_s는 다음과 같이 된다.

$$A_s = \frac{M}{f_{sa}z} = \frac{M}{f_{sa}jd} = \frac{M}{f_{sa}\left(d - \frac{x}{3}\right)} \tag{A.23}$$

예제 A.3

활하중 20 kN/m 자중을 포함한 고정하중 10 kN/m을 지지해야 할 경간 8 m의 단순보가 있다. 이 보의 단면을 단철근 직사각형으로 결정하여라. 콘크리트 설계기준강도 $f_{ck} = 24$ MPa이며 철근은 SD400을 사용한다. 하중은 모두 사용하중이다.

▸ **풀이**

단면에 아무 제약이 없으므로 균형단면이 되도록 설계할 수 있다. 콘크리트와 철근의 허용응력 및 n은 다음과 같다.

$$f_{ca} = 0.4\, f_{ck} = 0.4 \times 24 = 9.6 \text{ MPa}$$

$$f_{sa} = 180 \text{ MPa}$$

$$n = \frac{E_s}{E_c} = \frac{200{,}000}{8{,}500 \sqrt[3]{28}} = 7.749 = 8$$

그러므로 n = 8을 사용한다.

식 (A.18b)로부터

$$k = \frac{8 \times 9.6}{8 \times 9.6 + 180} = 0.2991$$

$$j = 1 - \frac{k}{3} = 1 - \frac{0.2291}{3} = 0.9236$$

균형 철근비는 식 (A.22)로부터

$$\rho_o = \frac{k}{2}\frac{f_{ca}}{f_{sa}} = \frac{0.2991}{2} \times \frac{9.6}{180} = 0.007976$$

$$C_1 = \frac{f_{ca}}{2f_{sa}}\sqrt{\frac{6n}{3f_{sa} + 2nf_{ca}}} = 0.8796$$

$$C_2 = \frac{f_{ca}}{2f_{sa}}k = 0.007015$$

고정하중에 의한 휨모멘트는

$$M_d = \frac{1}{8}(10) \times 8^2 = 80\ \text{kN·m} = 80{,}000{,}000\ \text{N·mm}$$

활하중에 의한 휨모멘트는

$$M_\ell = \frac{1}{8} \times 20 \times 8^2 = 160\ \text{kN·m} = 160{,}000{,}000\ \text{N·mm}$$

따라서 총모멘트는

$$M = M_d + M_\ell = 240{,}000{,}000\ \text{N·mm}$$

(1) 단면계산

식 (A.20)에 의하여 유효 높이 d를 계산한다.

$$d = C_1\sqrt{\frac{M}{b}} = 0.8796\sqrt{\frac{240{,}000{,}000}{400}} = 681.3\ \text{mm} \simeq 690\ \text{mm}$$

필요한 유효깊이는 681.3 mm이지만 시공을 고려하여 이 값보다 큰 690 mm로 결정한다. 철근이 1단으로 배치된다고 가정하면 보의 높이 h는 다음과 같이 될 것이다.

$$h = 690 + \text{주철근의 지름의 } \frac{1}{2} + \text{스터럽의 지름} + \text{철근의 피복두께}$$

그런데 철근의 피복두께는 일반적인 경우 40 mm 이상이고, 스터럽은 D10(지름 9.53 mm) 또는 D13(지름 12.7 mm)이 주로 쓰인다. 주철근으로 D29(지름 28.6 mm)를 사용한다면 보의 높이 h는 유효 높이 681.3 mm보다 64 mm~67 mm가 더 커야 한다. 그러므로 보의 높이는 h = 690 + 67 = 757 mm가 필요하다. 따라서 보의 단면을 400 mm×760 mm로 결정한다.

(2) 철근량 계산

소요 철근량은 식(A.23)으로부터

$$A_s = \frac{M}{f_{sa}z} = \frac{240,000,000}{180 \times 0.9236 \times 690} = 2,174\ \mathrm{mm}^2$$

$A_s = 4 - D29 = 2,570\ \mathrm{mm}^2$를 사용하기로 한다.

(3) 응력검토

인장측 하단으로부터 철근도심까지는

40(피복두께) + 12.7(스터럽) + 28.6(주철근) × 0.5 = 67 mm

여기서 스터럽 철근은 D13으로 가정된 값이다. 그러면 유효 깊이는

$d = 690\ \mathrm{mm}$

따라서, 중립축의 위치 x 는 식(A.8)에 의하여

$$x = -\frac{8 \times 2,174}{400} + \frac{8 \times 2,174}{400}\sqrt{1 + \frac{2 \times 400 \times 690}{8 \times 2,174}} = 219.8\,\mathrm{mm}$$

콘크리트 및 철근의 응력은 식(A.12)로부터

$$f_c = \frac{2 \times 240,000,000}{400 \times 219.8\left(690 - \frac{21908}{3}\right)} = 8.9\ \mathrm{MPa}$$

$$f_s = \frac{240,000,000}{2,570\left(690 - \frac{219.8}{3}\right)} = 151.5\ \mathrm{MPa}$$

각각 허용응력을 초과하지 않으므로 적당하다.

A.1.2 복철근 직사각형 보

(1) 압축철근의 응력

그림 A.2(a)의 단면이 정(+)의 휨모멘트를 받으면 단면의 변형률도는 평면보존의 가정에 따라 그림 (b)와 같이 된다. 지금 압축철근의 변형률을 $\epsilon_s{}'$, 압축철근과 같은 높이에 있는 콘크리트의 변형률을 $\epsilon_c{}'$라고 하면 철근과 콘크리트는 부착에 의하여 일체작용을 하므로, 이들 변형률의 크기는 같다.

$$\epsilon_s{}' = \epsilon_c{}' \qquad \text{(a)}$$

압축철근의 응력을 $f_s{}'$, 압축철근과 같은 높이에 있는 콘크리트의 응력을 f_{cs}라고 하면 탄성법칙에 의하여

$$\epsilon_s' = \frac{f_s'}{E_s}, \quad \epsilon_c' = \frac{f_{cs}}{E_c} \tag{b}$$

위의 관계를 식 (a)에 대입하면

$$f_s' = \frac{E_s}{E_c} f_{cs} = n f_{cs} \tag{A.24}$$

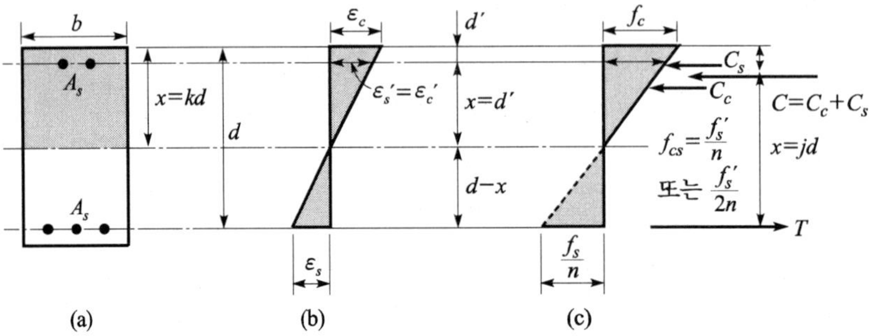

그림 A.2 복철근 직사각형 보

즉, 보의 압축철근의 응력은 같은 변형률을 일으키는 콘크리트 응력의 n배이다.

따라서, 보의 압축철근의 단면적 A_s'를 콘크리트로 환산하면 nA_s'로 된다. 정확한 계산을 위하여 A_s'에 의해 배제된 콘크리트 단면적을 고려하면 유효 환산 단면적은 $(n-1)A_s'$로 된다.

이러한 탄성해석이 성립하는 것은 활하중과 같은 단기하중이 작용하여 허용응력 이하의 낮은 응력이 일어날 때뿐이고, 고정하중과 같은 장기하중이 작용할 경우에는 콘크리트의 크리프의 영향 때문에 매우 복잡하게 된다.

철근을 비례한도까지는 탄성을 나타내지만, 콘크리트가 자중 및 기타의 지속하중에 의해 소성변형을 일으키면, 어떤 양의 응력이 콘크리트로부터 압축철근으로 옮아간다. 즉, 콘크리트의 소성변형이 압축철근에 의해 구속되어 크리프로 말미암아 콘크리트 응력은 감소하지만 그 응력은 압축철근으로 전가된다. 이러한 사실이 많은 실험에 의해 확인되었다. 즉, 단기하중에 의한 압축철근의 응력을 실측한 결과는 탄성이론에 의한 계산 값과 거의 일치하지만, 시일이 경과함에 따라 압축철근의 응력의 실측값은 탄성 이론값보다 커진다. 이것은 지속하중으로 인한 콘크리트의 크리프의 영향 때문이다. 구조물은 완성직후에 바로 설계하중이 실리는 일이 거의 없으며, 자중과 기타의 지속하중에 의한 콘크리트의 크리프로 인하여 응력의 재분배가 이루어진 후에 설계하중이 실리는 것이 보통이다. 따라서, 압축철근의 단면적을 탄성이론으로 계산한 단면적보다 적게 배치하여도 철근의 최종응력이 허용응력을 초과하는 일은 없다.

그래서 보의 압축철근의 응력을 탄성이론으로 계산한 값의 2배를 취하되, 철근의 허용 인장응력을 넘지 않도록 한다. 즉

$$f_s' = 2n f_{cs} \leq f_{sa}$$

여기서 f_{cs}는 압축철근과 같은 위치에 있는 콘크리트의 응력이다. 압축철근 응력의 이러한 해석을 반탄성 해석(semi−elastic analysis)이라고 한다. 압축철근의 응력을 이렇게 해석하면 그 환산 단면적은 $2nA_s'$에 의해 배제된 콘크리트의 단면적을 고려하여 $(2n-1)A_s'$로 된다.

(2) 응력계산

1) 탄성해석

압축철근의 응력을 $f_s' = n f_{cs}$로 보고 모든 계산을 진행한다. 따라서, 압축철근의 환산 단면적은 정확하게는 $(n-1)A_s'$이지만 nA_s'로 보고 계산한다. 그림 A.2(a) 단면의 도심축에 대한 단면 1차 모멘트를 취하면

$$\frac{1}{2}bx^2 + nA_s'(x-d') - nA_s(d-x) = 0$$

$$\therefore\ x = kd = \frac{-n(A_s + A_s')}{b} + \sqrt{\left\{\frac{n(A_s + A_s')}{b}\right\}^2 + \frac{2n}{b}(A_s d + A_s' d')} \quad \text{(A.25a)}$$

$$k = -n(\rho + \rho') + \sqrt{n^2(\rho+\rho')^2 + 2n\left(\rho + \rho'\frac{d'}{d}\right)} \quad \text{(A.25b)}$$

여기서

$$\rho = \frac{A_s}{bd}, \quad \rho' = \frac{A_s'}{bd}$$

그림 A.2(C)의 응력도로부터

$$f_s' = n f_{cs} = n f_c \frac{x-d'}{x} \quad \text{(A.26a)}$$

$$f_s = n f_c \frac{d-x}{x} \quad \text{(A.26b)}$$

따라서, 콘크리트의 압축력 C_c는

$$C_c = \frac{1}{2} f_c bx$$

압축철근의 압축력 C_s는

$$C_s = f_s' \quad A_s' = n f_c A_s' \frac{x - d'}{x}$$

그러므로 총압축력은

$$C = C_c + C_s = f_c\left(\frac{1}{2}bx + nA_s' \frac{x - d'}{x}\right)$$

인장철근의 인장력 T는

$$T = f_s A_s = n f_c A_c \frac{d - x}{x}$$

압축력 C의 압축측 연단에 대한 모멘트를 취하면

$$C_u = C_c \frac{x}{3} + C_s d'$$

C, C_c 및 C_s의 값들을 대입하고 u에 관하여 정리하면

$$u = \frac{\frac{1}{6}k^2 d + n\rho' d'\left(1 - \frac{d'}{kd}\right)}{\frac{1}{2}k + n\rho'\left(1 - \frac{d'}{kd}\right)} \tag{A.27}$$

따라서

$$z = jd = d - u, \qquad \therefore j = 1 - \frac{u}{d}$$

콘크리트의 응력 f_c는 $C \cdot z = M$에 의하여

$$f_c = \frac{M}{\left(\frac{1}{2}bx + nA_s' \frac{x - d'}{x}\right)z} \tag{A.28}$$

f_c는 다음과 같이 계산해도 좋다. 즉, C_c 및 C_s 의 인장철근 도심에 대한 모멘트가 외력 모멘트와 같다고 놓으면

$$C_c\left(d-\frac{x}{3}\right)+C_s(d-d')=M$$

$$\therefore f_c=\frac{M}{\frac{1}{2}bx\left(d-\frac{x}{3}\right)+nA_s'\left(\frac{x-d'}{x}\right)(d-d')} \qquad (A.29)$$

f_c가 구해지면 철근의 응력은 식(A.26b)로 계산한다. 인장철근의 응력은 $Tz = M$에 의해 계산해도 좋다. 즉

$$f_s=\frac{M}{A_s z}=\frac{M}{\rho j bd^2}$$

2) 반탄성 해석

압축철근의 응력을 $f_s'=2nf_{cs}$로 보고 계산한다. 그리고 A_s'에 의해 배제된 콘크리트 단면적을 고려한다. 계산방법은 앞의 탄성해석의 경우와 같다.

그림 A.2(a)에서 도심축에 대한 단면 1차 모멘트를 계산하면

$$\frac{1}{2}bx^2+(2n-1)A_s'(x-d')-nA_s(d-x)=0$$

$$\therefore x=kd=-\frac{nA_s+(2n-1)A_s'}{b}$$

$$+\sqrt{\left\{\frac{nA_s+(2n-1)A_s'}{b}\right\}^2+\frac{2}{b}\{nA_sd+(2n-1)A_s'd'\}} \qquad (A.30)$$

$$k=-n\left(\rho+2\rho'+\frac{\rho'}{n}\right)+\sqrt{n^2\left(\rho+2\rho'-\frac{\rho'}{n}\right)^2+2n\rho+2(2n-1)\rho'\frac{d'}{d}}$$

여기서

$$\rho=\frac{A_s}{bd},\qquad \rho'=\frac{A_s'}{bd}$$

A_s'에 의해 배제된 콘크리트 단면적을 고려하면 압축철근의 환산 단면적은 $(2n-1)A_s'$이고, 또 압축철근과 같은 위치에 있는 콘크리트 응력 f_{cs}는 그림 A.2(c)로부터

$$f_{cs}=f_c\frac{x-d'}{x}$$

이므로, A_s'가 나타내는 압축력 C_s는 다음과 같이 된다.

$$C_s = f_s'A_s' = (2n-1)A_s'f_{cs} = (2n-1)f_cA_s'\frac{x-d'}{x}$$

따라서, 총 압축력 C는

$$C = C_c + C_s = \frac{1}{2}f_cbx + (2n-1)f_cA_s'\frac{x-d'}{x}$$

이들을 다음 관계에 대입하여 u를 계산하면

$$C\times u = C_c\times\frac{x}{3} + C_s\times d'$$

$$\therefore\ u = \frac{\frac{1}{6}k^2d + (2n-1)\rho'd'\left(1-\frac{d'}{kd}\right)}{\frac{1}{2}k + (2n-1)\rho'\left(1-\frac{d'}{kd}\right)} \qquad \text{(A.31)}$$

따라서

$$z = jd = d - u, \qquad \therefore\ j = 1 - \frac{u}{d}$$

그러므로 콘크리트 및 철근의 응력은 각각 Cz = M, Tz = M에 의하여 다음과 같이 된다.

$$f_c = \frac{M}{\left\{\frac{1}{2}bx + (2n-1)A_s'\frac{x-d'}{x}\right\}z} \qquad \text{(A.32a)}$$

$$f_s = \frac{M}{A_sz} = \frac{M}{\rho jbd^2} \qquad \text{(A.32b)}$$

단면의 저항 모멘트는 다음 중 작은 값이다.

$$M_{rc} = f_{ca}\left\{\frac{1}{2}bx + (2n-1)A_s'\frac{x-d'}{x}\right\}z$$
$$= \frac{1}{2}f_{ca}bx\left(d-\frac{x}{3}\right) + (2n-1)f_{ca}A_s'\frac{x-d'}{x}(d-d') \qquad \text{(A.33a)}$$

$$M_{rs} = f_{sa}A_sz = f_{sa}\rho jdbd^2 \qquad \text{(A.33b)}$$

예제 A.4

$b = 400\,mm$, $d = 600\,mm$, $A_s = 4{,}783\,mm^2 (5-D35)$, $A_s' = 1{,}433\,mm^2 (5-D19)$, $d' = 60\,mm$ 인 복철근 직사각형 단면에 사용하중 모멘트 $M = 300\,kN \cdot m$가 작용할 때 콘크리트와 철근의 응력을 계산하여라. 또, 이 단면의 저항 모멘트를 구하여라. 콘크리트 설계기준강도 $f_{ck} = 25\,MPa$이고 철근은 SD 400을 사용하였으며 이 때 탄성계수비 $n = 8$이다.

► **풀이**

1. 응력의 계산

압축철근의 응력에 반탄성이론을 적용하고, 또 A_s'에 의해 배제된 콘크리트 단면적을 고려하여 계산한다. 도심축에 대한 단면 1차 모멘트를 계산하면

$$b \times x \times \frac{x}{2} + (2n-1)A_s'(x-d') - nA_s(d-x) = 0$$

$$400 \times x \times \frac{x}{2} + (2 \times 8 - 1) \times 1{,}433 \times (x - 60) - 8 \times 4{,}783 \times (600 - x) = 0$$

$$\therefore x = 229.4\,mm$$

압축철근과 같은 높이에 있는 콘크리트의 응력 f_{cs}는 그림 A.2(c)를 참고하면

$$f_{cs} = f_c \frac{x-d'}{x} = \frac{229.4 - 60}{229.4} \times f_c = 0.7385\,f_c$$

압축철근 A_s'의 환산 단면적은

$$(2n-1)A_s' = (2 \times 8 - 1) \times 1{,}433 = 21{,}495\,mm^2$$

따라서, 압축철근의 압축력은

$$C_s = (2n-1)A_s' \times f_{cs} = 21{,}495 \times 0.7385\,f_c = 15{,}874\,f_c$$

콘크리트의 압축력은

$$C_c = \frac{1}{2} f_c bx = \frac{1}{2} \times f_c \times 400 \times 229.4 = 45{,}888\,f_c$$

총 압축력은

$$C = C_c + C_s = 45{,}888\,f_c + 15{,}874\,f_c = 61{,}762\,f_c$$

압축측 연단에 대하여 모멘트를 취하면

$$C \times u = C_c \times \frac{x}{3} + C_s \times d'$$

$$61{,}762\,f_c \times u = 45{,}888\,f_c \times \frac{229.4}{3} + 15{,}874\,f_c \times 60$$

$$\therefore u = 72.24\,mm$$

$$\therefore z = jd = d - u = 600 - 72.24 = 527.8\,mm$$

인장철근의 응력은

$$f_s = \frac{M}{A_s jd} = \frac{300,000,000}{4,783 \times 527.8} = 118.9 \text{ MPa}$$

콘크리트의 응력은

$$C = \frac{M}{jd}$$

즉

$$61,762 f_c = \frac{300,000,000}{527.8}$$

$$\therefore f_c = 9.2 \text{ MPa}$$

허용응력은 각각

$$f_{ca} = 0.40 f_{ck} = 0.4 \times 25 = 10 \text{ MPa} > 9.2 \text{ MPa}$$

$$f_{sa} = 180 \text{ MPa} > 118.9 \text{ MPa}$$

즉, 단면의 응력이 허용응력을 초과하지 않는다.

검사

응력도의 닮음비를 이용하면

$$f_c = \frac{f_s}{n} \frac{x}{d-x} = \frac{118.9}{8} \times \frac{229.4}{600-229.4} = 9.2 \text{ MPa} < 10 \text{ MPa}(\text{만족})$$

$$f_s' = 2n f_{cs} = 2 \times 8 \times 0.7385 \times 9.2 = 108.7 \text{ MPa} < 180 \text{ MPa}(\text{만족})$$

2. 저항 모멘트의 계산

콘크리트의 허용휨압축응력 $f_{ca} = 10$ MPa이므로 응력분포 삼각형으로부터

$$f_s = n f_{ca} \frac{d-x}{x} = 8 \times 10 \times \frac{600-229.4}{229.4} = 129.2 \text{ MPa} < 180 \text{ MPa}$$

$$f_s' = 2n f_{cs} = 2 \times 8 \times 0.7385 \times 9.2 = 108.7 \text{ MPa} < 180 \text{ MPa}$$

즉, 압축측 콘크리트 응력이 허용응력에 도달했을 때 인장철근은 허용응력보다 작으므로 단면의 저항 모멘트는 압축측 단면으로 지배된다. 따라서, 인장철근 도심에 대하여 모멘트를 취하면 저항 모멘트는

$$M_r = M_{rc} = C_c\left(d - \frac{x}{3}\right) + C_s(d - d')$$

$$= 45,888 f_{ca}\left(d - \frac{x}{3}\right) + (f_s' - f_{cs}) A_s'(d - d')$$

$$= 45,888 \times 10\left(600 - \frac{229.4}{3}\right) + (108.7 - 0.7385 \times 9.2) \times 1,433(600 - 60)$$

$$= 326 \text{ kN} \cdot \text{m}$$

(3) 단면설계

단면의 치수가 제한되었을 때 또는 휨모멘트가 단철근 균형단면의 저항 모멘트보다 클 때는 복철근보로 설계해야 한다. 그러므로 복철근보의 설계는 대개의 경우 단면치수를 알고 필요한 철근량을 구하는 일이 된다. 그래서 설계는 다음과 같은 절차를 밟는다. 즉, 그림 A.3과 같이 주어진 단면을 균형단면으로 되게 하는 저항 모멘트 M_1을 구하고, 이 M_1이 설계 모멘트 M보다 작으면 철근을 추가로 더 넣어서 나머지 모멘트 M_2 $(=M-M_1)$을 받도록 하는 것이다. 지금 설계 모멘트 M과 단면 b 및 d가 주어졌다고 하자. 그러면 단철근 직사각형 단면의 저항 모멘트는 다음과 같이 된다.

$$M_1 = C_c z = \frac{1}{2} f_{ca} bx\left(d - \frac{x}{3}\right) \tag{A.34}$$

위의 식에서 중립축 x는 다음 식으로 계산한다.

$$x = kd = \frac{n f_{ca}}{n f_{ca} + f_{sa}} d \tag{A.35}$$

이 때의 인장 철근량 A_{s1}은

$$A_{s1} = \rho_o bd = \frac{k}{2} \frac{f_{ca}}{f_{sa}} bd \tag{A.36}$$

로 계산하고 다음 식으로 검사한다.

$$A_{s1} = \frac{M_1}{f_{sa}\left(d - \frac{x}{3}\right)} \tag{A.37}$$

$M > M_1$이면, 나머지 모멘트 $(M-M_1)$은 압축철근과 인장철근을 추가로 더 넣어서 부담시킨다. 그림 A.3(e)를 참고하면

$$C_s = T_2 = \frac{M - M_1}{d - d'}$$

그러므로 추가해야 할 인장 철근량 A_{s2}는

$$A_{s2} = \frac{T_2}{f_{sa}} = \frac{M - M_1}{f_{sa}(d - d')} \tag{A.38}$$

따라서, 총 인장철근량은 다음과 같다.

$$A_s = A_{s1} + A_{s2}$$

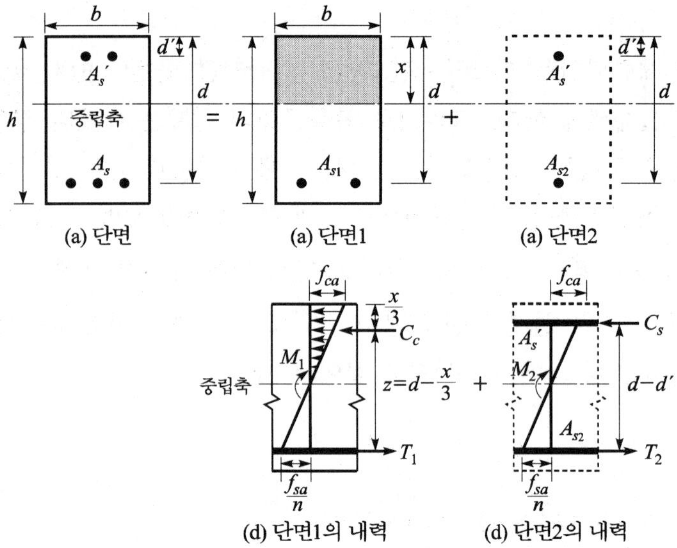

그림 A.3 복철근 직사각형보의 단면계산

필요한 압축 철근량 A_s'는 다음과 같이 계산한다. 압축철근과 같은 위치에 있는 콘크리트의 응력 f_{cs}는

$$f_{cs} = f_{ca}\frac{x-d'}{x}$$

이고, 압축철근의 응력 f_s'는 반탄성 이론에 따르면

$$f_s' = 2nf_{cs} \le f_{cs}$$

이다. A_s'의 유효환산 단면적은 $(2n-1)A_s'$이므로 다음 관계가 성립한다.

$$(2n-1)A_s' \times f_{cs} = C_s$$

$$\therefore A_s' = \frac{C_s}{(2n-1)f_{cs}} = \frac{M-M_1}{(2n-1)f_{ca}\frac{x-d'}{x}(d-d')} \tag{A.39}$$

만약, $2nf_{cs} > f_{sa}$이면 $f_s' \le f_{sa}$로 보아야 하므로, 이 때는 A_s'는 다음과 같이 계산해야 한다.

$$A_s' = \frac{C_s}{f_{sa}-f_{cs}} = \frac{M-M_1}{\left(f_{sa}-f_{ca}\frac{x-d'}{x}\right)(d-d')} \tag{A.40}$$

예제 A.5

$b = 300$ mm, $d = 400$ mm인 직사각형 단면으로 사용하중 모멘트 $M = 100$ kN·m를 받게 하고 싶다. 필요한 철근량을 계산하여라. 콘크리트 설계기준강도 $f_{ck} = 26$ MPa이고 철근은 SD 300을 사용한다.

► **풀이**

$n = 8$이고, 허용응력은 다음과 같다.

$$f_{ca} = 0.40 \times 26 = 10.4 \text{ MPa}, \qquad f_{sa} = 150 \text{ MPa}$$

$$k = \frac{8 \times 10.4}{8 \times 10.4 + 150} = 0.3568$$

$$\therefore x = 0.3568 \times 400 = 142.7 \text{ mm}$$

단철근 균형단면으로서의 저항 모멘트는

$$M_1 = \frac{1}{2} f_{ca} b x \left(d - \frac{x}{3}\right) = \frac{1}{2} \times 10.4 \times 300 \times 142.7 \left(400 - \frac{142.7}{3}\right)$$

$$= 78{,}465{,}000 \text{ N.mm} < 100{,}000{,}000 \text{ N·mm}$$

균형 철근비는

$$\rho_0 = \frac{k}{2} \frac{f_{ca}}{f_{sa}} = \frac{0.3568}{2} \times \frac{10.4}{150} = 0.01237$$

$$\therefore A_{s1} = \rho_0 bd = 0.01237 \times 300 \times 400 = 1{,}484.4 \text{ mm}^2$$

또는

$$A_{s1} = \frac{M_1}{f_{sa}\left(d - \frac{x}{3}\right)} = \frac{78{,}465{,}000}{150\left(400 - \frac{142.7}{3}\right)} = 1{,}484.3 \text{ mm}^2$$

$M > M_1$이므로 복철근으로 설계한다.

$$M_2 = M - M_1 = 100{,}000{,}000 - 78{,}465{,}000 = 21{,}535{,}000 \text{ N·mm}$$

$d' = 60$ mm로 하면

$$C_s = T_2 = \frac{M - M_1}{d - d'} = \frac{21{,}535{,}000}{400 - 60} = 63{,}337 \text{ N}$$

$$\therefore A_{s2} = \frac{T_2}{f_{sa}} = \frac{63{,}337}{150} = 422.3 \text{ mm}^2$$

따라서, 총 인장철근 단면적은

$$A_s = A_{s1} + A_{s2} = 1{,}484.4 + 422.3 = 1{,}906.5 \text{ mm}^2$$

압축철근과 같은 위치에 있는 콘크리트 응력은

$$f_{cs} = f_{ca} \frac{x - d'}{x} = 10.4 \times \frac{142.7 - 60}{142.7} = 6.03 \text{ MPa}$$

압축철근의 응력은

$$f_s' = 2n f_{cs} = 2\times 8\times 6.03 = 96.5\ \text{MPa} < 150\ \text{MPa}$$

따라서, 압축철근 단면적 A_s'는

$$A_s' = \frac{C_s}{(2n-1)f_{cs}} = \frac{63{,}337}{(2\times 8-1)\times 6.03} = 700.3\ \text{mm}^2$$

A.1.3 T형보

(1) 응력계산

T형 단면의 응력을 계산하기 위해서는 먼저 중립축의 위치를 알아야 한다. 중립축이 플랜지 안에 있거나 또는 플랜지와 복부의 경계면에 있으면 플랜지 폭 b는 폭으로 하는 직사각형 단면으로 보고 모든 계산을 해야 한다. 중립축이 복부에 있을 때만 T형 단면으로 계산한다.

T형 단면의 중립축이 플랜지에 있는자, 복부에 있는가를 판별하기 위해서는 다음 방법 중의 하나를 사용하면 된다. 하나는 플랜지 하단에 대한 인장철근 환산 단면적의 1차 모멘트와 플랜지의 단면 1차 모멘트를 비교하는 것이다. 다른 하나는 플랜지 폭 b를 폭으로 하는 직사각형 단면의 도심축을 계산하여 플랜지 두께 t와 비교하는 것이다.

이와 같이 하여 중립축이 그림 A.4에 보인 것처럼 복부에 있다는 것이 확인되면 중립축의 위치 x는 다음 방법 중의 하나로 계산할 수 있다. 즉, C = T에 의해서 구하거나, 또는 도심축에 대한 단면 1차 모멘트는 0이라는 조건을 이용하는 것이다.

한편, T형 단면의 계산에 있어서는 중립축과 플랜지 하단 사이의 복부 콘크리트의 압축력을 무시하는 것이 보통이다. 그 이유는 그 부분의 압축응력의 크기가 작고 또 면적도 플랜지 면적에 비하여 작기 때문이다.

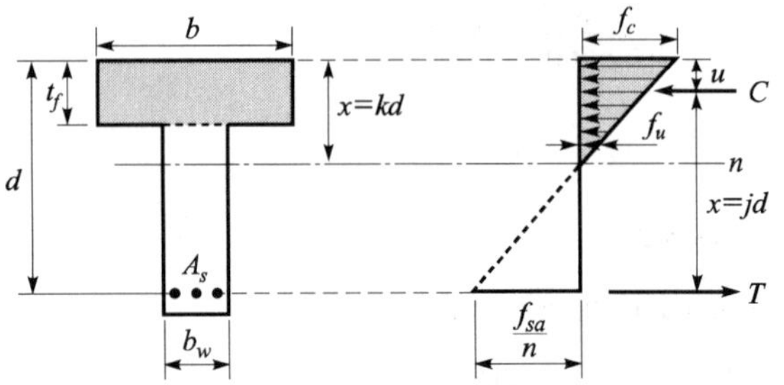

그림 A.4 복부의 압축력을 무시한 경우

1) 복부의 압축력을 무시할 경우

복부의 압축력을 무시하면 그림 A.4와 같이 된다. 도심축에 대한 단면 1차 모멘트를 취하면

$$bt\left(x - \frac{t_f}{2}\right) - nA_s(d - x) = 0$$

$$\therefore \quad x = kd = \frac{nA_s d + \frac{1}{2}bt_f{}^2}{nA_s + bt_f} \tag{A.41a}$$

$$k = \frac{n\rho + \frac{1}{2}\left(\frac{t_f}{d}\right)^2}{n\rho + \frac{t_f}{d}} \tag{A.41b}$$

여기서 $\rho = A_s/bd$이고 T형 단면의 철근비이다.

플랜지와 복부의 경계면에 작용하는 응력 f_u는 응력분포 삼각형의 닮음비에 의하여

$$f_u = f_c \frac{x - t_f}{x}$$

따라서, 압축력 C는

$$C = \frac{1}{2}(f_c + f_u)t_f b = f_c bt_f\left(1 - \frac{t_f}{2x}\right)$$

C의 작용선은 응력 사다리꼴의 도심을 지나므로

$$u = \frac{t_f}{3}\frac{f_c + 2t_u}{f_c + f_u} = \frac{t_f}{3}\frac{3x - 2t_f}{2x - t_f} = \frac{t_f}{3}\frac{3k - 2\left(\frac{t_f}{d}\right)}{2k - \frac{t_f}{d}}$$

$$\therefore \quad z = jd = d - u = \left[1 - \frac{1}{3}\frac{t_f}{d}\frac{3k - 2\left(\frac{t_f}{d}\right)}{2k - \frac{t_f}{d}}\right]d \tag{A.42}$$

식 (A.41b)의 k를 대입하여 정리하면

$$j = \frac{1 - \dfrac{t_f}{d} + \dfrac{1}{3}\left(\dfrac{t_f}{d}\right)^2 + \dfrac{\left(\dfrac{t_f}{d}\right)^3}{12n\rho}}{1 - \dfrac{1}{2}\left(\dfrac{t_f}{d}\right)} \tag{A.43}$$

따라서, 콘크리트 및 철근의 응력은 Cz = M 및 Tz = M으로부터 각 다음과 같이 된다.

$$f_c = \frac{M}{bt_f\left(1 - \dfrac{t_f}{2kd}\right)jd} \tag{A.44a}$$

$$f_s = \frac{M}{A_s jd} \tag{A.44b}$$

2) **복부의 압축력을 무시하고,** $z \fallingdotseq \left(d - \dfrac{t_f}{d}\right)$**로 볼 경우**

압축력 C의 작용선이 근사적으로 플랜지의 도심을 지난다고 보아도 실용상 지장은 없다. 즉

$$z = jd \fallingdotseq d - \frac{t_f}{2}$$

로 보면 식 (A.44)의 응력은 다음과 같이 간단해진다.

$$f_c = \frac{M}{bt_f\left(1 - \dfrac{t_f}{2x}\right)\left(d - \dfrac{t_f}{2}\right)} \tag{A.45a}$$

$$f_s = \frac{M}{A_s\left(d - \dfrac{t_f}{2}\right)} \tag{A.45b}$$

응력은 또 $\dfrac{M}{I}y$의 공식을 써서 계산해도 좋다. 이 때 환산단면의 2차 모멘트는 다음과 같이 된다.

$$I_{cr} = \frac{1}{3}bx^3 - \frac{1}{3}b(x - t_f)^3 + nA_s(d - x)^2 \tag{A.46}$$

예제 A.6

$b=1,400\,mm$, $t_f=120\,mm$, $b_w=400\,mm$, $d=640\,mm$, $A_s=4-D35=3,826\,mm^2$인 단철근 T형 단면이 $M=600\,kN\cdot m$(자중을 포함한 사용하중 모멘트)을 받는다. 콘크리트와 철근의 응력을 계산하여라. 콘크리트설계기준강도 $f_{ck}=21\,MPa$이고 철근은 SD 300을 사용한다. $n=8$이고 보의 경간은 12 m이며 주 거더(main girder)의 간격은 1.6 m이다.

▸ **풀이**

플랜지의 유효폭을 검토해 본다. 대칭 T형 단면이므로

$16t_f + b_w = 16\times 120 + 400 = 2,320\,mm$

양쪽 슬래브의 중심간 거리 $=1,600\,mm$

보의 경간의 $\frac{1}{4} = 12,000\times\frac{1}{4} = 3,000\,mm$

따라서, 플랜지의 유효폭은 $b=1,600\,mm$ 이다. 중립축이 복부에 있는지 플랜지에 있는지를 먼저 알아야 한다. 플랜지 하단에 대하여 각 단면 1차 모멘트를 계산해 보면

압축 플랜지 $\cdots 1,600\times 120\times\frac{120}{2} = 11,520,000\,mm^3$

인장철근 $\cdots 8\times 7,094\times(640-120) = 29,511,040\,mm^3 > 11,520,000\,mm^3$

즉, 중립축은 복부에 있어야 한다. 그러므로 T형 단면으로 계산하다.

(i) 복부의 압축력을 무시할 경우

$$\rho=\frac{A_s}{bd}=\frac{7,094}{1,600\times 640}=0.00693,\qquad \frac{t_f}{d}=\frac{120}{640}=0.1875$$

중립축은 식 (A.41)에 의하여

$$k=\frac{8\times 0.00693\times\frac{1}{2}\times 0.1875^2}{8\times 0.00693+0.1875}=0.3004$$

$$\therefore x = kd = 0.3004\times 640 = 192.3\,mm$$

j는 식 (A.43)에 의하여

$$j=\frac{1-0.1875+\frac{1}{3}\times 0.1875^2+\frac{0.1875^3}{12\times 8\times 0.00693}}{1-\frac{1}{2}\times 0.1875}=0.9204$$

$$\therefore z = jd = 0.9204\times 640 = 589.1\,mm$$

콘크리트 및 철근의 응력은 식 (A.44)로부터

$$f_c = \frac{600,000,000}{1,600 \times 120\left(1 - \frac{120}{2 \times 192.3}\right) \times 589.1} = 7.71\ \text{MPa}$$

$$f_s = \frac{600,000,000}{7,094 \times 589.1} = 143.6\ \text{MPa}$$

(ii) 복부의 압축력을 무시하고, $z \fallingdotseq d - \frac{t_f}{2}$ 로 볼 경우

$$z = jd = d - \frac{t_f}{2} = 640 - \frac{120}{2} = 580\ \text{mm}$$

따라서 응력은 식 (A.45)에 의하여

$$f_c = \frac{600,000,000}{1,600 \times 120 \times \left(1 - \frac{120}{2 \times 192.3}\right) \times (640 - \frac{120}{2})} = 7.83\ \text{MPa}$$

$$f_s = \frac{600,000,000}{7,094 \times (640 - \frac{120}{2})} = 145.8\ \text{MPa}$$

이상의 근사계산의 결과는 복부 콘크리트의 압축력을 무시하지 않은 정밀 계산 결과와 대비할 때 콘크리트의 응력은 4~5% 정도 큰 값을 나타내고, 철근응력은 2% 이내의 증가를 보인다. 이것은 번거로운 정밀계산보다는 (ii)의 경우와 같은 근사계산이 실용적이고 안전측임을 말해 주는 것이다.

(2) 저항 모멘트

복부의 압축력을 무시하고 또 $z \fallingdotseq d - \frac{t_f}{2}$ 로 보면 단철근 T형 단면의 저항 모멘트는 식 (A.41)에 의하여 다음과 같이 된다. 즉, 식 (A.41)의 f_c 대신 f_{ca}를, f_s 대신 f_{sa}를 대입하면

$$M_{rc} = f_{ca} b t_f \left(1 - \frac{t_f}{2x}\right)\left(d - \frac{t_f}{2}\right) \quad \text{(A.47a)}$$

$$M_{rs} = f_{sa} A_s \left(d - \frac{t_f}{2}\right) \quad \text{(A.47b)}$$

위의 두 값 가운데서 작은 값이 단면의 저항 모멘트이다.

(3) 단면설계

교량이나 건물에서 T형 단면보는 구조상의 이유 때문에 플랜지의 폭이 주어지는 경우가

많다. T형보의 플랜지는 슬래브로 작용하기 때문에 그 두께는 T형보의 압축 플랜지로서의 필요조건에 의해 정해지기 보다는 슬래브로서의 필요조건으로부터 정해지는 경우가 많다. 철도교와 같이 복부의 간격이 작을 경우에는 플랜지 두께는 T형보의 압축플랜지로서의 조건에 의해 정해지는 경우도 있다.

그러므로 정(+)의 휨모멘트를 받는 T형보의 설계는 플랜지의 폭 b와 두께 t_f를 알고 필요한 유효높이와 철근량을 계산하는 경우이거나, 아니면 콘크리트 단면의 치수를 알고 필요한 철근량을 계산하는 경우로 귀착된다. 여기서는 복부의 압축력을 무시하고, 또 $z \fallingdotseq d - \dfrac{t_f}{2}$로 보고 유효높이 d와 철근량 A_s을 구해 보기로 한다. 식 (A.47)에서 $M_{rc} = M$으로 놓고 d에 관하여 풀면

$$d = \frac{M}{2 f_{ca} b t_f} + \frac{t_f}{2}\frac{1+k}{2k} + \sqrt{\left(\frac{M}{2 f_{ca} b t_f} + \frac{t_f}{2} + \frac{1+k}{2k}\right)^2 - \frac{{t_f}^2}{4k}} \tag{A.48}$$

여기서 $k = \dfrac{f_{ca}}{n f_{ca} + f_{sa}}$

또, 식 (A.47)에서 $M_{rs} = M$으로 놓으면

$$A_s = \frac{M}{f_{sa}\left(d - \dfrac{t_f}{2}\right)} \tag{A.49}$$

예제 A.7

그림 A.7과 같은 단면의 구조가 있다. 이것을 T형 단면의 보로 설계하고자 한다. 이 보가 받는 사용하중 모멘트는 560 kN·m이고, 경간은 9.2 m이다. 필요한 유효높이와 철근량을 계산하여라. 콘크리트 설계기준강도 $f_{ck} = 21$ MPa이며 철근은 SD 300을 사용한다. 이때 탄성계수비 $n = 8$이다.

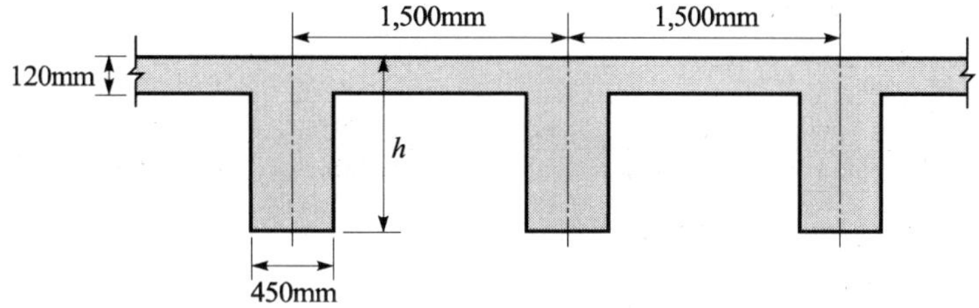

그림 A.5

▶ **풀이**

(1) 플랜지의 유효폭

$16t_f + b_w = 16\times 120 + 450 = 2{,}370$ mm

양쪽 슬래브의 중심간 거리 = 1,500 mm

보의 경간의 $\frac{1}{4} = 9{,}200\times \frac{1}{4} = 2{,}300$ mm

따라서, 플랜지의 유효폭은 b=1,500 mm이다.

(2) 중립축

콘크리트와 철근의 허용응력은

$f_{ca} = 0.40\,f_{ck} = 0.40\times 21 = 8.4$ MPa

$f_{sa} = 150$ MPa

$\therefore k = \dfrac{nf_{ca}}{nf_{ca}+f_{sa}} = \dfrac{8\times 8.4}{8\times 8.4 + 150} = 0.3094$

중립축이 복부에 있는지 또는 플랜지에 있는지를 확인해야 한다. 그러기 위해서는 플랜지 폭 1,500 mm를 폭으로 하는 직사각형 단면의 중립축을 계산하여 플랜지 두께 t_f와 비교하면 알 수 있다. 지금 플랜지 폭 1,500 mm를 폭으로 하는 직사각형 단면의 유효 깊이 d를 구해 보자.

$$C_1 = \frac{nf_{ca}+f_{sa}}{nf_{ca}}\sqrt{\frac{6n}{3f_{sa}+2nf_{ca}}} = \frac{1}{0.3094}\sqrt{\frac{6\times 8}{3\times 150+2\times 8\times 8.4}} = 0.9263$$

$$d = C_1\sqrt{\frac{M}{b}} = 0.9263\sqrt{\frac{560{,}000{,}000}{1{,}500}} = 566\text{ mm}$$

$\therefore\ x = kd = 0.3094\times 566 = 175.1\text{ mm} > 120\text{ mm}$

즉, 중립축은 복부에 있다. 따라서, T형 단면으로 계산하다.

(3) 단면계산

필요한 유효 깊이는 식 (A.48)에 의하여

$$d = \frac{560{,}000{,}000}{2\times 8.4\times 1{,}500\times 120} + \frac{120}{2}\times\frac{1+0.3094}{2\times 0.3094}$$
$$+\sqrt{\left(\frac{560{,}000{,}000}{2\times 8.4\times 1{,}500\times 120}+\frac{120}{2}+\frac{1+0.3094}{2\times 0.3094}\right)^2 - \frac{120^2}{4\times 0.3094}} = 605\text{ mm}$$

필요한 철근량은 식 (A.49)에 의하여

$$A_s = \frac{560{,}000{,}000}{150\left(605-\frac{120}{2}\right)} = 6{,}850\text{ mm}^2$$

이에 대하여

$A_s = 14 - D25 = 7{,}094\ mm^2$

를 2단으로 배치하면 보의 높이 h는

$$h = 591 + 40(\text{피복두께}) + 12.7(\text{스터럽}) + 25.4(D25) + 25(\text{연직순간격}) \times \frac{1}{2}$$

$$= 681.6\ mm \approx 690\ mm$$

따라서 $b = 1{,}500\ mm$, $t_f = 120\ mm$, $b_w = 450\ mm$, $h = 690\ mm$, $A_s = 14 - D25 = 7{,}094\ mm^2$

인 단철근 T형 단면으로 결정된다.

(4) 응력검토

플랜지 폭 1,500mm를 폭으로 하는 직사각형 단면의 중립축은 식 (A.8)로부터

$$x = -\frac{8 \times 7{,}094}{1{,}500} + \frac{8 \times 7{,}094}{1{,}500}\sqrt{1 + \frac{2 \times 1{,}500 \times 605}{8 \times 7{,}094}} = 179.5\ mm > 120\ mm$$

즉, 중립축이 복부에 있다. 따라서, T형 단면으로서의 중립축은 식 (A.41)에 의하여

$$x = \frac{8 \times 7{,}094 \times 605 + \frac{1}{2} \times 1{,}500 \times 120^2}{8 \times 7{,}094 + 1{,}500 \times 120} = 190.6\ mm$$

응력은 식 (A.45)에 의하여

$$f_c = \frac{560{,}000{,}000}{1{,}500 \times 120\left(1 - \frac{120}{2 \times 190.6}\right)\left(605 - \frac{120}{2}\right)} = 8.33\ MPa < 8.4\ MPa$$

$$f_s = \frac{560{,}000{,}000}{7{,}094\left(605 - \frac{120}{2}\right)} = 144.8\ MPa < 150\ MPa$$

부록 B 설계보조자료

표 B.1 재료의 단위무게 (N/m^3)

재 료	단 위 중 량	재 료	단 위 중 량
강재, 주강, 단강	78,500	콘크리트	23,500
주 철	72,500	시멘트몰탈	21,500
알미늄	28,000	목 재	8,000
철근콘크리트	25,000	역청재(방수용)	11,000
프리스트레스트 콘크리트	25,000	아스팔트포장	23,000

표 B.2 철근의 수에 따른 단면적(mm^2)

철근	공칭지름 (mm)	철근의 수									
		1	2	3	4	5	6	7	8	9	10
D10	9.53	71.3	142.6	213.9	285.2	356.5	427.8	499.1	570.4	641.7	713
D13	12.7	126.7	253.4	380.1	506.8	633.5	760.2	886.9	1013.6	1140	1267
D16	15.9	198.6	397.2	595.8	794.4	993.0	1191	1390	1589.0	1787	1986
D19	19.1	286.5	573.0	859.5	1146	1433	1719	2006	2292	2579	2865
D22	22.2	387.1	774.2	1161	1548	1935	2322	2710	3097	3484	3871
D25	25.4	506.7	1013.4	1520	2027	2534	3040	3547	4054	4560	5067
D29	28.6	642.4	1284.8	1927	2570	3212	3854	4497	5139	5782	6424
D32	31.8	794.2	1588	2383	3177	3971	4765	5559	6354	7148	7942
D35	34.9	956.6	1913	2870	3826	4783	5740	6696	7653	8609	9566
D38	38.1	1140	2280	3420	4560	5700	6840	7980	9120	10260	11400
D41	41.3	1340	2680	4020	5360	6700	8040	9380	10720	12060	13400

부록 C SI 단위 및 단위의 환산표

- 길이

$1'' = 1\,\text{inch} = 25.4\,\text{mm}$

$1' = 1\,\text{foot} = 12\,\text{inch} = 0.3048\,\text{m}$

- 질량

$1\,\text{lb} = 1\,\text{pound} = 0.4536\,\text{kg}$

- 힘

1 N = 1 Newton = 질량 1 kg의 물체에 작용하여 1 m/sec^{2}의 가속도를 내게 하는 힘

$= (1\,\text{kg})\times(1\,\text{m/sec}^2)$

$= 1\,\text{kg·m/sec}^2$

1 kgf = 1 kg의 중량 = 1 kg의 힘

$= (1\,\text{kg})\times(9.8\,\text{m/sec}^2)$

$= 9.8\,\text{kg·m/sec}^2$

= 질량 1 kg의 물체에 작용하여 중력 가속도를 내게 하는 힘

= 지구상에서 1 kg의 질량을 지지할 수 있는 힘

$$\therefore 1\text{N} = \frac{1}{9.8}\,\text{kgf} = 0.102\,\text{kgf}$$

1 lbf = 1 lb의 무게 = 1 lb의 힘

$$= (1\,\text{lb})\times(32.2\,\text{ft/sec}^2) \qquad = 32.2\frac{\text{lb}\cdot\text{ft}}{\text{sec}^2}$$

$$= 32.2\times\frac{0.4536\,\text{kg}\times 0.3048}{\text{sec}^2} \qquad = 4.45\frac{\text{kg}\cdot\text{m}}{\text{sec}^2}$$

$$= 4.45\,\text{N}$$

$$\therefore 1\,\text{N} = \frac{1}{4.45}\text{lbf} = 0.2247\,\text{lbf}$$

■ **참고**

힘(중량)을 질량과 구별하기 위하여 kgf, tonf 등과 같이 f를 붙이는 것이 바람직하나, 종래는 f를 붙이지 않고 kg, t 등으로 힘을 나타내왔다. foot-pound법에서는 f를 붙이지 않고 lb, kips(kilopounds) 등으로 힘을 나타내고 있다.

• 하 중

1 lb per ft = 1 p/f = 1 lb/ft = 1.49 kgf/m = 14.6 N/m

1 lb per sq ft = 1 psf = 1 lb/ft^2 = 4.88 kgf/m^2 = 47.9 N/m^2

1 lb per cu ft = 1 pcf = 1 lb/ft^3 = 16.026 kgf/m^3 = 157 N/m^3

• 응 력 (압력)

pascal = 1 newton/m^2

표 C.1 각 단위계별 단위 대조표

단위계 \ 양	길이	질량	시간	힘	응력	압력	에너지 (일)
SI계	m	kg	s	N	N/m^2 또는 Pa	Pa (pascal)	J (Joule)
CGS계	cm	g	s	dyn	dyn/cm^2	dyn/cm^2	erg
MKS계	m	kg	s	kgf	kgf/m^2	kgf/m^2	kgf·m
U.S. Customary Units	ft	lb	s	lb	1lb/in^2	lb/in^2	ft·lb

표 C.2 SI 접두어

단위에 곱 하는배수	접두어의 명칭	기호	단위에 곱 하는 배수	접두어의 명칭	기호
10^{12}	테라 (tera)	T	10^{-1}	데시 (deci)	d
10^{9}	기라 (giga)	G	10^{-2}	센티 (centi)	c
10^{6}	메가 (mega)	M	10^{-3}	밀리 (milli)	m
10^{3}	킬로 (kilo)	k	10^{-6}	마이크로 (micro)	μ
10^{2}	헥토 (hecto)	h	10^{-9}	나노 (nano)	n
10	데카 (deca)	da	10^{-12}	피코 (pico)	p

표 C.3 힘의 단위

N	dyn	kgf	lb
1	1×10^{-5}	1.01972×10^{-5}	2.2481×10^{-1}
1×10^{-5}	1	1.01972×10^{-6}	2.2481×10^{-6}
9.80665	9.80665×10^{-5}	1	2.20462
4.44822	4.44822×10^{5}	4.5359×10^{-1}	1

표 C.4 모멘트의 단위

N·m	kgf·m	ft·lb
1	0.10197	0.73756
9.80665	1	7.23305
1.35581	0.13825	1

표 C.5 응력의 단위

kPa	MPa(mm^2)	kgf/mm^2	kgf/cm^2	psi(lb/in^2)
1	1×10^{-3}	1.01972×10^{-4}	1.01972×10^{-2}	1.4504×10^{-1}
1×10^{3}	1	1.01972×10^{-1}	1.01972×10	1.4504×10^{2}
9.80665×10^{3}	9.80665	1	1	1.4504×10^{3}
9.80665×10	9.80665×10^{-2}	1×10^{-2}	1×10^{2}	1.4504×10
6.89476	9.80665×10^{-3}	7.031×10^{-2}	7.031×10^{-2}	1

주 kPa $=10^3$Pa, MPa $=10^6$Pa

표 C.6 압력의 단위

kPa	MPa(mm^2)	kgf/mm^2	kgf/cm^2	psi(lb/in^2)
1	1×10^{-5}	1.01972×10^{-5}	9.86923×10^{-6}	1.4504×10^{-4}
1×10^{5}	1	1.01972	9.86923×10^{-1}	1.4504×10
9.80665×10^{4}	9.80665×10^{-1}	1	9.67841×10^{-1}	1.4223×10
9.80665×10^{5}	1.01325	1.03323	1	1.470×10
6.89476×10^{3}	6.89476×10^{-2}	7.031×10^{-2}	6.804×10^{-2}	1

표 C.7 응력 환산표 (1)

kgf/cm²	psi	MPa	kgf/cm²	psi	MPa
1	14.2	0.098	210	2,987	20.6
4	56.9	0.39	240	3,414	23.5
12	170.7	1.18	280	3,982	27.5
16	227.6	1.57	350	4,978	34.3
60	853.4	5.88	500	7,112	49.0
70	995.6	6.86	1400	19,912	137.3
80	1138	7.85	2400	34,135	235.4
90	1280	8.83	4200	59,737	411.9
100	2560	17.65			

표 C.8 응력 환산표 (2)

psi	MPa	kgf/cm²	psi	MPa	kgf/cm²
1	0.007	0.07	4000	27.6	281
60	0.41	4.22	5000	34.5	352
150	1.03	10.5	20,000	137.9	1406
200	1.38	14.1	30,000	206.8	2109
500	3.45	35.2	33,000	227.5	2320
2500	17.2	176	40,000	275.8	2812
3000	20.7	211	60,000	413.7	4219
3500	24.1	246			

표 C.9 응력환산표 (3)

MPa	kgf/cm²	psi	MPa	kgf/cm²	psi
1	10.2	145	23	234.5	3,336
3	30.6	435	28	285.5	4,061
7	71.4	1015	35	357	5,076
9	91.8	1305	137	1,397	19,870
18	183.5	2611	235	2,396	34,084
21	214.1	3046	412	4,201	59,756

표 C.10 응력 제곱근의 환산표

psi	kgf/cm^2	MPa	psi	kgf/cm^2	MPa
$\sqrt{f_c}$	$0.265\sqrt{f_c}$	$0.083\sqrt{f_c}$	$3.0\sqrt{f_c}$	$0.795\sqrt{f_c}$	$0.249\sqrt{f_c}$
$1.5\sqrt{f_c}$	$0.395\sqrt{f_c}$	$0.125\sqrt{f_c}$	$4.0\sqrt{f_c}$	$1.06\sqrt{f_c}$	$0.332\sqrt{f_c}$
$1.6\sqrt{f_c}$	$0.422\sqrt{f_c}$	$0.133\sqrt{f_c}$	$5.0\sqrt{f_c}$	$1.33\sqrt{f_c}$	$0.415\sqrt{f_c}$
$1.7\sqrt{f_c}$	$0.451\sqrt{f_c}$	$0.141\sqrt{f_c}$	$6.3\sqrt{f_c}$	$1.67\sqrt{f_c}$	$0.523\sqrt{f_c}$
$2.0\sqrt{f_c}$	$0.530\sqrt{f_c}$	$0.166\sqrt{f_c}$	$8.0\sqrt{f_c}$	$2.12\sqrt{f_c}$	$0.664\sqrt{f_c}$

찾아보기

저자 소개

원치문

한라대학교 도시인프라공학과 교수

(제2판) 철근콘크리트공학 정가 25,000원

저자 : 원치문

발행인 : 임해진
발행처 : 도서출판 구미서관

발행 : 2021년 10월 20일 초 판
2023년 1월 20일 제2판 1쇄
2025년 2월 24일 제2판 2쇄

등록 : 1979년 6월 29일 No.9-6호
주소 : 서울시 마포구 신촌로 2길 5-15 구미빌딩
전화 : 02-333-1101
팩스 : 02-335-2201
http://www.goomibook.com

ISBN 979-11-6257-234-4 (93530)

저자와의 협의 하에 인지를 생략합니다.
파본이나 잘못된 책은 교환하여 드립니다.